国家出版基金项目
NATIONAL PUBLICATION FOUNDATION
国家出版基金项目
“十四五”时期国家重点出版物出版专项规划项目
智慧农业关键技术集成与应用系列丛书

家禽智能养殖工厂

Smart Factory for Poultry Farming

李保明　王　阳　滕光辉　等◎编著

中国农业大学出版社
China Agricultural University Press
·北京·

内容简介

禽蛋和禽肉是人类质优价廉的动物蛋白质来源，我国是家禽产品生产与消费大国，生产与消费总量都居世界首位。新时期和新阶段的现代养禽生产如何从数量上的保供向数量、品质、生态“三位一体”的绿色高品质转型，发展绿色、智能、高效的家禽养殖工厂是重要的基础保障。本书总结了作者团队多年来对家禽福利化高效健康养殖工艺、智能设施设备与智慧环境调控技术的研究成果，通过分析家禽不同生长发育阶段对养殖环境的需求，提出家禽健康高效养殖环境智能化调控理论与技术、禽舍建筑围护结构设计原理与方法，研发数字化智能感知技术与智能养殖设施装备等，为我国家禽产业的绿色高品质转型升级与家禽智能养殖工厂建设提供关键技术支撑。

图书在版编目(CIP)数据

家禽智能养殖工厂/李保明等编著. --北京：中国农业大学出版社，2024.12.
ISBN 978-7-5655-3337-2

Ⅰ. S83-39

中国国家版本馆 CIP 数据核字第 2024RE2143 号

书　名　家禽智能养殖工厂
Jiaqin Zhineng Yangzhi Gongchang
作　者　李保明　王　阳　滕光辉　等　编著

总 策 划　王笃利　丛晓红　张秀环　　责任编辑　刘耀华
策划编辑　刘耀华　张秀环　　封面设计　中通世奥图文设计中心
出版发行　中国农业大学出版社
社　址　北京市海淀区圆明园西路 2 号　　邮政编码　100193
电　话　发行部 010-62733489，1190　　读者服务部 010-62732336
编辑部 010-62732617，2618　　出　版　部 010-62733440
网　址　http://www.caupress.cn　　E-mail cbsszs@cau.edu.cn
经　销　新华书店
印　刷　涿州市星河印刷有限公司
版　次　2024 年 12 月第 1 版　　2024 年 12 月第 1 次印刷
规　格　185 mm×260 mm　16 开本　19 印张　416 千字
定　价　98.00 元

智慧农业关键技术集成与应用系列丛书
编 委 会

编著者

李保明　王　阳　滕光辉　郑炜超　童　勤

王朝元　施正香　陈　刚　李　浩　杨　潇

总　序

智慧农业作为现代农业与新一代信息技术深度融合的产物，正成为实现农业高质量发展和乡村振兴战略目标的重要支撑。习近平总书记强调，全面建设社会主义现代化国家，实现中华民族伟大复兴，最艰巨最繁重的任务依然在农村，最广泛最深厚的基础依然在农村。智慧农业通过整合5G、物联网、云计算、大数据、人工智能等新兴技术，助力农业全产业链的数字化、网络化和智能化转型，不仅显著提升农业生产效率与资源利用率，同时推动了农业经营管理模式的变革，促进农业可持续发展。智慧农业的意义，不仅在于技术的迭代，更体现在对农业发展模式的深刻变革，对农村社会结构的再塑造，以及对国家粮食安全的全方位保障。

纵观全球，发达国家在智慧农业领域已取得瞩目成效。例如，美国、加拿大、澳大利亚等资源富足国家已经通过智慧大田技术实现了一人种5 000亩地；以色列、荷兰等资源短缺国家通过智慧温室技术实现了一人年产200 t蔬菜、一人种养100万盆花；资源中等国家丹麦、德国通过智慧养殖技术实现了一人养殖20万只鸡、日产鸡蛋18万枚，一人养殖1万头猪、200头奶牛、200 t鱼。这些成功案例不仅展示了智慧农业在提高劳动生产率、优化资源配置和实现可持续发展方面的巨大潜力，也为我国发展智慧农业提供了宝贵的经验和参考。相比之下，我国农业仍面临劳动力老龄化、资源浪费、环境污染等挑战，发展智慧农业已迫在眉睫。这不仅是现代农业发展的内在需求，更是国家实现农业强国目标的战略选择。

党的二十大报告提出，到2035年基本实现社会主义现代化，到本世纪中叶全面建成社会主义现代化强国，而农业作为国民经济的基础产业，其现代化水平直接关系到国家整体现代化进程。从劳动生产率、农业从业人员比例、农业占GDP比重等关键指标来看，我国农业现代化水平与发达国家相比仍有较大差距。智慧农业的推广与应用，将有效提高农业的劳动生产率和资源利用率，加速农业现代化的步伐。

智慧农业是农业强国战略的核心支柱。从农业1.0的传统种植模式，到机械化、数字化的农业 2.0 和 3.0 阶段，智慧农业无疑是推动农业向智能化、绿色化转型的关键途径。智慧农业技术的集成应用，不仅能够实现高效的资源配置与精准的生产管理，还能够显著提升农产品的质量和安全水平。在全球范围内，美国、加拿大等资源富足国家依托智慧农业技术，实现了大规模的高效农业生产，而以色列、荷兰等资源短缺国家则通过智能温室和精细化管理创造了农业生产的奇迹。这些实践无不证明，智慧农业是农业强国建设的必由之路。

智慧农业还是推动农业绿色发展的重要抓手。传统农业生产中，由于对化肥、农药等投入品的过度依赖，导致农业面源污染和环境退化问题日益严重。而智慧农业通过数字化精准测控技术，实现了对农业投入品的科学管理，有效降低了资源浪费和环境污染。同时，智慧农业还能够建立起从生产到消费全程可追溯的质量监管体系，确保农产品的安全性和绿色化，满足人民群众对美好生活的需求。

“智慧农业关键技术集成与应用系列丛书”是为响应国家农业现代化与乡村振兴战略而精心策划的重点出版物。本系列丛书围绕智慧农业的核心技术与实际应用，系统阐述了具有前瞻性与指导意义的新理论、新技术和新方法。丛书集中了国内智慧农业领域一批领军专家，由两位院士牵头组织编写。丛书包含 8 个分册，从大田无人农场、无人渔场、智慧牧场、智慧蔬菜工厂、智慧果园、智慧家禽工厂、农用无人机以及农业与生物信息智能感知与处理技术 8 个方面，既深入地阐述了智慧农业的理论体系和最新研究成果，又系统全面地介绍了当前智慧农业关键核心技术及其在农业典型生产场景中的集成与应用，是目前智慧农业研究和技术推广领域最为成熟、权威和系统的成果展示。8 个分册的每位主编都是活跃在第一线的行业领军科学家，丛书集中呈现了他们的理论与技术研究前沿成果和团队集体智慧。

《无人渔场》通过融合池塘和设施渔业的基础设施和养殖装备，利用物联网技术、大数据与云计算、智能装备和人工智能等技术，实现生态化、工程化、智能化和国产化的高效循环可持续无人渔场生产系统，体现生态化、工程化、智慧化和国产化，融合空天地一体化环境、生态、水质、水生物生理信息感知，5G 传输，智能自主渔业作业装备与机器人，大数据云平台，以及三维可视化的巡查和检修交互。

《智慧牧场》紧密结合现代畜牧业发展需求，系统介绍畜禽舍环境监控、行为监测、精准饲喂、疫病防控、智能育种、农产品质量安全追溯、养殖废弃物处理等方面的智能技术装备和应用模式，并以畜禽智慧养殖与管理的典型案例，深入分析了智慧牧场技术的应用现状，展望了智慧牧场发展趋势和潜力。

《农用无人机》系统介绍了农用无人机的理论基础、关键技术与装备及实际应用，主要包括飞行控制、导航、遥感、通信、传感等技术，以及农田信息检测、植保作业和其他典型应用场景，反映了农用无人机在低空遥感、信息检测、航空植保等方面的最新研究成果。

《智慧蔬菜工厂》系统介绍了智慧蔬菜工厂的设施结构、环境控制、营养供给、栽培模式、智能装备、智慧决策以及辅助机器人等核心技术与装备，重点围绕智慧蔬菜工厂两个应用场景——自然光蔬菜工厂和人工光蔬菜工厂进行了全面系统的阐述，详细描述了两个场景下光照、温度、湿度、CO_2、营养液等环境要素与作物之间的作用规律、智慧化管控以及工厂化条件下高效生产的智能装备技术，展望了智慧蔬菜工厂巨大的发展潜力。在智慧蔬菜工厂基本原理、工艺系统、智慧管控以及无人化操作等理论与方法方面具有创新性。

禽蛋和禽肉是人类质优价廉的动物蛋白质来源，我国是家禽产品生产与消费大国，生产与消费总量都居世界首位。新时期和新阶段的现代养禽生产如何从数量上的保供向数量、品质、生态"三位一体"的绿色高品质转型，发展绿色、智能、高效的家禽养殖工厂是重要的基础保障。《家禽智能养殖工厂》总结了作者团队多年来对家禽福利化高效健康养殖工艺、智能设施设备与智慧环境调控技术的研究成果，通过分析家禽不同生长发育阶段对养殖环境的需求，提出家禽健康高效养殖环境智能化调控理论与技术、禽舍建筑围护结构设计原理与方法，研发数字化智能感知技术与智能养殖设施装备等，为我国家禽产业的绿色高品质转型升级与家禽智能养殖工厂建设提供关键技术支撑。

无人化智慧农场是一个多学科交叉的应用领域，涉及农业工程、车辆工程、控制工程、计算机科学与技术、机器人工程等，并融合了自动驾驶、机器视觉、深度学习、遥感信息和农机-农艺融合等前沿技术。可以说，无人化智慧农场是智慧农业的主要实现方式。《大田无人化智慧农场》依托"无人化智慧农场"团队的教研与推广实践，全面详细地介绍了大田无人化智慧农场的技术体系，内容涵盖了从农场规划建设至运行维护所涉及的各个环节，重点阐述了支撑农场高效生产的智能农机装备的相关理论与方法，特别是线控底盘、卫星定位、路径规划、导航控制、自动避障和多机协同等。

《智慧果园关键技术与应用》系统阐述了智慧果园的智能感知系统、果园智能监测与诊断系统、果园精准作业装备系统、果园智能管控平台等核心技术与系统装备，以案为例、以例为据，全面分析了当前智慧果园发展存在的问题和趋势，科学界定了智慧果园的深刻内涵、主要特征和关键技术，提出了智慧果园未来发展趋势和方向。

智慧农业的实现依靠快速、准确、智能化的传感器和传感器网络，智能感知与处理技术是智慧农业的基础。《农业与生物信息智能感知与处理技术》以作物生长信息、作物病虫害信息、土壤参数、农产品品质信息、设施园艺参数、有害微生物信息、畜禽生理生态参数等农业与生物信息的智能感知与检测等方面的最新研究成果为基础，介绍了智能传感器、传感器网络、3S、大数据、云计算以及5G通信与农业物联网技术等现代信息技术在农业中综合、全面的应用概况，为智慧农业的发展提供坚实的基础。

本系列丛书不仅在内容设计上体现了系统性与实用性，还兼顾了理论深度与实践指导。无论是对智慧农业基础理论的深入解析，还是对具体技术的系统展示，丛书都致力于为广大读者提供一套集学术性、指导性与前瞻性于一体的专业参考资料。这些内容的深度与广度，不仅能够满足农业科研人员、教育工作者和行业从业者的需求，还能为政府部门制定农业政策提供理论依据，为企业开展智慧农业技术应用提供实践参考。

智慧农业的发展，不仅是一场技术革命，更是一场理念变革。它要求我们从全新的视角去认识农业的本质与价值，从更高的层次去理解农业对国家经济、社会与生态的综合影响。在此背景下，“智慧农业关键技术集成与应用系列丛书”的出版，恰逢其时。这套丛书以前沿的视角、权威的内容和系统的阐释，填补了国内智慧农业领域系统性专著的空白，必将在智慧农业的研究与实践中发挥重要作用。

本系列丛书的出版得益于多方支持与协作。在此，特别要感谢国家出版基金的资助，为丛书的顺利出版提供了坚实的资金保障。同时，向指导本项目的罗锡文院士和赵春江院士致以诚挚的谢意，他们高屋建瓴的战略眼光与丰厚的学术积淀，为丛书的内容质量筑牢了根基。感谢每位分册主编的精心策划和统筹协调，感谢编委会全体成员，他们的辛勤付出与专业贡献使本项目得以顺利完成。还要感谢参与本系列丛书编写的各位作者与技术支持人员，他们以严谨的态度和创新的精神，为丛书增添了丰厚的学术价值。也要感谢中国农业大学出版社的大力支持，在选题策划、编辑加工、出版发行等各个环节提供了全方位的保障，让丛书得以高质量地呈现在读者面前。

智慧农业的发展是农业现代化的必由之路，更是实现乡村振兴与农业强国目标的重要引擎。本系列丛书的出版，旨在为智慧农业的研究与实践提供理论支持和技术指引。希望通过本系列丛书的出版，进一步推动智慧农业技术在全国范围内的推广应用，助力农业高质量发展，为建设社会主义现代化强国作出更大贡献。

李道亮

2024 年 12 月 20 日

前言

随着规模化标准化家禽养殖产业的快速发展，现代家禽养殖产业体系建设逐步完善；新型工业化、绿色化、智能化养殖设施装备技术得到不断的开发与应用，具有中国自主知识产权的家禽智能养殖工厂新模式已初步显示出巨大潜力，为高效安全保障我国禽蛋、禽肉供应，满足广大人民对禽蛋、禽肉质优价廉美味动物蛋白的需求发挥了重要作用。本书系统总结了中国农业大学农业农村部设施农业工程重点实验室和北京市畜禽健康养殖环境工程技术研究中心团队在家禽智能养殖工厂技术与设施装备领域的研发成果及应用实践案例。团队围绕家禽工厂化养殖的工程学基础、家禽工厂化养殖环境智能调控理论、禽舍建筑围护结构的保温隔热设计原理与方法、家禽健康养殖环境智能化调控技术、家禽健康高效养殖的数字化智能感知技术、家禽智能养殖装备、生物安全与场区卫生智能化管理、智能化家禽饲养工程案例等智能养殖工厂相关内容开展系统的研究与开发，先后获得国家“九五”和“十五”科技攻关项目/课题，“十一五”科技支撑课题，“十二五”国家“863 计划”，“十三五”和“十四五”国家重点研发计划项目，以及国家自然科学基金等 20 余个国家级和省部级项目的支持，先后有 30 余位博士生和 70 余位硕士生参与项目研发工作。团队在家禽智能养殖工厂相关研究方向先后发表学术论文 300 余篇，获授权专利 100 余项（其中发明专利 52 项），获软件著作权 20 项；与相关企业开展产学研合作研究，“规模化养鸡环境控制关键技术创新及其设备研发与应用”成果先后获神农中华农业科技奖一等奖、教育部科技进步奖一等奖，“蛋鸡细菌病防控系统创新与安全蛋品生产关键技术”获四川省科技进步奖一等奖，“肉鸡集约化多层平养健康环境节能调控技术与成套装备”获中国发明协会发明创业奖（成果奖）一等奖，“蛋鸡福利健康立体散养关键技术与应用”获发明创业奖（创新奖）一等奖，“立体高效健康养鸡环境控制技术及成套装备研发应用”获中国产学研合作创新与促进奖（成果奖）一等奖等。

本书的出版可为我国家禽智能养殖工厂的设计、建造与智慧管控提供参考依据，也可作为智慧牧业科学与工程专业的教学参考书。作为向共和国献礼的一项重要技术成果，《家禽智能养殖工厂》为我国禽蛋、禽肉的健康、安全、高效与可持续生产提供设施装备与智能环控技术支撑。参与本书编写的作者有来自中国农业大学的李保明教授、滕光辉教授、郑炜超教授、王朝元教授、施正香教授、王阳副教授、陈刚副教授、童勤副教授、李浩副教授、杨潇博士后等。在本书编写过程中研究生聂路玮、薛晓柳、葛绍娟、刘畅、魏思琪、陈宇佳、金晨雨、祝鹏飞、郭子涵、赵学东等查阅了翔实的资料，并参与了初稿的整理、修改讨论及书稿的文字勘误工作。

由于作者水平所限，加之家禽智能养殖工厂技术尚在不断进步之中，书中难免存在不足之处，恭请读者批评指正。

编著者

2024 年 6 月

目录

第 1 章

绪　论

1.1　家禽智能养殖工厂的概念

20 世纪 80 年代以来，随着我国养殖规模的不断扩大，养殖技术体系的不断完善，我国的家禽养殖产业得到了快速发展。从良种繁育、人工孵化、饲料营养、疫病防控到环境控制、设施装备、粪污处理、蛋品收集包装等全产业链的技术体系配套水平不断提升。家禽养殖方式也从传统的家庭散养、专业化棚圈饲养到离地立体笼养，喂料、饮水、清粪、环境控制、捡蛋等环节逐步实现了机械化、自动化和工厂化生产，正在向绿色低碳、健康高效和智能化方向发展。在此背景下，家禽智能养殖工厂的概念应运而生。所谓家禽智能养殖工厂，是指蛋鸡、肉鸡和水禽等家禽饲养在环境可控的房舍内，依据其自身生长发育的生物学特点和行为习性，采用工业化的生产工艺流程、机械化和自动化的饲养饲喂设备，融合现代物联网信息技术，生产过程相关信息自主感知、通过互联网远程采集建立大数据、采用机器深度学习模型对相关生产过程数据进行云计算，实现智慧管控和全年稳定生产的现代化家禽养殖新模式。其主要特点是：生产方式的规模化和工业化，养殖过程的机械化和信息化，运行管理的绿色化和智能化，实现家禽养殖产业的高效、健康与可持续发展。

1.1.1　家禽养殖的规模化与工业化生产模式

我国的禽蛋生产总量自 1985 年开始一直是世界第一大国。2022 年，我国的禽蛋和禽肉总产量分别达到 3 456 万 t 和 2 443 万 t，禽蛋产量占世界总量的 36.3%，稳居世界第一，禽肉总量居世界第二。养殖的规模化程度不断提升，按照农业农村部发布的《“十四五”全国畜牧兽医行业发展规划》，全国畜禽养殖规模化率要从 2020 年的 67.5%提升到 2025 年的 78%。单场的规模也在快速扩大，大型蛋鸡养殖场从过去的 20 万只发展到现在的上百万只，最高达到 300 万只以上的规模。由于养殖用地紧张，相关企业在积极探索多层立体养殖方式，从 2～4 层到 6～8 层，目前发展到 9～12 层的叠层笼养；单栋舍的饲养规模也从 3 万～5 万羽到 8 万～10 万羽，目前已发展到 15 万～20 万羽。这种大规模和超大规模养殖，对家禽养殖业在管理上提出了全新的要求，借鉴工业生产管理理念与工业化生产技术是必由之路。家禽生产的产业链以蛋鸡生产为例，包括：种禽的标准化高质量养殖、成批量种蛋生产和同期孵化、健康合格的鸡雏鉴别；后备母鸡培育，商品蛋鸡养殖、鸡蛋收集与智能化分级包装及储运等；每天需要大量的饲料加工与饲喂环节；鸡粪收集、转运与处理系统，病弱死鸡的智能感知、捡拾、收储与处理系统；生物安全防控免疫消毒等各类人员、物资、车辆的进场通道，生产区、生活区等相关区域的隔离与智能化管控要求。这种不同生理阶段的鸡分区饲养，饲料供给线路、鸡蛋收集线路、鸡粪收集转运线路等各行其道，各类人员岗位及分区明确，完全按照工业化流水线作业，全天候生产的模式已经得到现代家禽养殖企业的认可与推广应用。各种鸡场的生产工艺流程如图 1-1 所示。

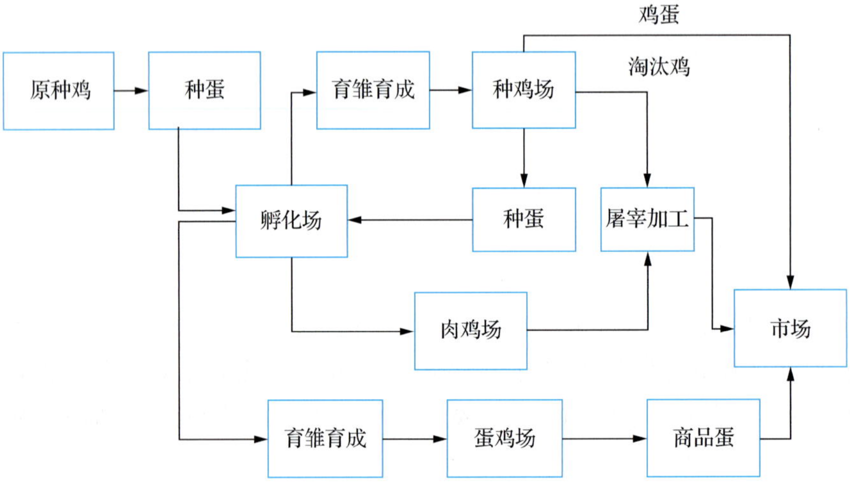

图 1-1　各种鸡场的生产工艺流程

继蛋鸡叠层笼养工业化生产模式成功之后，我国近年来在肉鸡和鸭的叠层笼养模式又相继开发成功，并得到大面积推广应用，解决了家禽与粪便的自动分离和环境卫生防控难题。

1.1.2　家禽养殖设施装备的机械化与智能化

随着家禽养殖规模的不断扩大和人口老龄化问题的逐渐显现，合适的饲养人员难找的问题越来越突出，对智能化养殖设施装备的需求明显提高。从人工养殖家禽到“人管设备、设备养禽”的理念逐步形成，从蛋鸡养殖开始，先行实现从散养到笼养，规模化养殖鸡和粪便的自动分离和卫生污染问题的解决，使规模化养鸡的健康安全生产有了基本保障。在此基础上进一步实现自动饲喂和饮水、自动清粪、自动环境控制等，养殖过程的设备从阶梯笼养过渡到叠层笼养、自动集蛋和分级包装等，基本实现了蛋鸡规模养殖的全程机械化技术与设备的成套化。家禽养殖过程机械化作业设备如图 1-2 所示。

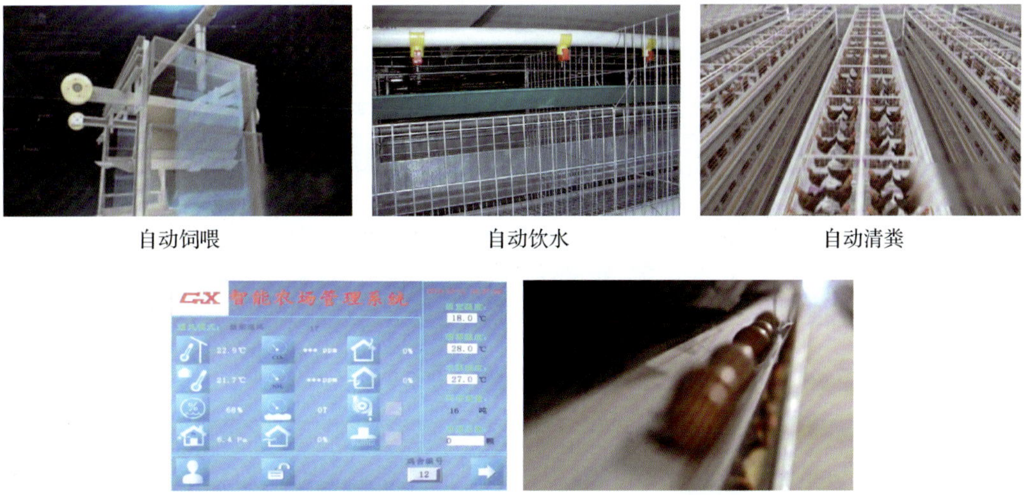

自动饲喂　　自动饮水　　自动清粪

自动环境控制　　自动集蛋

图 1-2　家禽养殖过程机械化作业设备

1.1.3　家禽绿色高效智能养殖工厂的提出

随着家禽规模化养殖的快速发展，对养殖过程的健康安全管控、养殖环境的污染防控与绿色净化、生产环节的数字化与智能化、饲养管理的精准化与降本增效、生产产品的标准化与优质化等技术需求迫切，工厂化高效养殖方式不断涌现和创新。蛋鸡立体多层养殖环境控制技术与设施装备实现了率先突破(图 1-3)，也逐步引领了肉鸡和肉鸭产业的健康发展，从传统的地面散养、网上平养发展到立体多层大笼饲养(也称多层平养)，特别是快大型白羽肉鸡的饲养从 3～4 层发展到 6～8 层的高密度集约化饲养，通过底网改进、空间优化和出鸡系统的自动化升级，实现了单批 75 万只鸡的大型连栋鸡舍按批次全进全出，生物安全水平显著提升(图 1-4)。家禽立体养殖使用传送带清粪，实现了粪不落地、日产日清，舍内空气环境质量全程优良，绿色高效的工厂化家禽养殖模式得到普遍认可与大面积推广应用。随着数字化、物联网、大数据和人工智能技术的快速发展，绿色智能高效家禽养殖工厂的中国式家禽养殖现代化新模式已初露端倪，并被科技部列入“十四五”工厂化农业与智能农机装备重点研发计划专项，就绿色智能高效养鸡工厂创制进行研发与应用示范。项目围绕蛋鸡、肉鸡和种鸡的工厂化、福利化、智能化养殖关键技术装备等瓶颈问题，开展鸡只体征信息、特征行为等数字化感知技术与实时可靠的数据传输系统、健康信息融合表征方法，以及健康养殖环境与鸡群状况全舍多动能自主巡检定位、典型疫病智能诊断技术的研究；研发低碳节能标准化鸡舍建筑、多元环境参数智能感知与综合精确调控、生物安全工程防疫等关键技术；研制福利化高效养鸡装备，构建种鸡、蛋鸡、肉鸡等智能高效养殖工厂模式；建立绿色智能高效养鸡示范工厂。这也是首次从国家层面提出了智能家禽养殖工厂新模式。

图 1-3　蛋鸡立体多层养殖系统

肉鸡6连栋工厂化养殖场

肉鸡立体多层饲养方式

图 1-4　肉鸡多层立体饲养系统

1.2　家禽智能养殖工厂国内外发展现状

1.2.1　蛋鸡智能化养殖工厂发展现状

发展标准化规模养殖是蛋鸡智能化养殖工厂发达水平的重要标志，规模化程度越高，工厂化生产水平越高。以美国蛋鸡智能化养殖工厂发展为例(图 1-5)，30 余年间蛋鸡养殖企业的规模越来越大，其中小于 100 万只的养殖企业比例由 45%下降到 3%以下，而大于 500 万只的比例由 15%提高到 75%以上。2019 年，养殖量排名前 5 位的企业，蛋鸡存栏量占全美存栏总量的 36%，排名前 10 位的企业，蛋鸡存栏量已占全美存栏总量的 55%。近年来，我国规模化与超大规模化蛋鸡智能化养殖工厂快速发展，但从养殖规模来看仍低于美国。2019 年我国蛋鸡养殖年存栏 1～499 只占比 12.9%，年存栏 500 只以上占比 87.1%，年存栏 2 000 只以上占比 78.1%，年存栏 1 万只以上占比 52.0%，年存栏 5 万只以上占比 21.5%，年存栏 10 万只以上占比 13.6%，年存栏 50 万只以上占比 3.7%。2013—2020 年，我国蛋鸡养殖户从 200 万户缩减至 20 万户，中小规模蛋鸡场转型为大规模和超大规模蛋鸡场，百万只规模蛋鸡场建设进入高潮。

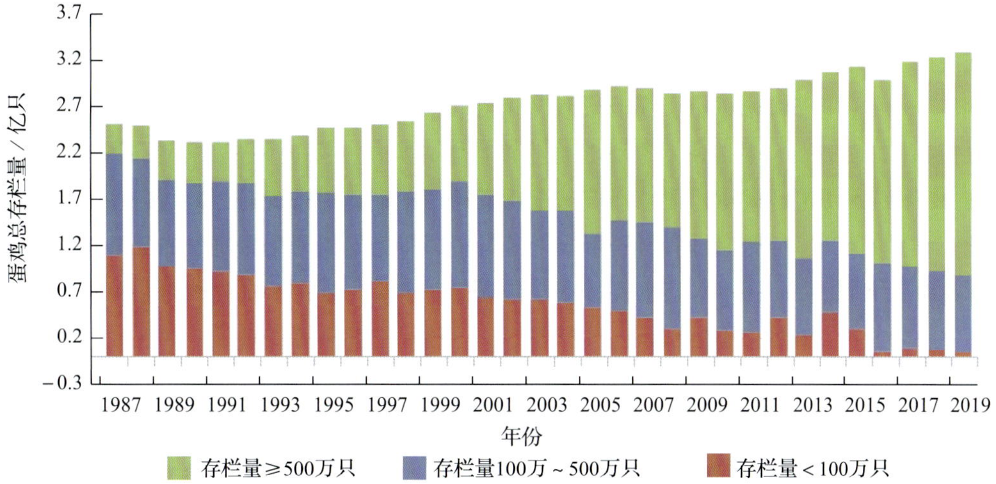

图 1-5　30 余年间美国蛋鸡养殖企业规模变化

在养殖工艺模式方面，蛋鸡养殖经历了从户外地面散养、阶梯笼养等人工与半自动化饲养模式发展到全自动化叠层笼养模式，并向福利化方向快速转型。新型福利化生产方式已经成为大多数国家蛋鸡智能化养殖工厂生产发展的重要趋势，在蛋鸡智能化养殖工厂生产中所占比例逐年增加(图 1-6)。欧盟规定从 2012 年 1 月 1 日开始在其成员国内全面禁止蛋鸡传统笼养，2015 年美国加利福尼亚州完全禁止家禽传统笼养，并出台了 930 项涉及养鸡场福利问题的法律，新法律要求农场主必须使用足够大的鸡笼饲养产蛋母鸡，规定每只蛋鸡至少拥有 700 cm^2 面积，让蛋鸡有足够的空间可以伸展翅膀和活动。从每只

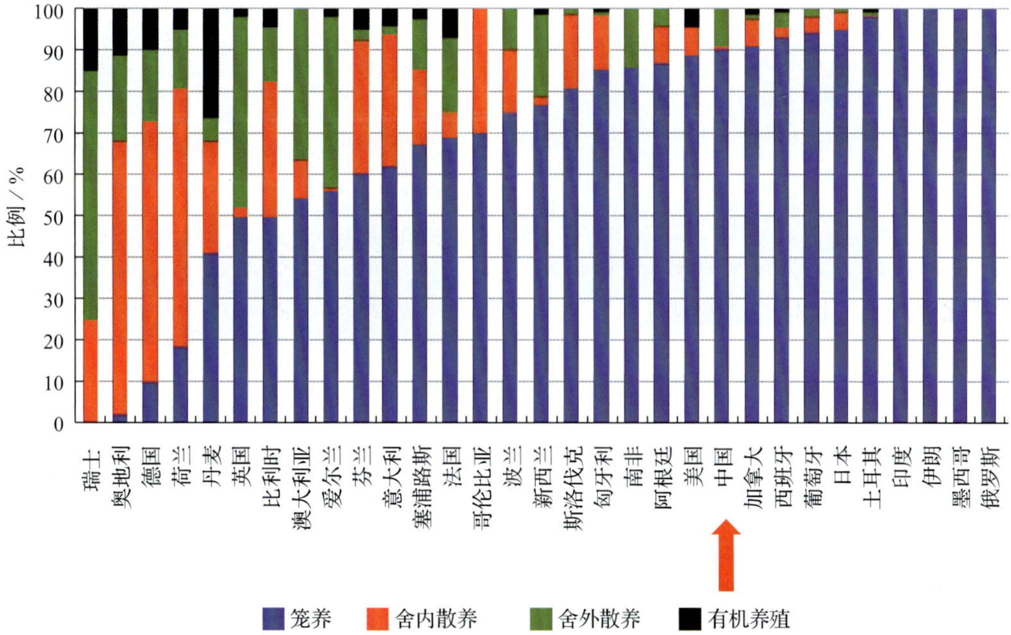

图 1-6　世界主要国家 2018 年蛋鸡不同生产方式比例变化

(来源：世界蛋品协会)

注：对欧盟国家，笼养指富集笼养

蛋鸡占用笼底面积来看，欧盟规定为 750 cm^2/只，从饲养周期及入舍蛋鸡均产蛋数来看，美国在叠层笼养高水平环境控制条件下 560 d 可产 340 枚鸡蛋，在欧盟新型福利化养殖方式下饲养 700 d 可产 500 枚鸡蛋。我国传统笼养密度为 450 cm^2/只，仅达欧盟标准的 60%，生产性能在 500 d 产 300 枚左右鸡蛋。造成生产性能差异的主要原因是缺少长时间的“畜禽-环境-装备”互作规律和环境调控模型等基础研究积累。此外中国农业大学农业农村部设施农业工程重点实验室结合我国国情，形成了具有中国特色的福利化养殖模式及其装备(二维码 1-1 和二维码 1-2，图 1-7)，其主要特点是传送带清粪，不使用垫料，舍内环境好，设置有可自动关闭的笼门，方便抓鸡免疫接种。以单栋离地栖架立体散养系统(2 层×3 层×5 列)为例，饲养量为 8.4 万只，95%以上产蛋率可维持 22 周，72 周淘汰时仍保持了 89.6%的高产蛋率。

二维码 1-1
中国特色的福利化
养殖模式

二维码 1-2
蛋鸡网上栖架立体
散养新工艺及设备

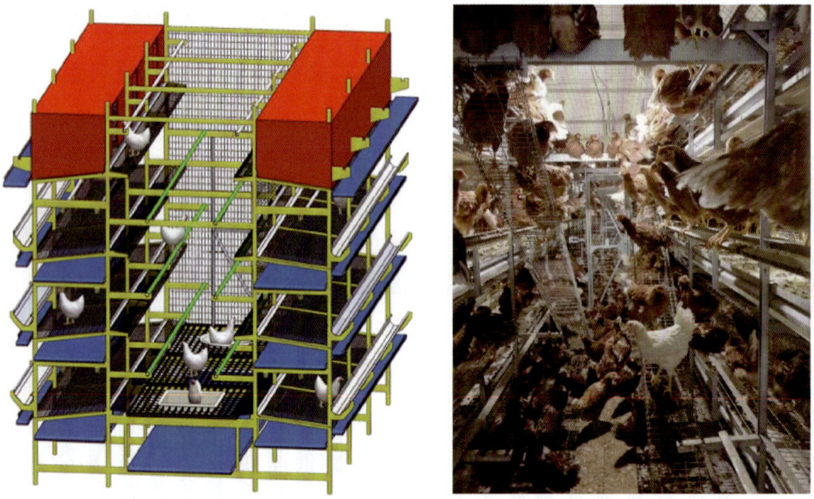

图 1-7　具有中国特色的蛋鸡福利化离地栖架立体散养系统

在环境控制技术方面，发达国家根据畜禽不同生理阶段对现代高效生产环境调控的需求，进一步优化了不同气候区家禽舍围护结构保温隔热性能参数阈值与密闭环境调控方法，并结合新型生产工艺与建筑材料，制订了适合本国现状的规模畜禽舍标准化设计方法，提出了相关标准和技术手册。开发了综合通风与精准热湿环境调控技术，保障了家禽生产设施良好环境的均一性与舒适性。近年来基于传感器与信息感知技术以及模糊控制算法等，科研人员将生理指标和行为信息纳入环境调控系统的决策管理，相继开发出家禽环境应激预警模型。中国农业大学农业农村部设施农业工程重点实验室对鸡舍建筑与热环境耦合调控技术进行深入探究，主要研究内容包括：建立鸡舍热湿空气耦合传递的微环境模拟模型，分析鸡舍温度波动的主要环境因子，建立不同地区无供暖系统蛋鸡舍外围护结构热阻及保温材料经济性模型，明确不同气候区鸡舍围护结构的保温性能要求与蛋鸡饲养方式（密度）的关系，探索装配式鸡舍建筑外围护结构缝隙对舍内外压差、渗透风量和能耗的影响，明确围护结构搭接缝隙气密性参数指标，系统地分析鸡舍进风口及进风参数影响舍内气流组织的稳定性。基于非等温贴附射流理论设计舍内气流组织，明确进风口位置、尺寸及进风参数对舍内贴附射流长度、温差衰减的影响规律，构建回流区域内温度解析表达式，解析基于鸡舍建筑与通风系统耦合作用的鸡舍稳温机理，并提出降低温度波动及温差的纵墙湿帘风道布置与小窗均匀进风的通风模式。基于灰色预测理论和鸡舍微环境模型提出鸡舍热环境预测调控新方法，建立密闭式鸡舍内不同环境参数指标的热环境灰色预测模型及调控规律，实现单栋10万只以上规模鸡舍温差不超过3 ℃的稳温调控效果，并系统地探究北方干旱地区鸡舍夏季通风湿帘降温系统的温度骤降防控技术和南方高温高湿地区鸡舍纵向通风调控技术。此外，团队针对蛋鸡养殖消毒防疫频繁、细菌耐药性强和用药量大的问题，系统地研究了微酸性电解水无害化消毒及环境净化技术，用以替代现行化学消毒剂，实现蛋鸡饲养过程空气、物表、人员和饮水的消毒净化，有效改善了蛋鸡舍的微生物环境并切断病原微生物的传播途径。

在养殖环境机械化和智能化水平方面，全密闭舍内基本实现行车式和链条式机械化喂料、传送带式清粪、环境自动化控制和集蛋机自动捡蛋。2020年的调研数据显示，我国蛋鸡规模化养殖饲料加工、饲料投喂和粪便清理机械化率较高，分别为82.5%、88.6%和87.2%，但环境控制、粪便处理与利用和畜产品采集的机械化率较低，分别为73.1%、43.2%和45.4%。从养殖智能化水平来看，未来5～10年将是智慧畜牧业的快速发展阶段，蛋鸡养殖需要经历“1.0数字化—2.0网络化—3.0智慧化—4.0智能化”4个发展阶段才能实现家禽智能化转型。目前我国基本处于“1.0数字化—2.0网络化—3.0智慧化”各阶段交叉推进，但1.0数字化阶段还停留在环境参数阶段，对动物的生长参数，如体重、体温、行为等健康相关参数的数字化程度还不够。2.0网络化阶段中的公共云数据库还停留在一些公共云上，有需要的养殖企业大多数不能使用，使得一些企业不得不重新研发能够自主采集相关数据的环境控制系统及数据库建设等。1.0数字化阶段未解决好，会影响2.0和3.0阶段的实施及发挥，如何解决数据库和用户需求问题，将使得2.0和3.0阶段反过来迫使1.0阶段实现突破。当前，我国蛋鸡养殖产业正在突破数字化，面向智慧化，并逐步向精准化管控的智能化方向发展。要实现蛋鸡养殖的智能化管控，数字化是基础，需要对蛋鸡养殖生产过程中的数据（包括禽舍数据、设备工况、环境参数、饲喂数据、饮水数据、投药数据、产品数据、清粪数据、家禽生理、典型行为生长参数等）实现自动实时远程监测、准确真实采集、传输和存储，建立大数据系统，融合环境、生理、生产过程数据，解析互作关系，建立预测预警模式，实现数据挖掘与智能化养殖工厂管理。目前北京市华都峪口禽业有限责任公司开展了蛋鸡养殖物联网与大数据平台的应用研究与实战搭建，并取得了明显进展。通过移动互联网、大数据等技术的实施，开展了贯穿蛋鸡全产业链的“智慧蛋鸡”增值服务平台建设。作为国内首个“产业＋互联网”工程，“智慧蛋鸡”打通了从蛋鸡育种到种鸡扩繁再到鸡蛋生产、销售全过程的数据流，该平台运行中沉淀出种鸡数据库、蛋鸡数据库和产业数据库，通过对 3 个数据库的提纯、分析，构建蛋鸡行业“大数据”应用模式，实现了数据采集、分析与应用的全链条闭环。中国农业大学农业农村部设施农业工程重点实验室基于公共物联网平台研发了一套适用于长期监测蛋鸡舍热湿环境和环境空气质量的无线监测系统和数据平台(图 1-8)，以满足畜禽舍环境远程实时监测、数据查询与调取、设备运行状态监测与报警功能的需求，并实现了在现场的稳定运行。

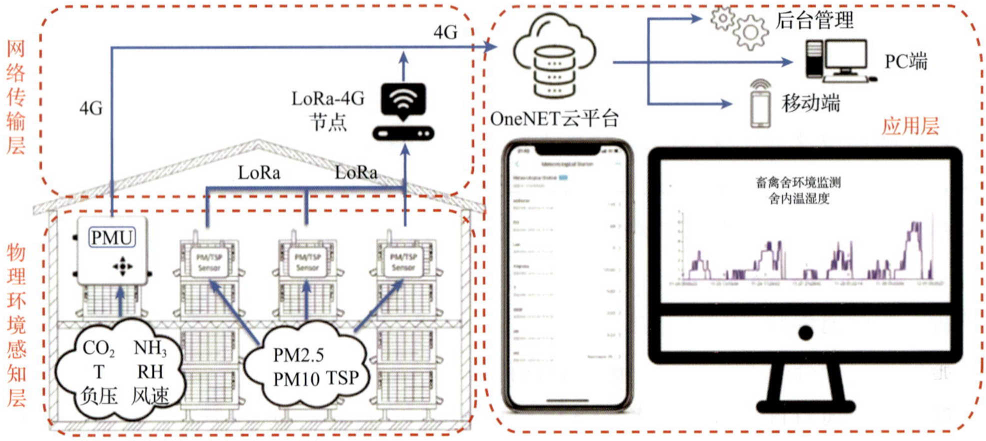

图 1-8 中国农业大学研发畜禽舍环境无线监测系统构架

1.2.2 肉鸡智能化养殖工厂发展现状

我国肉鸡产量逐年增加，据中国畜牧业协会公布的数据，2019 年我国商品代白羽肉鸡、黄羽肉鸡出栏量分别为 44 亿只、49 亿只，同比分别增加约 5 亿只、10 亿只，增幅分别达到 12.8%、25%。白羽肉鸡累计更新祖代肉种鸡 122.3 万套，更新数量较 2018 年增长 64.1%。2019 年祖代平均存栏量 139.3 万套，较 2018 年增长 20.6%，其中在产祖代平均存栏量 78.8 万套，较 2018 年增加 3.68%；父母代平均存栏量 5 144.0 万套，较 2018 年增加 11.8%，其中在产父母代平均存栏量 3 138.4 万套，较 2018 年增加 12.37%。2019 年全国黄羽肉鸡祖代种鸡平均存栏量 209.6 万套，较 2018 年增加 6.4%，其中在产祖代平均存栏量 146.6 万套，较 2018 年增加 6.39%。与此同时，肉鸡智能化养殖工厂趋于规模化，2019 年的统计数据表明，年出栏 1～1 999 只占比 10.1%，年出栏 2 000 只以上占比 89.9%，年出栏 1 万只以上占比 82.5%，年出栏 3 万只以上占比 72.0%，年出栏 5 万只以上占比 61.6%，年出栏 10 万只以上占比 49.6%，年出栏 50 万只以上占比 32.3%，年出栏 100 万只以上占比 24.6%。

在养殖工艺模式方面，国外肉鸡饲养多为平养模式，而国内肉鸡智能化养殖工厂中饲养方式一般为平养和叠层笼养。厚垫料地面平养存在粉尘及 NH_3 浓度高，病原微生物多，冷、热应激大等问题严重，肉鸡易发生呼吸道疾病和球虫病。而笼养因鸡体与粪便不接触，可有效控制鸡白痢和球虫病的发生，同时不使用垫料，消除了微生物滋生的环境条件等，具有很大的发展潜力。但肉鸡生长速度快，出栏体重大，笼养肉鸡的活动受到限制，骨骼和肌肉得不到运动，腿病发生率升高，且经常与网底摩擦，胸囊肿的发病率也显著升高，影响肉仔鸡胴体品质和等级及生产和销售的经济效益。国内科研人员从笼底类型、底网结构的优化改进入手，采用仿竹竿表面形状及条状垫片组合网状结构，既满足了鸡笼底网的刚度要求，又有效避免了鸡卡腿现象，该方法能使白羽肉鸡胸囊肿的发生率由10%～18%降至3%以下，为白羽肉鸡大规模叠层笼养的推广使用提供了技术支撑。叠层式肉鸡笼养设备一般分为4层、6层和8层，饲养密度大，单位面积养殖量是传统平养的3～5倍，单位空间出栏数量高，节约土地资源，每一层由传送带进行清粪，肉鸡出栏也可由传送带输送完成。叠层式肉鸡笼养便于机械化与自动化管理，大幅度降低饲养人员的劳动强度，有效解决了传统平养存在的管理困难、单位面积饲养密度小等问题，提高了生产效率与肉鸡养殖效益。

在环境控制技术方面，除参考蛋鸡舍环境调控技术外，中国农业大学农业农村部设施农业工程重点实验室根据快大型肉鸡生长快、后期运动少、喜趴卧的行为特性，对大型连栋鸡舍节能环境调控设施与工程防疫技术难题进行突破，攻克大型连栋鸡舍节能环境调控设施与工程防疫技术难题，研发了大笼多层平养的集约化健康高效养鸡设备，包括鸡和粪便的自动分离与自动清粪设备、肉鸡趴窝舒适的底网、自动均匀喂料设备，攻克了精准通风与温度控制等关键技术。

在养殖机械化和智能化水平方面，肉鸡养殖总体机械化水平为78.2%，其中饲料加工、饲料投喂和粪便清理机械化率均达到80%以上，分别为82.2%、88.5%和90.3%，环境控制机械化率达到72.2%，粪便处理与利用和出鸡环节机械化率较低，分别为15.2%和5.3%。从肉鸡养殖智能化水平来看，国外肉鸡平养模式下常利用人工智能和机器人技术实现肉鸡舍环境、行为和死鸡的检测。例如爱尔兰Iamus农业科技公司(图1-9)利用机器学习将视觉、环境和生物识别家禽和农场信息转化为管理人员的数据，通过优化家禽的生长环境，每年可以为每个饲养1亿只肉鸡的企业增加超过1 000万美元的效益。法国Tibot农业科技公司开发的Spoutnic机器人(图1-10)是一种类似机器人吸尘器的设备，可以在鸡舍的地板上移动，使鸡群在舍内四处走动。它也可以配备其他模块化附件，以实现特殊功能。除了为农民节省时间和降低劳动力成本外，它还可以提高饲料的转化率。西班牙Farm Robotics and Automation SL农业科技公司开发ChickenBoy机器人(图1-11)在室内天花板的轨道上运行，监测管理问题，包括鸡只健康问题的检测、死鸡的定位及环境条件的测量。用户可通过云平台进行访问，管理人员可使用该信息来改善禽类的福利生产情况。荷兰Fancom公司开发的EyeNic™禽舍监控系统(图1-12)在禽舍内利用摄像技术来监控舍内家禽的情况，通过安装在舍内的3个摄像头进行连续的监控。同时，分析软件将这些图像转化为肉鸡移动和活动的指数，在检测到异常行为时发出信号，使管理人员可在早期阶段进行干预。国内针对肉鸡笼养模式开展研究，并基于巡检机器人的鸡舍环境和鸡群健康监测技术，研发了相应的环境决策调控系统和鸡群健康预警系统。

图 1-9　爱尔兰 Iamus 农业科技公司人工智能与机器人系统

图 1-10　法国 Tibot 农业科技公司开发的 Spoutnic 机器人

图 1-11　西班牙 Farm Robotics and Automation SL 农业科技公司开发的 ChickenBoy 机器人

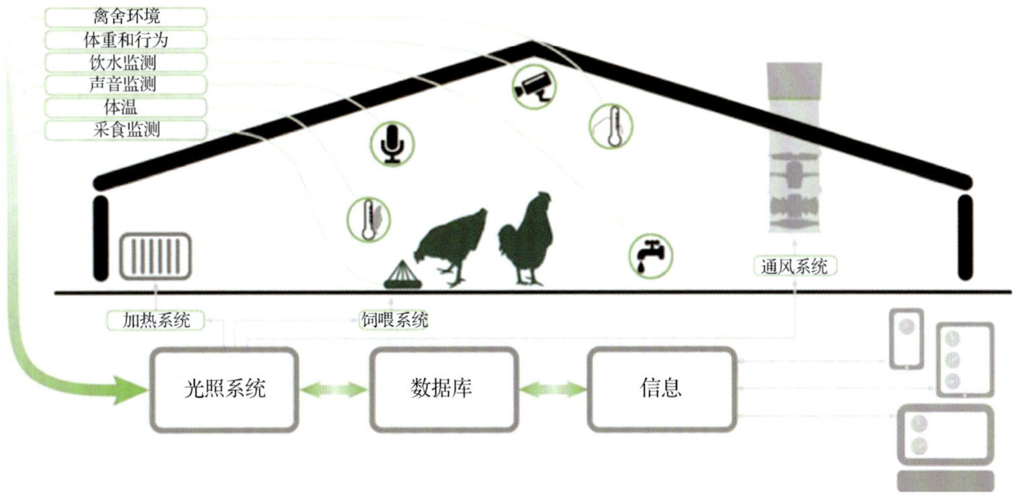

图 1-12　荷兰 Fancom 公司开发的 EyeNic™ 禽舍监控系统

1.2.3　水禽智能化养殖工厂发展现状

我国水禽主要以白羽肉鸭、蛋鸭、番鸭和肉鹅为主，是世界上肉鸭和鹅出栏最多的国家。通过对全国 23 个水禽主产省(自治区、直辖市)2021 年水禽生产情况的调查统计，全年商品肉鸭出栏 41.0 亿只，总产值 1 017.4 亿元；蛋鸭存栏 1.5 亿只，产量为 277.6 万 t，总产值 352.2 亿元；商品鹅出栏 5.7 亿只，产值 522.6 亿元。水禽传统养殖采用水上饲养方式，水面污染大，且高密度水养降低生产性能。随着水禽产业的快速发展，国家环保政策和消费者食品安全的新要求促使水禽养殖改革，由传统分散、水养转变为离水舍内养殖的方式。然而，简单的水禽离水舍养的问题较多：水禽规模化养殖产生大量粪便，且粪便含水多，呈稀浆状，处理难度大，舍内的大量粪水污染养殖内部和外部环境，并且危害舍内水禽健康，以上问题均推动了水禽智能化养殖工厂的快速发展。

在养殖工艺方面，规模化水禽养殖借鉴蛋鸡和肉鸡饲养中的多层笼养、温控通风、自动饲喂、光照控制等技术，同时针对水禽的生物学特点，为加强粪污处理、减少土地资源占用，以发酵床网上架养、多层笼养和光伏养殖为代表的水禽智能化养殖工厂不断涌现。发酵床网上架养模式中的网床实现水禽与粪便的分离，利用发酵床实现粪便原位降解、零排放，保证了舍内优良的空气质量和水禽的福利健康。立体多层笼养模式中的肉鸭养殖密度可达到 15 只/m^2，且该模式下劳动效率得到显著提高，1 人操作可饲养 2.5 万～3 万只肉鸭。鹅苗育雏也采用多层笼养以减少“痛风病”的发生。光伏养殖模式下，将水禽养殖转移到光伏场所，水禽在舍内活动，使用顶棚启闭式禽舍，提高了土地利用率。例如湖北省农科院实现了蛋鸭笼养，产蛋高峰期可持续 6～8 个月，其间产蛋率可达 97.5%；每只鸭 1 年可产 320 枚鸭蛋，比传统模式的产蛋性能提高了 10%左右。温氏水禽高效养殖小区采用高效肉鸭笼养模式，依托全自动化环控和喂料等设备，实现了高效规模化养殖。

在机械化与智能化水平方面，水禽智能化养殖工厂充分利用机械化、智能化技术实现环境调控。例如，多层笼养舍内安装温湿度传感器、通风负压传感器、气体浓度传感器、光照强度传感器和风速传感器，实现舍内环境监测（图 1-13），环境参数通过网络发送至中央计算机管理系统，进行多层笼养舍的智能化养殖、生产管理。笼养舍内安装集中控制器管理饲喂饮水、通风供暖、光照强度和粪污清理设备。多层笼养肉鸭舍智能管理的人机界面系统（图 1-14）集成养殖舍监控显示屏、大数据显示屏、报表数据输出、移动监控。通过养殖过程大数据的自动采集、上传、存储和分析，提升养殖智能化和信息化水平，实现水禽的智能化养殖。通过使用智能系统，养殖户还可以与苗、料、药、屠宰厂家对接业务，实现网上下单、网上交流信息、网上看病、网上培训学习等，降低各种学习、生产和交易的成本，提高养殖效率和养殖效益。种鹅反季节繁殖生产中使用光照控制技术，调节繁殖产蛋活动及产蛋季节；利用负压通风湿帘降温技术控制舍内温度避免热应激；利用自动饲喂技术，避免人为感染鹅群造成的应激问题；采用启闭式顶棚（图 1-15），进一步加大通风强度，减少舍内感染，改善卫生状况。水禽智能养殖工厂目前研发集成的各种粪污处理、环境控制、智能养殖、大数据等技术，有些处于初步阶段，在水禽出栏、环境调控、粪污处理等环节配套技术和设施设备仍需进一步研发完善并加大投入力度。例如水禽出栏依靠人工抓取方式工作强度大，且易严重损伤鸭肉产品，亟须研发能将水禽从笼内或舍内快速转运上车的输送带系统，降低劳动强度、提高工作效率、保证水禽产品品质。多层笼养肉鸭舍产生大量水汽，需要采用清洁均匀高效的通风技术降低鸭舍湿度，提高肉鸭成活率和生长均匀度。多层笼养粪污量大、含水多，需要研发配套的粪污发酵处理装备及清运技术，进行堆肥处理，并配套大量农田以消纳粪肥。发酵床网养模式下需要进一步完善网下垫料翻耙系统，加大垫料翻动深度和能力以促进垫料粪肥更好地发酵熟化处理，改进电力传输方式和安全性；同时需要进一步完善发酵床运行管理技术以满足全年养殖需求，研发粪肥垫料的高效清运技术以方便农田施用。水禽（如鸭）笼仍参考鸡笼，专用水禽笼具及配套

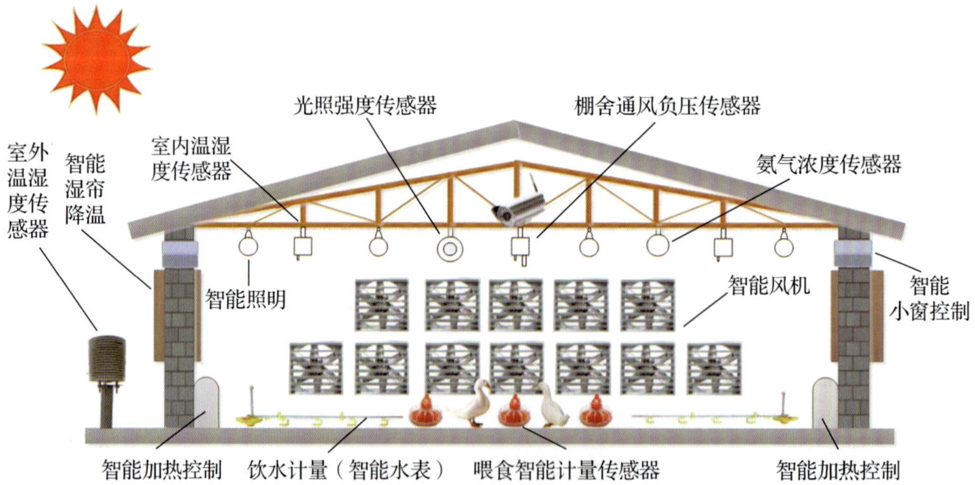

图 1-13　水禽多层笼养舍传感布点系统

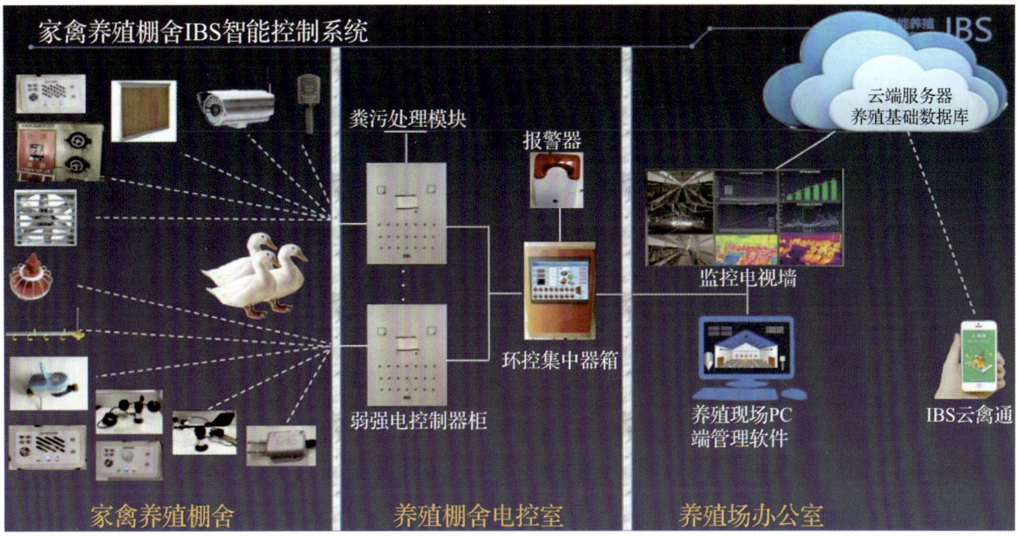

图 1-14 多层笼养肉鸭舍智能管理的人机界面系统

图 1-15 启闭式顶棚鹅舍

适应生理特性的料槽、水线、传粪带等研究较少，尚处于起步阶段，亟须研发出适应水禽习性的水禽专用笼具，以及配套水禽专用水线、料槽、集粪装置等。

1.3 家禽智能养殖工厂的未来展望

从全球范围来看，现代家禽养殖已成为一个集工艺、环境、装备各要素整体融合的系统工程，工程装备的科技贡献备受关注。其推动设施环境、自动装备、智能管理等关键节点的原始创新，并通过互联网技术实现各要素间的相互融合，提高家禽养殖设施的标准化、环境调控的精准化、饲喂与清粪的智能化/自动化、管理的信息化水平，实现健康、高效、安全生产，已成为现代家禽养殖的必然趋势和根本途径。

1.3.1 家禽舒适健康生产的环境保障

随着我国家禽业集约化、规模化的不断发展，特别是大群体、高密度饲养畜禽规模的快速扩大，提升禽舍环境质量成为影响畜禽健康状态、生产性能、资源效率的关键。养殖环境是影响现代家禽健康和生产力的重要因素之一。为家禽营造舒适的生长生产环境，不仅关系到家禽的福利健康，更与家禽产品品质、食品安全和养殖场经济效益密切相关。为保障家禽舒适健康生产的环境要求，需主要从热湿环境、环境空气质量、光环境和水环境等方面进行调控。

家禽舍内热湿、空气质量等环境参数由气候条件（日照强度、空气温度、空气相对湿度等）、各种热湿源（鸡只饲养量、密度等）、污染物排放源、建筑围护结构以及通风等因素相互耦合作用决定。热湿环境参数是影响家禽健康、生产性能以及产品品质的重要因素。研究表明，蛋鸡在开产期的最适温度为18～23 ℃，当环境温度高于27 ℃时，料蛋比增加，产蛋率显著下降，低温情况下饲料转化率下降，且蛋鸡的抵抗力会显著下降。此外，相对湿度与环境温度紧密相关，蛋鸡舍内相对湿度宜为60%～65%，而湿度与温度的耦合作用会影响鸡只自身的体热调节，进而影响鸡只生产性能。低温高湿环境下容易诱发呼吸道疾病，而高温高湿环境会加剧热应激对蛋鸡健康的影响，死亡率及淘汰率升高，进而降低鸡只生产性能和养殖场的经济效益。然而针对热湿环境的调控措施往往会影响舍内的环境空气质量，为满足低温季节舍内温度的要求，密闭式蛋鸡舍内冬季通风量减少，从而导致舍内 CO_2 和粉尘浓度过高，成为影响蛋鸡舍环境空气质量的重要参数。在已发生的鸡的疫病中，有40%以上的疫病是通过空气传播的，而在突发的烈性疫病中，有70%以上与环境空气质量相关。我国《畜禽场环境质量标准》(NY/T 388—1999)中针对传统刮板式清粪鸡舍规定二氧化碳浓度指标上限为1 500 mg/m^3，现有研究中针对采用传送带清粪的蛋鸡舍建议舍内二氧化碳质量浓度指标调整为5 000 mg/m^3。此外，我国《畜禽场环境质量标准》中对家禽舍内其他环境空气质量参数提出了技术要求（表1-1）。为保障家禽生产设施的环境均一性与舒适性，在设施家禽养殖热湿环境和环境空气质量自动控制方面，主要根据不同生理阶段现代高效生产环境调控需求，优化不同气候区家禽舍围护结构保温隔热性能参数、轻量化结构设计与密闭环境调控方法；根据不同季节家禽对健康环境的实际需求，开发综合通风与精准热湿环境调控技术；并结合新型生产工艺与建筑材料，建立适合本国国情的规模家禽舍标准化设计方法、标准和手册体系。

表1-1 家禽舍环境空气质量参数要求（引自：NY/T 388—1999）

项目	雏禽舍	成禽舍	项目	雏禽舍	成禽舍
氨气/(mg/m^3)	10	15	PM10/(mg/m^3)	4	
硫化氢/(mg/m^3)	2	10	TSP/(mg/m^3)	8	
二氧化碳/(mg/m^3)	1500		恶臭（稀释倍数）	70	

注：表中数据皆为日均值。

光环境参数中光色/光谱、光强与光周期对家禽的生产性能、生理特性、行为特性、体质健康等方面均有显著影响，是家禽养殖光环境调控的三要素。在合理的光照时间和光照强度的基础上，选择合适的光色来提高禽类生产性能和免疫力至关重要。光周期能够改变外周生物节律，影响产蛋。雏鸡阶段采用间歇光照有助于促进蛋鸡身体机能的发育。0～1周龄的光照程序采用4L:2D循环模式（L代表光照，D代表黑暗），即从凌晨开始每6 h为1个光照周期，前4 h光照，后2 h黑暗。刚出壳的雏鸡身体机能尚未发育完全，此光照程序有助于促进雏鸡身体机能的发育。在产蛋后期采用间歇性光照对蛋鸡的生产性能不会造成不良影响，而且能够节约25%的光照能耗，符合我国节能减排的政策。光照强度方面，国外常用1～7日龄雏鸡舍的光照强度为30～50 lx，8～28日龄雏鸡舍的光照强度为25 lx，29～42日龄雏鸡舍的光照强度为5～15 lx。目前，国内养殖场普遍采用节能灯和LED灯光源对鸡舍进行补光。LED灯光线分布相比于白炽灯和节能灯光源分布更均匀、寿命更长、更加节能，从光照效果和经济效益的角度分析，用LED灯进行人工补光将更有助于节能高效。光照颜色方面，从专业化生产而言，短波长的光（蓝光、绿光）可促进雌性家禽性腺的成熟，长波长的光（红光）可明显增加蛋鸡产蛋数量。从经济的角度而言，单色光补光能够有效节约生产成本，并且不会对饲养人员造成影响。LED灯是一种新型照明灯具，与当前养殖场使用的白炽灯和节能灯相比，具有节能、使用寿命长、无辐射、清洁环保、无频闪等优点，利用LED重构光谱，可在不同阶段采用不同光照颜色。

家禽饮用水质量的好坏直接影响家禽的健康和产品的品质，因此在家禽养殖过程中保障水环境的安全非常重要。我国《畜禽场环境质量标准》就细菌学指标、感官性状指标和毒理学指标3部分制定了畜禽饮用水质量要求（表1-2），并对水的不同来源进行了区分。

表1-2　畜禽饮用水质量要求（引自：NY/T 388—1999）

项目	单位	自备井	地面水	自来水
大肠菌群	个/L	3	3	
细菌总数	个/L	100	200	
pH	—	5.5～8.5		
总硬度	mg/L	600		
溶解性总固体	mg/L	2 000		
铅	mg/L	Ⅳ类地下水标准	Ⅳ类地下水标准	饮用水标准
铬（六价）	mg/L	Ⅳ类地下水标准	Ⅳ类地下水标准	饮用水标准

注：甘肃、青海、新疆和沿海、岛屿地区自备井溶解性总固体可放宽到3 000 mg/L。

此外，为保障家禽良好的生产环境，养殖过程中还需要通过工程隔离、合理分区、有效的消毒手段等，阻止其他动物进入场区，防止交叉感染，创造有利于防疫和净化场区环境卫生的工程技术。工程防控体系的建设有助于切断病原体和易感动物之间的传播途径，确保养殖场的生物安全。家禽养殖工程防疫包括合理的规划布局、场区内有效隔离、消毒设施设备配置、舍内环境控制与净化、防鸟防鼠防蚊蝇等。智能无害化消毒设施设备、智能人员管理系统、智能驱鸟设备、鸡舍排出空气净化处理技术与装备、病死家禽无害化处理技术与装备等的应用，可以有利于创造安全的养殖环境、切断病原体和易感家禽之间的传播途径，保障家禽健康养殖。

1.3.2 家禽生产全程数字化智慧管控

近年来，以移动互联网、大数据、云计算和人工智能等为特征的新一代信息技术不断渗透到家禽生产的全过程，全面自动感知与表征家禽复杂场景人机工况、生理与健康状态以及动态行为等信息，通过环境调控、智能装备与健康感知的有机融合，集成物联网技术、嵌入式系统以及大数据挖掘，实现对家禽生产全程的整体或局部精准控制、行为的自动识别，对投入品的按需动态供给、计量与溯源，以及异常生产过程或常见疾病的预警/报警，通过实施智慧管理，保障家禽健康状况、产出效率及产品品质。

在家禽舍复杂场景人机工况智能感知方面，通过对家禽舍养殖环境、设施设备、养殖人员和生产流程等多模块信息的实时自动感知与表征，为家禽生产全程数字化智慧管控提供重要数据支撑。随着环境参数精密传感器与环境自动控制类装备的迅速发展，通过对畜禽舍有害气体浓度(包括氨气、硫化氢、二氧化碳、氧化亚氮)、颗粒物浓度(包括PM2.5、PM10、TSP)、光照度等环境参数精确稳定测量传感器与设备研发，有害气体红外传感技术、调谐激光光谱传感方法和粉尘激光后向散射传感技术的探究，传感技术对恶劣环境适应性研究，以及空气污染物排放量监测方法的研究，精确实时感知热湿环境、气体气味、空气微生物、光照度等养殖环境；基于无线定位引擎算法，构建养殖人员作业轨迹与洗消记录在线监管系统，并集成家禽饲喂、饮水和加药等设施设备工况等数据信息，实现家禽养殖人机工况高精度主动感知与监测。

在家禽生理状态检测与行为识别方面，基于机器视觉分析、动物音频分析、红外温度感知与穿戴式传感等先进感知方法与手段，实现家禽体温、心率、呼吸等特征生理参数信息的自动感知与健康识别；典型声音特征与环境应激发声特征的自动识别；家禽个体与群体行为以及运动轨迹的自动识别与活动量/活动度的量化解析。通过准确高效地自动感知家禽生理和健康状况与行为等信息，进行异常指标的实时准确识别与预警预报，从而加强家禽生产各环节的科学智慧管理，对改善家禽健康状况与福利水平至关重要。

此外，在获得家禽生产全程信息感知与表征知识后，通过数字化、智能化手段实现家禽疫病诊疗的自动化方法，可以有效提高对患病或异常家禽的诊断效率、缩短诊断周期、降低家禽养殖中人工巡检的劳动力，实现家禽生产全程数字化智慧管控。家禽疫病自动诊疗方法不同于常规的基于病理学知识的诊断方法，其主要通过各类传感器自动获取家禽在养殖过程中的图像、声音、体温、心率、排泄物等多模态特征信息，而后通过梅尔倒谱系数、Logistic 回归分析等数学模型和支持向量机、深度学习等智能算法对采集的信息进行综合分析与处理，构建人机工况、家禽生长与健康定量评价模型，挖掘养殖环境、家禽表征信息与疾病的内在关系，对家禽的健康状态做出评价与预测，实现家禽生产全程数字化智能调控与异常状况的智能识别与预警预报。未来家禽疾病自动诊断的研究重点是提高其传感算法的精度和数学模型的适用性与鲁棒性，并进一步发展基于多种特征耦合与数据融合的智能化家禽疾病诊疗专家系统，争取实现实时、高效、智能、精准的畜禽健康诊断。

1.3.3 家禽养殖低碳设施与智能装备

家禽规模化养殖已经是行业发展大势所趋，行业节能减排的需求不断提升。但是在实际生产中，由于现代规模畜禽生产饲养体量大、密度高，往往会忽略或牺牲设施设备的能耗以充分保障畜禽生产性能稳定。在各国广泛提倡碳达峰、碳中和的“双碳”背景下，大力发展家禽养殖低碳设施研发设计，对提升家禽养殖行业的质量效益，发展环境友好型家禽养殖模式，支撑包括家禽养殖在内的畜牧业的可持续发展具有非常重要的意义。

国际上有关民用建筑的低碳节能设计研究相对较多，特别是近年来“绿色建筑”受到了广泛关注，欧美、日本、澳大利亚等国家和地区均制定了成熟完善的建筑节能评价方法，西门子、江森自控、霍尼韦尔等企业也开发了较为成熟的建筑能耗数据监测分析系统。畜禽舍，尤其是家禽舍在低碳节能设计的领域尚处于研究阶段，实际规划建设中大多参考借鉴民用建筑的标准。然而现代化家禽生产规模大、密度高，在建筑设计、节能方法等方面均具有其特殊性，应结合养殖规模、养殖密度、建筑材料、调温与通风技术装备、环境监控设备等系统工程展开，直接套用现有民用建筑标准并不现实。

在畜禽舍能量利用与控制方面，国际上对于开放可密闭式和封闭式畜禽舍的能量利用进行过较为详细的研究，对热环境与畜禽的生产性能建立了相应的模型，评估了供暖、制冷和通风系统方面的能源利用效率，并在生产中进行了规范。在国外叠层笼养蛋鸡舍中，清粪、喂料、集蛋等生产设备和照明系统是蛋鸡舍内重要的用电设备，上述用电环节全年能耗平稳无较大变化，且占蛋鸡舍总能耗的比例较小(图 1-16 和图 1-17)。而用于蛋鸡舍通风的风机能耗所占比例高达 60%左右，因此在实际生产中可以针对通风换气降温环节施行有关节能措施。通风换气降温系统主要由风机和湿帘构成，一方面可以通过提高风机通风效率实现节能，另一方面可以通过提高湿帘降温效率实现降耗，以此达到节能降耗效果的最大化。

我国在“十四五”规划纲要中明确指出，要加快发展方式绿色转型，深化建筑节能，提高资源利用效率。作为重要的生产性建筑，规模家禽舍建筑体量大，环境调控能耗高，不规范的建设与管理措施会导致家禽舍成为典型的污染物排放源，造成生物安全风险。同时我国家禽业普遍采用高生产性能的优良品种，为保障其遗传性能的良好发挥，需要家禽舍具备良好的环境调控措施，因而对其建筑热工性能、环境调控方法与技术等方面提出了越来越高的要求，以达到节能的目标。

在现代化的家禽生产过程中，不同的生产工艺需要相应的智能装备与之配套，以实现机械化、自动化的高效生产，极大地减少劳动力投入。虽然目前我国家禽规模化生产机械化程度较高，但智能化水平仍较低，在生产设备、巡检和作业装备等方面有很大的提升空间。

新型福利化养殖笼具以及现有的生产笼具均需要功能性的智能化改造和优化。以我

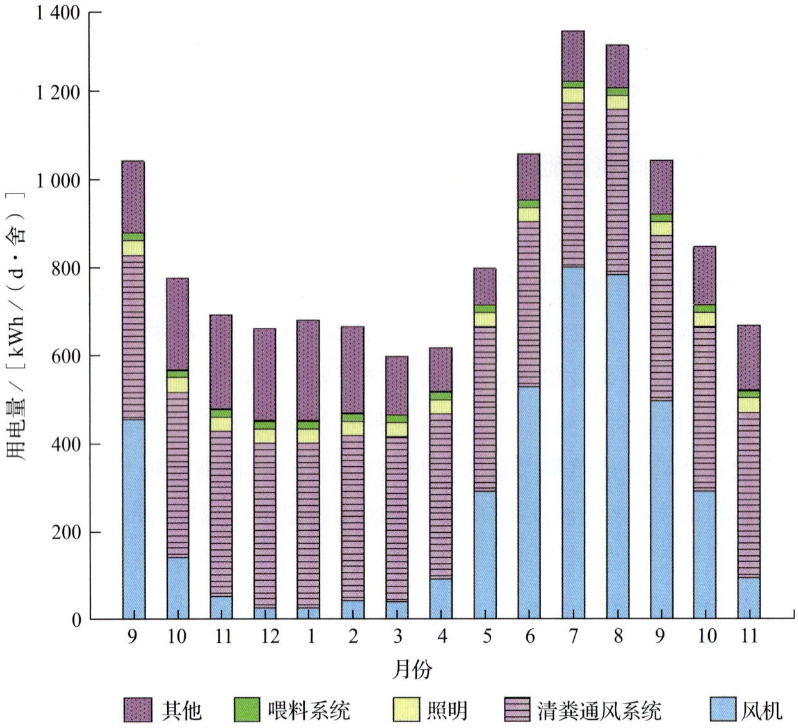

图 1-16　蛋鸡舍全年能耗监测(2010—2011 年)

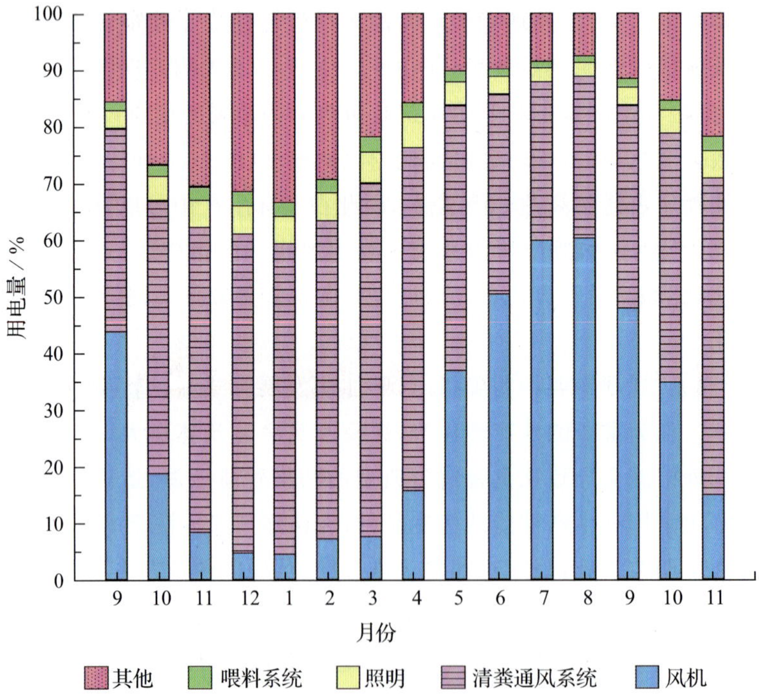

图 1-17　蛋鸡舍全年能耗比例(2010—2011 年)

国蛋鸡福利养殖设施为例(二维码 1-3),具有中国特色的蛋鸡福利化离地栖架立体散养系统机械化程度很高,采食饮水、集蛋、清粪等环节基本可以实现机械自动化操作,但是体重、体温、活动量等生理行为参数的监测和分析工作尚需大量人力参与。现有的生产装备也存在许多问题,由于白羽肉鸡饲养量大,单栋舍存栏量可达 50 万羽,单批次出鸡数量大,工作量很大。而现有的传送带出鸡方式极易造成断羽、骨折的情况,极大地影响了后续肉制品加工的质量控制。而在家禽孵化环节,具备 CO_2 浓度等环境参数调节功能的孵化器正逐渐取代传统的温控孵化箱,可以极大地提高出雏品质,保证家禽的生产效率。

二维码 1-3
福利化养殖模式及装备

家禽养殖作业装备的智能化程度也相对较低,目前我国家禽舍的清洗、免疫、消毒工作大多仍依赖人工,自动化程度很低。北京市农林科学院、新希望、六和等科研院所和企业开展了大量研发工作,设计了畜舍消毒机器人、清洗机器人等原型样机,但自主作业水平主要停留在遥控或简单巡线导航级别,难以胜任免疫注射和选点消毒等无人化灵巧操作。法国 Octopus 生物安全公司研发了具备环境监测、垫料翻抛和喷洒消毒功能的自走式巡检机器人,可以实时感知鸡舍温湿度、氨气浓度信息,预警异常情况,排查并定位死亡鸡只,实现远程监控。因此,新型自主学习理论与机器人技术的结合,为解决家禽舍复杂免疫操作和精准喷雾消毒等高难度装备的研发提供了新方法,有利于推动智能装备产品化落地。

在我国家禽规模化生产末端环节,禽蛋分拣、喷码、包装等操作的智能化水平和国外差距较大。虽然国外已有相当成熟的禽蛋挑选、分级、清洗、喷码和包装自动化设备,但相关设备的国产化水平较低,国内许多规模家禽场为了节省成本仍采用人工方式进行,只有少数新建规模家禽场可以实现半自动化分拣打包工作。近年来,国内广州广兴牧业设备集团有限公司已经开始研发禽蛋自动分级清洗包装设备(图 1-18),而随着人力成本的不断攀升,未来禽蛋分级包装的工作必然会全部交由智能化的装备来承担。

图 1-18　广州广兴牧业设备集团有限公司的禽蛋自动分级清洗包装设备

第 2 章

家禽工厂化养殖的工程学基础

家禽的生长发育是一个连续的过程，通常呈现非线性特征，其整体经历生长早期增重速度逐渐加快（直至最大）、体重不断增加的自加速时期，增长速度达到峰值后由快变慢，但体重仍继续增长的转折时期，以及达到极限体重、增长几乎停止的自抑制时期。家禽整体的生长发育是由若干个部位的生长发育组合而成的，各部位存在不同的生长曲线和生长高峰，依据各部位的发育时间和特点可将家禽的生长过程划分为多个阶段。

2.1 蛋鸡不同生理阶段与工厂化生产工艺的关系

2.1.1 蛋鸡不同生理阶段的环境调控要求

依据蛋鸡各时期生长发育特点可将其生长时期大致分为 3 个阶段。

第 1 阶段为 0～6 周龄，该阶段雏鸡生长发育迅速、代谢旺盛，骨骼和肌肉迅速发育，体重增长速度持续上升，1 周龄体重可达到出生体重的 2 倍，6 周龄体重可达到 15 倍。

初生时雏鸡体温调节能力尚不健全，体温较成年鸡低 3 ℃，绒毛稀少，无羽毛，皮肤薄、脂肪少、热量易散发，直至 10 日龄可达正常体温，2 周龄体温调节能力趋于完善，6 周龄左右可适应外界温度。通常 1 日龄的雏鸡环境温度为 35 ℃，而后温度逐渐减低，每 4.5 d 下调环境温度 1 ℃，确保鸡群在 42 日龄前环境温度下降到 20～22 ℃。在注重温度调控的同时也要调整湿度，2 周龄以内的鸡群，对外界相对湿度要求较高，鸡舍相对湿度应当处于 60%～70%，而 2 周龄以后的相对湿度应当下调至 55%～60%。雏鸡的新陈代谢旺盛，会产生大量的 CO_2，再加上粪便中物质代谢产生的有害气体（NH_3、H_2S）等，都会影响鸡舍内的空气组成，不利于雏鸡的健康生长，因此需要给鸡舍进行良好的通风，但要求通风不影响温度和湿度，对雏鸡来说，保温、保湿更为重要。初生雏鸡需要进行 24 h 光照，而后随着其生长，逐渐减少光照时间，到 6 周龄时光照时间不超过 12 h。

第 2 阶段为 7～18 周龄，该阶段鸡的骨骼和肌肉在第 1 阶段快速发育的基础上，持续生长。蛋鸡骨骼通常发育至 8 周龄可达成年骨架的 75%，10 周龄可达成年骨架的 82%，12 周龄可达成年骨架的 90%，至 14 周龄蛋鸡骨架结构基本发育完成。同时蛋鸡绝对增重较大，生长速度持续加快，出现体重增长拐点。

鸡群经历换羽期后羽毛丰满，具有健全的体温调节能力，对温度的要求不高，只需要环境温度维持在 15～22 ℃，相对湿度达到 50%～60%即可。光照时间也要逐渐缩短至 8 h，一直维持到 16 周龄，这样有利于保证鸡群对光照的敏感性，如果使用长时间的光照，鸡只在育成后期性器官开始发育，就会刺激性成熟提前，虽然能够及早开产，但是会影响整个产蛋期的生产水平，所以育成期的光照管理非常重要，最好让鸡舍处于密闭状态，维持恒定的 8 h 光照。

第 3 个阶段为 19 周龄至淘汰，蛋鸡前期仍要完成一部分的体重增长，直至 36～38 周龄达到产蛋高峰，产蛋高峰后蛋鸡生长基本停止，此后的体重保持相对平稳并略有增加，增加部分几乎全部来源于脂肪的沉积。

适宜的温度有助于蛋鸡发挥最佳的产蛋性能，温度过高或者过低都不合适，其中 13～23 ℃是最佳的温度。因此，在夏季，需要增加通风来防暑降温；在冬季，则需要保暖。同时，也要控制好鸡舍内的相对湿度，相对湿度过低会导致鸡体脱水，不利于产蛋；而相对湿度过高的环境则会滋生病菌，导致蛋鸡发生疾病。因此，相对湿度需要控制在 60%～70%。产蛋期鸡只拥有旺盛的代谢，需要更多的 O_2，同时也会排出大量的 CO_2。因此，鸡舍需要有良好的通风来进行换气，鸡舍内过多的有害气体会造成机体损伤，影响产蛋。鸡舍内 NH_3、H_2S 以及 CO_2 浓度也需要控制在一定范围内，刺激性气体会使鸡只呼吸道黏膜损伤，从而导致发生疾病。光照对蛋鸡的体重、性成熟都会产生重要的影响，适当增加光照可提高蛋鸡的饲料转化率和产蛋性能。进入产蛋高峰期，光照显得尤为重要，需要将光照时间控制在 16 h 左右。当然，也需要根据季节对光照时间进行合理的调整。进入产蛋后期后，需要适当减少光照时间，一般控制在 14 h 左右。

2.1.2 蛋鸡的行为特征与工厂化生产模式

1. 采食行为

鸡是杂食性动物，可采食嫩草、草籽和昆虫等。鸡喙的形状决定了鸡便于采食颗粒状的饲料。鸡的胃肠道较短，其食糜通过消化道的速度较快，因此鸡具有频繁采食的特点。鸡喜欢群居生活，个体间几乎同步采食、同步休息，因此雏鸡中只要有一只学会采食，就会有很多雏鸡跟着学会采食。鸡会有选食行为，即只挑选采食自己需要的饲料。当鸡体内缺乏某种物质时，会本能地主动寻找食物。

鸡的采食行为在不同生长阶段或者生理需求下也会有所不同。雏鸡有开食行为，即雏鸡在出壳后不久就有啄食行为；雏鸡在出壳后 48～72 h 内可吸收卵黄营养，一般在 3 日龄之前给予 23～24 h 光照，使得雏鸡尽快建立起对饲料的条件反射，环境中的温度、相对湿度、光照和噪声均会影响雏鸡的采食行为；雏鸡还有着相对的控食行为，能按照自己的需要进行采食。成年鸡的采食行为受到产蛋、群体优势等级、温度、饲料能量等多方面的影响，在自然光照下，成年鸡的采食高峰期为日出后和日落前的 2～3 h。蛋鸡在产蛋阶段会比其他生长阶段的采食量大。

为了保证鸡群健康生长，合理的饲养密度是必须的。合理的饲养密度不仅能够保证鸡群获得充足的饲料，也能保证鸡群具有良好的均匀度，从而对今后产蛋的高峰期产生极为有利的影响。从育雏期到育成期过渡阶段需要进行换料，通过阶段性不同比例的育雏料、育成料混合饲喂，直到最后完全以育成料饲喂。在育成期，采食过量会导致蛋鸡提前性成熟，因此需要进行限饲，当进入育成期后期时，需要解除限饲，为产蛋做准备，并添加适量的能补充钙质的营养物质。同时需遵循营养标准，向鸡群饲喂能够帮助消化的砂砾。随着产蛋率及蛋品质的提高，则需要调整饲料的营养物质组成以满足蛋鸡的营养需求。当产蛋率达到85%时，可逐步更换高产料，以尽量减少蛋鸡应激，防止产蛋率下降。在产蛋高峰期，蛋鸡的消耗极大，不仅用于生产需要，还要满足自身的发育，因此需要提供优质、营养全面的饲料。进入产蛋后期，蛋鸡的产蛋率会明显降低，营养的需要量减少。当产蛋率降低到80%左右时，为了避免高营养水平饲料使蛋鸡体重增加、脂肪堆积，导致它们过早出现产蛋性能降低的情况，需要更换饲料。同时，为了保证蛋壳品质，需要将饲料中的钙含量控制在一定范围内。

2. 饮水行为

鸡体内的水分来源有3种，分别为直接饮水、青饲料中的游离水和营养物质在氧化代谢过程中化学反应释放出来的氧化水，这3种来源的水在调节体液平衡过程中起相同作用。

鸡通过排泄、呼吸、产卵等丢失水分后，体液减少，刺激神经系统，使鸡产生渴感。血液中的血管紧张素通过脑部腹侧的额叶下器官的微细结构细胞而触发觅水行为和饮水行为。当饮水量快达到饱和时，信号不断反馈给控制系统，暂停饮水片刻，然后再饮水一会儿，之后再暂停更长时间，直到最后停止饮水。

鸡的饮水行为受年龄、饲料、温度、时间以及疾病等因素的影响。雏鸡体内水分比例比成年鸡高，对缺水也更敏感，雏鸡缺水很快会导致脱水。刚出壳的1日龄雏鸡，由于可以利用体内卵黄，48 h内不吃料没有生命危险，但须及时补充水分。随着蛋鸡的不断长大，通过各种途径排出的水分增多，饮水的绝对量增加，产蛋期比育雏期和育成期需要更多的饮水。

饮水对育雏期的雏鸡来说是非常关键的，孵化过程中的温度较高，雏鸡会消耗掉大量的水分，因此需要在出壳24 h内及时补充水分。在育雏期的前3 d需要严格控制水源的品质，纯净水是最好的选择，最好避免添加维生素等，因为这些营养物质会给雏鸡器官带来一些负担。养殖者应根据鸡群的生长状况对鸡舍内饮水器的放置高度做出适当的调整，避免过高或者过低。一般来说，从10日龄开始，饮水量和饲料的比值应该为1.8∶1。蛋鸡的饮水方式是少量多次，每天的饮水总量约为200 mL。在传统的阶梯式鸡笼中，必须要有2个乳头饮水器或饮水杯。地面平养系统的标准是每10只鸡有1个乳头饮水器或饮水杯，使用钟式饮水器，每只鸡要有1 cm的饮水位；使用长饮水槽，每只鸡要有2 cm的饮水位。在产蛋高峰期，蛋鸡的消耗极大，不仅用于生产需要，还要满足自身的生长发育，产蛋率越高，蛋鸡对饮水的需求就越大，应在保证充足供给的情况下，根据季节、产蛋率等适当调整供水量。

3.产蛋及就巢行为

鸡的产蛋行为受神经内分泌系统的调控。蛋鸡在育成期卵巢就已开始发育,8周龄以下的雏鸡生殖器官的活性低,分泌的激素很少,所以卵泡发育程度不显著;8周龄以后随着内分泌器官活跃,分泌的激素增多,从而促进卵泡快速发育。

蛋鸡的产蛋行为绝大部分集中在白天,呈偏态分布,即上午产蛋多于下午,产蛋高峰集中在10:00前后。蛋鸡的产蛋行为表现为:产蛋前鸡只在蛋窝前面不断走来走去,寻找合适的产蛋位置;鸡在选好产蛋位置后,蹲卧,不断调整姿势;产蛋后(2～5 min)将所产的蛋放在自己的胸、腹部下,之后起身,走出蛋窝。就巢行为是蛋鸡的重要母性表现之一,指蛋鸡进入产蛋巢(或窝)的次数增加及时间延长,导致蛋鸡最终固定于产蛋巢内孵蛋的行为。一般蛋鸡就巢行为的开始总伴随着产蛋行为的停止,因此会影响鸡群的总产蛋量。

一般情况下,蛋鸡在19周龄左右会转入笼内饲养,进入开产阶段。由于环境以及各种因素的应激,产出的鸡蛋可能会出现畸形蛋、蛋比较小等现象,此时,需要供给蛋鸡专门的饲料来提高蛋鸡的产蛋率和鸡蛋品质。在产蛋高峰期,蛋鸡的消耗极大,不仅用于生产需要,还要满足自身的发育,因此需要提供优质、营养全面的饲料。

4.性行为

性行为指有性繁殖动物达到性成熟后,在繁殖期雌雄动物之间所表现的与配种有关的行为,为种族繁衍所必需。鸡的性行为包括求偶、爬跨、交配、射精4个环节,由于公鸡的阴茎已经退化,射出的精液没有冲力,交配过程只是退化的阴茎和母鸡阴道接触,精液流到母鸡阴道中。

幼龄雏鸡通常不表现性行为,早期性经验对性行为的发育有影响。公鸡最典型的性行为表现是以在母鸡中跑动为开始的,它在跑动中逐个检查母鸡以寻找能接受交配的个体。性行为可发生在一天的任何时间,但以午后傍晚之前最常发生。

5.群体行为

群体行为是指同种动物群体中,个体之间发生的各种反应作用。鸡的群体行为有性行为、母性行为、依恋行为、感情体系、争斗与优势等级以及群体间的信息交流等。

争斗行为是鸡为了争夺地盘和饮食,取得在鸡群中的统治地位,或为争夺配偶而进行的斗争行为。它包括从退却到进攻的一系列行为反应。这些行为可以从优胜的、屈从的或某种中间状态的鸡的面部表情、身体姿态、发出的声音以及表现的运动中明显地得到反映。雏鸡在1月龄左右开始彼此间嬉戏或打闹,这是好斗行为的开端,这种活动可导致啄斗行为。

优势等级是指群体中某一成员较其他成员在许多群体行为中表现出更为优先的地位。优势的蛋鸡往往是先获得饲料、饮水,占有产蛋窝。笼养母鸡,一只小笼中的几只母鸡也同样存在优势等级,但随意调换位置对鸡群的稳定不利。

6. 异常行为

异常行为的特点是无目的性或是对自身或是对其他个体有害,例如蛋鸡刻板症、啄癖以及异食癖。刻板症是指由于禁闭饲养,特别是笼养动物常表现一种固定不变的运动。鸡由于被关在笼中饲养,缺乏自由,不能自主觅食,难于伸展肢体,为了保持自身的清洁以及逃避和躲开追击者,产生单调的刻板性动作。啄癖主要表现为啄肛、啄羽、啄冠、啄蛋等。这些异常啄食习性对笼养鸡生产危害极大。异食癖是指食粪、食石块、食羽毛、食肠、食蛋。在自然状态下鸡通过自由寻食来满足身体发育和产蛋的各种营养需要,对于身体缺乏的营养素有优先选择的本能。

2.1.3 蛋鸡工业化生产工艺的优化

高产蛋鸡从出壳到淘汰大约需要饲养 72 周,故有蛋鸡饲养 500 d 之说。根据蛋鸡生长发育的特点和规律,可大致将蛋鸡饲养划分为育雏期(0～8 周)、育成期(9～20 周)和产蛋期(21～72 周) 3 个阶段。一般将 0～20 周龄的鸡统称为后备鸡,以海兰银褐后备蛋鸡为例,其生长形态如图 2-1 所示。

图 2-1 海兰银褐后备蛋鸡生长形态

现代蛋鸡饲养一般将 0～8 周龄视为育雏阶段,育雏的好坏直接影响着雏鸡的生长发育、成活率、鸡群的整齐度、成年鸡的抗病力及成年鸡的产蛋量、产蛋高峰持续时间的长短,乃至整个养鸡产业的经济效益。有试验表明,8 周育雏比 6 周育雏更有利于后备蛋鸡的培育和产蛋潜能的发挥。蛋鸡育成期的培育目标是培育出具备高产能力和有维持长久高产体力的青年母鸡群,育雏阶段的关键在于控制舍温、保证饲料品质和雏鸡体质健壮,育成阶段的关键在于控制好体成熟(体重)和性成熟。产蛋期一般分为 3 个阶段:第 1 阶段是从上笼到 5%开产,第 2 阶段是 5%开产到 50 周左右或到产蛋高峰过后产蛋率下降到 70%,第 3 阶段是 50 周龄左右至淘汰,各阶段应给予蛋鸡不同营养水平的日粮,以满足其产蛋需要。

蛋鸡饲养工艺一般为两段式饲养或者三段式饲养,一段式饲养较少。一段式无须转群,蛋鸡一直在同一间鸡舍中生长发育产蛋;两段式饲养工艺将 0～140 日龄的雏鸡和育成鸡放在同一鸡舍饲养,140 日龄以后转至产蛋鸡舍饲养;三段式饲养工艺将 0～42 日龄的小雏鸡、43～140 日龄的育成鸡和 140 日龄以后的产蛋鸡分别放在不同的鸡舍中进行育雏期、育成期和产蛋期的饲养。3 种饲养工艺的特点比较如表 2-1 所示,综合来看,三段式饲养工艺适应蛋鸡的生理特点和生长发育规律，在设备利用效率、能耗和防疫等方面具有优势，但在雏鸡阶段需要较高的温度，应增加供暖设备，育成阶段在寒冷地区冬季应补充供暖，才能保证鸡群的需要，较适合一些规模较大、设施条件较好的鸡场。

表 2-1　不同饲养工艺比较

阶段划分模式	一段式	二段式	三段式
鸡舍种类	种鸡舍	育雏舍、育成舍、成鸡舍	育雏舍、育成舍、产蛋鸡舍
转群次数	不转群	1	2
鸡舍及设备利用效率	500 d	中	高
鸡舍及设备的合理性	不合理	一般	较合理
操作管理等方面	简单	一般	一般
能耗	大	较大	节能
饲养密度	小	小	适中
应激程度	无	很小	有，影响不大
劳动强度	小	较小	较大
防疫	不利	不利	有利
环境控制	难	较难	易

在 2006 年以前，国际上对于蛋鸡养殖系统没有统一的分类，蛋鸡养殖设施的类型较多。如舍内垫料平养(deep litter)、多层栖架饲养(aviary system)、舍外自由散养(free-range system)、传统笼养(conventional cages)、富集型笼养(enrich cage system)等。2004 年起，欧盟发起了一项为期 2 年的蛋鸡福利状况评估项目，该项目将蛋鸡养殖系统分为 3 类：笼养系统(cage system)、舍内散养系统(noncage system)、舍外自由散养系统(outdoor/free-range system)，后两类通常又称为替代系统(alternative system)。目前，世界上大多数研究都采用此分类。

笼养就是将鸡关在笼内饲养，在蛋鸡生产中这种方式最为普通，有一定饲养规模的鸡场均可采用，其优点是：鸡场占地面积小，鸡舍内饲养密度高，一般比平养高 2～4 倍；便于集中进行机械化和自动化生产；不需要垫料，舍内粉尘很少，蛋表面干净，污染程度小；鸡不与粪便接触，能避免或减少寄生虫的危害，死亡率较低；由于鸡在笼内活动量小，采食量较少，饲料效率高，便于进行限制饲喂，转群或全群处理时抓鸡也比较方便。笼养又可分为层叠式笼养、单层笼养、全阶梯式笼养和半阶梯式笼养 4 种方式(图 2-2)。层叠式鸡笼上下 2 层笼体完全重叠，每层笼下面设有承粪板或刮粪器，常见的有 3 层或 4 层重叠式笼养(二维码 2-1)。单层笼养鸡笼平置于床架上，离地 2 m 左右，只养一层，下面为积粪坑。粪便清理不需刮粪设备，可在 1～2 年后鸡群全部淘汰掉以后再集中清理。全阶梯式笼养鸡笼呈阶梯形排列，上下 2 层笼体完全错开，每层笼的鸡粪均能直接落到地面上或粪沟中，这种方式不需要承粪板，也不需要刮粪

二维码 2-1
蛋鸡高密度叠层笼养

器，可以出完鸡后一次清理粪便。常见的有 2 层或 3 层全阶梯式笼养。半阶梯式笼养鸡笼呈阶梯形排列，但鸡笼上下 2 层笼体之间有 1/4～1/2 的部位重叠，常见的有 2 层或 3 层半阶梯式笼养。一般除最上层外，各层在重叠部位之下设有承粪板，鸡粪经刮粪板刮入粪沟或粪坑。

图 2-2　层叠式笼养(a)、单层笼养(b)、全阶梯式笼养(c)、半阶梯式笼养(d)

舍内散养系统(non-cage system)分为单层散养系统(single tiered non-cage system)、多层散养系统(multi-tiered non-cage system)，见图 2-3。单层散养系统在国内一般称为平养系统，其特点是在舍内地面或架高的地面、网面上铺设垫料，鸡只饲养于垫料之上。鸡只可以在整个鸡舍自由活动，与笼养相比，平养系统大大提高了蛋鸡的活动空间，并且投资较低。典型的多层散养系统如栖架式系统(perchery system)指在舍内提供分层的栖架，就像鸡笼一样排列以供蛋鸡栖息和活动，其中栖架必须注意所用的材料和结构，主要应用于欧盟国家，该类系统具有多层采食、栖息平台，因此与平养相比，提高了饲养密度，节约了建筑成本，但是也提高了一部分设备的投资。多层平养顶部通常设有多根栖架，蛋鸡可以在栖架之间自由活动，活动面积要远大于笼养方式，同时也符合鸡喜欢栖架休息的自然本性。设有多层采食平台，鸡只可以在多层采食平台进行采食、饮水。通常每层采食平台下部均设有粪污传送带，确保鸡在上层采食平台活动时不会将粪污掉落到下层鸡只身体上。采食平台由铁丝网构成，一般设计有一定坡度，当产生窝外蛋时，鸡蛋可以沿坡度滚出，有利于窝外蛋的收集，避免了散养养殖系统中人工捡拾窝外蛋的麻烦。部分鸡舍地面铺设垫料，以满足鸡觅食、沙浴的习性。这种系统有的是设置定时开放的鸡笼，鸡每天大部分时间被关在较大的笼具中，每天只有 10 h 左右的时间可以到笼外沙浴区进行自

图 2-3　平养系统(左)和栖架式系统(右)

由活动;有的是没有设置鸡笼,完全开放式的,鸡可以 24 h 完全自由地在舍内活动。

近年来,为推进栖架散养系统的不断改造升级,国内外相关团队从设备方面进行了研究。笔者所在的中国农业大学农业农村部设施农业工程重点实验室在栖杆、产蛋箱、沙浴等蛋鸡栖架立体散养系统的主要组成设备方面进行了研究,研制出一种采用条形钢骨架与混凝土模压栖条组合而成的复合栖杆结构,组成立体散养栖架的方案,取得国家发明专利:一种养鸡栖架(ZL 200710175517.4)。该 T 型栖杆上表面是弧形,且向两侧延伸,具有向内收缩的边沿,既有利于鸡爪抓握又利于鸡顺着栖杆行走。实验室还开发了一套适合于单栋 5 000 万～20 000 万只规模的蛋鸡离地栖架立体散养系统(图 2-4),采用网上栖架,将鸡与粪便分离。每一层铁丝网底网采食台面均设置为斜面,便于窝外蛋的收集。该系统设置了爬梯,用于我国笼养育雏育成鸡在转入时,辅助鸡适应多层空间并减少鸡跌落产生的损伤。该系统为铁丝网封闭系统,在长度方向上,每 6 m 作为 1 个大单元,每个单元可饲养 360～450 只蛋鸡。系统两侧设有 3 层采食食槽、蛋槽和乳头式饮水器,系统内顶部和各层采食平台的边沿均设有 T 型栖杆,白天鸡可以在 T 型栖杆上行走、活动,夜间可以在 T 型栖杆上栖息。根据鸡定位产蛋的习性,系统上部设有产蛋箱,系统底部为清粪传送带,将鸡粪自动传送至鸡舍后端的粪便收集设施;系统前端为全自动喂料系统及自动集蛋平台。该系统创造了一个能在舍内运行的较大程度上模仿自然散养条件的人工环境,既能满足鸡的行为表达需要,使鸡能够自由栖息,在产蛋箱产蛋,又能使鸡在一个较大的空间内进行水平和垂直活动,增强了鸡体健康和抵抗力,提高生产率;同时还能保持传统笼养中离地饲养的优点,尽量避免鸡体与粪便接触,减少舍内粉尘,减少鸡疾病的发生。同时,该系统全过程采用舍内饲养,可以完全人工控制饲养环境,与自然散养条件相比减少了环境的复杂性,从而改善了鸡体健康,控制了散养系统的脏蛋率、破蛋率。双区食槽的使用还能减少饲料浪费,提高饲料利用率。此外,该系统采用自动喂料、自动给水、半自动捡蛋、自动清粪,养殖人员劳动强度较小,可望实现较大规模的系统化生产。

舍外自由散养系统(out-door/free-range systems)在国内较为常见,如农户林下散养、山地散养等。散养模式可以给鸡提供一个广泛的自由活动空间,让鸡享有自然光照,并能够充分接触自然环境。散养方式下养殖密度较小，通常低于 5 只/m^2。这种方式通常是舍内饲养与舍外放养相结合，既保证了鸡群在野外的活动，又能在天气不好时给鸡提供庇护所。由于鸡群可以在舍外觅食，采食的时间增加了，且食物也更加多样化。与其他饲养模式相比，散养模式下由于环境的复杂程度大大增加且可控性不强，生产效率最低，管理难度也最大，大范围推广较难。

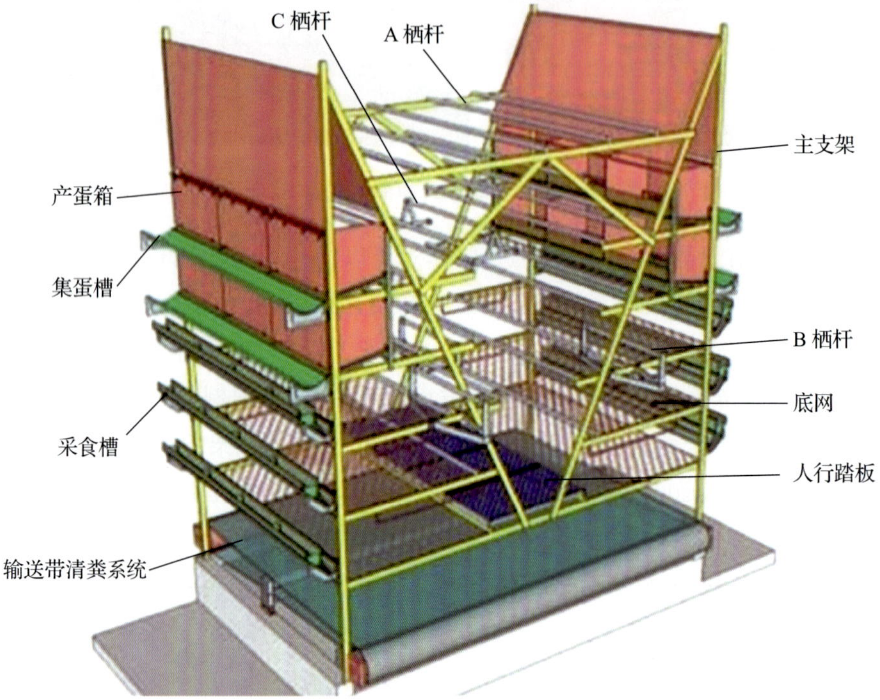

图 2-4　栖架离地立体散养系统构造

注：每个单元组长度 2 000 mm，宽度 3 000 mm，高度 3 400 mm

2.2　肉鸡不同生理阶段与工厂化生产工艺的关系

2.2.1　肉鸡不同生理阶段的环境调控要求

依据肉鸡各时期生长发育特点可将其生长时期大致分为 2 个阶段(图 2-5)。

第 1 阶段为 0～3 周龄，该阶段肉鸡的生长相对后期较缓慢。初生肉雏鸡对环境变化敏感、适应能力较弱，其所需适宜温度要比蛋雏鸡高 1～2 ℃，体温调节系统迅速发育，但其达到正常体温的时间比蛋雏鸡晚 1 周左右，为 2～3 周龄。

一般情况下，雏鸡 1～3 日龄时，应将鸡舍内的温度控制在 32～35 ℃；3～7 日龄时，舍温控制在 31～34 ℃；2 周龄后，舍温控制在 29～31 ℃；雏鸡长到 3 周龄后，鸡舍温度可控制在 27～29 ℃。在雏鸡阶段鸡舍内的相对湿度应维持在 60%～70%。由于肉鸡普遍生长发育速度快，耗氧量大，因此，现代的养鸡场通常从自然通风转为机械通风。当鸡舍发闷有 NH_3 味道时，应提升通风量、增加通风时间、提高空气质量。鸡舍粉尘过大时，应在增加相对湿度的同时加强通风。此外，应注意确保鸡舍的温度适宜，切忌过度通风。当前肉鸡的光照管理多采用 23～24 h 光照，饲养人员可根据肉鸡的实际生长情况设定。鸡舍采用 LED 灯作为光源，1～7 日龄的雏鸡应保证光照强度适宜。一般在 7 日龄内用 60W 的灯泡进行光照补充，但如果光照过强雏鸡的运动量会加大，同时还容易造成啄肛等现象，1 周后可将鸡舍内的灯泡换为 15～25W，而后逐渐减少。

第 2 阶段为 4 周龄至出栏，该阶段是肉鸡体重的急速增长时期。肉鸡在 3 周龄后生长迅速，多在 6～8 周龄达到每周体增重的最高峰，在拐点周龄后生长速度逐渐减缓(图 2-5)。该阶段主要的增重来自肉鸡骨骼和肌肉的生长发育。4～8 周龄肉鸡骨骼生长非常快，完成骨架形态、大小发育的 85%，在 8～12 周龄可完成骨骼发育的 95%。肉鸡在 18～22 日龄后开始大量采食，22 日龄后进入肌肉的快速增长阶段。

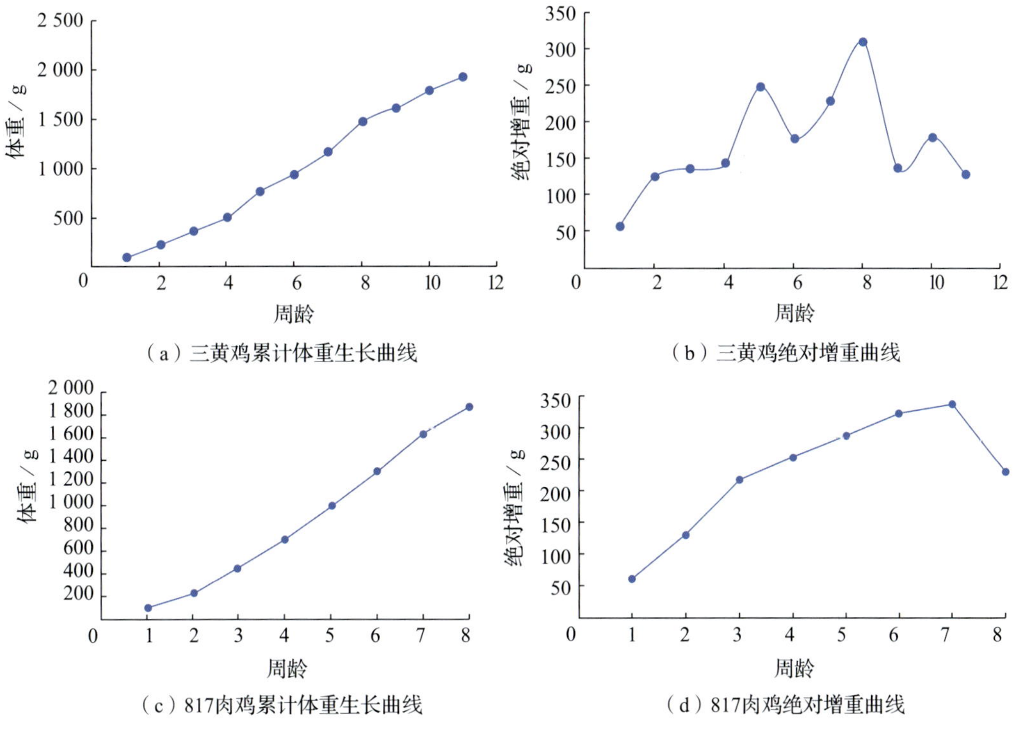

图 2-5　不同品种肉鸡生长曲线

4 周龄后，鸡舍温度可控制在 25～27 ℃；待肉鸡长至第 5 周龄时，鸡舍温度控制在 18～21 ℃，此后即可保持该温度。在饲养过程中可根据肉鸡的生长状态，进行适当的温度调整，切忌出现剧烈的温度变化，否则将会影响肉鸡的正常生长，甚至引发疾病。鸡舍内的相对湿度同样会影响肉鸡的健康生长。湿度太大，则会增加病原微生物的滋生，诱发肉鸡的多种相关疾病，此阶段可将鸡舍相对湿度控制在 50%～60%。饲养人员可通过地面洒水或者空中喷雾等措施调节鸡舍的相对湿度。通风不仅能够排出鸡舍内的污浊空气，保持鸡舍内空气清新，还能够调整温度和相对湿度。但在通风过程中应当注意不要让风直吹肉鸡，避免贼风侵袭。对于成年鸡每小时的换气量为 20～30 m^3/只，所以应当根据鸡舍内饲养肉鸡的密度来决定通风换气量，保证鸡舍内 CO_2、H_2S 和 NH_3 的浓度分别不超过 0.2%、0.02 mL/L 和 0.02 mL/L。4～5 周龄时为促进肉鸡生长，光照时间延长至 18 h，超过 35 日龄时为提高日增重，光照时间可延长至 23 h。

2.2.2 肉鸡的行为特征与工厂化生产模式

1. 采食行为

育种学家以现代育种理论为依据，对鸡的产蛋和产肉性状进行了分化育种，形成了现在我们熟知的蛋鸡和肉鸡品种。由于选择方向的不同，肉鸡和蛋鸡的体型外貌和生产性能差异悬殊，其采食行为也表现出巨大差异。例如相同日龄下，肉鸡的采食量远大于蛋鸡；蛋鸡具有控食行为，能够按照自己的生理需要进行采食，不会过食，而快大型肉鸡在不限饲的情况下控食性较差。

在肉鸡到达育雏舍前 1 h，要将饲料和饮水同时添加好，这样雏鸡入舍后能够同时进食和饮水，刺激消化道黏膜尽快发育，增强消化功能。第 1 次添加饲料量稍微多一些，可每只鸡 3 g，以后每次添加 2～3 g，在雏鸡入舍后 8 h 采食率能够达到 90%，入舍后 24 h 采食率达到 100%。雏鸡喜欢进食颗粒状食物，建议使用颗粒破碎料饲喂育雏早期的肉鸡，颗粒粒径应控制在 1.25～2.5 mm。采用熟化后的颗粒饲料不仅能够将里面存活的虫卵或病菌杀灭，降低肉鸡的发病率，同时熟化后的饲料可以提高鸡只 6%～7% 的消化率，从而提高肉鸡对饲料的转化率。

2. 饮水行为

肉鸡的饮水行为类似于采食行为，在光照期间存在几个往复循环过程，每个往复饮水循环包含几次对饮水系统的使用环节，每次往复循环由若干个时间周期分开，这种饮水往复过程同采食环节，一旦饮水过程结束，鸡将会有更长的时间不再接触水线而是进行其他行为。

雏鸡出壳后第 1 次饮水即为“开水”，开水后雏鸡才能开食。与室温相比，雏鸡受孵化器内长时间“高温”的影响，体内水分散失较大，因此出壳后应及时补水。有条件的鸡场可以在饮水中添加 5% 的葡萄糖，保障糖分和电解质的供应。雏鸡 7 日龄前要饮用温水，这样可以减少腹泻疾病的发生。为提高免疫力，饲养人员可以在饮水中添加适量的电解多维，但应当注意每日饮水量的记录，通常情况下，每只鸡每日饮水量在 220～280 mL，当饮水量过多或过少时，都有可能是鸡群发生了疾病。

2.2.3 肉鸡工业化生产工艺的优化

一般 0～4 周龄的肉鸡称为雏鸡，5～22 周龄的称为育成鸡，祖代经过引种后需要先生长至 24 周龄开产第一批种蛋，然后经历 42～45 周的产蛋期后淘汰，祖代产生的种蛋经过 3 周的孵化得到父母代的种鸡。父母代的种鸡也是先生长至 24 周龄后开始配种获得商品代的种蛋。商品代的种蛋经过 3 周的孵化后获得商品代的肉仔鸡，而肉仔鸡经过育成育肥期的饲养后最终作为商品肉鸡出栏，具体的饲养周期根据肉鸡种类以及配套系的不同可能略有差别，但白羽肉鸡一般需要的饲养时间为 6～7 周(42～45 d)。

肉鸡生产工艺大致可分为平养、笼养和户外散养等模式。平养又分为垫料地面平养和网上平养，以“平养不换垫料”居多。垫料地面平养是我国传统肉鸡养殖中最主要的饲养方式，有利于鸡只腿部发育，设备简单、节省劳力、投资较少、便于管理。然而这种饲养方式也存在室内空间利用率低，肉鸡与排泄物直接接触，易感染大肠杆菌和球虫病等疾病，免疫接种费时费力等缺陷。网上平养是将鸡舍内搭建 60 cm 高的金属或竹木网架，在网架上铺塑料网，鸡只在网架上生活。该饲养方式下，鸡只与排泄物的分离降低了感染疾病的风险，降低养殖成本；同时易于控制鸡舍温度、相对湿度和便于通风换气等。但也存在初次投资成本高、清理排泄物及消毒程序较复杂等缺陷。笼养是将鸡只置于叠层式或阶梯式鸡笼里饲养，鸡只从出壳至出售均在笼中饲养，随着日龄和体重增大，可采用转层、转笼饲养。该养殖方式便于机械化管理，提高工作效率和鸡舍利用率，便于清粪和消毒管理，也便于公、母分饲等。其缺点是设备投资大，对饲料营养要求高，若底网硬，易引起鸡只胸囊肿，但通过对笼底材料和结构的改进使胸囊肿的发生率大幅度下降，肉鸡笼养方式得以逐渐推广(二维码 2-2)。近年来，国内外有养殖场对 2～3 周内的肉仔鸡实行笼养或网养，2～3 周后实行地面饲养。肉鸡户外散养主要针对单产价值高的特色品种，放养时期要根据养殖地的资源以及鸡的日龄来确定。在放养前要先进行舍内育雏，对其进行脱温后再放入草地或林下饲养。

二维码 2-2
胸囊肿肉鸡鸡笼底网与笼具设备

2.3 水禽不同生理阶段与工厂化生产工艺的关系

2.3.1 水禽不同生理阶段的环境调控要求

我国主要养殖的水禽包括肉鸭、蛋鸭和肉鹅。

肉鸭的生长发育可大致分为 2 个阶段。第 1 阶段为 0～5 周龄，该阶段前期(0～2 周龄)肉鸭活泼好动、代谢旺盛、生长速度相对快。例如，7 日龄北京鸭的体重是出壳体重的 5 倍以上，14 日龄北京鸭体重约是 7 日龄体重的 3 倍。与蛋鸡、肉鸡相似，刚出雏的肉鸭对环境温度变化敏感、体温调节机能发育未完善，抵抗寒冷的能力差、环境温度要求较高。该阶段肉鸭消化器官首先迅速发育，相关研究表明，肉鸭 5 周龄左右完成消化系统的发育。免疫系统在该阶段也逐渐发育，且已有研究表明，肉鸭的主要免疫器官法氏囊、胸腺、脾脏的器官在 2 周龄出现生长高峰，之后随着对环境的适应，加之器官重量的增加赶不上个体体重增长的速度，免疫器官指数都呈现出缓慢下降的趋势。该阶段后期(3～5 周龄)肉鸭的绝对生长速度快，以生长骨架、腿肌和胸肌为主。例如，北京鸭在3～5 周龄阶段每日体增重能达到 100 g，Z 型北京鸭在生长期，每日平均增重能达到 100 g 以上。多个品种的肉鸭于 5～6 周龄达到体增重的高峰，拐点周龄后体重继续增长，但速度减缓。第 2 阶段为 6 周龄至出栏，该阶段肉鸭除皮下脂肪生长速度快外，胸肌生长速度也较快。因为胸肌在肉鸭的生长发育中属于晚熟性状。

蛋鸭的生长发育特点与蛋鸡类似，整个生长期可大致分为 3 个阶段。第 1 阶段为 0～4 周龄，该阶段首先是雏鸭生长速度快，饲养至 4 周时，其体重为初生重的 10 倍以上，尤其骨骼发育很快。其次是出孵后体温低，绒毛属于针形胎毛不保温，皮下脂肪薄，体温调节能力弱，15～20 日龄雏鸭体内温度调节机制发育完全后，体温才处于恒定状态。刚出壳的雏鸭，消化器官容积小，机能尚未健全，其消化器官尚未经过饲料的刺激和锻炼，消化机能尚未发育完全，消化能力弱，同时免疫器官发育不完善，缺乏免疫能力、抵抗力差，但该时期同样是雏鸭主要内脏器官迅速发育的时期。第 2 阶段为 5～18 周龄，该阶段是蛋鸭体重增长较快的一个时期，以绍兴麻鸭为例，28 日龄以后体重的绝对增重加快，42～44 日龄达到高峰，56 日龄起逐渐降低，然后趋于平稳增长，至 16 周龄体重已接近成年体重。10 周龄后，蛋鸭卵巢上的卵泡快速长大，12 周龄后性器官的发育尤为迅速，有些小体型品种蛋鸭的性器官发育已经接近成熟，并可在 15 周龄前后观察到小体型蛋鸭开始产蛋。蛋鸭羽毛在该时期渐渐丰满，体温调节能力和御寒能力增强，对外界气温变化的适应能力也随之加强。随着体重的增长，消化器官增大、消化功能得到完善，贮存饲料的容积增大，消化能力增强，觅食性强。免疫系统也在该时期发育完善，抵抗力增强，能够更好地适应环境。第 3 阶段为 19 周龄至淘汰，该阶段蛋鸭开始产蛋，与蛋鸡类似，蛋鸭在该阶段前期仍要完成一部分的体重增长直至达到产蛋高峰，产蛋高峰后生长基本停止。

肉鹅的生长发育特点与肉鸡、肉鸭类似，其生长时期可大致分为 2 个阶段。第 1 阶段为 0～4 周龄，刚出壳的雏鹅，羽毛稀薄，体温调节能力差，尤其是对寒冷的适应性较差。1 周龄雏鹅体温比成年鹅低 3 ℃，20 日龄以内的雏鹅体温调节功能也没有发育完善，在饲养过程中仍需给予保温。该阶段肉鹅消化系统快速生长发育，例如江南白鹅消化器官的生长发育集中在前 4 周，生长发育高峰期在第 1 周，且速度大于同期体重增长速度。该阶段雏鹅代谢旺盛，生长速度快，骨架和腿肌生长发育快，多个品种的肉鹅于 4 周龄左右达到体增重的最高峰，拐点周龄后体重继续增长，但速度减缓。第 2 阶段为 4 周龄至出栏，该阶段肉鹅的主要发育特点为免疫器官逐渐发育完善，对外界环境的适应能力及抵抗力大大增强，骨骼、腿肌持续保持增长，胸肌发育迎来增长高峰。

2.3.2 水禽的行为特征与工厂化生产模式

1. 采食行为

摄食行为是动物的本能，雏鸭出壳后即会啄食。鸭的采食方式不是单粒啄食，而是用喙作耕耘状，利用上下喙夹取饲料，大口吞咽，采食速度快于其他家禽。一般只需吞食 15～20 次，即 2～3 min 就可吃饱。家鸭食性杂，凡是无酸败和异味的饲料都会无选择地大口吞咽。雏鸭对异物和食物几乎无辨别能力，常常把异物当成饲料吞食。

2. 饮水行为

鸭在夜间也有觅食、饮水的习惯，因此在养鸭生产中，保证夜间供料和饮水是十分必要的，尤其是旱养条件下特别要注意供水。旱养的鸭能很快习惯在水槽饮水。但如地面上有积水，即便是脏水，鸭宁可饮地面上的脏水，也不饮水槽中的净水，说明家鸭仍保持着水养时的习性。雏鸭出壳后开食时就会饮水，一般采用先饮水后开食。在雏鸭期和育成期饮水次数多，耗水量大；育成后饮水量下降，产蛋期母鸭饮水量大。

3. 产蛋行为

母鸭产蛋多选择在低洼、光线较暗的角落。母鸭开产前 2～3 d 就开始找产蛋的窝位，一般多在上午边走边找，当找到窝位后，不断察看周围，发出"咕—咕"叫声，母鸭找到窝位不久即产蛋。鸭不会在产蛋窝内休息，仅在蛋产出前的 30 min 左右进入产蛋窝，产后稍歇即离去，恋蛋性很弱。产蛋时间一般集中在 24:00 至凌晨 3:00，若多数窝位被占用，有些鸭就把蛋产于窝外。

4. 性行为

家鸭的性行为包括求偶和交配，主要是受激素的控制。求偶一般多是公鸭主动。求偶时公鸭发出求偶叫声，并向母鸭频频点头，若母鸭同意，则做出相应的动作，并伏下身躯、伸长脖颈，表现出接受交配的姿势。交配时，公鸭伏于母鸭背上，用喙咬住母鸭颈毛，此时，母鸭尾羽向一侧偏斜并上翻，尽力使泄殖腔向上暴露，公鸭则弓腰压尾，将阴茎插入母鸭泄殖腔内，约持续 5 s 后，公鸭从母鸭背上滑下，交配即告完毕。公鸭争配现象不明显，除了成年公鸭间为争母鸭配种而时有攻击对方的行为外，其他情况下，一般不会发生争配现象。公鸭和母鸭具有喜新行为，当在鸭群中投入 1 只陌生的母鸭时，公鸭会立即与之进行交配，甚至几只公鸭同时追逐这只母鸭；在没有公鸭时，鸭群中母鸭会争相去"拥抱"新放进去的陌生母鸭。鸭性行为无专一性，而鹅具有选择性交配的习性。

5. 休息行为

睡眠是休息的最主要形式。鸭的睡眠姿势有：①蹲在地上，头颈后弯，插入或不插入翅下闭目休息。②头自然下垂至地面而蹲在地上闭目休息。③一脚站立，一脚提起缩于翅下打盹休息。以上 3 种睡眠姿势的顺序反映了鸭熟睡程度由强到弱的次序。理毛也是一种休息行为，理毛的姿势主要有溅水理毛、伏地理毛和站立理毛。理毛不但可去掉毛丛中的水分、杂物等，还能给羽毛涂抹油脂。除了以上 2 种休息方式外，随意活动也是一种休息方式。

6. 惊恐行为

惊恐行为一般在雏鸭 1 月龄时开始出现，此时，雏鸭对一切人、畜及偶然出现的鲜艳色泽物或声、光等刺激均有害怕感。例如，无意中弄翻食盆发出较强的响声，即会异常惊扰，迅速站起惊叫，拥挤于角落。当人进入鸭舍时，也会出现此种现象。一般来说，惊恐行为从 1 月龄开始，近性成熟时结束。因此，在此期间，应尽可能少与家鸭接触，保持鸭舍安静，以免鸭因惊恐而相互践踏，造成经济损失。鸭夜间休息时，稍有动静便易惊群，所以，夜间更要保持安静。

7. 群体行为

仿效是一种相互模仿的行为，即群体中某一只鸭表现某种行为时，其他鸭也学做这种动作。原来那只鸭又跟着其他鸭继续做这种动作，该行为常见于雏鸭，如开食、开饮和第 1 次下水等，都是一只鸭先进行，其他鸭观看，以后模仿进行。这种行为对调教鸭具有重要意义。家鸭具有成群生活的本能，这种行为与仿效行为密切相关。家禽在未驯化之前，都具有合群性。在家养条件下，鸭仍显示其较强的合群性。

2.3.3 水禽工业化生产工艺的优化

《笼养蛋鸭管理技术规程》(DB 4116/T 0013—2019)及《规模鸭场建设技术规范》(DB 51/T 1739—2014)提到，根据鸭场的生产目的和鸭群的生理要求，种鸭场采用三阶段饲养工艺：即育雏期(0～4 周龄)、育成期(5～25 周龄)、产蛋期(26～66 周龄)至淘汰；商品肉鸭场采用两阶段饲养工艺：育雏期(0～4 周龄)和育肥期 5 周龄至出栏。蛋鸭场采用三阶段饲养工艺：育雏期(0～4 周龄)笼养、育成期(5～20 周龄)地面平养或放养、产蛋期(21～72 周龄)笼养。

《种鹅及商品鹅饲养管理技术规程》(DB 22/T 2022—2014)提到，用于产肉和羽绒的商品鹅，其饲养管理分为 2 个时期：一个时期是育雏期(0～4 周龄)，采用多层网上平养或地面垫草平养育雏，另一个时期是育成育肥期(5 周龄至出栏)，有放牧条件的可采用放牧与舍饲相结合的方式饲养，无放牧条件的，可采用地面围栏平养，以精料为主，适当补充青绿鲜草或优质牧草粉。

第3章

家禽工厂化养殖环境智能调控理论

3.1 家禽的体温调节特点及对热环境的要求

3.1.1 家禽的恒温性与产热产湿量

3.1.1.1 家禽的恒温性

恒温性(homeothermy)是指动物维持自身体温稳定的能力。家禽是恒温动物,体温相对较高,能在不同环境下保持相对稳定,正常体温为 40.7 ℃左右。在温热环境发生变化时,其会通过调节产热和散热来维持体温恒定,因此体温调节的变化是家禽反映温热环境舒适程度的重要指标。舍饲环境下,家禽与其他恒温动物一样,与环境之间不断地进行热量交换,以维持其体温的恒定,但环境气温过高或过低,都影响家禽机体代谢调节。正常情况下,家禽核心体温的变化范围非常小,尤其是心、肺、脑等核心器官的温度,始终维持在 41 ℃左右。家禽有比较高的深部体温,全身被覆羽毛,能产生非常好的隔热效果,但家禽无汗腺,主要靠呼吸系统散热调节体温,鸟类具有独特的器官——气囊,它能提高机体与环境间热交换的效率。为增加高温环境下的散热,家禽呼吸次数大大增加,减少运动、增加休息等以减少产热,且增加展翅行为以促进散热。当鸡喘气时,气囊增加了气体交换的表面积,气体循环效率提升,因此增加了散热量。低温环境,鸡只散热超过产热,鸡只扎堆聚集一团,头藏于翼下,减少散热面积以增加产热量。家禽也通过行为来调节体温的恒定,如选择适宜温度的空间、选择活动时间、集群等。

在热舒适区,家禽与环境之间只需少量的热交换即能维持体温的恒定,此时家禽的产热量最少,对饲料的利用效率最高,其生长、发育、繁殖功能表现最佳状态,生产性能发挥最为理想;当环境温度超过热舒适区,即温度过高或过低时,机体随即需要调整生理活动与行为,家禽则需要通过产热和散热调节,以适应气温的变化,才能实现体内热平衡和体温的恒定。

3.1.1.2 家禽的产热产湿量

动物的体温调节中枢位于下丘脑,破坏下丘脑前腹侧会引起机体体温过高。当外周温度感受器受到温度变化刺激时，会将信号传递到下丘脑，进而调节产热和散热。家禽的产热产湿主要取决于家禽的种类、品种、体重及生产性能，以及所处的环境状况。影响家禽产热产湿的环境因素主要有空气温度、相对湿度、气流速度和光照等，其中空气温度、相对湿度是最为重要的因素。另外，产热产湿特性还与不同饲养制度、光照制度（光期和暗期）下家禽活动的剧烈程度有关。家禽的产热主要通过维持代谢产热、消耗饲料产热、肌肉活动产热和生产过程产热等途径实现。依靠传导、对流、辐射和蒸发等散热方式将体内多余的热量散发到环境中，其中传导、对流、辐射此 3 种方式散发的热量，可引起环境温度的升高，称为显热；蒸发散热则只能使舍内湿度提高，不会提高舍温，称为潜热。家禽的总产热量为显热量与潜热量之和。家禽的散热分为可感散热和蒸发散热，通过改变皮肤血流量，影响皮肤温度是调控可感散热的主要方式，因此一般用皮肤温度反映可感散热的变化。研究发现，肉鸡无羽区的皮肤温度与环境温度之间的相关系数达到 0.8。蒸发散热分为皮肤蒸发和呼吸蒸发，家禽虽然没有汗腺，但研究发现，在低温环境下皮肤蒸发量占到全身蒸发量的 78%，而在高温环境下（40 ℃）呼吸蒸发量可占到全身蒸发量的 75%。

通常情况下，有直接法和间接法 2 种方法对家禽的产热产湿特性进行测试，直接法是采用物理手段测量封闭系统内热量和物质损失，即测试通过传导、对流和辐射以及水汽蒸发散热等散发出来的热量，来求得家禽的净产热产湿量。间接法则是通过呼吸交换来计算产热量，即在家禽的新陈代谢中，对碳水化合物、脂肪和蛋白质转化为二氧化碳、水和尿素的量进行化学分析。间接法比较适合进行小样本试验的研究，对于不同的家禽种类和家禽舍形式来说，它具有操作简单、灵活的特点。

家禽的产热产湿量为家禽舍热湿环境控制系统提供了基本的工程设计依据，对实际生产具有重要的意义。例如，设计家禽舍的加温和降温系统时需要知道舍内产生的显热量，这样既能有利于家禽的生长需要，又可降低养殖成本；同样地，在寒冷气候条件下，舍内的产热产湿量为最小通风量的设计提供了依据。因此，家禽的产热产湿量数据是热湿环境控制系统，特别是家禽舍通风系统设计和管理所必需的基本数据。

已有的关于家禽的产热产湿数据大部分来自人工气候室。虽然人工气候室具有精确度高，试验容易控制等优点，为获得相关的数据提供了便利条件，但是人工气候室与实际的舍饲环境有较大差异。为了进一步了解舍饲环境下家禽的产热产湿特性，一些学者深入实际的生产家禽舍中开展有关鸡的产热产湿量研究。研究发现，家禽的显热量主要由机体的体表温度和环境温度的差值决定。家禽为了保持平衡的体温，潜热会随着环境温度的升高而增加。潜热与显热之间的分配比例受诸多因素的影响，如动物的种类、生产性能、体表面积、活动程度、表皮类型、皮肤的干燥程度和排汗能力等。

2002 年，国际农业与生物系统工程委员会（CIGR）给出了依据环境温度、家禽体重与家禽产蛋/肉量计算及家禽机体产热量与产湿量的公式，已成为家禽舍热环境模拟和调控等领域计算家禽产热产湿量的主要依据。但是，该模型主要针对国外家禽品种，而针对占国内市场份额 50%以上国产家禽品种的研究很少。我国家禽品种及其遗传性状、气候条件和饲料的营养水平都和国外有很大的差异，若直接应用国外的设计标准衡量我国家禽舍进行环境设计是没有依据的。但是我国还没有对国内气候及饲养水平等条件下家禽的产热产湿特性进行系统的研究，无法建立国内适用的相关工程设计标准。此外，家禽产热产湿量受体重、温度、光照和生长阶段等多种关键因子影响，使得该模型应用时存在较大误差。

我国的气候条件及饲养水平等与国外有较大区别，因此，有必要研究我国气候和舍饲环境条件下的肉鸡产热产湿量，以便为建立我国自身的鸡舍环境控制标准和设计规范提供依据。在借鉴国外相关研究方法的基础上，国内学者首次将空舍作为对照舍来进行肉鸡产热产湿特性的研究。整个试验是在国家家禽测定中心三间建筑结构、舍内环境设备完全相同的肉鸡测定舍内完成的，2 组试验鸡群的饲养管理技术完全一致。通过测试舍内外气候环境参数及肉鸡主要生产性能技术指标，利用鸡舍热湿平衡模型计算实验鸡不同生长发育阶段的产热产湿量，分析舍饲条件下肉鸡的产热产湿特性与体重、环境温度、相对湿度等环境参数之间的关系。

研究结果表明，在外界空气温度 12～36 ℃、肉鸡饲养密度为 7 只/m^2的条件下，整个生长周期机体的自身产热可使舍温提高 0.8～0.9 ℃；机体产热量随体重增加而逐渐减少，体重由 0.04 kg 增至 2.00 kg，其总产热量则由 14.8 W/kg 下降到 8.8 W/kg，显热量由 9.3 W/kg 下降到 2.7 W/kg。不同生长发育阶段鸡的总产热量以及显热、潜热分配不同。在适宜温度条件下，单位体重的产热量不随鸡龄发生变化；当环境温度超过 22 ℃时，则单位体重的产热量随之减少。在 12～36 ℃时，肉鸡的总产热量和显热量随温度上升而下降，温度越高，潜热量所占的比例越大。综合考虑体重和环境温度对肉鸡总产热量、显热量和潜热量的影响较单一考虑体重或温度的回归性好，所得的产热量数值也相应增大。

根据动物的产热产湿理论，在比较分析舍饲环境与人工气候室差异的基础上，选择北京地区典型的密闭式育雏育成鸡舍，对鸡舍热湿环境的主要影响因素进行现场测试，并就育雏育成鸡产热产湿特性以及实际生产中舍内环境调控技术和管理措施对鸡舍内热湿环境的影响进行初步研究。结果表明，鸡的产热产湿对舍内环境有重要的影响。鸡的总产热量(THP)、显热量(SHP)与鸡龄存在着显著的相关性。在 15～80 日龄阶段，随日龄的增加，THP 和 SHP 降低较为明显；80 日龄后，降幅渐趋平缓；110 日龄后，THP 和 SHP 呈轻微上升的趋势。在体重 0.14～0.50 kg，THP 和 SHP 随体重的增加下降较为显著；体重超过 0.50 kg 后，THP 和 SHP 的下降幅度则趋于平缓。在一定温度范围内，温度每升高 1 ℃，总产热量约降低 0.305 W/只。随着环境温度的升高，显热产热呈线性下降，潜热产热呈线性上升，并且显热在暗期普遍高于光期，而潜热在暗期则普遍低于光期。

3.1.2 不同生理时期对热环境的要求

3.1.2.1 蛋雏鸡对热环境的要求

1. 雏鸡抵达鸡舍前 1 d

雏鸡抵达鸡舍前预温鸡舍，一般在较温暖的天气提前 24 h 预温鸡舍，较冷天气提前

48 h，寒冷天气提前 72 h。雏鸡抵达鸡舍前几个小时，鸡舍内应达到适宜育雏温度。让鸡舍温度（雏鸡所处的高度测定空气温度）达到 32～35 ℃，相对湿度达到 60%左右；雏鸡抵达鸡舍时，鸡舍地面的温度应为 32 ℃；育雏 0～7 d 使用明亮光照（30～50 lx），可以帮助雏鸡快速找到饲料和饮水，同时适应新环境。检查鸡舍的饮水系统，将水线调整至适合雏鸡饮水的位置。

2. 雏鸡运输及抵达鸡舍

雏鸡需要在环境可控的运输车转运，需保持 26～29 ℃的温度和 70%的相对湿度，最小通风量为 0.7 m^3/min。如图 3-1 所示，雏鸡抵达鸡舍内时，舍内温度达到 32～35 ℃，当相对湿度在 60%以上时，每增加 5%的相对湿度，育雏温度降低 1 ℃。第 1 周之后，每周降低温度 2～3 ℃，直到 21 ℃左右。第 1 周的光照强度为 30～50 lx，推荐采用间歇式光照程序，1 周以后，减少光照强度并逐步减少光照。

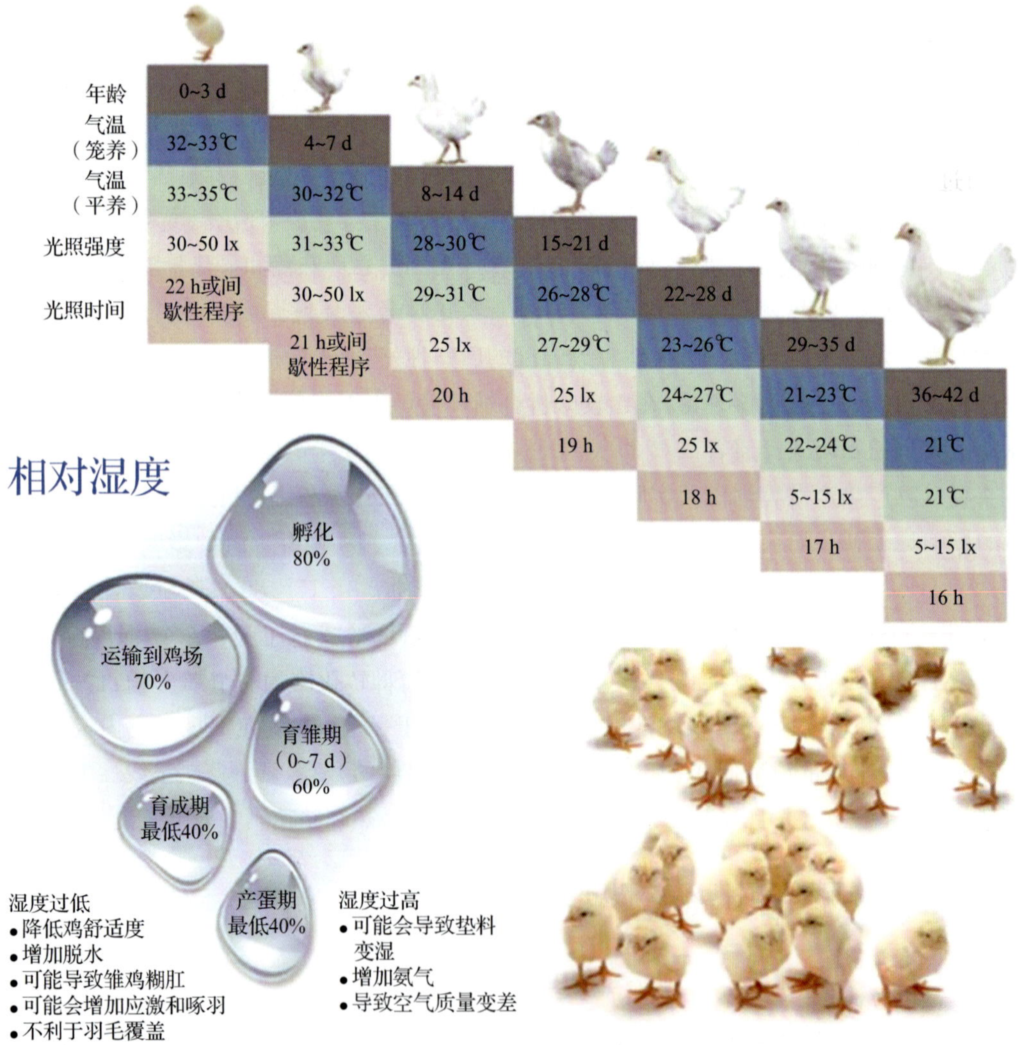

图 3-1 海兰灰蛋鸡对热环境的需求（引自《海兰灰父母代蛋鸡饲养管理手册》）

3.1.2.2 产蛋鸡对热环境的要求

蛋鸡舒适温度为18～25 ℃，相对湿度为40%～60%，冷、热应激的临界值分别为5 ℃、30 ℃，有学者通过总结分析国内外蛋鸡舍内温度不同阈值对鸡只健康、采食量及生产性能的影响，发现蛋鸡在13～24 ℃产蛋率最高，在21～24 ℃时饲料利用率最好，温度低于13 ℃或高于24 ℃时会导致产蛋率降低，蛋形变小、蛋壳变薄。舍内适宜温度条件下，湿度对家禽的体温调节影响不显著，但相对湿度大于70%或小于40%都直接或间接影响家禽。温度高出等热区（18～23 ℃），每升高1 ℃，蛋鸡耗料量减少1.4%～1.6%。成年蛋鸡的热中性温度为21～25 ℃，舍内热环境偏离热中性温度范围过大会导致生产性能下降和死淘率升高。在（35±1）℃环境温度下与（21±1）℃比较，蛋鸡的采食量降低16%、产蛋量下降13%、体重降低4%。适宜温度下，鸡舍内1 m/s以下的风速对蛋鸡产蛋率无影响，冬季舍内气流不宜超过0.25 m/s，宜在0.1～0.2 m/s。0 ℃以下时，鸡只采食量减少，体重减轻，且舍内温度在5～10 ℃时鸡只的采食量最多，低于－9 ℃时鸡只不能维持正常体温，蛋鸡活动迟钝、鸡冠开始受冻。

一般情况下，影响鸡体热平衡的主要环境因子是温度，但各环境因子间会产生综合作用，湿度增加会加剧高温的影响，风速增大可抵消湿度增大的影响。高温高湿环境下，夏季通过加大鸡群周围的风速来加强对流散热，促进风冷效应来排除余热降低体感温度（有效温度，实感温度）。1 m/s风速的降温效果可等价于环境温度下降3 ℃，风速与皮温成反比。鸡舍内1 m/s风速下的温度分布相比较于0.3 m/s风速下更均匀，但并非鸡舍内风速越大越好，提高风速促进风冷效应来排除余热降低体感温度的效果是有限的。研究发现，风速从0增大到0.5 m/s，体感温度下降2.5 ℃，但随风速的逐渐增大，最大降温幅度不会继续增大，阈值为3.5 ℃，降温幅度并未随着风速的逐渐增大而持续提高。但随风速的增加，起初有效温度下降幅度较大，随后逐渐变小。鸡舍温度26～35 ℃，风速从0.1 m/s增加0.2 m/s，鸡只采食量、蛋重分别增加9%、5%。舍温超过23 ℃且舍内无风，舍温每升高1 ℃，产蛋率下降0.7%，但舍内风速为0.5～1 m/s时，蛋鸡产蛋率无下降趋势。

国内外学者针对温度波动对蛋鸡采食、产蛋的影响等进行了大量研究，研究结果显示：1～17周龄，温度波动幅度大小对蛋鸡增重率与饲料转化率均有显著影响；17～33周龄，不同位置蛋鸡饲料消耗量、增重量、破蛋率、软壳蛋、蛋重等均有显著性差异：鸡舍前端（18～30 ℃、30%～80%）和鸡舍末端（20～32 ℃、34%～84%）位置蛋鸡的生产性能低于鸡舍中央位置（14～28 ℃、22%～90%），温湿度波动显著影响蛋鸡生产性能。综合考虑产蛋率、采食量及饲料转化率等，鸡舍内温差应控制在3 ℃范围内。

我国地域气候条件差异大，春秋换季气温波幅大且极端气候频繁出现，复杂多变的气候、鸡舍建筑设施、通风气流和饲养模式等都直接影响舍内环境，造成鸡舍内环境的复杂性和多样性，对养鸡生产极为不利，且现代养鸡生产大多采用高产性能品种鸡只，对养殖环境温度波动等应激的适应能力相对较弱，养鸡业面临更多的风险与考验。温度波动等易造成机体免疫力下降、疾病频发，影响鸡只健康和生产性能，从而直接导致经济效益的下降。家禽养殖生产中，怎样将养殖设施环境条件控制在一定范围内且保持稳定、减小波动是保证高产性能鸡品种发挥遗传潜力和生产效率的基础，也是养鸡业持续关注的问题。

3.1.2.3　肉鸡对热环境的要求

1～21 日龄为育雏期，雏鸡日龄小，对温度很敏感，体温调节中枢不健全，不能自体调温，加之皮薄、脂肪少、羽毛细短，保温能力差，对外界环境温度适应能力差。育雏期对温度控制的要求：温度要高，日差变化要小，要保持相对稳定。此阶段离不开人工调温，无论冬夏及气候变化都应如此，以保证雏鸡对环境温度的需求。肉鸡对温度的要求参考值为：1～3 日龄 34～35 ℃，4～7 日龄 32～33 ℃，以后每周下降 2～3 ℃，到第 3 周周末降至 27 ℃，直到 20～21 ℃，停止降温，并保持这一温度。

21～35 日龄为育肥前期，随着鸡只不断长大，鸡的体温调节中枢也逐渐完善，物质代谢旺盛，可逐渐通过机体产热和散热来调节体温，来适应外界温度的变化，保证健康生长，但是这种功能并不十分健全，此阶段还需管理人员依据要求进行调整。炎热天气要注意防止舍温过高，每周可降 3 ℃，冬季要注意防寒流及贼风，每周可降 2 ℃。降温要均匀，不能太快或太慢。

35 日龄后为育肥后期，鸡体器官功能基本健全，完全可以通过产热和散热来调节体温，适应外界温度的变化。此期肉鸡极不耐热，因为育肥期代谢十分旺盛，增重快，体脂多，产热多，加之鸡无汗腺，排热仅靠呼吸，体表辐射，环境温度高于 30 ℃可导致热应激，不仅影响生长，高热可导致死亡。如果环境温度低于 15 ℃时可增加维持量，提高料肉比，但也不利于生长发育，易发疾病。对温度要求不可超过 28 ℃，要保持相对稳定，日变化不可过大，应在 2 ℃浮动以内，直至出栏。

3.1.2.4　有害气体浓度

蛋鸡舍内 CO_2浓度代表舍内空气的污浊程度，而鸡舍有害气体产生主要来源于鸡粪。近年来，随着传送带清粪技术的发展，实现了“粪不落地”，即鸡粪可每天及时传送到舍外，显著改善了舍内的空气质量。NH_3易溶于水，鸡只吸入 NH_3时，先吸附在鼻、咽喉、气管等黏膜及眼角膜上，会引起鸡只咳嗽、流泪等，易引发气管炎、支气管炎及结膜炎。NH_3吸入肺部易引起肺水肿和中枢神经兴奋。高床、传送带清粪蛋鸡舍内 NH_3浓度随舍外温度降低、通风量的减小而升高，且传送带清粪周期影响舍内 NH_3浓度，蛋鸡舍内 CO_2浓度与 NH_3浓度呈显著正相关；传统高床清粪、传送带清粪蛋鸡舍内 NH_3、CO_2浓度变化趋势一致，与蛋鸡通风量呈显著负相关，舍内 NH_3、CO_2浓度同升同降，且舍内 CO_2质量浓度低于500 mg/m^{3}时，舍内 NH_3质量浓度低于 15mg/m^3，传送带清粪两栋蛋鸡舍内平均 CO_2质量浓度分别为 4 508 mg/m^3 和 4 488 mg/m^3，NH_3 质量浓度分别为 10 mg/m^3 和 9 mg/m^3。通过总结国内外学者对不同清粪方式蛋鸡舍内 NH_3、CO_2浓度等进行的大量试验研究可得：蛋鸡舍内 CO_2质量浓度与 NH_3质量浓度显著相关，传送带清粪蛋鸡舍内 NH_3质量浓度比刮板清粪鸡舍明显降低，合理组织通风下鸡舍内 CO_2质量浓度低于 5 000 mg/m^{3}时，舍内 NH_3质量浓度低于 15 mg/m^3。

有国外学者对蛋鸡舍内影响蛋鸡生产性能因素的研究分析表明：蛋鸡舍内 CO_2 质量浓度小于 6 187 mg/m^3、NH_3 质量浓度小于 15 mg/m^3 时，蛋鸡生产性能、健康、免疫力不受影响；国内学者对华北地区商品蛋鸡舍冬季环境试验研究表明：舍内 CO_2 质量浓度小于 5 000 mg/m^3，对蛋鸡健康及生产性能基本没有影响；蛋鸡舍内 CO_2 质量浓度为 7 548～11 323 mg/m^3 时，蛋鸡产蛋率下降、蛋壳变薄、蛋重变小；蛋鸡舍内 CO_2 质量浓度为 10 312～11 960 mg/m^3 时，雏鸡出现轻微痛苦状。

不同国家蛋鸡舍内允许的 CO_2 质量浓度标准不同，国际农业与生物系统工程委员会(International Commission of Agricultural and Biosystems Engineering，CIGR)、美国职业安全与健康管理局(Occupational Safety and Health Administration，OSHA)规定的蛋鸡舍 CO_2 质量浓度分别为 5 000 mg/m^3 和 8 000 mg/m^3，其他国家传送带清粪蛋鸡舍内 CO_2 质量浓度标准见表 3-1。我国在 1999 年制定的蛋鸡舍内 CO_2 质量浓度标准为 1 500 mg/m^3，适用于 NH_3 质量浓度较高的传统高床定期清粪、刮板清粪蛋鸡舍，随着环境调控技术与设备的改进，蛋鸡舍内有害气体浓度及通风效率也发生了相应的改变。根据国内外对鸡舍内 NH_3 质量浓度、CO_2 质量浓度研究数据、行业标准以及对蛋鸡健康、生产性能的研究可知，对我国改建、新建传送带清粪蛋鸡舍内 CO_2 质量浓度参数标准提高到 5 000 mg/m^3 左右，合理的通风组织下蛋鸡舍内 NH_3 质量浓度基本不会超过 15 mg/m^3，对蛋鸡健康以及生产性能基本没有影响，且利于减少鸡舍冬季通风换气量、提高舍内温度。

表 3-1 部分国家传送带清粪蛋鸡舍 CO_2 质量浓度标准 mg/m^3

国家	蛋鸡舍内 CO_2 允许浓度最大值	国家	蛋鸡舍内 CO_2 允许浓度最大值
奥地利	6 875	意大利	9 821
比利时	4 910	荷兰	3 928
丹麦	6 875	挪威	5 892
德国	4 910	瑞典	9 821
匈牙利	3 928	瑞士	6 875

3.1.3 家禽热环境综合评价方法

环境温度、湿度以及风速共同影响家禽体温调节以及生产性能。为更全面地反映家禽机体所处温热环境的质量，必须用某种指标反映出多种因素的共同作用，以便对不同的温热环境进行比较。因此，有关学者通过研究，提出了下列指标。

3.1.3.1 有效温度

有效温度(effective temperature，ET)也称实感温度，是指能有效地代表环境温热程度的空气温度，也即不同的气温、气湿和气流、辐射热在相辅相成或相互制约的条件下，对机体热调节产生相同影响时的空气温度。在人类卫生学上，有效温度是根据气温、气湿和气流 3 个温热因素相结合，以人的主观感觉为基础而制定的。例如，相对湿度 100%、风速 0、温度 17.8 ℃的环境，与相对湿度 80%、风速 1 m/s、温度 23.5 ℃的环境，人体具有同样的舒适感，所感受的温度均为 17.8 ℃。

家禽的舒适区可以说是家禽的最适温度，可通过调整以上 3 个主要气象因素的关系，来制订不同的有效温度达到使家禽具有同样舒适感的目的。有关家禽有效温度的研究较多，一般都是综合了气温与气湿的影响。但因研究者的研究指标、手段不同，加上家禽的品种、周龄和营养水平的差异，其结论也存在一定差异(表 3-2)。

表 3-2　家禽的有效温度

品种	测定指标	公式	资料来源
蛋鸡	呼吸数	$T_a \times 0.75 + T_w \times 0.25$	山本祯纪，1975
蛋鸡	呼吸数、直肠温度	$T_a \times 0.64 + T_w \times 0.36$	山本祯纪，1975
蛋鸡	直肠温度	$T_a \times 0.78 + T_w \times 0.22$	Hassan 等，1981
初生雏鸡	产热量	$T_a \times 0.81 + T_w \times 0.19$	Henken 等，1987

注：T_a为空气(干球)温度，T_w为湿球温度。

3.1.3.2　温湿指数

温湿指数(temperature-humidity index，THI)又称温湿度指数，是气温和气湿相结合以估计炎热程度的一种指标。原为美国气象局用于测定人类所需温湿度指标的。即在夏季某种天气条件下，会感到不舒适的一种简易测试方法，故又称“不适指数”(discomfort index)，计算公式为：

$$\mathrm{THI}=0.72(T_d+T_{dp})+40.6 \text{ 或}$$
$$\mathrm{THI}=T_d+0.36T_{dp}+41.2 \text{ 或}$$
$$\mathrm{THI}=0.81T_d+(0.99T_d-14.3)\mathrm{RH}+46.3$$

式中：T_d为干球温度，℃；T_w为湿球温度，℃；T_{dp}为露点温度，℃；RH 为相对湿度。

蛋鸡的热舒适度可分为适宜、轻度、中度、重度以及威胁生命 5 个等级。相关学者分别研究了这 5 个等级所对应的蛋鸡温湿度指标(THI)范围：适宜(<72)、轻度(72～76)、中度(76～81)、重度(81～84)以及威胁生命(>84)。有学者还研究了相同 THI 指数(THI=75)的 2 种不同热环境(高温低湿、低温高湿)对蛋鸡生产性能的影响。结果表明，THI 指数相同时，蛋鸡具有相同程度的热应激。虽然在无风状态下，THI 可以良好地评估蛋鸡的热舒适度，但对于大多数自然通风或机械通风的畜舍来说，无风为理想状态。由于 THI 并没有结合风速指标，因此无法有效地反馈通风量对家禽的热舒适度的影响。早在 1980 年 Uwagawa 等就测量了不同气流速度(0、1、2 和 4 m/s)和不同温度(10、15、20、25、30 和 35 ℃)对 7～8 周龄蛋鸡皮肤的影响，但其却忽略了空气中的相对湿度。畜禽对热环境舒适度受舍内各个热环境因子(风速、温度、相对湿度等)的综合影响，忽略其中任意一个因子所得到的评估结果可能与实际情况存在较大误差。

3.1.3.3 风冷指数

风冷指数(wind-chill index,WCI)又称风冷却指标,是气温和风速相结合以估计寒冷程度的一种指标。它主要用于估计裸露皮肤的对流散热量。温度不变,改变风速会使皮肤的散热量发生改变,这种散热能力称为风冷却力,可用下式计算:

$$H=[(100V)^{0.5}+10.45-V]\times(33-T_a)\times4.184$$

式中:H 为风冷却力,KJ/(m^2 · h);V 为风速,m/s;T_a 为气温,℃;33 为无风时的皮肤温度,℃;4.184 为卡换算为焦耳的系数。

3.1.3.4 温湿风指数

温湿风指数(THVI)是在温湿度指数的基础上进一步考虑了周围环境中气流速度对动物热应激的影响,分别分析了当气流流速为 0.2、0.7 和 1.2 m/s 时鸡的体温变化,提出了 THVI,计算公式如下:

$$\text{THVI}=(0.85T_d+0.15T_w)\times V-0.058\ (0.2\leqslant V\leqslant1.2)$$

式中:T_d 为干球温度,℃;T_w 为湿球温度,℃;V 为气流流速,m/s。

THVI 虽然结合了温度、湿度与风速 3 个热环境因子,但风速范围受限,只有在 0.2~1.2 m/s 的区间内适用,具有一定的局限性。当空气中气流流速接近于 0 时,计算所得的 THVI 将远超出阈值。

3.1.3.5 体感温度指数

也有学者采用体感温度指数(temperatre hmidity-wind index,THWI)作为蛋鸡舍热环境评价指标。它对风速、温度和相对湿度 3 个参数进行了线性回归,能够更好地反映畜禽对环境的舒适度,近些年逐渐广泛应用于动物热环境舒适度评估。有效温度指数最初用于评估奶牛热应激水平,该指数结合了风速、空气温度、相对湿度和太阳辐射等环境因子,结果表明该指数能够较好地预测奶牛皮肤、体核温度和呼吸速率。Bjerg 等通过线性回归得到的蛋鸡有效温度指数计算公式如下:

$$\text{THWI}=(0.794T_d+0.25T_w+0.7)-C(T'-T_d)\times(V^e-0.2^e)$$

式中:T_d 为干球温度,℃;T_w 为湿球温度,℃;C 为一个取决于动物种类、大小和饲养密度的常数;T' 为当有效温度(ET)不再随着风速增加而减小时的温度,℃;V 为气流流速,m/s;e 是控制速度影响的常数。

Bjerg 等综合考虑了气流流速、温度和相对湿度 3 个环境参数对蛋鸡体表的影响,将 3 个参数进行线性拟合后发现,当 $C=0.15$、$T'=44$ ℃、e=0.5 时与速度的平方根之间最具相关性。根据 THI 所对应的热舒适等级,由上式计算得有效温度(ET,℃)对应蛋鸡的热舒适度等级:适宜(<26 ℃)、轻度(26~29 ℃)、中度(29~31 ℃)、重度(31~32 ℃)以及威胁生命(>32 ℃)。研究表明,笼养蛋鸡最适宜的体感温度为 20~24 ℃。

3.1.3.6 其他指数

黑球湿度指数(black globe-humidity index, BGHI)是将黑球温度和露点温度相结合，估计环境炎热程度的指标，计算公式为：

$$BGHI = T_{bg} + 0.36T_{dp} + 41.5$$

式中：T_{bg}为黑球温度，℃；T_{dp}为露点温度，℃。

等效温度指数(equivalent temperature index, ETI)是将温度、湿度和风速相结合估计环境炎热程度的指标，计算公式为：

$$\begin{aligned} ETI = & 27.88 - 0.456T_a + 0.010\,754T_a^2 - 0.490\,5RH + 0.000\,88RH^2 + 1.1507V \\ & - 0.126\,477V^2 + 0.0198\,76T_a \times RH - 0.046\,313T_a \times V \end{aligned}$$

式中：T_a 为环境温度，℃；RH 为环境相对湿度，%；V 为风速，m/s。

调整温湿指数(adjusted temperature-humidity index, THI_{adj})由 Mader 等(2006)提出，一定程度上弥补了 THI 未考虑太阳辐射和风速影响的缺陷，计算公式为：

$$THI_{adj} = 4.51 + THI - 1.992V + 0.0068F$$

式中：V 为风速，m/s；F 为太阳辐射强度，W/m^2。

环境温度、湿度以及风速共同影响家禽体温调节，建立温湿指数或温湿风指数可以综合反映温度、湿度和风速的共同影响，但这类指数模型固化了温度、湿度的影响权重，并与测定指标之间进行简单的线性回归，可能存在适用范围有限的问题，而建立日龄、温湿或温湿风与家禽体温调节指标之间的多元多次回归方程，预测家禽体温调节的变化可能更加精确，其适用范围也更宽，可能是解决这一问题的有效方法(二维码 3-1)。

二维码 3-1
蛋鸡环境舒适度监测系统

3.2 家禽光环境智能调控理论

3.2.1 生物节律与光周期

3.2.1.1 生物节律的概念

生物节律(biological rhythm)是指生物长期适应与其生存密切相关的具有周期性变化规律的环境因素而形成的相应周期性变化规律的生命活动。在机体内从分子、细胞、器官、系统到行为各种不同水平的生命活动均按一定的时间顺序、周而复始地节律性地发生变化。诸如体温、繁殖、激素水平和酶的活性、代谢过程、行为活动模式等，都有时间周期，并在不同的时间周期内完成。即动物机体的生理反应、生化过程到行为习性上均呈现一定的周期性，体内任何物质的变化都具有节律性。

生物节律所需要时间称为周期，周期长的可达 1 年，也可以是几个月、1 d 或几小时，如脑电波以毫秒(ms)为单位，心搏或呼吸以秒(s)或分钟(min)为单位，发情、产仔是以月、年为单位。动物的活动随环境的周期性改变而发生相应的节律性变化，生物节律与环境周期彼此间存在着密切的相位关系，机体借助于这样的相位关系，使机体各功能之间及其与重要的环境因子之间彼此协调成为一个整体。

生物节律按照频率的大小，可以分为以下几种类型：

(1)高频生理节律　周期小于 30 min 的生理节律，称为高频生理节律，如家畜的呼吸率、心率、脉搏及脑电波等。如牛的呼吸频率为 10～30 次/min，猪的为 8～18 次/min、鸡的为 20～50 次/min。

(2)中频生理节律　周期在 0.5～14.4 h 的生理节律，称为中频生理节律。按照运行周期的长短又分为超日节律、昼夜节律、亚日节律。

超日节律是周期在 28～60 h 的生理节律，例如蛋鸡产蛋的周期大于 28 h，其产蛋活动便为超日节律，促进卵巢排卵的 LH 的峰值出现的周期节律也是超日节律。昼夜节律是周期约为 24 h、变动在 20～28 h 的生理节律，又称“日周期节律”，是动物的活动和生理功能与地球昼夜相联系，大约 24 h 周期出现的现象。如睡—醒、食—息等节律，而更多的是体内生理和生化变化的昼夜节律，如体温，心率，呼吸频率，脉搏，血压，肾的尿液生成量，唾液分泌量，内分泌激素的合成和分泌，血液中红、白细胞数和酶的种类水平，肝细胞内糖原与葡萄糖和磷脂的水平，细胞代谢率及肠道吸收葡萄糖的速率等。亚日节律指周期大于0.5 h、小于 20 h 的生理节律。

(3)低频生理节律　周期在 6 d 以上至 1 年或更长时间的节律，称为低频生理节律，又可分为近月节律和近年节律。近月节律周期为 6～40 d 的生理节律，例如，家畜在发情季节的性活动，如排卵、性激素分泌的时相和性行为都表现为近月节律。全年发情的母牛和母猪，每隔 21 d 发情 1 次，季节性发情的母马在初春每隔 17～24 d 发情 1 次，母羊则在秋季每隔 16～17 d 发情 1 次。近年节律周期为 1～2 个季节或长达 1 年的节律，例如，牛、马和驴等妊娠期较长，每年产仔 1 胎，猪和绵羊等妊娠期短，每年可产仔 2 胎，奶牛的泌乳、蛋鸡的产蛋，其周期约为 300 d，也均为近年节律。此外，家畜的季节性换毛也呈现出近年节律性变化。

3.2.1.2　光周期对生物节律的影响

光周期变化是形成生物节律的重要原因。在脊椎动物中，鸟类的光周期现象最为明显，很多鸟类的迁移都是由光照长短的变化引起的，由于光照长短的变化是地球上最严格和最稳定的周期变化，所以是生物节律最可靠的信号系统，鸟类在不同年份迁离某地和到达某地的时间都不会相差几日。同样，各种鸟类每年开始生殖的时间也是由光照长度的变化决定的。温带鸟类的生殖腺一般在冬季时最小，处于非生殖状态，随着春季的到来，生殖腺开始发育，随着光照长度的增加，生殖腺的发育越来越快，直到产卵时生殖腺才达到最大。生殖期过后，生殖腺便开始萎缩，直到来年春季才再次发育。鸟类生殖腺的这种年周期发育是与光照长度的周期变化完全吻合的。

因此，当春季白昼时间变长时，刺激了某些动物的性腺活动和发育，促进其排卵、配种、受孕，人们将这一类动物称为“长日照动物”(long-day animals)，主要有马、驴、雪貂、狐、猫、野兔及鸟类。例如，在畜牧生产中补充人工光照时间便可提高母鸡产蛋量。而另一部分动物当秋季日照时间逐渐缩短时，促使其发情、配种、受孕，人们称之为“短日照动物”(short-day animals)，主要有绵羊、山羊、鹿和一般反刍动物。如果把生长在南半球的羊引入北半球，经 1 年后，该动物即可恢复到秋季发情。由此可见，光周期对畜禽生物节律有着重要的影响。

3.2.2 光照的生物学效应

光照作用于家禽，会对其生理机能、健康状况和生产力水平产生较大的影响，因此，光照是家禽重要的外界环境条件。光环境是指由于光的照度、光色(光谱质量或光的波长)、光周期和光照时间等不同，所形成的可能对畜禽生理、行为、健康和生产等产生影响的环境，其中，光的来源主要包括自然光和人工光源。光照具有 3 个特性：光照强度、光照周期和光波长，三者都可以对畜禽的生产、生理等产生影响。

光照强度是指单位面积上所接受的可见光的光通量，通常以勒克斯(lux 或 lx)为单位，禽类的视觉机能异常发达，对光更加敏感，因此，通常以家禽感知照度(Clx)作为家禽接收光照强度的单位。光照周期是指昼夜周期中光照和黑暗的时间交替长短的变化，是外界环境向个体传递光周期信息的重要组成部分。光波长是指光波在一个振动周期内传播的距离。禽类的视网膜上有两种光感受器，即视杆、视锥细胞。鸡有 4 种大小不同的视锥细胞，视锥细胞以一种无序超齐构体近乎均匀地镶嵌在视网膜上，这带给了鸡惊人的色彩感知能力。鸡的 4 种视觉细胞敏感值分别在 415 nm(感觉紫色)、450 nm(感觉蓝色)、550 nm(感觉绿色)和 700 nm(感觉红色)。

3.2.3 孵化期光环境对家禽胚胎发育的影响

孵化环境是影响家禽胚胎发育的重要因素，目前商业孵化过程多数是在黑暗的条件下进行的，然而，在自然孵化情况下，母鸡会定期离巢进食，而且受胚胎在蛋内的活动刺激，母鸡会在抱窝时频繁起身翻蛋，母鸡的这两种行为都会使种蛋在孵化时一定程度上暴露在光照下，光照刺激具有改善禽蛋孵化性能的潜能。有学者的研究表明，孵化过程中给予一定的光照刺激对鸡胚胎发育和出壳后雏鸡的生长发育有促进作用，但是不同光谱的作用机理尚不明确。

3.2.3.1 孵化光照对鸡胚发育和孵化表现的影响

在孵化过程中分别给予白光(380～780 nm)、蓝光(447.5～462.5 nm)和绿光(515～535 nm)刺激，不会对孵化率、出孵均重产生影响，但孵化时给予绿光和白光对鸡胚生长发育产生有利影响，同时，孵化时给予绿光会刺激褪黑素的表达。

有统计分析表明，不同光照处理对孵化率没有显著影响，但各光照组孵化率均在 92%以上，在实际的商业孵化中达到 90%～96%，因此，在商业孵化中施加合理光照并不影响整体孵化率。

在鸡胚发育时期，分别对孵化第12天(E12)、第16天(E16)、第20天(E20)的鸡胚重、心脏重、肝脏重、胃重、喙长、第三趾长和冠臀长进行统计分析，随着时间的推移，鸡胚重、心脏重、肝脏重、胃重、喙长、第三趾长和冠臀长日益增大。在E20时期，各光照组和无光照组的鸡胚重($P=0.04$)和心脏重($P=0.02$)存在显著性差异。对E20的鸡胚重和心脏重分别进行分析比较(表3-3)，鸡胚重从大到小依次为绿光组[(40.65±4.12) g]>无光照组[(39.82±3.43) g]>白光组[(38.17±4.6) g]>蓝光组[(35.01±4.48) g]，绿光组($P=0.01$)和无光照组($P=0.02$)的鸡胚重显著大于蓝光组。E20的心脏重按照大小依次为无光照组[(0.27±0.05) g]>白光组[(0.25±0.02) g]>绿光组[(0.22±0.05) g]>蓝光组[(0.21±0.04) g]。各组之间差异显著($P=0.02$)，白光组、蓝光组以及绿光组的心脏重彼此之间均没有显著差异($P>0.05$)，但是无光照组鸡胚的心脏重显著高于蓝光组($P=0.03$)。

表3-3　E20各处理组的鸡胚重和心脏重多重比较　　g

采样时间	组别	鸡胚重	心脏重
E20	无光照组	39.82±3.43[a]	0.27±0.05[a]
	白光组	38.17±4.60[ab]	0.25±0.02[ab]
	蓝光组	35.01±4.48[b]	0.21±0.04[b]
	绿光组	40.65±4.12[a]	0.22±0.05[ab]

注：同列数据中，不同肩标小写字母，表示差异显著($P<0.05$)。

统计分析表明(表3-4)，在孵化过程中施加光照，与无光照相比，白光和绿光的出孵时间显著偏长($P<0.05$)，孵化时长按照大小排列，依次为白光组(489.02±5.70) h>绿光组(487.28±5.15) h>蓝光组(484.87±5.89) h>无光照组(481.77±5.74) h。由于孵化器运行的时间为504 h，所以，先出孵的雏鸡会滞留于孵化器内，滞留时间长短依次为无光照组(22.23±5.74) h>蓝光组(19.13±5.89) h>绿光组(16.72±5.15) h>白光组(14.98±5.70) h。无光照组长达(22.23±5.74) h的缺水和食物容易造成脱水，影响雏鸡品质。所以，绿光和白光组雏鸡出孵较晚，相对于孵化器停止运行时间，出孵时间较为集中，更有优越性。

表3-4　各处理组的出孵时间　　h

组别	出孵时间	滞留时间
白光组	489.02±5.70[a]	14.98±5.70
绿光组	487.28±5.15[ab]	16.72±5.15
蓝光组	484.87±5.89[bc]	19.13±5.89
无光照组	481.77±5.74[c]	22.23±5.74
孵化器运行	504	—

注：同列数据中，不同肩标小写字母，表示差异显著($P<0.05$)。

有学者使用酶免疫的方法检测 LD12:12 光照组和无光照组条件下刚出孵的雏鸡的褪黑素含量，结果显示，绿光组雏鸡 24 h 血清褪黑素水平整体高于其他 3 组(图 3-2)，在 6:00时第 1 次测褪黑素之前，是连续黑暗状态，此时，褪黑素的含量为绿光组(91.32±9.93) pg/mL＞无光照组(68.89±2.71) pg/mL＞蓝光组(65.06±15.83) pg/mL＞白光组(58.27±9.94) pg/mL，且绿光组显著大于无光照组(P=0.03)、白光组(P=0.01)和蓝光组(P=0.02)。并且经过连续 12 h 无光照后，在次日 6:00 测褪黑素的结果显示，绿光组(84.13±5.23) pg/mL＞无光照组(69.11±9.80) pg/mL＞蓝光组(53.48±8.72) pg/mL＞白光组(50.34±5.23) pg/mL，绿光组显著高于无光照组(P=0.04)、蓝光组(P＜0.02)和白光组(P＜0.01)。

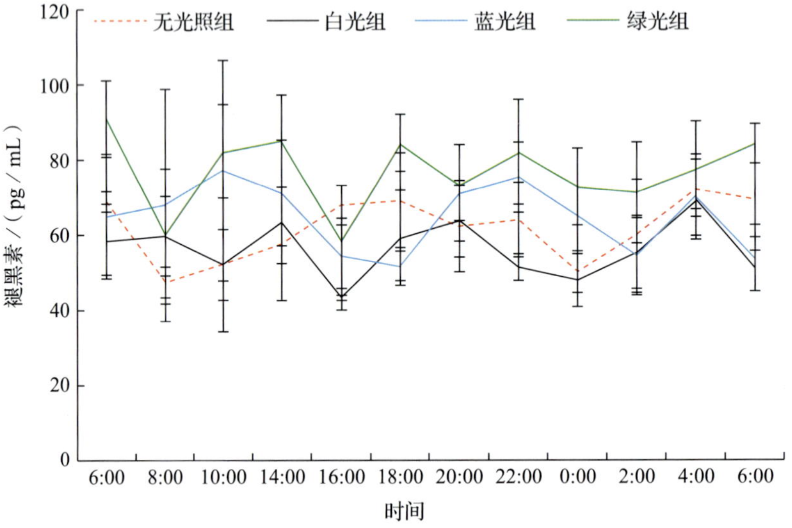

图 3-2 各处理组雏鸡出生 24 h 内褪黑素含量变化趋势

3.2.3.2 孵化光照对 0～42 d 育雏鸡的影响

光照孵化雏鸡血浆皮质酮水平稳定，可能具有更好的应对环境变化的能力。在白光下孵化的雏鸡具有生长优势，因此白光光周期诱导可能有助于提高孵化后雏鸡的生长性能和环境适应性。

不同孵化处理组雏鸡 42 d 内生长情况如图 3-3 及表 3-5 所示。对育雏鸡体重进行统计分析，日龄对育雏有显著影响(P＜0.01)；在育雏第 5 天雏鸡平均体重比较，绿光组(57.25±3.91) g＞白光组(56.78±4.07) g＞无光照组(55.59±3.14) g＞蓝光组(55.38±4.07) g，绿光和白光组雏鸡平均体重显著大于蓝光组和无光照组雏鸡平均体重(P＜0.05)；在育雏第 42 天平均体重比较，白光组(502.45±33.17) g＞绿光组(497.70±37.70) g＞蓝光组(487.59±39.39) g＞无光照组(486.04±35.31) g，白光组的雏鸡平均体重显著大于无光照(P=0.01)和蓝光组(P=0.02)。

有学者通过对蛋白酶和脂肪酶活性进行统计分析，如表 3-6 所示。结果显示，蛋白酶和脂肪酶活性组别间存在显著差异(P＜0.05)，在第 21 天，无光照组[(21.118±0.487)

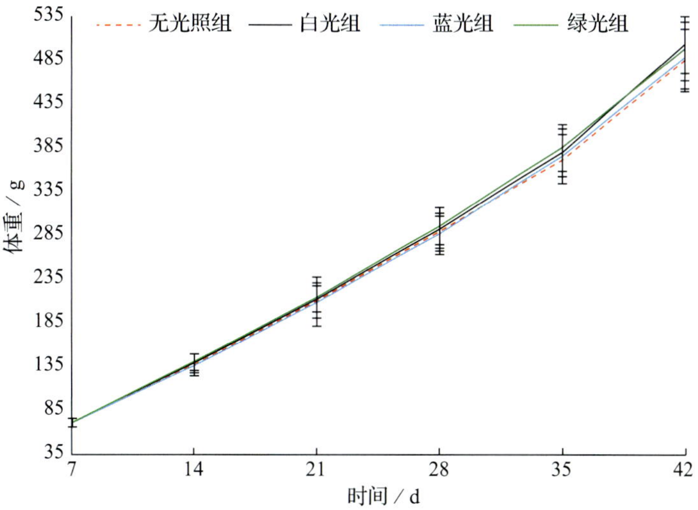

图 3-3 各处理组的雏鸡 42 d 体重变化趋势

表 3-5 育雏第 5 天和第 42 天体重比较 g

日龄	无光照组	白光组	蓝光组	绿光组
5	55.59±3.14^{bc}	56.78±4.07^{ab}	55.38±4.07^{c}	57.25±3.91^{a}
42	486.04±35.31^{b}	502.45±33.17^{a}	487.59±39.39^{b}	497.70±37.70^{ab}

注：同行数据中，不同肩标小写字母，表示差异显著（P<0.05）。

U/g]蛋白酶活性显著高于光照组（P<0.05），且白光组[（19.285±0.467） U/g]蛋白酶活性显著高于蓝光组[（17.832±0.254） U/g]和绿光组[（14.722±0.415） U/g]（P<0.05）；无光照组的脂肪酶活性显著高于光照组（P<0.05），且白光组[（13.567±0.559） U/g]蛋白酶活性显著高于蓝光组[（11.767±0.614） U/g]和绿光组[（8.257±0.525） U/g]（P<0.05）。在第 42 天，无光照组[（21.46±3.115） U/g]蛋白酶活性显著高于蓝光组[（17.695±0.623） U/g]和绿光组[（15.372±1.627） U/g]（P<0.05），各光照组间无显著差异（P>0.05）；无光照组的脂肪酶活性显著高于光照组（P<0.05），各光照组之间的脂肪酶活性没有显著性差异（P>0.05）。第 21 天和第 42 天的结果相比较，绿光组的蛋白酶活性和脂肪酶活性分别增加了（0.650±1.212）和（3.109±0.060） U/g，而无光照组、白光组和蓝光组的蛋白酶活性和脂肪酶活性均下降了（表 3-6）。

表 3-6 育雏第 21 天和第 42 天不同处理组雏鸡蛋白酶和脂肪酶活性比较 U/g

组别	第 21 天蛋白酶活性	第 42 天蛋白酶活性	第 21 天脂肪酶活性	第 42 天脂肪酶活性
无光照组	21.118±0.487^{a}	21.46±3.115^{a}	15.901±0.557^{a}	13.319±0.087^{a}
白光组	19.285±0.467^{b}	18.492±1.033^{ab}	13.567±0.559^{b}	11.943±0.140^{b}
蓝光组	17.832±0.254^{c}	17.695±0.623^{b}	11.767±0.614^{c}	11.644±0.496^{b}
绿光组	14.722±0.415^{d}	15.372±1.627^{b}	8.257±0.525^{d}	11.366±0.465^{b}

注：同列数据中，不同肩标小写字母，表示差异显著（P<0.05）。

由表 3-6 可知，各处理组对免疫器官重（法氏囊）均没有显著影响（$P>0.05$）。法氏囊作为重要的免疫器官，如图 3-4 所示，光照组的法氏囊重量是高于无光照组的，其中在第 21 天，绿光组（1.38±0.28）g＞白光组（1.31±0.24）g＞蓝光组（1.24±0.2）g＞无光照组（1.11±0.3）g；在第 42 天，绿光组的法氏囊的重量最大（3.04±0.66）g，比白光组和蓝光组分别高 0.25 g 和 0.20 g，比无光照组高 0.3 g。

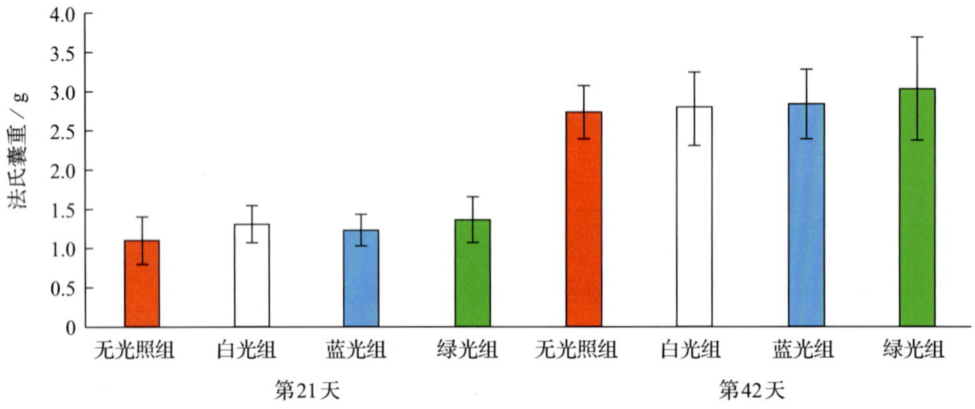

图 3-4　育雏第 21 天和第 42 天不同处理组雏鸡法氏囊均重

统计分析显示不同处理组间的皮质醇浓度无显著差异（图 3-5），但在第 42 天，白光和蓝光组的皮质醇浓度显著高于无光照组（$P<0.05$），即白光组[（5.959±1.199）ng/mL]＞蓝光组[（5.443±1.233）ng/mL]＞绿光组[（5.126±0.339）ng/mL]＞无光照组[（3.608±0.298）ng/mL]。

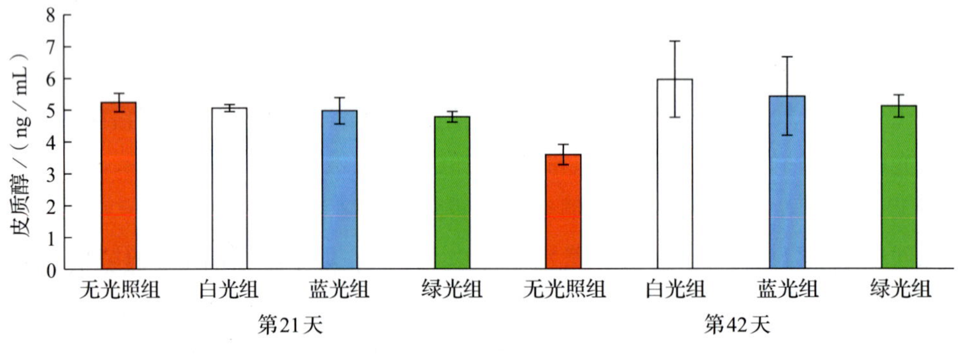

图 3-5　育雏第 21 天和第 42 天不同处理组雏鸡皮质醇含量

3.2.4　蛋鸡对光的偏好性

3.2.4.1　蛋鸡对光照自主选择的偏好性试验研究

光照是影响蛋鸡生产的最重要因素之一，生产中已形成的光照制度，对保障蛋鸡全年均衡生产和产蛋潜力的发挥起到了重要作用。目前，蛋鸡产业所应用的光照程序适合高效产蛋的要求，至于其能否满足蛋鸡的自然需求尚不明确。自然状态下，动物具有选择最利于其生存繁衍并可使其自身福利最大化的生存环境的本能。只有从动物自身角度出发,让其拥有自主选择的权利,才能真正了解动物的需求,因此研究蛋鸡对光照的偏好性,了解蛋鸡的光照需求,不仅有理论层面的发现,同时对提高生产和动物福利也具有指导价值。

本研究对不同光照度(<1、5、15、30 和 100 lx)荧光灯下 W-36 蛋鸡的偏好性选择进行测试,在光照期间,蛋鸡对不同光照的偏好顺序从强到弱依次为 5、15、30 和 100 lx。且在具有 30 lx 的食槽灯,光照度为 5、15、30 和 100 lx 时,蛋鸡偏好在 5 lx 下采食。

不同光照度下,蛋鸡的日平均时间分配如表 3-7 所示,所测试的 5 种光照度中,低于 1 lx 在本次测试中属于暗期,因此蛋鸡在光照下总共所分配的时间为 14.0 h。在这 14.0 h 中,蛋鸡在 5 lx 下花费的时间最多为(6.4±0.5) h/(只・d),所占比例为光照时间的 45.3%±2.0%,与其余光照度相比,差异显著($P<0.05$)。蛋鸡在 15 和 30 lx 两种光照度下所分配的时间大致相同($P>0.05$),分别为(3.1±0.4) h/(只・d)和(3.0±0.4) h/(只・d),所占光照时间比例分别为 22.2%±1.5%和 22.1%±1.6%。蛋鸡在 100 lx 下分配的时间最少为(1.5±0.2) h/(只・d),所占比例为 10.4%±0.9%,与其余光照度之间存在显著差异($P<0.05$)。因此,蛋鸡对 5 lx 的偏好性优于 15、30 和 100 lx。

表 3-7　不同光照度蛋鸡的日平均时间分配(平均值±SE)

项目	光照度/lx	时间分配/[h/(只・d)]	时间分配比例/%
光照	5	6.4±0.5[a]	45.3±2.0[a]
	15	3.1±0.4[b]	22.2±1.5[b]
	30	3.0±0.4[b]	22.1±1.6[b]
	100	1.5±0.2[c]	10.4±0.9[c]
	总计	14.0	100
黑暗	<1	10.0±0.7	

注:同列数据中,不同肩标小写字母,表示差异显著($P<0.05$)。每个平均值均有 116 个观测值。

不同光照度下蛋鸡的日平均采食量、采食时间及采食速度如表 3-8 所示。蛋鸡的日平均采食量总计为(87.3±1.7)g/(只・d),其中在<1 和 5 lx 下的采食量最大,分别为(24.8±2.4)和(28.4±1.9) g/(只・d),占总采食量的 28.4%和 32.5%,并且与其他几种光照度下的采食量有显著差异($P<0.05$)。蛋鸡在 15 和 30 lx 下的采食量较为接近,没有显著差异($P>0.05$),在 100 lx 下的采食量最少,且与其他光照度下呈显著差异($P<0.05$),食槽时间与采食时间在不同光照度下的分配规律与日平均采食量类似。蛋鸡平均每天在食槽上的活动时间总计为(4.4±0.1) h,而其中真正用来采食的时间为(3.4±0.1) h。采食速度在不同光照度下没有显著差异($P>0.05$)。

在整个测试期间,试验蛋鸡在 23～30 周龄期间,每天(8:30 至次日 8:30)均产 3～4 个鸡蛋。在 6 个重复组中,总计考察天数为 116 d,其中 98 d 中 4 只蛋鸡的产蛋率为 100%,18 d 中 4 只蛋鸡的产蛋率为 75%。蛋鸡总体日均产蛋率为 96.1%±0.9%,其中

表 3-8 不同光照度下蛋鸡的日平均采食量、采食时间及采食速度(平均值±SE)

指标	光照度/lx					总计
	<1	5	15	30	100	
采食量/[g/(只·d)]	24.8±2.4[a]	28.4±1.9[a]	13.8±1.5[b]	14.5±1.6[b]	5.8±0.9[c]	87.3±1.7
采食量的分布/%	28.4±2.7[a]	32.5±2.2[a]	15.8±1.8[b]	16.6±1.9[b]	6.7±1.0[c]	100
食槽时间/[h/(只·d)]	1.2±1.1[a]	1.4±0.1[a]	0.7±0.1[b]	0.8±0.1[b]	0.3±0.1[c]	4.4±0.1
采食时间/[h/(只·d)]	0.9±0.1[a]	1.1±0.1[a]	0.5±0.1[b]	0.6±0.1[b]	0.2±0.0[c]	3.4±0.1
采食速度/[g/(只·d)]	28.4±2.5	25.5±2.3	25.5±2.4	24.3±2.1	24.1±2.0	25.6±2.3

注:同列数据中,不同肩标小写字母,表示差异显著($P<0.05$)。每个平均值均有 116 个观测值。

3 个或 4 个鸡蛋同在一隔间产蛋率为 76.9%。光照度对蛋鸡的产蛋位置有显著影响,不同光照度下蛋鸡的产蛋率如图 3-6 所示。蛋鸡在<1 lx 下的产蛋比率最高,占总产蛋量的 61.9%±3.6%,与其余光照度相比差异显著($P<0.05$)。蛋鸡产蛋比率在光照度 5 lx(12.5%±2.3%)、15 lx(11.0%±2.3%)、30 lx(7.6%±1.6%)和 100 lx(7.0%±1.9%)下均没有显著差异($P>0.05$)。因此蛋鸡偏好在<1 lx 下产蛋。

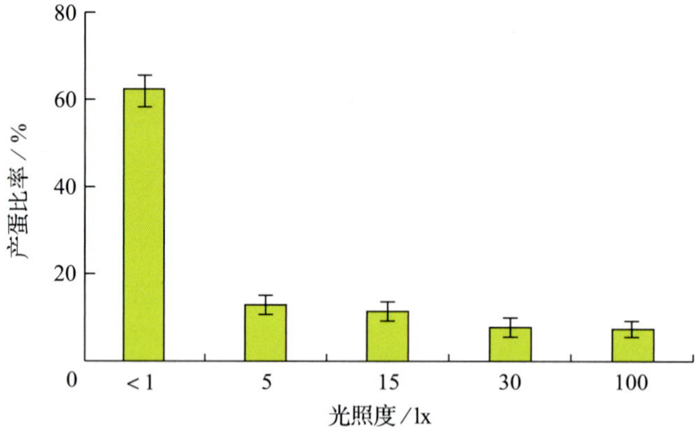

图 3-6 不同光照度下的产蛋率(平均值±SE)

图 3-7 所示为 1 d 中不同光照度下蛋鸡的平均时间分配规律。蛋鸡 1 d 中在不同光照度的平均时间分配间歇性地分布在每个小时之中,并且蛋鸡没有表现出明显的对光照和黑暗利用的日节律。蛋鸡平均每小时在黑暗中所分配的时间为(25.0±0.4) min,并均匀地分布在每个小时之中。1 d 中蛋鸡在黑暗和光照中的总时间分配分别为(10.0±0.7) 和(14.0±0.7) h($P<0.001$)。

3.2.4.2 不同照度蓝色 LED 灯对育成期蛋鸡生长发育的影响

禽类的视觉系统较为特殊,对光的反应十分敏感。现代化蛋鸡饲养中科学合理地选择光源对鸡的生长发育和生产性能发挥具有重要作用。LED 光源具有节能、高效、光色可调等优势,近年来在畜禽生产中得到广泛应用,但对不同光谱的照度标准、波段与照度之间的耦合作用研究较为缺乏。

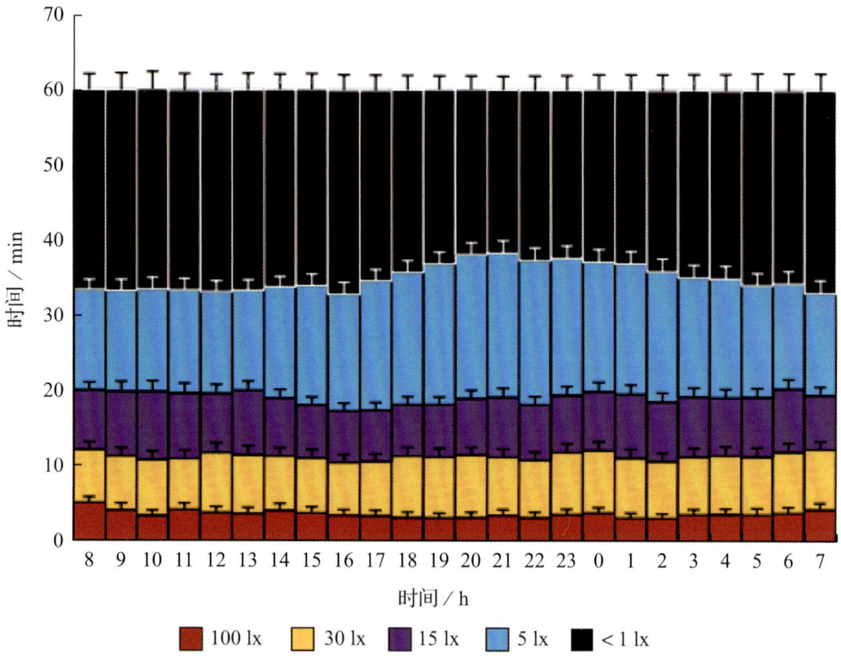

图 3-7　1 d 中不同光照度下蛋鸡的平均时间分配(平均值±SE)

1. 不同照度蓝色 LED 光对育成鸡生长发育的影响

以京红 1 号蛋鸡为试验对象,探究不同照度蓝色 LED 灯对育成鸡生长发育的影响,其中,处理组分为白光对照组(W30)、10 lx 蓝光组(B10)、30 lx 蓝光组(B30)、50 lx 蓝光组(B50)、70 lx 蓝光组(B70)。研究发现,蓝光对蛋鸡体重的影响主要存在于 14～19 周龄,30 lx 白光处理下蛋鸡的体重显著高于 30 lx 蓝光处理,这一差异一直持续至蛋鸡开产。此外,蓝光对蛋鸡胫长及骨密度的影响均不显著,但蓝光处理下蛋鸡的骨密度增量均在数值上大于白光组,即蓝光可在一定程度上促进蛋鸡骨骼的发育。但各蓝光处理中,胫长及骨密度增量与照度等级无显著正相关关系。

统计分析各处理组蛋鸡在不同生长阶段的平均体重(表 3-9)。育成后期,2 个处理组的体重差异开始显现。14～19 周龄,第一批次中 W30 组蛋鸡体重显著高于 B30 组($P=0.02$),且在 20～22 周龄,W30 组蛋鸡体重仍然显著高于 B30 组($P=0.02$);第二批次中,W30 组蛋鸡的平均体重在 14～19 周龄显著高于 B30 组($P=0.02$),这一差异一直延续至蛋鸡开产,但 20～22 周龄 2 个处理组体重差异逐渐缩小($P=0.05$)。实验结果表明,蓝光 LED 灯处理会对蛋鸡的体重发育产生影响。

随着蛋鸡周龄的增加,采食量逐渐增加的同时料重比也逐渐增大,而育成后期随着增重高峰的出现,料重比也会有所减小,而后迅速增大;由于 W30 组增重高峰出现较 B30 组早,因此在 14～19 周龄,B30 组料重比高于 W30 组,而 20～22 周龄,B30 组料重比显著小于 W30 组;不同照度蓝光处理中,B70 组采食量较 B30 及 B50 组高,料重比显著低于该两组料重比,变化规律与 W30 组较为一致(图 3-8 和表 3-10)。

表 3-9　不同照度蓝色 LED 灯下育成鸡体重阶段性变化　g

批次	周龄	W30	B10	B30	B50	B70
第一批次	10～13	1 048.8±122.9	1 036.0±114.7	964.1±92.7	995.5±95.8	1 053.8±106.0
	14～19	1 497.7±166.5[A]	1 425.1±132.1[ab]	1 276.6±113.3[Bb]	1 348.1±144.5[ab]	1 455.1±180.7[a]
	20～22	1 815.9±47.1[A]	1 704.0±46.6[ab]	1 612.4±74.0[Bb]	1 706.1±64.4[ab]	1 819.2±53.0[a]
第二批次	7～13	863.1±243.7	846.2±229.5	846.5±230.8	809.6±213.1	848.2±240.1
	14～19	1 493.7±185.6[A]	1 339.3±96.3[ab]	1 298.1±84.3[Bab]	1 279.6±104.1[b]	1 420.1±154.4[a]
	20～22	1 830.1±21.0[A]	1 667.8±118.9	1 635.5±121.9[B]	1 659.4±119.4	1 791.5±41.87

注：同行数据中，小写字母标注各蓝光处理组的组间显著性，不同肩标小写字母表示差异显著（P<0.05）；大写字母标注对照组（W30）和同照度蓝光组（B30）的组间显著性，不同肩标大写字母表示差异显著（P<0.05）。

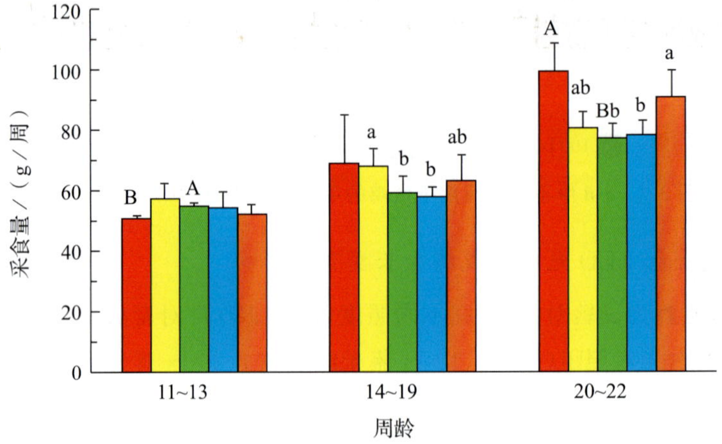

（a）第一批次

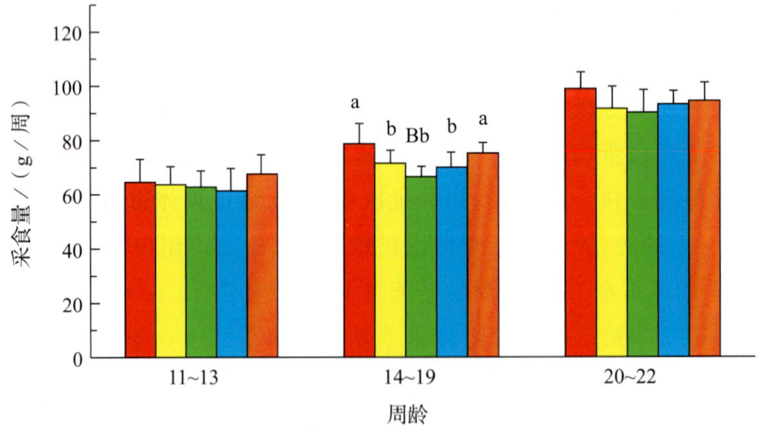

（b）第二批次

图 3-8　两批次不同生长阶段各处理组蛋鸡的采食量

表 3-10　不同生长阶段各处理组料重比

批次	周龄	料重比				
		W30	B10	B30	B50	B70
第一批次	10～13	3.72±0.31[B]	4.52±0.57	5.43±0.43[A]	5.16±0.89	4.53±0.40
	14～19	5.71±1.77	6.83±1.64[a]	6.87±0.49[a]	5.55±0.98[b]	5.11±0.83[b]
	20～22	14.18±2.30[A]	11.48±2.10[ac]	6.66±1.84[Bb]	7.99±2.20[bc]	12.34±2.18[a]
第二批次	7～13	3.23±0.76	3.72±1.46	3.59±1.36	3.71±1.17	3.61±1.20
	14～19	4.66±0.66[B]	6.60±0.55[b]	8.13±1.72[Aa]	6.92±1.29[ab]	5.06±0.77[c]
	20～22	27.47±9.36[A]	5.52±0.69[b]	5.30±0.45[Bb]	6.34±1.96[b]	12.77±5.01[a]

注：同一行同一指标中，a,b,c表示标有相同字母者差异不显著（$P>0.05$）；a,b,c表示标注不同字母者差异显著（$P<0.05$）。A,B,C表示标有相同字母者差异不显著（$P>0.05$），A,B,C表示标有不同字母者差异显著（$P<0.05$）。

图 3-9 给出了两批次育成期不同时间点各处理组蛋鸡的平均胫长，第一批次实验选用的为 10 周龄蛋鸡，胫长已经发育到一定程度，与第二批次相比较可知，7～10 周龄是蛋鸡胫长增长的重要阶段。7～13 周龄，各处理组蛋鸡的胫长平均增长量分别为：W30：3.84 mm、B10：4.13 mm、B30：3.82 mm、B50：3.63 mm、B70：3.77 mm；14～22 周龄各处理组蛋鸡的胫长平均增长量分别为：W30：0.10 mm、B10：0.05 mm、B30：0.09 mm、B50：0.28 mm、B70：0.09 mm。在整个育成周期内，各组胫长之间无显著性差异（$P>0.99$），结果表明，在育成期提供不同照度的蓝光不会对蛋鸡的胫长发育产生显著性的影响。

骨密度是反映骨骼健康状态的重要指标，表 3-11 中给出了两批次在第 7、12、17 及 22 周各处理组蛋鸡的骨密度。第一批次骨密度试验自 12 周龄开始，不同光处理组骨密度值在整个试验周期内均无显著性差异，但在 12～22 周龄期间，所有蓝光组骨密度值增量均高于 W30 组，W30 组与 B30 组骨密度增量的差值最小，仅约 0.001 g/cm^2，而骨密度增量最大的为 B10 处理组（0.034 g/cm^2）。第二批次骨密度试验自 7 周龄开始，7～12 周龄各处理组蛋鸡的骨密度均有较大幅度增长，增长量分别为 W30（0.059 g/cm^2）、B10（0.061 g/cm^2）、B30（0.093 g/cm^2）、B50（0.075 g/cm^2）、B70（0.086 g/cm^2）；12～22 周龄期间，B30 组、B50 组及 B70 组骨密度大于 W30 组，但未达到显著性水平（$P>0.05$）；W30 组与 B10 组骨密度差值保持在 0.002 g/cm^2 以内，且截至 22 周龄时，W30 组与 B10 组骨密度值较其他蓝光处理组低，其中 B30 处理组骨密度值最大[（0.216±0.004）g/cm^2]。到达开产时，第一批次不同照度的蓝光处理下蛋鸡的骨密度增量顺序为：B10＞B70＞B50＞B30，第二批次为：B30＞B70＞B50＞B10，可以得出骨密度的大小与照度等级无严格的正相关关系，但蓝光处理对于蛋鸡维持较好的骨密度增量及后期产蛋性能的发挥有一定的促进作用。

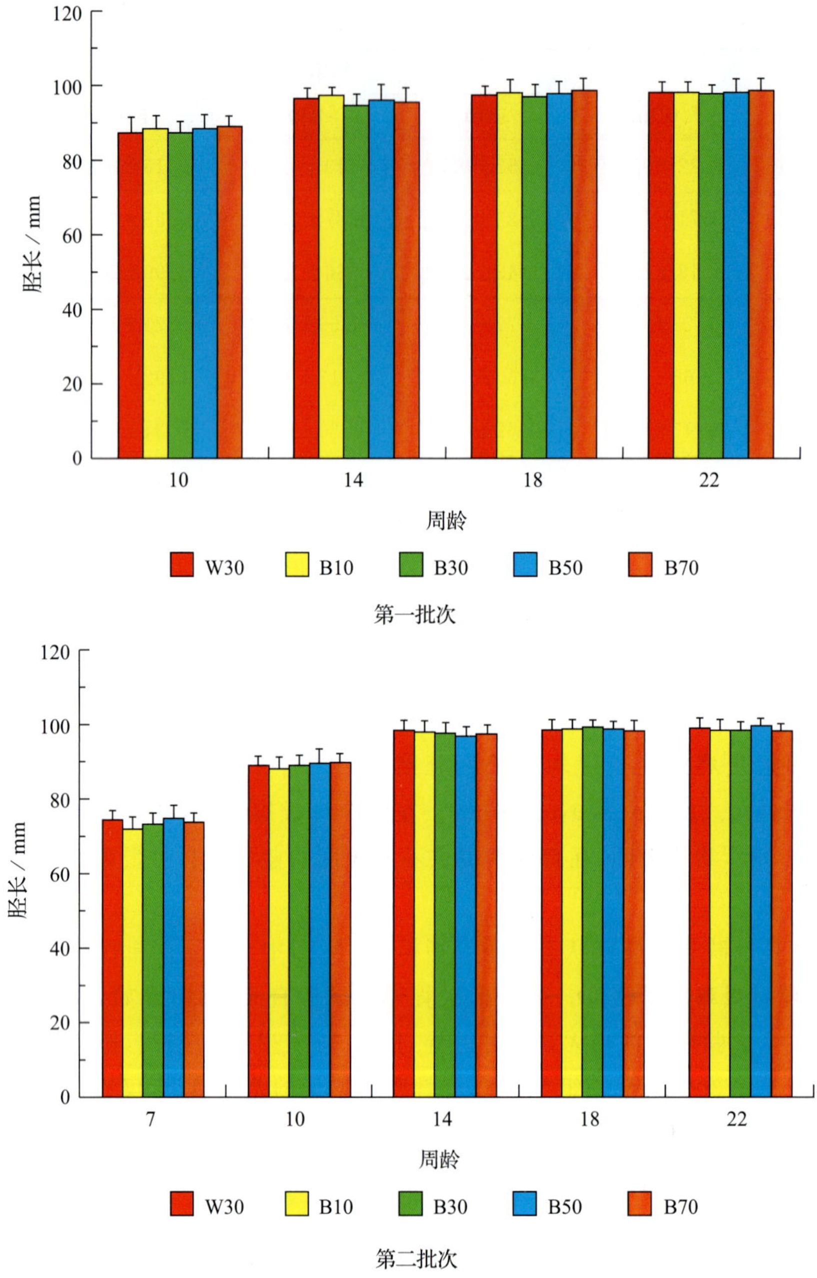

图 3-9 两批次育成期不同时间节点各处理组蛋鸡的平均胫长

表 3-11 两批次不同周龄各处理组蛋鸡的骨密度 g/cm²

批次	处理组	周龄				增量
		7	12	17	22	
第一批次	W30	—	0.176±0.005	0.177±0.007	0.186±0.005	0.010
	B10	—	0.170±0.003	0.192±0.009	0.204±0.015	0.034

续表 3-11

批次	处理组	周龄				增量
		7	12	17	22	
第一批次	B30	—	0.179±0.002	0.186±0.002	0.190±0.003	0.011
	B50	—	0.172±0.004	0.186±0.011	0.198±0.007	0.026
	B70	—	0.161±0.001	0.186±0.016	0.191±0.005	0.030
第二批次	W30	0.131±0.004	0.173±0.003	0.187±0.004	0.190±0.005	0.059
	B10	0.130±0.003	1.171±0.006	0.185±0.007	0.191±0.004	0.061
	B30	0.123±0.002	0.161±0.006	0.193±0.005	0.216±0.004	0.093
	B50	0.125±0.007	0.176±0.008	0.190±0.004	0.200±0.016	0.075
	B70	0.124±0.001	0.180±0.005	0.192±0.006	0.210±0.010	0.086

2.不同照度蓝色LED灯对育成鸡性成熟的影响

以7周龄京红1号蛋鸡为试验对象，探究不同照度蓝色LED灯对育成鸡性成熟的影响。研究发现，蓝光下蛋鸡的性成熟进程显著减缓，70 lx蓝光组在不同照度等级蓝光组中，蛋鸡性成熟的减缓最弱，且蛋鸡的性成熟发育程度与照度等级无显著正相关。

图3-10、图3-11所示为两批次试验不同周龄各处理组蛋鸡的性激素水平。14周龄前，两批次试验中W30组及B30组促卵泡生成激素(FSH)及促黄体生成素(LH)分泌量均在一定范围内波动，未呈现显著的增加趋势；14周龄后，两批次中W30组FSH及LH分泌量均开始持续上升，且在整个育成后期(14～19周龄)均高于B30处理组，上述结果表明，蓝光处理下蛋鸡性激素的分泌水平较低。

通过解剖与测量15周龄及22周龄各处理组蛋鸡的性器官，评价各组蛋鸡性成熟发育状态。不同周龄各处理组蛋鸡的性器官发育参数如表3-12所示。性成熟初期(15周龄)，两批次中W30组输卵长度、输卵管重量及卵巢重量均显著大于B30组，且在数值上大于所有蓝光组，表明蓝光处理下蛋鸡的性器官发育较白光照射下缓慢；至22周龄末，W30组与B30组之间差异减小，除第一批次中W30组的输卵管重量仍然显著高于B30组外，两批次中其他各项指标间均无显著性差异。这可能是因为蓝光抑制了蛋鸡的性成熟，推迟了蓝光组蛋鸡性器官快速发育的时间，但随着白光组蛋鸡性器官逐渐发育完善，各项指标变化幅度减小，且蓝光组进入性器官快速发育阶段，显著性差异逐渐消失。从实验结果可以看出，15周龄后各处理组蛋鸡的输卵管、卵巢均快速发育，代表了这一阶段为蛋鸡生长状态的重要转折期。不同照度蓝光处理下，性器官的发育程度与照度等级无正相关性，但70 lx蓝光下蛋鸡卵巢发育最为完善，同时输卵管长度及重量均维持在较高水平，这一结果与性激素分泌水平一致。

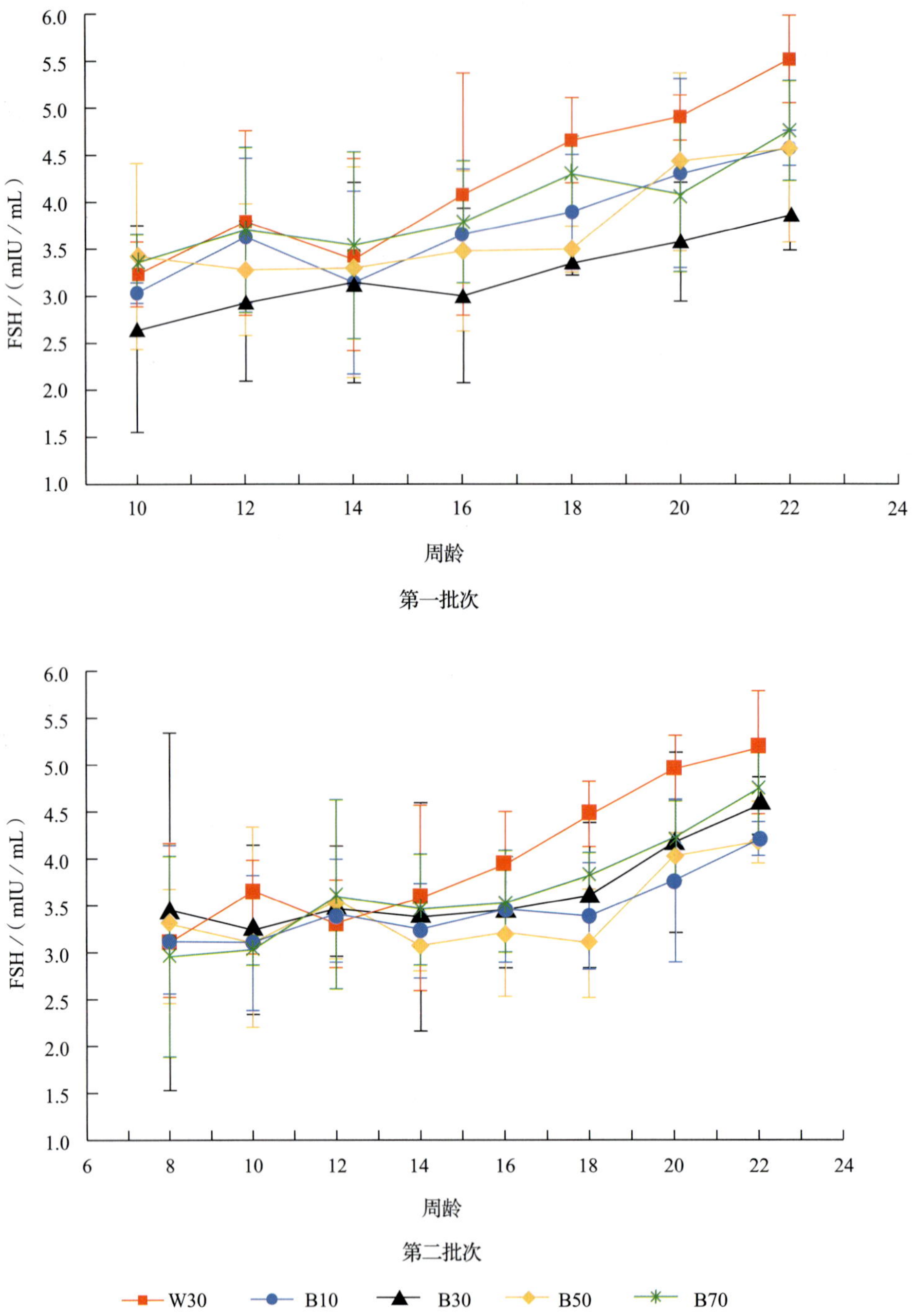

图 3-10　两批次不同周龄各处理组蛋鸡 FSH 分泌量

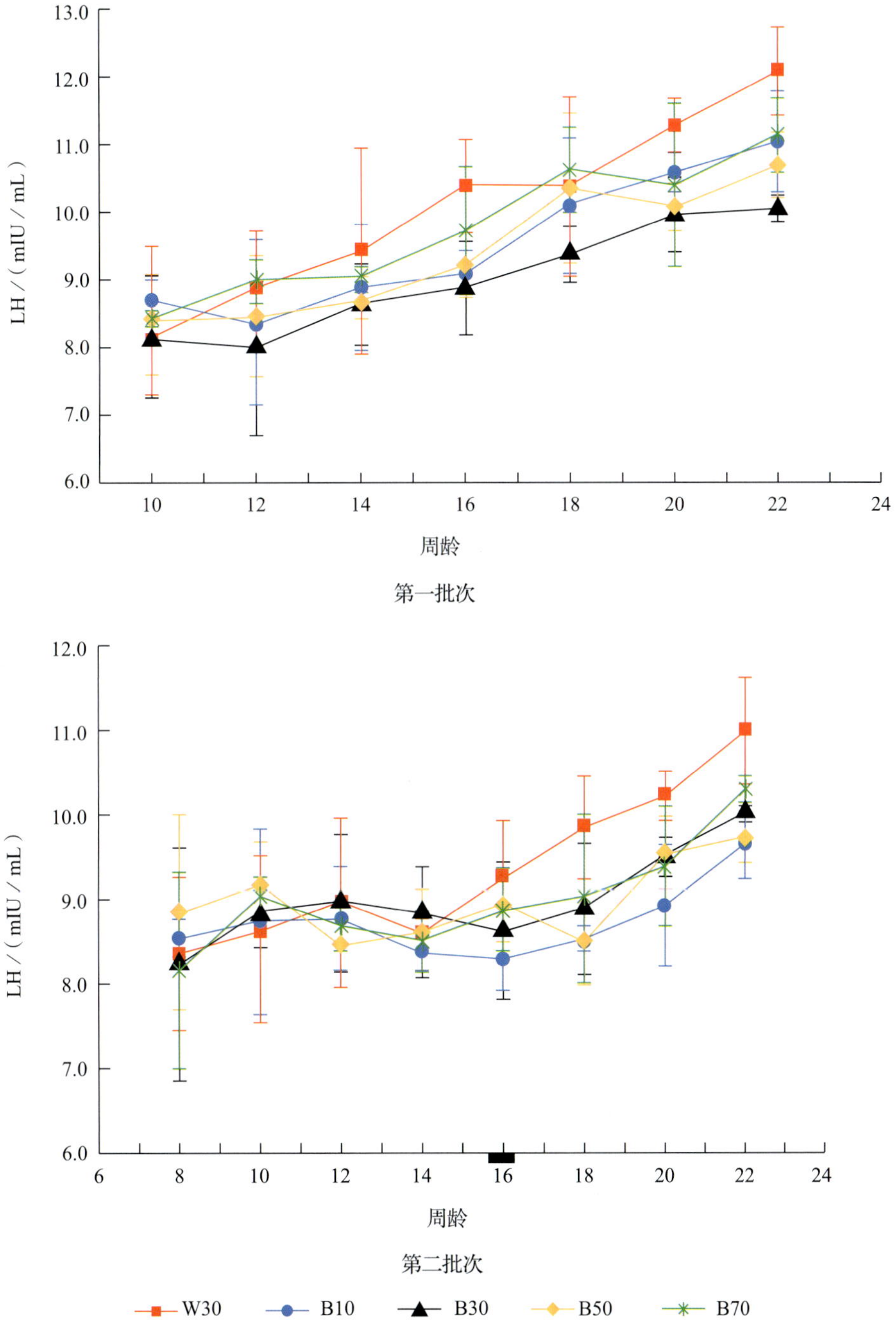

图 3-11　两批次不同周龄各处理组蛋鸡 LH 分泌量

表 3-12 两批次不同周龄各处理组蛋鸡性器官发育参数

批次	周龄	处理组	性器官参数		
			输卵管长度/cm	输卵管重/g	卵巢重/g
第一批次	15	W30	15.17±0.86^{A}	0.78±0.03^{A}	0.84±0.06^{A}
		B10	13.26±0.97	0.71±0.07^{a}	0.77±0.08^{a}
		B30	10.78±1.51^{B}	0.42±0.06^{Bb}	0.60±0.06^{Bb}
		B50	12.19±1.74	0.67±0.12^{a}	0.75±0.03^{a}
		B70	12.08±0.86	0.72±0.08^{a}	0.77±0.09
	22	W30	76.27±4.74	52.13±4.85^{A}	51.27±6.89
		B10	76.57±1.65^{a}	49.71±1.42^{a}	47.18±4.94
		B30	67.00±6.64^{b}	43.81±2.02^{Bb}	44.10±7.41
		B50	75.53±1.10^{a}	49.01±1.91^{ab}	48.49±5.75
		B70	74.37±2.64^{a}	51.06±3.87^{a}	50.19±5.15
第二批次	15	W30	14.51±0.68^{A}	0.75±0.09^{A}	0.74±0.06^{A}
		B10	12.26±1.00^{a}	0.53±0.25^{ab}	0.58±0.15^{b}
		B30	12.11±0.21B^{a}	0.34±0.29^{Bab}	0.57±0.00^{Bb}
		B50	9.86±0.95^{b}	0.29±0.07^{b}	0.73±0.02^{a}
		B70	11.41±0.43^{a}	0.59±0.14^{a}	0.69±0.02^{ab}
	22	W30	75.60±4.33	50.03±6.52	50.60±6.17
		B10	73.20±4.18^{ab}	49.04±1.03	35.18±2.60^{b}
		B30	74.67±3.37^{b}	44.48±0.64	48.10±5.62^{a}
		B50	76.37±2.44^{a}	45.35±3.63	40.16±4.76^{ab}
		B70	73.48±6.92^{ab}	50.39±5.31	48.86±7.43

注：同一行同一指标中，^{a,b,c}表示标有相同字母者差异不显著（$P>0.05$）；^{a,b,c}表示标注不同字母者差异显著（$P<0.05$），^{A,B,C}表示标有不同字母者差异显著（$P<0.05$）。

通过测量开产时各组蛋鸡的鸡冠尺寸，利用第二性征的发育程度可以更加全面地评价光照处理对育成鸡性成熟的影响。如图 3-12 所示，为第一批次 22 周龄各处理组蛋鸡鸡冠尺寸。达到开产时，在冠高方面，W30 组[冠高(2.78±0.29) cm]与 B30 组[冠高(2.05±0.48) cm]差异极显著（$P<0.01$）；不同照度蓝光组中，B70 组[冠高(2.72±0.34) cm]显著高于 B30 组，与 B10 组[冠高(2.34±0.48) cm]和 B50 组[冠高(2.33±0.54) cm]无显著差异；在冠长方面，W30 组[冠长(6.05±0.73) cm]显著高于 B30 组[冠长(4.78±0.81) cm]（$P=0.01$）；蓝光组中，B70 组[冠长(5.65±0.28) cm]显著高于 B50 组[冠长(4.97±0.28) cm]、B10 组[冠长(4.78±0.81) cm]及 B30 组[(2.05±0.48) cm]。试验结果表明，蓝光对蛋鸡的冠高及冠长均存在显著的抑制作用，即蓝光处理会导致蛋鸡性成熟推迟。B70 组蛋鸡的冠高及冠长优于其他低照度等级蓝光组。此外，

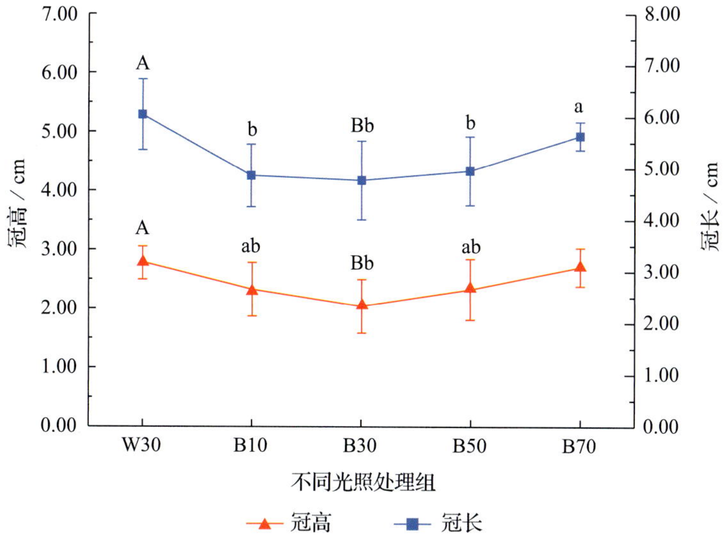

图 3-12　第一批次 22 周龄各处理组蛋鸡鸡冠尺寸

不同照度的蓝光对鸡冠的影响主要存在于冠高方面，在冠长方面差异并不显著。

3. 不同照度蓝色 LED 灯对蛋鸡群体活动强度的影响

以 7 周龄京红 1 号蛋鸡为试验对象，探究不同照度蓝色 LED 灯对育成鸡行为的影响。研究发现，育成前期白光下蛋鸡在 12:00—13:00 时段活动强度为全天最大，且活动强度较蓝光组高，而在蓝光下，开灯后 1～2 h 活动强度为全天最大，且在这一时段内蓝光下蛋鸡的活动强度高于白光；30 lx 白光处理组Ⅰ、Ⅱ、Ⅲ级活动频次指数在育成前期均高于 30 lx 蓝光处理组，在此生长阶段，蓝光处理下蛋鸡表现得更为安静；同时，不同照度蓝光处理下蛋鸡的活动强度与照度等级无显著正相关。

统计分析相同照度不同光色处理组群体活动频次指数(GAFI)的日分布规律(图3-13 和图 3-14)。在育成前期(14 周龄前)，白光组在 12:00—13:00 时段活动强度为全天最大，且活动强度较蓝光组高，而在开灯后 1～2 h，蓝光组的活动强度为全天最高，且在这一时段内蓝光下蛋鸡的活动强度高于白光组。在育成后期(15～22 周龄)，白光及蓝光下蛋鸡的活动强度均在 9:00—13:00 时段较大，在开灯后 1 h 及关灯前 1 h 均处于较为安静状态。

统计分析不同照度蓝光组 GAFI 的分布规律(图 3-13 和图 3-14)。在育成前期，蓝光下蛋鸡的活动强度与照度等级无显著的正相关，且 30 lx 及 50 lx 蓝光下蛋鸡的活动强度较 10 lx 及 70 lx 蓝光下大，波动幅度也较大。在育成后期，不同照度蓝光下蛋鸡的活动强度与照度等级无显著正相关，且 70 lx 蓝光下蛋鸡在 12:00 后表现得较为安静。

3.2.5　光照节律对北京油鸡行为及生产性能的影响

光环境调控技术在现代蛋鸡生产中已得到广泛应用，但针对我国地方鸡种的光环境控制模式还缺少系统的研究，这在一定程度上影响了品种资源的产业化开发与利用。

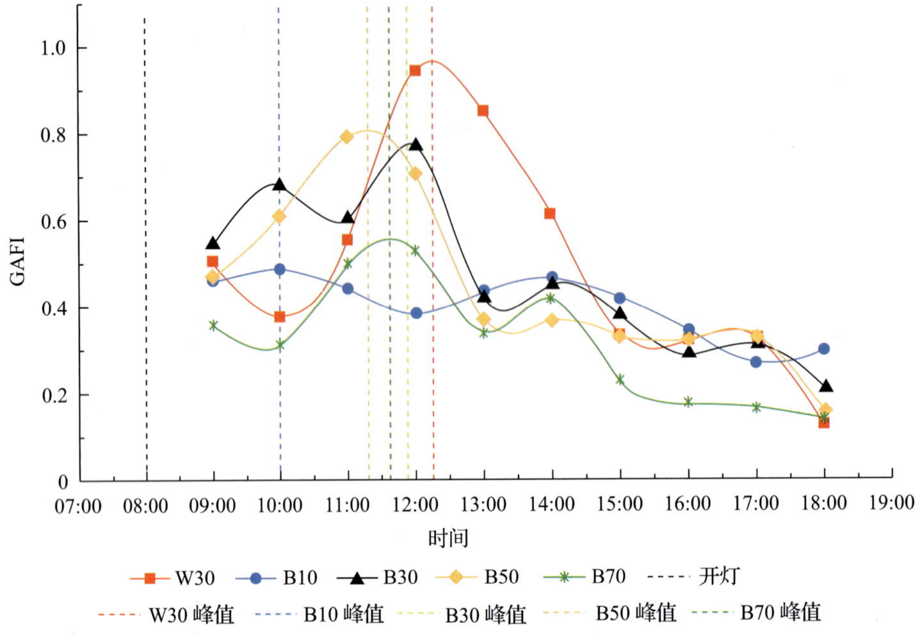

第一批次

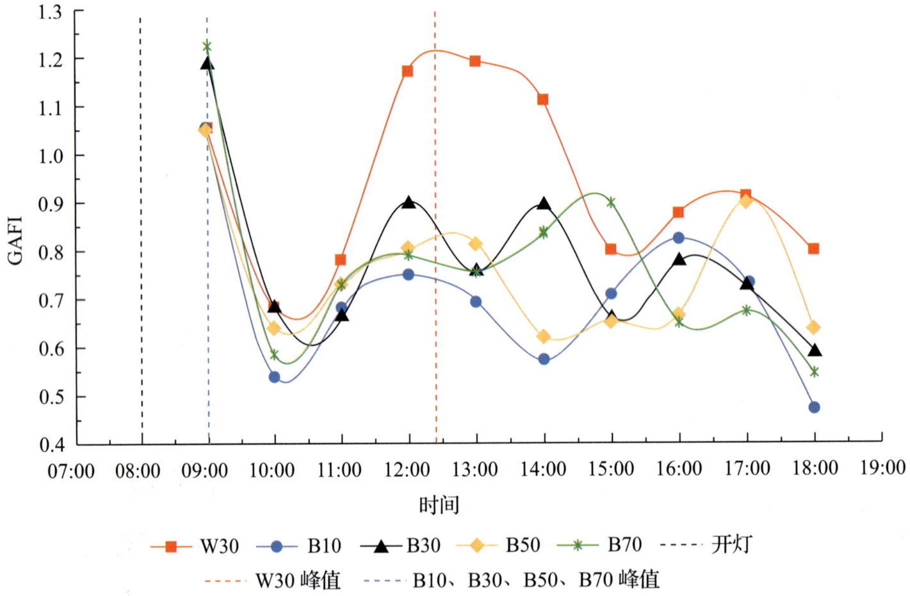

第二批次

图 3-13　两批次 14 周龄前各处理组 GAFI 日分布规律

3.2.5.1　光照处理对蛋用型北京油鸡生产性能的影响

光照处理对北京油鸡产蛋性能、饲料利用率具有显著影响，分段光照处理的油鸡生产性能表现较连续光照处理有所提高。同时，鸡龄对蛋用型北京油鸡的生产性能有很大的影响，产蛋量与蛋重、产蛋性能和饲料利用率之间具有一定的相关性。

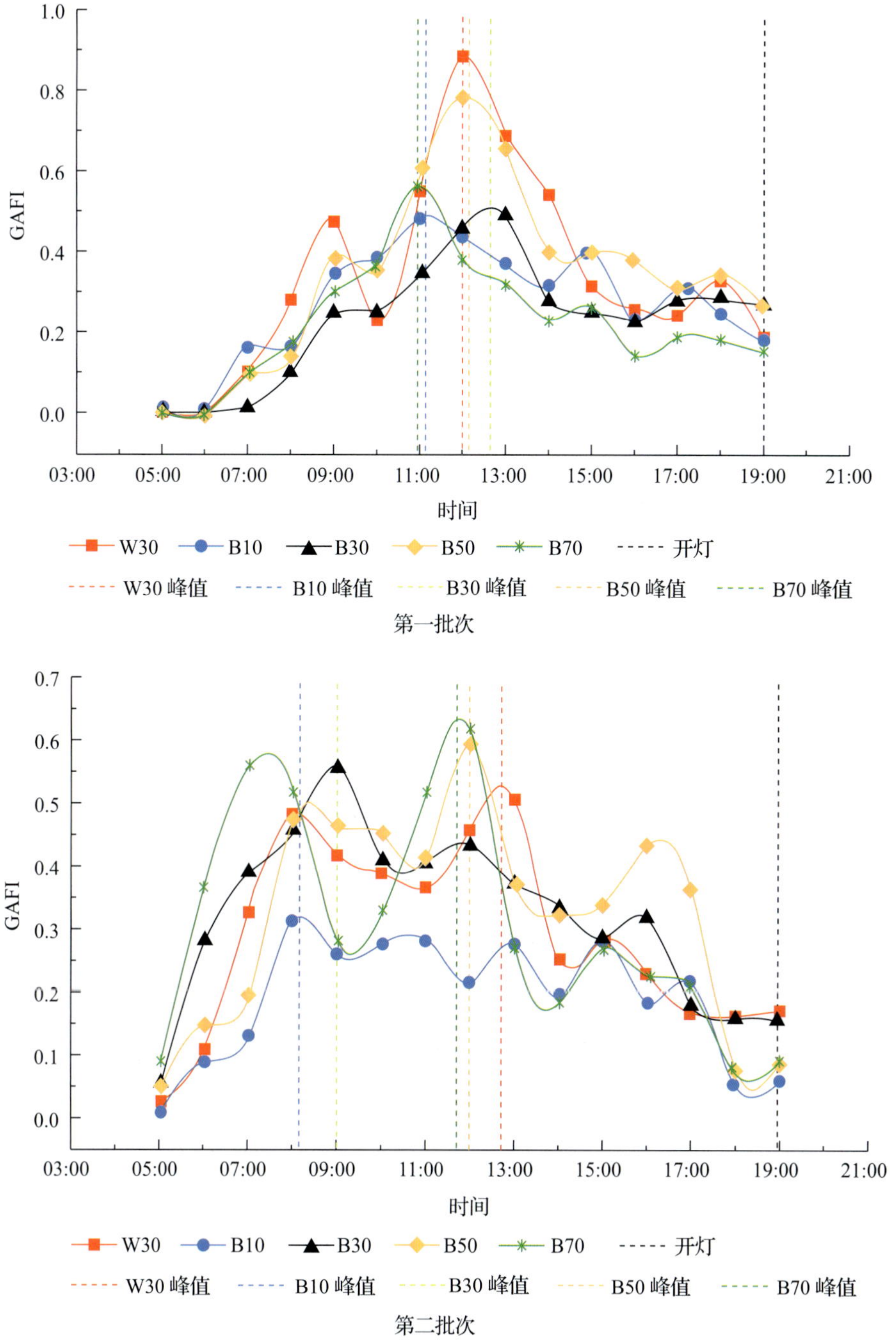

图 3-14　两批次 15～22 周龄各处理组 GAFI 日分布规律

统计分析发现，采用不同光照制度对蛋用型北京油鸡的开产日龄影响很小(表3-13)。处理一(12L：2D：4L：6D，6：00—18：00，20：00—24：00。L 表示光照，D 表示黑暗，下同)和处理二(8L：4D：4L：8D，8：00—16：00，20：00—24：00)都是分段光照，均比其他组开产早；对照组(16L：8D，6：00—22：00)、处理三(16L：8D，3：00—19：00)、处理四(14L：10D，6：00—20：00)和处理五(18L：6D，6：00—24：00)都是连续光照，开产时间差别不大。

表 3-13　不同光照处理对开产日龄的影响　d

组别	对照组	处理一	处理二	处理三	处理四	处理五
开产日龄	145	141	141	145	144	143

表 3-14 为不同光照处理对产蛋率和平均蛋重的影响。结果表明，在产蛋前期不同光照处理测量产蛋率，对照组和所有处理组间差异极显著（$P<0.01$）；处理二与所有组间差异极显著（$P<0.01$）。且随着周龄的增加，产蛋率上升幅度增大。在产蛋高峰期，处理三的平均产蛋率最高，为 74.74%±0.81%，处理五的平均产蛋率最低，为 69.95%±0.77%。不同光照处理平均蛋重，无论是产蛋前期还是产蛋高峰，处理二的平均蛋重最高，处理三的平均蛋重最低（表 3-14），随着周龄的增加，各组的平均蛋重呈增长趋势。就整个试验产蛋情况来看，分段光照组比连续光照组的平均产蛋率约高 2.62%，平均蛋重约高 0.84 g；分段光照组之间相比，处理二比处理一的平均产蛋率约高 3.16%，平均蛋重约高 0.53 g；连续光照组之间相比，产蛋率由高到低依次为处理三、处理四、处理五、对照组，平均蛋重由高到低依次为处理五、处理四、对照组、处理三。

表 3-15 为不同光照处理对日均耗料量和料蛋比的影响。通过分析，不同光照处理对产蛋前期日均耗料量的影响差异不显著（$P>0.05$），且随着周龄的增加，耗料量不同程度增加。产蛋高峰期各组日均耗料量的差异显著，其中处理二的日均耗料量与对照组、处理一、处理三、处理四之间差异极显著（$P<0.01$）。就料蛋比而言，在产蛋前期，处理二的料蛋比最低，且与对照组、处理三之间差异显著（$P<0.05$），随着产蛋量的增加，料蛋比逐渐减小。在产蛋高峰期，料蛋比维持在 2.50～3.80。整个试验产蛋期，分段光照组比连续光照组的日均耗料量约高 0.06 g/只，料蛋比低约 0.43。分段光照组之间相比，处理二比处理一的日均耗料量约多 2.15 g/只，料蛋比约低 0.14；连续光照组间相比，日均耗料量由高到低分别为处理五、处理三、对照组、处理四，料蛋比由高到低分别为处理三、对照组、处理五、处理四。

分析生产性能之间的相关性，产蛋率、平均蛋重、日均耗料量随鸡龄的增大而增加，料蛋比随鸡龄的增大而降低，平均蛋重随产蛋量的增加而增加，饲料转化率随产蛋性能的提高而升高（表 3-16）。

3.2.5.2　光照处理催蛋用型北京油鸡行为的影响

不同光照处理对蛋用型北京油鸡产蛋期的采食时长、采食时间分布以及产蛋时间均有影响。统计分析不同光照处理对蛋用型北京油鸡产蛋前期和高峰期采食时长的影响（表3-17），结果表明，对照组和处理二、处理三、处理四之间差异极显著（$P<0.01$），处理五和处理二、处理三、处理四之间差异极显著（$P<0.01$）。两个不同的产蛋期，处理二的采食时长百分比均最大，结合耗料量发现，处理二的耗料量也较多，所以耗料量与采食时长可能有一定的关系。分段光照组的平均采食时长大于连续光照组，分段光照中暗期时

表 3-14　不同光照处理对产蛋率和平均蛋重的影响

	周龄	对照组	处理一	处理二	处理三	处理四	处理五
产蛋率/%	产蛋前期（21～26 周）	48.37 ± 3.63^{C}	54.17 ± 3.67^{B}	59.04 ± 4.14^{A}	52.04 ± 4.41^{B}	53.02 ± 4.03^{B}	52.61 ± 3.81^{B}
	产蛋高峰（27～38 周）	71.62 ± 0.59^{BC}	73.24 ± 0.44^{AB}	74.69 ± 0.81^{A}	74.74 ± 0.77^{A}	74.02 ± 0.72^{AB}	69.95 ± 0.77^{C}
平均蛋重/g	产蛋前期（21～26 周）	44.17 ± 0.63^{Aa}	44.98 ± 0.52^{A}	45.72 ± 0.49^{Ab}	42.25 ± 0.48^{B}	44.72 ± 0.51^{A}	44.84 ± 0.46^{A}
	产蛋高峰（27～38 周）	51.60 ± 0.16^{b}	51.97 ± 0.16^{Aab}	52.28 ± 0.15^{Aa}	50.99 ± 0.39^{Bc}	51.60 ± 0.16^{b}	51.74 ± 0.18^{ab}

注：同行不标注或者有相同字母者表示差异不显著（$P>0.05$），有不同小写字母者为差异显著（$P<0.05$），有不同大写字母者为差异极显著（$P<0.01$）。

表 3-15　不同光照处理对日均耗料量和料蛋比的影响

	周龄	对照组	处理一	处理二	处理三	处理四	处理五
日均耗料量/[g/(d·只)]	产蛋前期（21～26 周）	99.85 ± 0.83	98.82 ± 0.87	100.35 ± 0.90	100.33 ± 0.89	10.25 ± 0.87	100.35 ± 0.97
	产蛋高峰（27～38 周）	112.94 ± 0.25^{BCa}	112.94 ± 0.26^{BCa}	115.70 ± 0.28^{A}	113.74 ± 0.38^{Bb}	112.50 ± 0.20^{C}	115.19 ± 0.24^{A}
料蛋比	产蛋前期（21～26 周）	4.77 ± 0.43^{ab}	3.92 ± 0.27^{bc}	3.63 ± 0.25^{c}	4.96 ± 0.51^{a}	4.27 ± 0.35^{abc}	4.19 ± 0.29^{abc}
	产蛋高峰（27～38 周）	3.07 ± 0.02^{Ba}	2.98 ± 0.02^{Bcb}	2.99 ± 0.03^{BCb}	3.01 ± 0.02^{BC}	2.97 ± 0.02^{C}	3.22 ± 0.04^{A}

注：同行未标注或者肩标相同字母表示差异不显著（$P>0.05$），肩标不同小写字母表示差异显著（$P<0.05$），肩标不同大写字母表示差异极显著（$P<0.01$）。

表 3-16　生产性能参数之间的相关性

生产性能指标	鸡龄	产蛋率/%	平均蛋重/g	日均耗料量/[g/(d·只)]
鸡龄	0.474**			
产蛋率/%	0.853**	0.587**		
平均蛋重/g	0.800**	0.756**	0.807**	
日均耗料量/[g/(d·只)]	−0.390**	−0.715**	−0.576**	−0.573**

注：** 表示差异极显著($P<0.01$)。

表 3-17　不同光照处理对采食时长的影响　　%

组别	对照组	处理一	处理二	处理三	处理四	处理五
产蛋前期	11.41 ± 0.63^{B}	14.70 ± 0.67^{AB}	14.78 ± 0.76^{A}	11.02 ± 0.64^{A}	12.54 ± 0.71^{A}	10.35 ± 0.63^{B}
产蛋高峰期	12.52 ± 0.72^{B}	13.13 ± 0.76^{AB}	15.40 ± 0.87^{A}	13.48 ± 0.73^{A}	13.28 ± 0.81^{A}	11.76 ± 0.72^{B}

注：同行数据中，肩标不同大写字母表示差异极显著($P<0.01$)。

间长短不一样对采食时长也有一定的影响，连续光照中开灯时间的早晚和光照时间的长短对采食时长有影响。

在产蛋前期和产蛋高峰期不同光照处理对采食时长的影响如图 3-15 所示。2 个不同时期采食时长的整体趋势一致，但是不同光照处理以及不同观察时间段对采食时长的影响比较明显，而且产蛋高峰期的日均采食时长高于产蛋前期。连续光照处理组采食高峰主要出现在喂料时段，而分段光照除了出现在喂料时段外，开灯时段也会出现采食高峰，其他时间采食时间分布基本一致。耗料量与采食时长百分比呈极显著正相关关系，相关系数为 0.527。

由图 3-16 可知，不同光照周期对蛋鸡产蛋时间有一定的影响。对照组的产蛋高峰出现在 8:30—11:30；处理一和处理四的产蛋高峰出现在 9:30—11:30；处理二的产蛋高峰出现在 10:00—11:30 和 12:00—13:30；处理三的产蛋高峰出现在 7:30—10:00；处理五的产蛋高峰出现在 9:30—12:30。就产蛋比例来看，处理三较早达到产蛋高峰，由于凌晨开灯时间较其他组早 3 h，产蛋时间也相应提前 2 h 左右；相较而言处理四和处理五产蛋高峰有所提前和推迟。

3.2.5.3　光照处理对鸡蛋品质的影响

光照对蛋用型北京油鸡鸡蛋的外观品质有一定的影响，不论是分段光照还是连续光照，光照处理对蛋形指数和蛋壳比均无影响，但对蛋重、蛋壳厚度和蛋壳强度有一定的影响。此外，蛋用型北京油鸡鸡蛋的内部品质指标主要与鸡龄有关，而光照时间或光照制度对鸡蛋内部品质没有显著影响。

表 3-18 对北京油鸡 28 周龄和 38 周龄的蛋重、蛋形指数、蛋壳厚度、蛋壳强度、蛋壳比等进行统计分析。结果表明，28 周龄时，处理二的蛋重较对照组、处理三、处理四分别约高0.74、0.86、0.64 g，差异显著($P<0.05$)；不同光照处理组的蛋壳厚度依次为处理二、

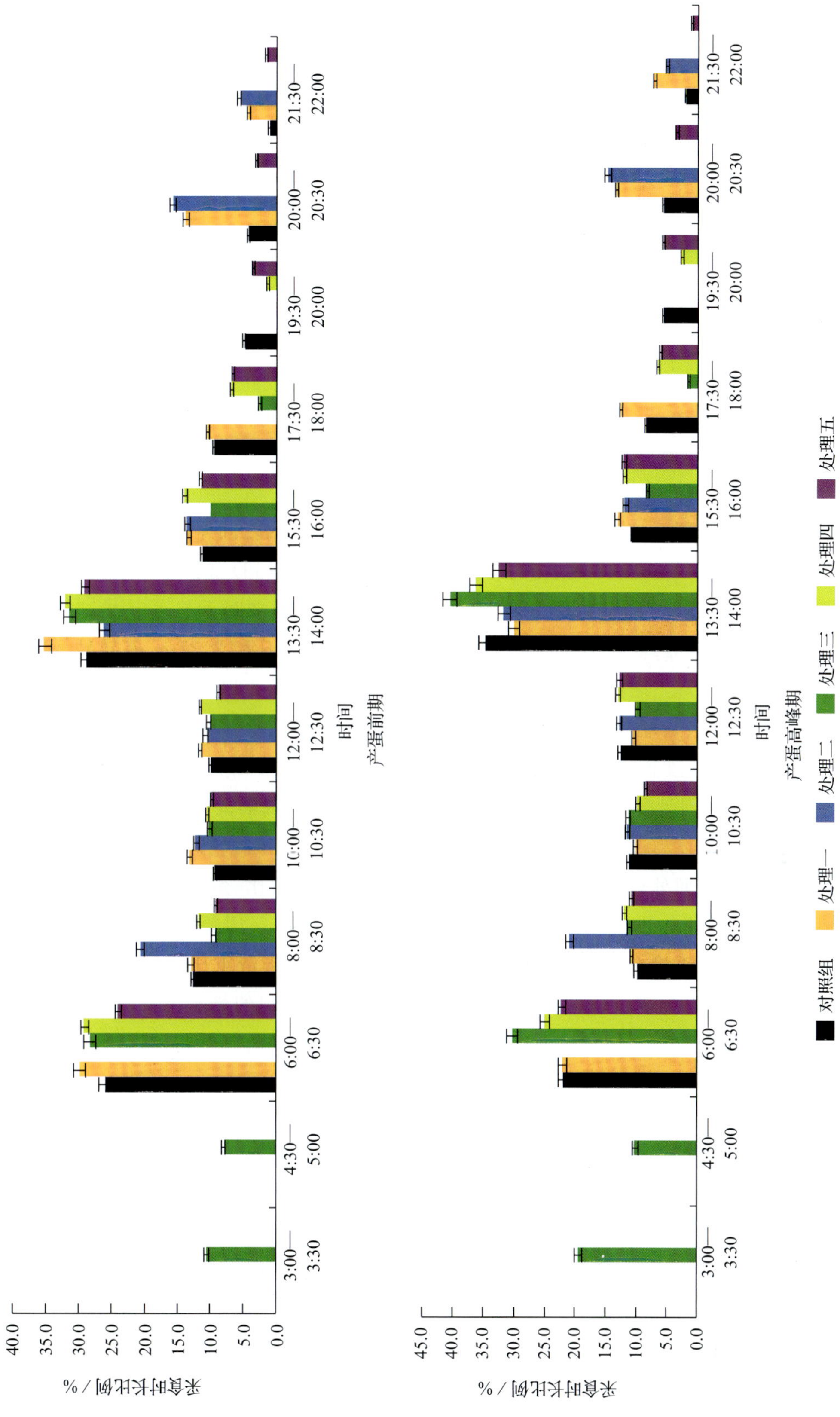

图 3-15　产蛋前期和产蛋高峰期不同光处理对采食时长的影响

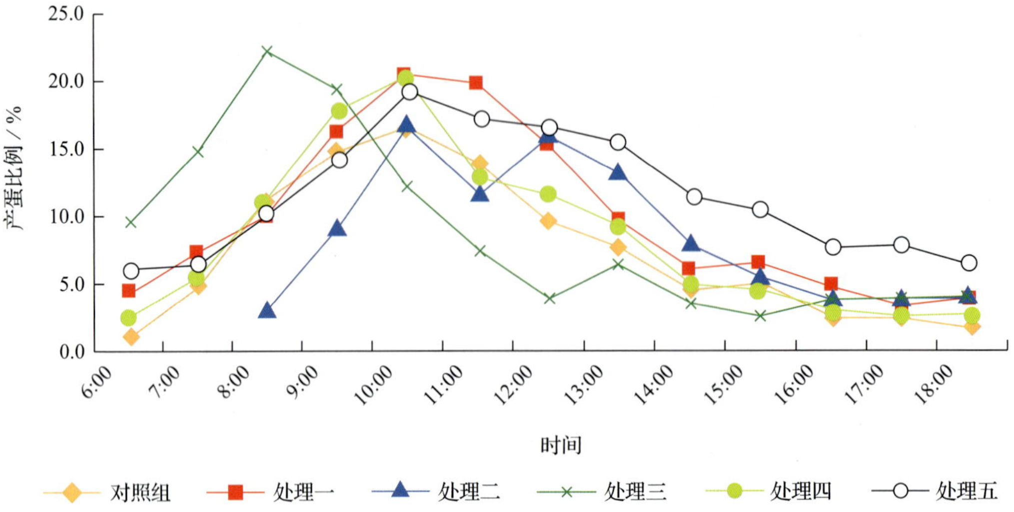

图 3-16 不同光照处理对产蛋时间的影响

处理三、处理一、处理五、对照组、处理四，其中处理二和处理四之间差异显著($P<0.05$)，其他处理之间差异不显著；对照组的蛋壳强度为(4.906±0.139) kg/cm²，均高于其他5个处理组，且有显著差异，而处理一、处理二、处理三、处理四之间无显著差异。38周龄时，处理四的蛋重较处理一、处理二、处理五分别高3.05、2.65和2.77 g，差异显著($P<0.05$)，对照组和处理三之间无显著差异；不同光照处理组的蛋壳厚度依次为处理五、对照组、处理三、处理四、处理二、处理一，其中处理五、对照组和处理一、处理二之间有显著差异；对照组的蛋壳强度较处理三、处理五分别约低0.558、0.572 kg/cm²，其他组无显著差异。总体比较，28周龄时处理二的外观品质较其他组好，38周龄时处理四的外观品质较其他组好。

通过对6种光照处理下28周龄、38周龄所产鸡蛋的蛋黄比、蛋清重、蛋白高度、哈氏单位、蛋黄色泽等指标进行测试，见表3-19。结果可知，在同一周龄时，不同光照处理对鸡蛋的内部品质几乎没有影响。其中，38周龄时，处理四的蛋清重比对照组、处理一、处理五分别约高1.96、2.05、2.00 g，差异显著($P<0.05$)；对照组的蛋黄色泽和处理三之间差异显著($P<0.05$)。38周龄时，鸡蛋等级参数平均比28周龄降约低0.813，产蛋前期的内部品质明显优于产蛋高峰期的品质。

3.2.6 LED光环境对种鸡行为及生产性能的影响

蛋鸡具有极其敏感的视觉反应系统，其位于视网膜与下丘脑上的光感受器能对不同的光照环境做出迅速反应，通过机体的新陈代谢与体液水平调节鸡的生长发育、生产繁殖及行为活动。蛋鸡特殊的视觉系统构造决定了光环境在蛋鸡生产过程中的重要性，密闭式鸡舍在现代化蛋鸡生产中的应用，使人工光源成为完全可调控的光环境因子。合理的光照制度可以在保障蛋鸡生产性能的基础上提高蛋鸡的福利。

表 3-18　不同光照处理对 28 周龄和 38 周龄时鸡蛋外观质量的影响

周龄	组别	对照组	处理一	处理二	处理三	处理四	处理五
28 周龄	蛋重/g	49.77±0.11^{c}	50.37±0.20^{ab}	50.51±0.22^{a}	49.65±0.17^{c}	49.87±0.26^{bc}	50.09±0.21^{abc}
	蛋形指数	1.30±0.01	1.28±0.01	1.30±0.01	1.28±0.01	1.30±0.01	1.28±0.01
	蛋壳厚度/mm	0.437±0.006^{ab}	0.443±0.004^{ab}	0.446±0.005^{a}	0.445±0.005^{ab}	0.428±0.006^{b}	0.441±0.005^{ab}
	蛋壳强度/(kg/cm^2)	4.906±0.139^{a}	4.426±0.129^{b}	4.493±0.107^{b}	4.416±0.177^{b}	4.451±0.176^{b}	4.628±0.136^{ab}
	蛋壳比/%	13.32±0.25	13.27±0.17	13.09±0.20	13.22±0.21	13.23±0.29	13.42±0.18
38 周龄	蛋重/g	54.67±0.75^{ab}	54.00±0.78^{b}	54.40±1.06^{b}	55.68±0.72^{ab}	57.05±0.99^{a}	54.28±0.85^{b}
	蛋形指数	1.32±0.01	1.32±0.01	1.29±0.01	1.31±0.01	1.30±0.01	1.29±0.01
	蛋壳厚度/mm	0.438±0.003^{a}	0.429±0.003^{b}	0.430±0.003^{b}	0.432±0.003^{ab}	0.432±0.003^{ab}	0.439±0.002^{a}
	蛋壳强度/(kg/cm^2)	3.808±0.237^{b}	4.072±0.179^{ab}	4.197±0.135^{ab}	4.366±0.139^{a}	4.293±0.174^{ab}	4.380±0.225^{a}
	蛋壳比/%	13.33±0.21	13.15±0.22	13.28±0.22	12.91±0.20	12.80±0.25	13.40±0.20

注：同行数据中，肩标不同小写字母表示差异显著($P<0.05$)。

表 3-19　不同光照处理对 28 周龄和 38 周龄时鸡蛋内部品质的影响

周龄	组别	对照组	处理一	处理二	处理三	处理四	处理五
28 周龄	蛋黄比/%	26.39±0.30	26.43±0.41	26.47±0.34	26.70±0.39	26.46±0.39	26.69±0.32
	蛋清重/g	31.51±0.82	30.14±0.50	30.79±0.70	29.86±0.64	29.94±0.80	29.79±0.44
	蛋白高度/mm	4.95±0.22	4.58±0.21	4.79±0.16	4.79±0.22	4.82±0.23	4.72±0.14
	哈氏单位	71.12±1.64	68.21±2.13	70.70±1.15	70.54±1.90	71.00±1.77	70.33±1.33
	蛋黄色泽	6.82±0.32	6.20±0.21	6.57±0.23	6.61±0.22	6.48±0.21	5.52±0.18
	鸡蛋等级	2.35±0.17	2.16±0.16	2.35±0.10	2.30±0.15	2.44±0.14	2.28±0.12
38 周龄	蛋黄比/%	28.86±0.32	28.52±0.37	28.30±0.67	28.21±0.37	28.35±0.34	28.34±0.42
	蛋清重/g	31.64±0.58^{b}	31.55±0.64^{b}	31.92±0.87^{ab}	32.80±0.57^{ab}	33.60±0.70^{a}	31.60±0.062^{b}
	蛋白高度/mm	3.58±0.23	3.56±0.21	3.66±0.26	4.05±0.22	3.66±0.26	3.74±0.25
	哈氏单位	55.14±2.61	55.40±2.55	55.42±3.03	60.04±2.37	53.92±3.08	57.02±2.71
	蛋黄色泽	5.56±0.15^{a}	5.12±0.15^{ab}	5.12±0.17^{ab}	4.92±0.14^{b}	5.32±0.18^{ab}	5.36±0.17^{ab}
	鸡蛋等级	1.36±0.16	1.40±0.15	1.56±0.16	1.60±0.15	1.48±0.17	1.60±0.14

注：同行数据中，肩标不同小写字母表示差异显著($P<0.05$)。

3.2.6.1 光环境与啄癖行为

光色、光照强度及其交互作用对鸡啄癖相关行为的影响如表 3-20 所示。由表 3-20 可知，光色、光照强度及其交互作用对轻度啄羽（$P_{光色}=0.001$，$P_{光照强度}=0.004$，$P_{光色*光照强度}=0.001$）、重度啄羽（$P_{光色}=0.001$，$P_{光照强度}=0.003$，$P_{光色*光照强度}=0.017$）、啄喙（$P_{光色}=0.001$，$P_{光照强度}=0.026$，$P_{光色*光照强度}=0.037$）有显著影响，而对攻击行为与啄趾行为无显著影响（$P>0.05$）。啄冠行为受光色（$P_{光色}=0.003$）及光色与光照强度交互作用（$P_{光色*光照强度}=0.025$）影响显著。4 种光色中，红光组重度啄羽频次最低[（0.88±0.12）次]，白光组重度啄羽频次最高[（3.78±0.33）次]，黄橙光[（2.87±0.35）次]与蓝绿光[（2.31±0.04）次]重度啄羽频次居中，且与红光和白光组重度啄羽频次具有显著统计学差异（$P=0.033$），各光色之间攻击行为无显著差异。黄橙光组啄冠行为显著高于白光组（$P=0.017$），白光组啄冠行为显著高于红光组与蓝绿光组（$P<0.005$）。红光组啄喙行为显著高于蓝绿光（$P=0.023$），蓝绿光组啄喙行为显著高于白光组与黄橙光组（$P=0.044$）。与低照度组相比，高照度组鸡群轻度啄羽、严重啄羽频次显著增加（$P<0.005$），而高照度组鸡群啄喙频次显著低于低照度组（$P=0.004$）。

表 3-20　LED 光色、光照强度及其交互作用对鸡啄癖相关行为的影响

处理	行为					
	GFP	SFP	AGP	COP	BEP	TOP
			LI			
HLI	7.83±0.54[a]	4.02±0.28[a]	0.56±0.08	1.14±0.02	1.49±0.13[b]	0.89±0.03
LLI	5.87±0.61[b]	2.91±0.32[b]	0.49±0.07	1.21±0.03	2.96±0.15[a]	0.96±0.05
			CR			
WL	5.78±0.62[b]	3.78±0.33[a]	0.51±0.03	2.83±0.12[b]	1.24±0.27[c]	0.91±0.07
RL	6.22±0.55[b]	0.88±0.12[c]	0.58±0.08	1.32±0.15[a]	2.35±0.46[a]	0.92±0.06
YO	7.25±0.63[ab]	2.87±0.35[b]	0.56±0.09	3.84±0.15[c]	1.07±0.38[c]	0.87±0.08
BG	7.38±0.68[a]	2.31±0.04[b]	0.46±0.05	1.41±0.13[a]	1.83±0.25[b]	0.83±0.05
			LI-CR			
WL-HLI	6.94±0.63[b]	4.63±0.66[a]	0.49±0.05	2.78±0.13[c]	1.64±3.01[b]	1.04±0.07
WL-LLI	4.62±0.42[c]	2.92±0.18[b]	0.52±0.03	2.58±0.14[c]	1.35±1.92[bc]	0.83±0.09
RL-HLI	7.35±0.56[b]	0.83±0.07[c]	0.68±0.05	1.51±0.16[a]	2.35±1.87[a]	0.92±0.07
RL-LLI	5.08±0.37[c]	0.92±0.09[c]	0.47±0.06	1.22±0.08[a]	2.04±1.44[a]	0.72±0.04
YO-HLI	8.87±0.89[a]	3.41±0.42[b]	0.58±0.06	3.53±0.12[c]	0.96±2.11[c]	1.06±0.07
YO-LLI	5.62±0.38[c]	2.33±0.21[b]	0.54±0.07	3.35±1.65[c]	0.87±1.65[c]	0.87±0.06
BG-HLI	8.14±0.76[ab]	2.75±0.03[b]	0.49±0.04	1.84±0.12[bc]	1.78±1.66[b]	0.77±0.06
BG-LLI	6.62±0.64[bc]	1.87±0.03[bc]	0.42±0.03	1.67±0.11[ab]	1.43±2.25[b]	0.85±0.10

续表 3-20

处理	行为					
	GFP	SFP	AGP	COP	BEP	TOP
			P 值			
LI	0.004	0.003	0.234	0.406	0.026	0.137
CR	0.001	0.001	0.104	0.003	0.001	0.213
HL-CR	0.001	0.017	0.742	0.025	0.037	0.656

注:同列数据中,不同肩标小写字母表示差异显著($P<0.05$);HL=光照强度,HLI=25 lx,LLI=15 lx;CR=光色,WL=白光,RL=红光,YO=黄橙光,BG=蓝绿光;GFP=轻度啄羽,SFP=重度啄羽,AGP=攻击行为,COP=啄冠行为,BEP=啄喙行为,TOP=啄趾行为。

图 3-17 为不同光环境下啄击裸露皮肤与伤口频次。由图可知,啄物、啄食、啄击裸露皮肤及伤口的频次受光色、光照强度及其交互作用的影响显著($P_{光色}\leqslant0.001$,$P_{光照强度}\leqslant0.005$,$P_{光色*光照强度}\leqslant0.05$)。红光组鸡群啄物频次显著高于蓝绿光($P=0.037$),蓝绿光组

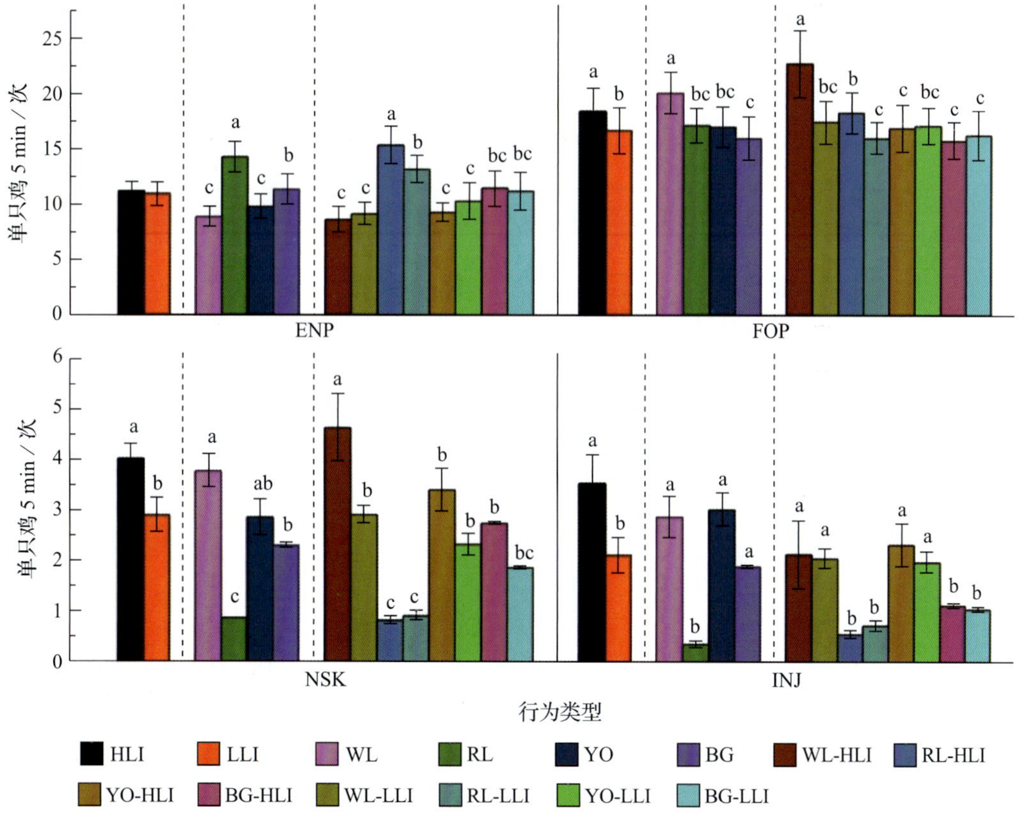

图 3-17　不同光环境下啄击裸露皮肤与伤口频次

注:不同小写字母标注表示差异显著($P<0.05$);HL=光照强度,HLI=25 lx,,LLI=15 lx;CR=光色,WL=白光,RL=红光,YO=黄橙光,BG=蓝绿光;ENP=啄物行为,FOP=啄食行为,NSK=裸露皮肤,INJ=伤口部位

鸡群啄物频次显著高于白光组($P=0.023$)与黄橙光组($P=0.043$)，白光组鸡群啄物频次与黄橙光组无显著差异。白光组鸡群啄食频次显著高于其他3种光色组($P<0.05$)，对于鸡身体表面的裸露部位，鸡群在白光下啄击频次最高，为(3.78±0.33)次，在红光下啄击频次最低，为(0.88±0.12)次，2种光色下啄击裸露皮肤频次差异极显著($P<0.001$)。对于伤口部位，鸡群在红光下啄击频次极显著低于其他3种颜色的光($P<0.001$)。与低照度相比，高照度下，鸡群的啄食频次、啄击裸露皮肤的频次、啄击伤口的频次显著低于低照度组($P<0.05$)。

3.2.6.2 光环境与交配行为

如图3-18所示为不同周龄公、母鸡交配行为与公鸡求偶行为频次。由图3-18可知，

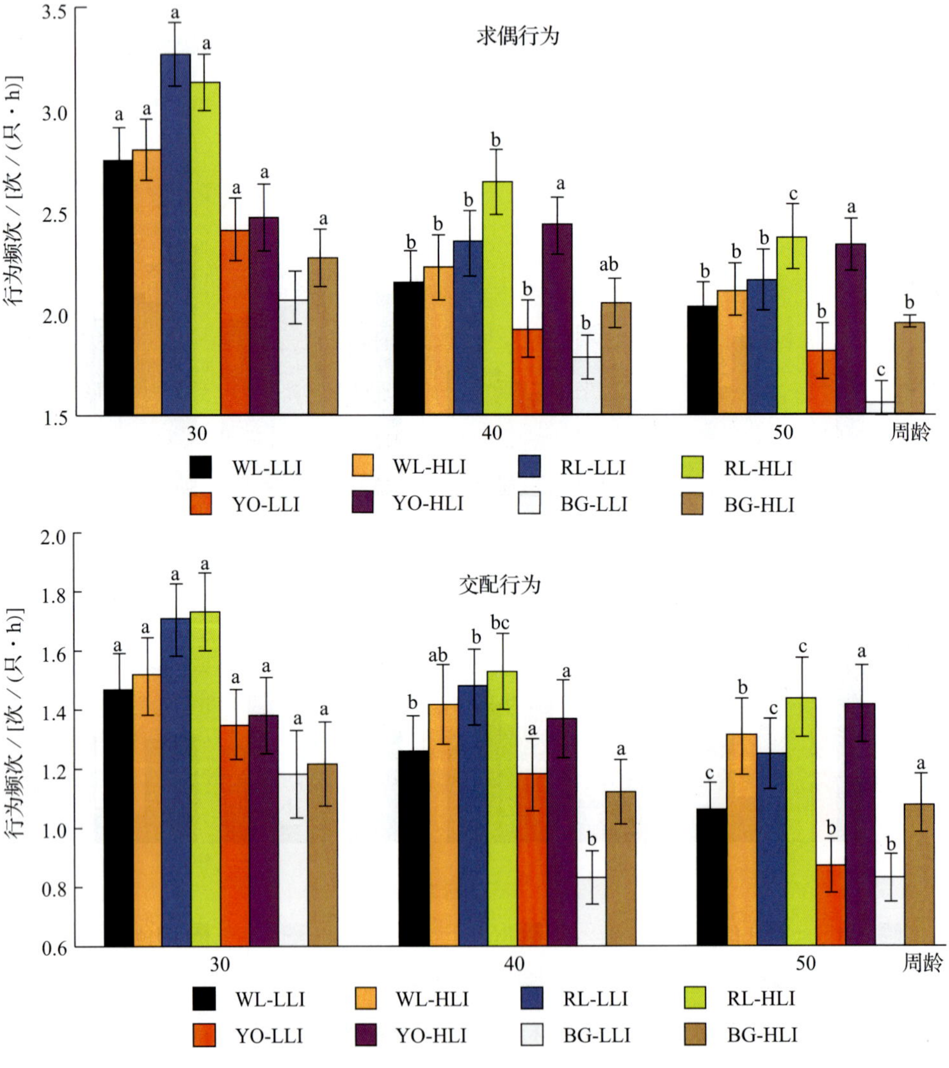

图3-18 不同周龄交配行为及求偶行为(公鸡)

注：不同小写字母标注表示差异显著($P<0.05$)；LI=光照强度，HLI=25 lx，LLI=15 lx；CR=光色，WL=白光，RL=红光，YO=黄橙光，BG=蓝绿光

求偶频次受周龄影响显著($P<0.05$),求偶行为与交配行为频次随周龄增长显著下降($P<0.05$)。红光组与白光组交配相关行为频次下降幅度较大,且30～40周龄的下降幅度大于40～50周龄。

求偶行为反映了公鸡的交配意愿,作为对交配意愿信号的响应,交配行为的发生频次受求偶行为的显著影响,公鸡的求偶行为频次是刺激母鸡交配意愿与其选择配偶的基础,而性行为不活跃的公鸡求偶行为频次比性行为不活跃的公鸡要高。种鸡在白光与红光下表现较多的求偶行为频次,表明在黄橙光与蓝绿光中公、母鸡有较多的交配行为,且并无伴随求偶行为发生。鸡只在白光(121.75 d)与红光下(119.75 d)性成熟时间显著早于黄橙光(126 d)与蓝绿光(127.25 d),但华尔兹行为与其他求偶行为表现趋势不同,公鸡在红光与蓝绿光下表现的华尔兹行为频次显著低于其他光色。

3.3 家禽健康生产的空气质量影响与智能调控理论

3.3.1 禽舍空气质量影响因素及基本要求

家禽舍内的有害气体包括NH_3、H_2S、CO_2等,空气中的粉尘是微生物的载体,它们有相似的来源。禽舍内空气中的微生物主要来自动物本身、舍内有机物质、舍内人员和外界环境等。禽舍空气中的粉尘主要来源于饲料、皮肤、羽毛、粪便、垫料及家禽咳嗽、鸣叫时产生的飞沫等。

禽舍中一部分CO_2主要由家禽呼出,另一部分由好氧菌分解粪便等有机物产生。CO_2在大气中的含量为0.03%(0.02%～0.04%),而在鸡舍内CO_2浓度会明显增加。CO_2本身是无毒的,它的主要危害在于过高的CO_2浓度容易造成缺氧。长期处在缺氧环境中的家禽精神萎靡、食欲不振、生产力降低、对疾病的抵抗力降低、并且特别容易感染传染病。例如雏鸡在4%CO_2环境中,生理上没有明显不适反应;浓度为5.8%时,出现轻度痛苦状;浓度为6.8%～8.2%时,呼吸频率加快;浓度为8.6%～11.8%时,表现出明显痛苦状;浓度为15.2%时,开始有鸡昏迷;浓度为17.4%时,家禽会窒息而死。当CO_2浓度过高时,表明鸡舍内通风较差、空气质量差、氧气含量下降,会影响家禽的新陈代谢。一般要求家禽舍内CO_2浓度以不超过0.25%为宜。

NH_3是禽舍内各种含氮有机物(粪便、饲料、垫料等)腐败分解的产物,其具有刺激性臭味、水溶性极高等特点。当NH_3在空气中浓度较高时,会刺激呼吸道黏膜和眼角膜,刺激三叉神经末梢,破坏血液的运氧功能。当NH_3浓度特高时,可直接刺激机体组织,引起碱化学性灼伤,使组织溶解、坏死,还能引起中枢神经系统麻痹,心肌损伤等。家禽受到长期而少量的NH_3刺激时,体质会变弱,日采食量、日增重以及生产力下降。一般要求禽舍内NH_3浓度不超过15 mg/m^3。

3.3.2 二氧化碳调控对种蛋孵化和雏鸡品质的影响

人工孵化是现代养鸡生产的关键环节，孵化率和雏鸡品质是孵化场的生命线，也关系着整个产业的经济效益。在品种和种蛋品质一定的条件下，环境调控是影响孵化品质的关键因素。近期研究和自然孵化过程表明，二氧化碳是种蛋孵化过程的重要环境调控因子，孵化前期和出雏阶段高浓度的二氧化碳可以促进胚胎发育、缩短出雏窗口、提高孵化率和雏鸡品质等。长期以来，二氧化碳被认为是孵化的副产品，较高浓度的二氧化碳对胚胎发育有害。现代人工孵化通常保持较高的通风效率，以达到将被认为是孵化副产物的二氧化碳浓度控制在较低水平的目的，既影响了孵化品质的提高，又造成了能源浪费。

3.3.2.1 孵化前期二氧化碳调控对种蛋孵化和雏鸡品质的影响

在蛋鸡种蛋孵化前期（0～10 d）保持 1%浓度的二氧化碳，可以降低蛋白 pH，加速胚胎发育，但未影响孵化率和雏鸡品质。

统计分析结果显示，CO_2处理组和对照组的受精蛋孵化率分别为 89.17%±2.53%和 91.57%±1.03%，差异不显著（$P>0.05$）。处理组和对照组雏鸡品质评分为 100 分的占比分别为 76.22%和 74.05%，处理组和对照组雏鸡品质评分为 90～100 分的占比分别为 18.68%和 20.91%，处理组和对照组雏鸡品质评分为 80～90 分的占比分别为 4.36%和 3.97%，处理组和对照组雏鸡品质评分在 80 分以下的占比分别为 0.74%和 1.07%。

经过 6 d 的发育，胚胎器官已经形成，此时可以解剖分离称重，从第 6 天开始测量胚胎重量，在此后每隔 2 d 对胚胎重量进行跟踪测试。胚胎重量变化和相对胚胎重量变化如图 3-19 所示，处理组和对照组在第 9 天胚胎重分别为（1.818±0.056）和（1.579±0.053）g，第 12 天分别为（4.700±0.163）和（5.510±0.199）g；处理组和对照组在第 9 天相对胚胎重量分别为 3.30%±0.11%和 2.94%±0.10%；第 12 天分别为 10.02%±0.41%和 8.77%±0.30%。在胚胎发育第 9 天和第 12 天，CO_2处理组和对照组胚胎重量和相对胚胎重量存在显著差异（$P<0.05$）；在胚胎发育第 6 天、第 15 天和第 18 天，CO_2处理和对照组胚胎重量和相对胚胎重量无显著性差异（$P>0.05$）。

种蛋的蛋白 pH 的变化如图 3-20 所示。本试验从孵化第 0 天开始，每隔 2 d 对蛋白 pH 进行跟踪测试，结果显示日龄和处理组对蛋白 pH 影响显著（$P<0.05$）。随着胚胎的发育，蛋白 pH 整体变化趋势为先升高后降低，第 3 天达到峰值。第 3 天、第 6 天和第 9 天 CO_2处理组的蛋白 pH 分别是 8.82±0.19、8.20±0.20 和 7.85±0.19，对照组的蛋白 pH 分别是 9.27±0.13、8.56±0.24 和 8.21±0.29。CO_2处理组蛋白 pH 整体低于处理组，且在第 3 天，第 6 天和第 9 天时存在显著差异（$P<0.05$）。

3.3.2.2 CO_2阶段性调控对种蛋孵化和雏鸡品质的影响

蛋鸡种蛋孵化前期（E1～E10）和孵化后期（IP～E21）保持 1%浓度的 CO_2，促进血浆皮质酮和甲状腺激素的分泌，缩短了胚胎出雏时间和出雏窗口；CO_2处理促进肝糖原的积累，可能加快胚胎器官的发育，但未影响孵化率和雏鸡品质。

处理组和对照组的孵化率分别为 87.41%±0.77%和 87.32%±1.48%；处理组和对照组的受精蛋孵化率分别为 91.38%±0.55%和 91.25%±1.08%。处理组的孵化率和受精蛋孵化率略微高于对照组，但无显著差异（$P>0.05$），孵化期间 1%浓度的 CO_2 阶段性调控并没有对孵化率造成负面影响。处理组和对照组总体雏鸡平均得分别为 97.66±4.34 和 98.27±3.54。处理组和对照组在每一个等级的雏鸡评分占比上不存在显著差异（$P>0.05$）。

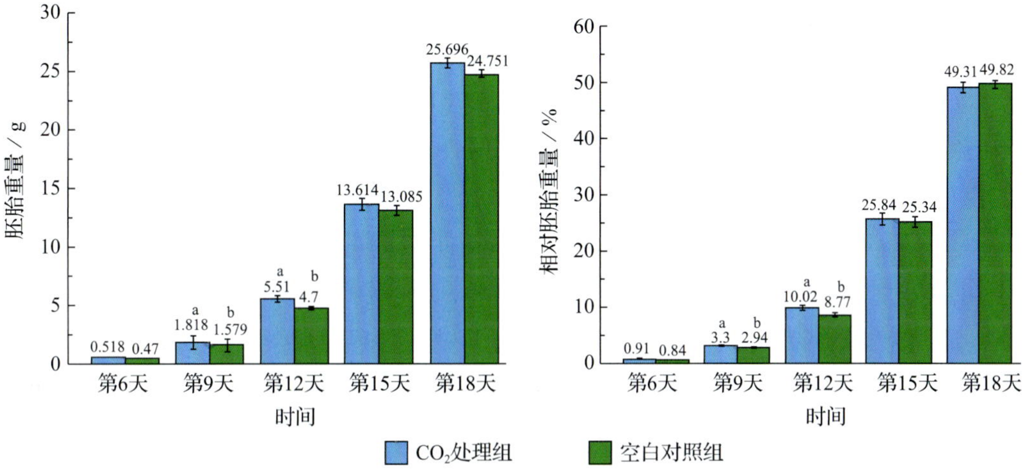

图 3-19　胚胎重量和相对胚胎重量变化

注：不同的字母标注表示两数据差异显著（$P<0.05$）

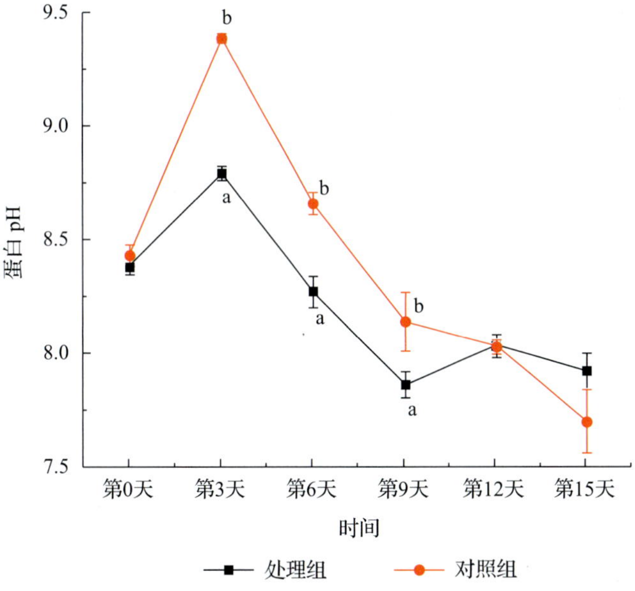

图 3-20　种蛋的蛋白 pH 变化

注：同一天的不同字母标注表示两组数据差异显著

蛋鸡出雏时间和出雏窗口期如表 3-21 所示，处理组与对照组的出雏时间分别是(475.01±2.97)和(479.30±3.75) h，处理组的出孵时间比对照组显著提前($P<0.05$)，平均提前了 4 h；处理组与对照组的出雏窗口分别是(15.27±5.37)和(18.06±4.00) h，且处理组的出雏窗口比对照组显著缩短($P<0.05$)，平均缩短了 3 h。

表 3-21　蛋鸡出雏时间和出雏窗口期　　h

组别	出雏时间	出雏窗口期
处理组	475.01 ± 2.97^b	15.27 ± 5.37^b
对照组	479.30 ± 2.97^b	18.06 ± 4.00^b

图 3-21 为蛋鸡种蛋孵化时血清激素浓度，其中孵化 IP、EP、H0 和 E21 时胚胎血清三碘甲腺原氨酸(T3)浓度与孵化 IP、H0 和 E21 时处理组和对照组的 T3 浓度不存在显著差异($P>0.05$)；孵化 EP 时，处理组和对照组的 T3 浓度分别为(0.74±0.21) μg/mL 和(0.44±0.20) μg/mL，处理组的 T3 浓度显著高于对照组($P<0.05$)。图 3-21 中孵化 IP、EP、H0 和 E21 时胚胎血清四碘甲状腺原氨酸(T4)浓度，孵化 IP 时和 EP 时，处理组的 T4 显著高于对照组($P<0.05$)；在孵化 H0 和 E21 时，处理组和对照组的 T4 浓度不存在显著差异($P>0.05$)。图 3-21 中孵化 IP、EP、H0 和 E21 时，血浆皮质酮(CORT)浓度与孵化 IP 时处理组的血浆 CORT 浓度显著高于对照组($P<0.05$)；受到 CO_2 刺激后处理组血浆 CORT 浓度持续升高，到孵化 EP 时，处理组的血浆 CORT 浓度显著高于对照组($P<0.05$)；随着孵化的进行，到 H0 时血浆 CORT 浓度达到峰值，在 H0 时处理组的血浆 CORT 浓度高于对照组，但不存在显著差异($P>0.05$)；孵化 E21 时，处理组和对照组的血浆 CORT 浓度下降到相同的水平，不存在显著差异($P>0.05$)。

图 3-22a 为 IP、EP、H0 和 E21 的鸡胚心脏重。结果显示，时间对采样值有显著性影响($P<0.05$)，随着胚胎的发育，心脏逐渐增重。在 EP 期处理组的心脏重显著高于对照组($P<0.05$)，在 IP、H0 和 E21 时，处理组和对照组的心脏重不存在显著差异($P>0.05$)。图 3-22b 为 IP、EP、H0 和 E21 的鸡胚相对心脏重。在 EP 和 H0 时，处理组的胚胎相对心脏重显著高于对照组($P<0.05$)，在 IP 和 E21 时，对照组和处理组的相对心脏重不存在显著差异($P>0.05$)。

图 3-23 是从孵化 IP 到孵化 E21 时胚胎肝糖原(HG)含量，孵化 IP 时处理组和对照组的肝糖原分别是(5.85±0.73)和(13.54±2.54) μg/mL；孵化 EP 时，处理组和对照组的肝糖原分别是(12.75±2.14)和(14.84±1.73) μg/mL；孵化 H0 时，处理组和对照组的肝糖原分别是(12.92±2.18)和(19.45±3.98) μg/mL；孵化 E21 时，处理组和对照组的肝糖原分别是(14.67±2.19)和(9.31±5.44) μg/mL。在孵化 IP，EP 和 H0 时，对照组肝糖原含量显著高于处理组($P<0.05$)；孵化 H0 后，对照组肝糖原含量显著下降，而处理组肝糖原含量持续上升，到 E21 时，处理组肝糖原含量显著高于对照组($P<0.05$)。

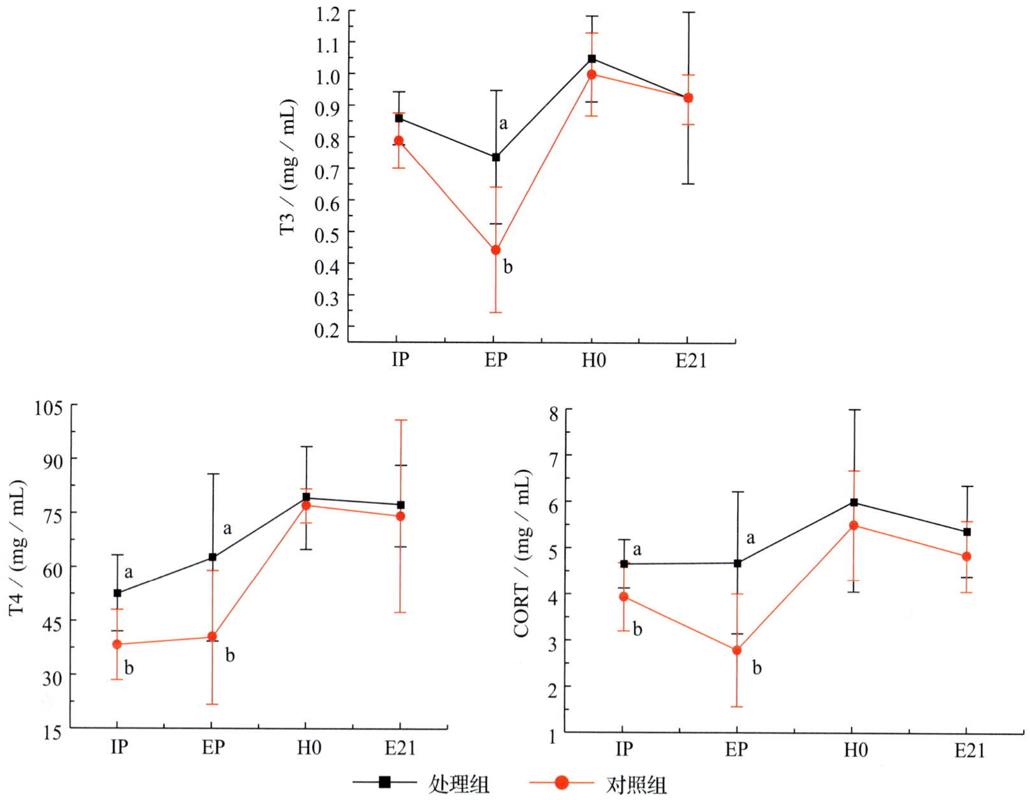

图 3-21　蛋鸡种蛋孵化时血清激素浓度

注:不同小写字母标注表示差异显著($P<0.05$)

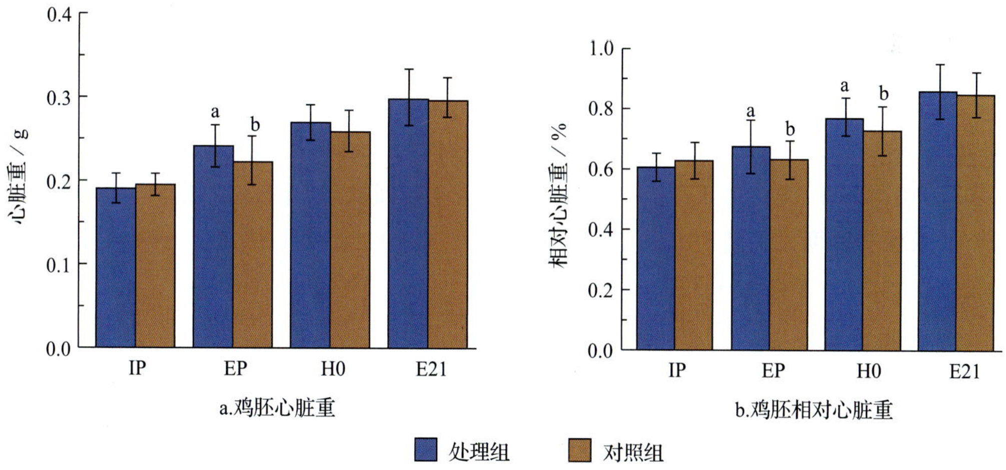

图 3-22　处理组和对照组的心脏重和相对心脏重

注:不同的字母标注表示差异显著($P<0.05$)

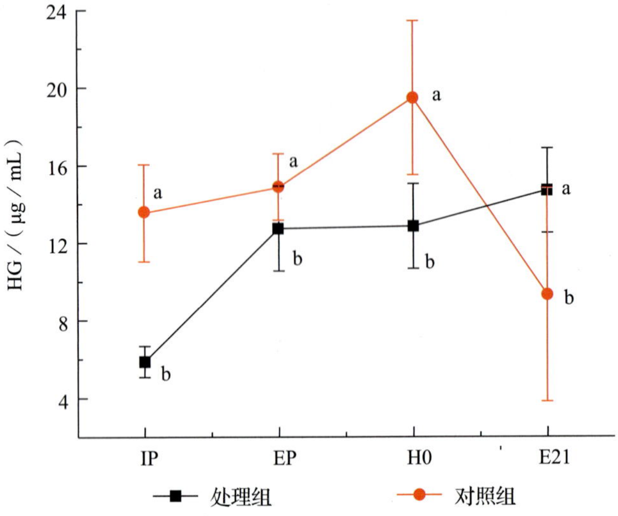

图 3-23 从孵化 IP 到孵化 E21 时胚胎肝糖原含量

注：不同小写字母标注表示差异显著（$P<0.05$）

3.3.3 蛋鸡舍空气中粉尘和微生物的影响机制

蛋鸡生产中的空气微生物能够引起疾病的发生，危害蛋鸡和人体健康，并造成环境污染。粉尘是蛋鸡舍空气中主要的污染物之一，不仅能导致各种呼吸道疾病，同时也是致病微生物的载体。研究蛋鸡舍空气中粉尘和微生物的影响机制，可为蛋鸡养殖空气环境质量控制提供理论依据和技术基础，从而为实现蛋鸡健康养殖和空气环境无害化净化提供新途径。

1. 舍内空气微生物浓度和粉尘浓度的日变化

如图 3-24 所示，试验鸡舍内粉尘质量浓度和空气微生物浓度有相似的日变化规律。在 5 个测试时间段中，13:45—14:00 最高，其次是 17:45—18:00、21:45—22:00、9:45—10:00 和 5:45—6:00。鸡只可以在垫料上自由活动时间段（12:00—22:00）内的粉尘浓度和空气微生物浓度显著高于鸡只在笼内活动时间（22:00 至次日 12:00）内的粉尘浓度和空气微生物浓度（$P<0.05$）。

2. 舍内空气微生物浓度和粉尘浓度的关系

不同粒径区间（0.65～1.1 μm、1.1～2.1 μm、2.1～3.3 μm、3.3～4.7 μm、4.7～7.1 μm、>7.1 μm 和>0.65 μm）粉尘质量浓度与微生物浓度的关系如图 3-25 和图 3-26 所示，空气微生物浓度（CFU/m^3）和粉尘质量浓度（mg/m^3）在 6 个粒径区间和总区间内都有显著的线性关系（$P<0.05$）。图中还给出了各区间（0.65～1.1 μm、1.1～2.1 μm、2.1～3.3 μm、3.3～4.7 μm、4.7～7.1 μm、>7.1 μm 和>0.65 μm）二者的线性回归方程（R^2=0.43、0.55、0.69、0.77、0.79、0.52 和 0.74）。粉尘是空气微生物的载体，粉尘内含有大量的微生物，舍内空气中粉尘浓度越高，微生物浓度越高，二者呈正相关关系。

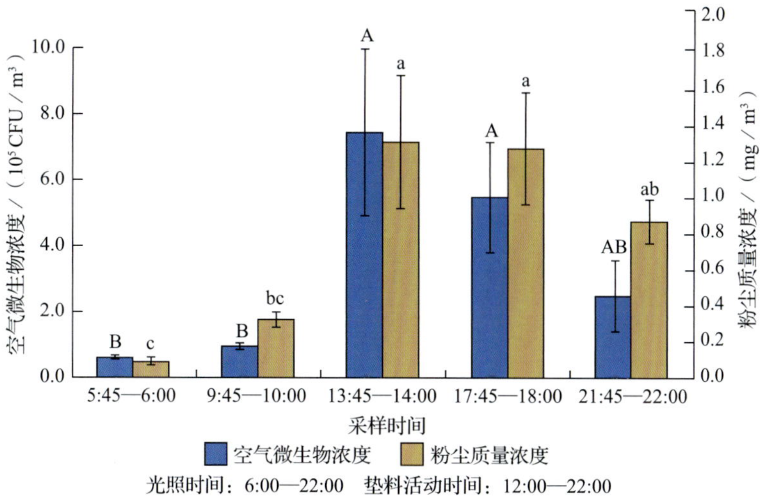

图 3-24 试验鸡舍内粉尘和空气微生物浓度日变化(误差线表示标准误)

注:不同小写字母标注表示差异显著($P<0.05$),不同大写字母标注表示差异极显著($P<0.01$)

3.3.4 蛋鸡舍中氨气与温度的耦合效应

氨气与温度分别是蛋鸡舍内有害气体与热环境最为重要的环境因子。目前蛋鸡舍环境控制以温度为主导依据,较长产蛋周期下空气质量对蛋鸡的影响未被纳入通风管理的参考因素中,容易造成冬季保温和通风的矛盾。另外,蛋鸡对温度和氨气的耐受性及阈值的确定尚没有明确依据。

3.3.4.1 氨气与温度对蛋鸡的耦合效应

如表 3-22 所示,温度、氨气浓度和周龄 3 个因素对蛋鸡日采食量和产蛋率影响显著,且三者两两交互作用对日采食量、产蛋率这两项生产性能指标影响显著($P<0.05$)。在温度和氨气处理的第 2 个月(23～26 周龄),低温处理组的蛋鸡日采食量比适宜温度组和高温组蛋鸡分别平均显著高出 4.61 g 和 7.64 g($P<0.05$),且高温组日采食量也显著低于适宜温度组 3.03 g($P<0.05$);产蛋率仍为适宜温度组最高,平均值达到了 89.03%,分别显著高于低温处理组和高温处理组 6.42% 和 6.49%($P<0.05$)。与上一周期不同的是,在 23～26 周龄整个周期内低温和高温处理二者之间产蛋率并无显著差异($P>0.05$)。与上一阶段类似,随着氨气浓度的升高,日采食量和产蛋率均随之下降,但各氨气处理间的差距增大且差异显著($P<0.05$)。日采食量方面,20 和 45 mg/kg 的氨气分别比氨气对照组的日采食量平均显著降低 3.93 和 8.35 g($P<0.05$),且高浓度氨气处理比中等浓度氨气处理日采食量平均显著降低 4.42 g($P<0.05$);20 和 45 mg/kg 的氨气处理分别使蛋鸡的产蛋率相比氨气对照组显著降低了 2.46% 和 7.12%($P<0.05$)。蛋鸡日采食量随周龄增加而增加,但在 25 周龄和 26 周龄时差异不显著($P>0.05$);产蛋率延续上一阶段的上升规律至 25 周龄达到最大值 87.41%±3.83%,到 26 周龄时开始降低,显著低于 25 周龄约 0.81%($P<0.05$)。

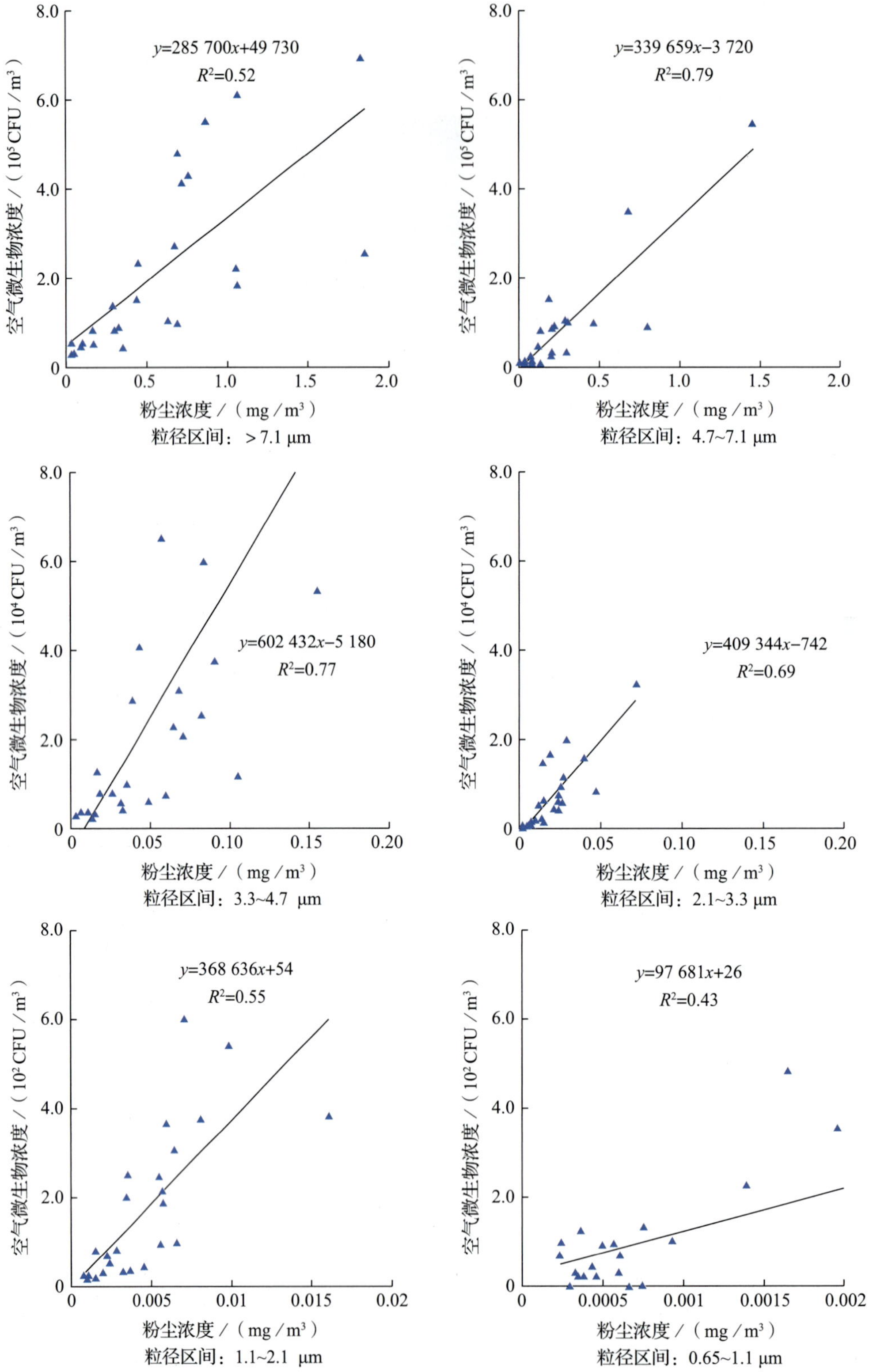

图 3-25　舍内不同粒径区间空气微生物浓度与粉尘浓度的关系

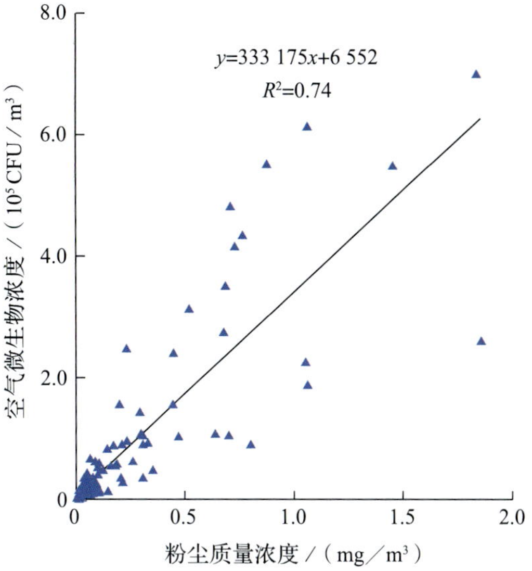

图 3-26 舍内总粒径区间(>0.65 μm)内空气微生物浓度与粉尘浓度的关系

表 3-22 温度、氨气浓度和周龄及其交互效应对采食量、产蛋率影响方差分析

因子	生产性能指标	
	日采食量/g	产蛋率/%
温度/℃		
8	123.99±4.97[a]	82.61±4.77[b]
20	119.38±4.87[b]	89.03±3.37[a]
35	116.35±3.62[c]	82.54±4.90[b]
NH_3浓度/(mg/kg)		
≤5	124.00±5.19[a]	87.92±4.42[a]
20	120.07±3.96[b]	85.46±4.26[b]
45	115.65±3.67[c]	80.80±4.71[c]
周龄		
23	116.86±4.80[c]	80.56±5.40[d]
24	119.00±4.24[b]	84.33±4.82[c]
25	121.76±4.96[a]	87.41±3.83[a]
26	122.00±6.29[a]	86.60±4.50[b]
	P 值	
温度	<0.05	<0.05
NH_3浓度	<0.05	<0.05
周龄	<0.05	<0.05
温度×NH_3浓度	<0.05	<0.05

续表 3-22

因子	生产性能指标	
	日采食量/g	产蛋率/%
	P 值	
温度×周龄	<0.05	<0.05
NH_3浓度×周龄	<0.05	<0.05

注：R(DFI)主体间效应检验 P 值为 0.944>0.05，R(EP)主体间效应检验 P 值为 0.955>0.05，故将 R 从相应指标模型中剔除；NS 表示无显著差异($P>0.05$)；同列数据中，不同肩标小写字母表示差异显著($P<0.05$)。

3.3.4.2 温度和氨气与蛋鸡日采食量和产蛋率的相关关系

温度和氨气浓度与不同周龄蛋鸡日采食量和产蛋率的相关性分析如表 3-23 所示。22 周龄时，温度与产蛋率并无显著相关关系($P>0.05$)，但与日采食量呈极显著负相关($P<0.01$)；氨气浓度与二者均呈极显著负相关($P<0.01$)，且本阶段温度与日采食量的相关系数大于氨气浓度与之的相关系数。26 周龄开始，温度与日采食量的相关系数逐渐变小，且在 34 周龄时呈不显著的负相关关系($P>0.05$)。26 周龄起，氨气浓度与各项生产指标的相关系数均大于温度与各项指标的相关系数，且 22～34 周龄氨气浓度、日采食量和产蛋率的相关系数逐渐增大，且均呈极显著负相关($P<0.01$)；自 30 周龄开始，氨气浓度与各项生产指标之间的相关系数均大于温度与各项指标之间的相关系数。

表 3-23 温度、氨气浓度与不同周龄蛋鸡日采食量和产蛋率的相关性

项目	22 周龄			
	温度	氨气浓度	日采食量	产蛋率
温度	1			
氨气浓度	0	1		
日采食量	−0.653**	−0.551**	1	
产蛋率	0.097	−0.780**	0.175	1
项目	26 周龄			
	温度	氨气浓度	日采食量	产蛋率
温度	1			
氨气浓度	0	1		
日采食量	−0.553**	−0.808**	1	
产蛋率	0.010	−0.832**	0.609**	1
项目	34 周龄			
	温度	氨气浓度	日采食量	产蛋率
温度	1			
氨气浓度	0	1		
日采食量	−0.390*	−0.836**	1	
产蛋率	−0.183	−0.892**	0.941**	1

注：同列数据中，肩标 * 表示差异显著($P<0.05$)，肩标 ** 表示差异极显著($P<0.01$)。

3.3.5 叠层笼养蛋鸡舍粉尘和细菌排放特征

蛋鸡舍高浓度粉尘和空气细菌对饲养人员和畜禽自身健康、畜禽生产性能具有不利影响。粉尘和空气细菌排放是造成周边环境污染和疫病空气传播的重要原因之一。研究规模生产蛋鸡舍粉尘和空气细菌特性及其变化、二者承载关系，以及排放后空气传播规律和减排技术，可以为蛋鸡舍空气质量改善、场区疫病传播防控和畜禽生物安全保障提供理论依据和技术支撑，继而为实现蛋鸡健康养殖和环境无害化提供切实的工程防疫和环境保护新途径。

3.3.5.1 蛋鸡舍总悬浮颗粒物和总空气细菌承载关系

不同温度区间、层高和时段蛋鸡舍总悬浮颗粒物细菌承载量及其均值比较，如图3-27和表3-24所示。舍外温度越高总悬浮颗粒物细菌承载量越高，其中，温度0～10 ℃，光期上午时段1层、光期上午时段2层、光期下午时段1层、光期下午时段2层、暗期1层、暗期2层总悬浮颗粒物细菌承载量分别为(14.09±1.76)、(11.74±1.47)、(13.82±1.73)、(11.77±1.47)、(19.75±2.47)、(21.51±2.69) CFU/μg；温度≥25 ℃，光期上午时段1层、光期上午时段2层、光期下午时段1层、光期下午时段2层、暗期1层、暗期2层总悬浮颗粒物细菌承载量分别为(41.74±5.22)、(35.75±4.47)、(37.84±4.73)、(29.46±3.68)、(36.95±4.62)、(33.86±4.23) CFU/μg。相同温度条件下，除10～20 ℃光期下午外，1层和2层总悬浮颗粒物细菌承载量均无显著差异。在温度0～10、10～20、20～25 ℃，光期总悬浮颗粒物细菌承载量均小于暗期总悬浮颗粒物细菌承载量，且具有极显著差异($P<0.01$)，而温度≥25 ℃，光期总悬浮颗粒物细菌承载量和暗期总悬浮颗粒物细菌承载量无显著差异。同层高和采样时段条件下，不同温度区间总悬浮颗粒物细菌承载量差异极显著($P<0.01$)。

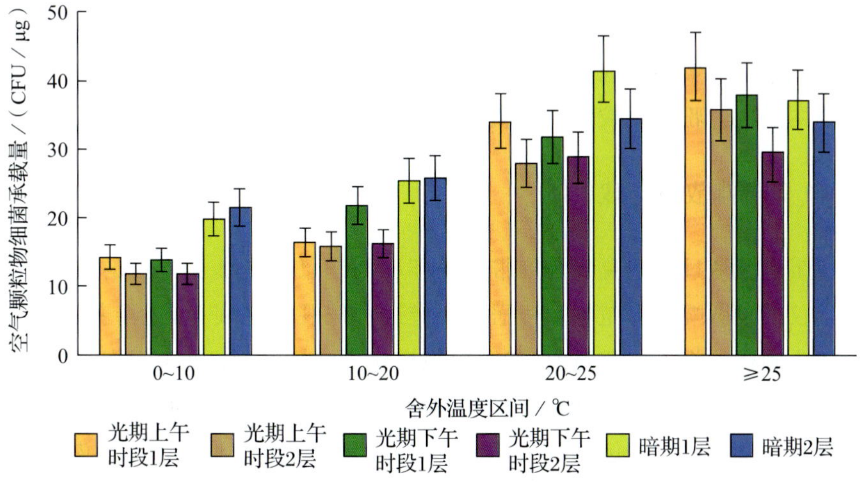

图3-27 蛋鸡舍总悬浮颗粒物细菌承载量时空变化规律

表 3-24 不同条件下蛋鸡舍总悬浮颗粒物细菌承载量均值差异比较 P 值

温度区间/℃	1 层 VS. 2 层(t 检验)			光期 VS. 暗期(t 检验)	
	光期上午	光期下午	暗期	1 层	2 层
0～10	0.253	0.189	0.097	<0.001	<0.001
10～20	0.175	<0.001	0.112	<0.001	<0.001
20～25	0.193	0.126	0.305	<0.001	<0.001
≥25	0.411	0.296	0.181	0.173	0.281

层次	4 个温度区间内(ANOVA 检验)		
	光期上午	光期下午	暗期
1 层	<0.001	<0.001	<0.001
2 层	<0.001	<0.001	<0.001

注:$P<0.05$ 表示差异显著,$P<0.001$ 表示差异极显著。

3.3.5.2 蛋鸡舍不同粒径粉尘颗粒细菌承载关系

不同温度区间、层高和时段蛋鸡舍不同粒径粉尘颗粒细菌承载量时空变化规律,如表 3-25 所示。八级非生物颗粒物采样器和六级空气微生物采样器粒径分割重复部分为:0～1.1、1.1～2.1、2.1～3.3、3.3～4.7、>4.7 μm。其中,六级空气微生物采样器的最小粒径分隔区间为 0.65～1.1 μm,根据试验结果发现,该粒径区间范围的空气细菌量极小,因此将六级空气微生物采样器的 0.65～1.1 μm 粒径区间和八级非生物颗粒物采样器的 0～1.1 μm 粒径区间视为重复部分。

全温度区间范围内,空气细菌主要承载于粒径为 2.1～3.3 μm 和 3.3～4.7 μm 的粉尘颗粒上,显著高于 0～1.1 μm、1.1～2.1 μm 和>4.7 μm 粉尘颗粒细菌承载量。2.1～3.3 μm 和 3.3～4.7 μm 粉尘颗粒细菌承载量,随舍外温度升高增加,该规律同样适用于 0～1.1 μm、1.1～2.1 μm 和>4.7 μm 粉尘颗粒细菌承载量变化规律。光期和暗期对粉尘颗粒细菌承载量的影响表现为:暗期粉尘颗粒细菌承载量显著大于光期粉尘颗粒细菌承载量。不同层次对粉尘颗粒细菌承载量影响没有明显规律。

3.3.6 臭气排放与扩散机制

规模化蛋鸡养殖过程中臭气污染带来的环境问题已受到社会广泛的关注,臭气的排放和扩散不仅严重影响了养殖场周边居民的健康和居住环境安全,还给养殖场带来了巨大的环保压力和经济损失。但目前,我国对规模化蛋鸡场臭气污染特征的研究非常有限,并与现行的时效性差、成本高昂的臭气浓度检测方法一起严重制约着养殖场臭气污染程度的实时量化和除臭减排措施的有效评价。因此,充分了解蛋鸡场臭气污染特征,并构建臭气浓度监测模型对蛋鸡养殖过程中臭气防治和预警具有重要指导意义。

表 3-25　不同粒径范围空气颗粒物细菌承载量

CFU/mg

舍外温度区间/℃	粒径/μm	光期上午时段1层	光期上午时段2层	光期下午时段1层	光期下午时段2层	暗期1层	暗期2层
0～10	<1.1	69.12±5.12	73.78±7.91	61.18±7.31	55.69±6.19	26.29±4.32	31.20±4.91
	1.1～2.1	1 639.21±313.85	1 564.56±294.65	1 387.76±378.18	1 690.57±511.92	919.59±275.86	1 479.92±496.31
	2.1～3.3	195 810.51±43 524.63	156 809.73±63 426.39	87 299.80±23 763.87	103 466.60±15 674.43	89652.15±17 584.65	69 759.14±9 357.15
	3.3～4.7	119 219.50±35 258.61	100 467.14±28 609.19	88 921.08±15 687.43	81 150.27±19 835.84	88 430.46±25 751.99	90 307.39±17 424.31
	>4.7	9 000.27±1 223.95	7 813.59±893.33	9 940.52±2 946.95	8 523.50±2 003.92	16 223.43±3 680.16	18 916.96±2 934.38
10～20	<1.1	79.07±11.42	83.09±8.32	94.85±22.95	83.68±9.35	53.76±9.02	52.83±8.81
	1.1～2.1	2 373.34±365.20	2 330.81±323.32	2 820.64±464.14	3 371.14±564.97	2 041.02±263.42	2 596.90±526.47
	2.1～3.3	283 504.40±41 526.91	244 227.39±29 333.98	201 095.95±21 209.54	242 735.03±44 691.17	163 267.69±33 102.80	143 811.17±22 753.93
	3.3～4.7	233 026.57±46 471.74	179 772.24±35 354.78	227 881.44±31 605.60	202 278.18±47 187.29	166 030.34±24 416.42	178 308.49±35 629.24
	>4.7	8 542.10±2 330.87	8 947.50±2 005.38	12 688.07±3 478.69	9 437.60±2 917.57	16 614.96±3 032.05	18 398.37±2 163.90

续表 3-25

舍外温度区间/℃	粒径/μm	光期上午时段 1 层	光期上午时段 2 层	光期下午时段 1 层	光期下午时段 2 层	暗期 1 层	暗期 2 层
20～25	<1.1	159.10±13.21	166.87±15.46	141.71±19.77	161.57±16.75	92.57±15.56	83.78±11.25
	1.1～2.1	4 774.90±1071.96	4 678.68±611.08	4 528.40±832.04	4 808.63±1 008.50	17 616 2.29±43 557.43	24 682 1.28±60 534.11
	2.1～3.3	618 123.55±118 624.93	596 737.78±64 449.14	342 365.07±115 227.40	504 169.57±178 380.45	317 092.13±86 038.27	260 382.89±66 931.00
	3.3～4.7	486 181.54±152 926.68	436 326.82±81 285.99	357 472.52±92 058.44	387 025.04±139 780.39	298 554.44±84 672.96	319 510.35±94 003.12
	>4.7	14 921.10±2 843.05	12 679.94±4 076.86	13 871.90±3 965.97	14 081.66±4 314.23	20 199.48±5 839.62	19 834.21±3 835.85
>25	<1.1	216.73±45.19	222.02±28.96	220.86±35.19	253.47±26.16	3 809.53±460.33	9 538.72±2 303.72
	1.1～2.1	6 501.96±1 996.12	6 230.28±1 506.62	7 052.03±1 498.64	7 533.53±1 867.29	253 317.57±40 603.12	450 226.05±83 424.99
	2.1～3.3	1 565 794.69±248 231.43	1 356 473.34±297 227.73	1 132 107.50±211 499.32	1 430 698.92±376 374.87	361 884.22±75 351.35	426 727.10±59 458.91
	3.3～4.7	709 357.18±84 822.46	663 787.32±130 067.40	609 341.08±68 426.40	797 419.61±95 898.77	418 672.83±160 944.51	488 215.01±118 303.52
	>4.7	8 658.42±1 426.45	7 204.01±1 961.57	7 767.21±871.63	6 035.32±1 598.49	12 791.34±3 534.12	11 730.91±2 954.65

3.3.6.1 鸡舍氨气浓度及排放速率日变化规律

图 3-28 为商品蛋鸡舍和蛋种鸡舍氨气浓度和排放速率逐时变化，氨气浓度和排放具有明显的日变化规律。氨气排放显著受到粪污在舍内滞留时间的影响。商品蛋鸡舍和蛋种鸡舍清完粪后，舍内氨气浓度分别下降 64.29%和 35.71%。

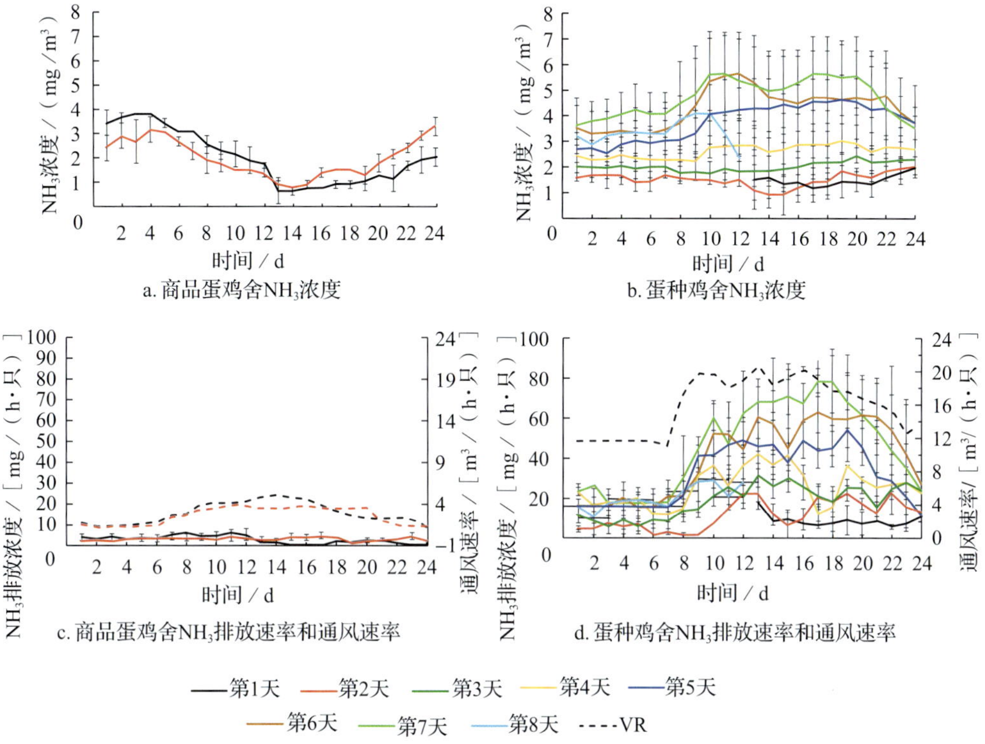

图 3-28 商品蛋鸡舍和蛋种鸡舍氨气浓度和排放速率逐时变化

3.3.6.2 环境因素对臭气浓度和排放速率的影响

表 3-26 为环境因素与蛋鸡舍臭气浓度和排放速率的相关性分析。由表可知，蛋鸡舍内外温度和通风率均与臭气浓度和臭气排放速率存在显著相关性（$P<0.05$），温度、相对湿度和通风速率均是影响臭气浓度的重要因素，环境因素对臭气排放特征的影响主要表现在通风量的改变上。

表 3-26 环境因素与蛋鸡舍臭气浓度和排放速率的相关性分析（P 值）

环境因素	臭气浓度	臭气排放速率
舍外温度	−0.42[ab]	0.54[ab]
舍外相对湿度	0.27[ab]	−0.30[a]
舍内温度	−0.31[a]	0.48[ab]
舍内相对湿度	−0.16	0.24
通风速率	−0.49[ab]	0.86[ab]

注：肩标[a] 表示差异显著（$P<0.05$）；肩标[ab]表示差异极显著（$P<0.01$）。

表 3-27 为 2 个试验鸡舍不同工况下的臭气排放速率，臭气排放速率随着粪污在舍内滞留时间的延长而不断增加，同时，喷雾消毒后臭气排放速率达到最高。

表 3-27 试验鸡舍不同工况下的臭气排放速率

项目	工况	OU/(s・m^2)	OU/(s・只)	OU/(s・AU)
商品蛋鸡舍	粪污滞留 0 d(清完粪)	4.51±0.38	0.04±0.00	10.39±0.88
	粪污滞留 1 d	5.46±0.27	0.05±0.00	12.57±0.63
	粪污滞留 1 d(清粪前)	5.56±0.73	0.05±0.01	12.78±1.68
蛋种鸡舍	无管理操作	6.68±0.25	0.12±0.00	33.18±1.23
	喂料	8.52±0.81	0.16±0.0.01	43.35±4.00
	喷雾消毒	11.16±0.18	0.21±0.00	55.46±0.87
	清粪	10.14±0.18	0.19±0.00	50.42±0.87

注:背景浓度假设为 0。蛋种鸡舍臭气采样时的不同工况均发生在清粪当天。

3. 鸡场及周边全年日最大臭气浓度

图 3-29 显示了蛋鸡场周边地区臭气每日平均浓度等值线，结果表明，臭气污染区域与主导风向有关，平原地区臭气扩散平稳、消散速度快，山区臭气具有聚集特征，商品蛋鸡场和蛋种鸡场内的最大臭气浓度分别为 86 和 56，其是畜禽场环境质量标准(NY/T388—1999)规定场区臭气浓度限值(50)的 1.7 倍和 1.1 倍，场内需要采取除臭措施。

3.4 家禽健康生产的空间环境影响与智能调控理论

3.4.1 空间环境与光诱导对本交笼养种鸡社会行为作用规律

3.4.1.1 隐蔽空间与本交笼种鸡行为

1. 隐蔽空间配置与产蛋行为

从遗传上讲，鸡具有寻找隐蔽、昏暗的自我感觉安全的地方产蛋的习性。隐蔽空间为其提供了隐蔽的产蛋环境，有利于其产前行为及产蛋行为的表达。研究表明，大部分鸡临近产蛋前有强烈的动机寻找产蛋窝进行产蛋，鸡会挤过狭窄的通道，推开有一定重量的闸门进入产蛋窝或隐蔽的产蛋地点。在缺乏产蛋窝或合适产蛋地点时，鸡只会表现出沮丧，刻板地来回踱步及鸣叫行为增加，产前行为中寻找行为延长、趴卧行为缩短，产蛋时间延长。

2. 隐蔽空间配置与啄癖行为

无隐蔽空间笼组鸡只总体上啄羽行为发生频次较高。关于啄羽的成因有 2 种假说，一种认为啄羽行为是受个体觅食机制的调控，即鸡只将在觅食行为中对觅食基质的啄击转移到同伴身上。另一种认为啄羽行为是受沙浴机制的调控，即鸡只将在沙浴行为中对

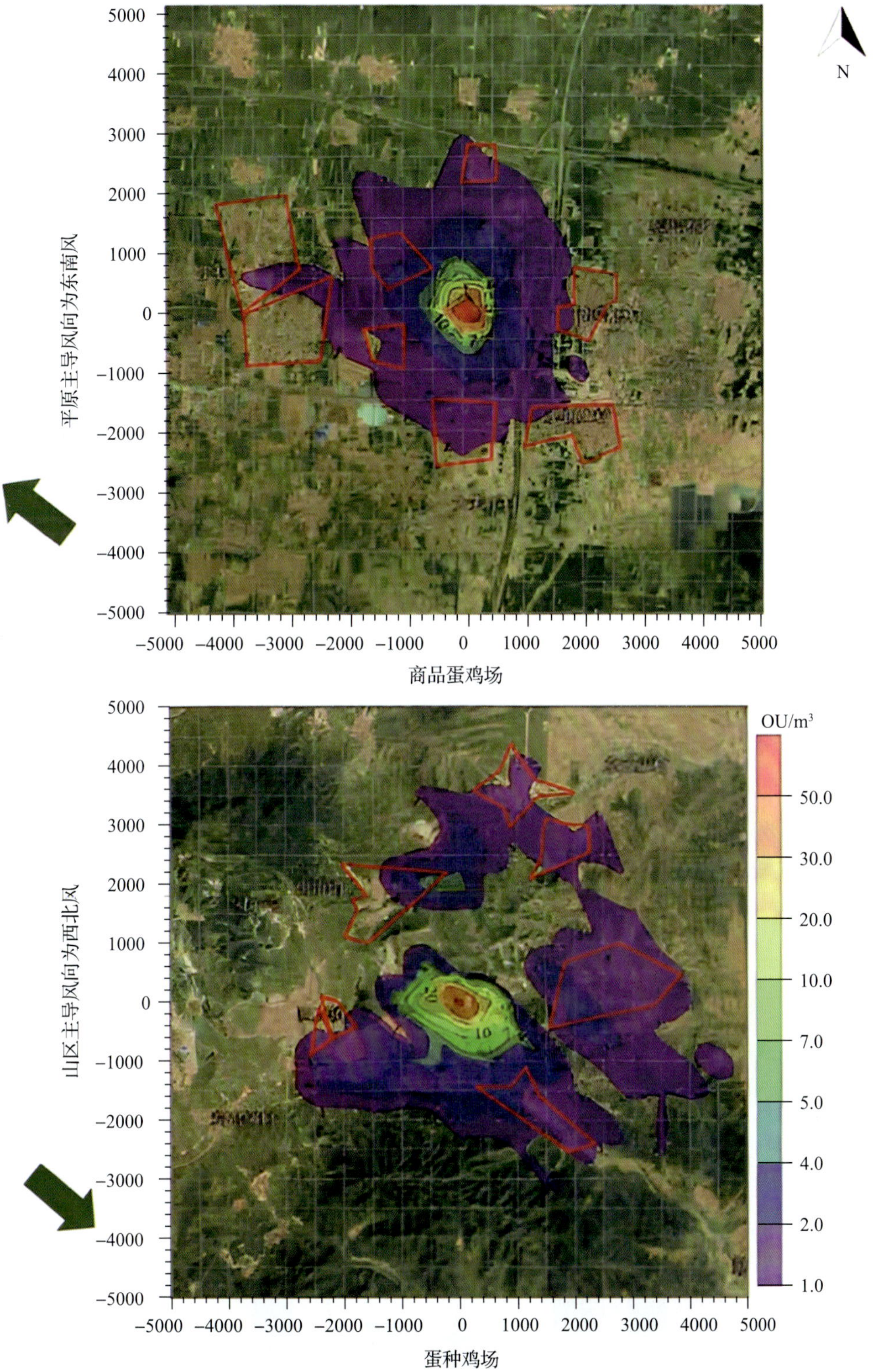

图 3-29　蛋鸡场周边地区臭气每日平均浓度等值线

沙浴基质的啄击转移到同伴身上，此 2 种假说都建立在“转移”的基础上。但无论哪种行为，都充分肯定了禽类对环境的依赖性。

隐蔽空间一方面可以作为一种环境富集设备为鸡只提供可利用的环境刺激，不仅能够促进鸡产前行为的表达，同时可以减轻啄羽行为的发生。相比，无隐蔽空间笼组内环境相对比较贫瘠，单一贫瘠的饲养环境会增加鸡的恐惧应激反应、沮丧程度及啄羽行为，阻碍认知能力的建立。另一方面，鸡具有很好的颜色感知能力，颜色是环境富集装置的一个重要因素，红色的食物和物体更能吸引鸡的注意力，鸡只会花费大量时间啄击隐蔽空间进行探索，从而转移鸡只的注意力，并使啄癖攻击者将啄击从同伴身上转移到隐蔽空间上。同时鸡只对隐蔽空间的巡视与停留，减少了与隐蔽空间外鸡只争夺资源的可能性与接触时间，从而降低啄羽行为的发生。再者，啄羽行为常常为活跃鸡只啄击休息的鸡只，而休息的鸡只倾向于选择僻静昏暗的环境，隐蔽空间的存在为鸡只在非产蛋时间提供休息与庇护场所，将活跃鸡只与安静鸡只隔离，降低了严重啄羽发生的风险。同时研究发现，公鸡遭受的啄羽行为均来自母鸡，且严重啄羽行为鲜有发生，多为刻板的、探索性的轻度啄羽，而攻击行为来自公鸡之间对笼内资源的竞争时发生。

3. 隐蔽空间与本交笼种鸡的交配行为

隐蔽空间内公鸡数量与隐蔽空间对种鸡交配行为发生频次的影响如图 3-30 所示。3 种隐蔽空间内公鸡的数量无显著性差异，分别为 2.0±0.08、1.67±0.06、1.83±0.08。隐蔽空间对种鸡的交配行为无显著影响，中断交配行为受隐蔽空间影响显著（$P<0.05$）。处理组公、母鸡的交配行为稍高于对照组，但无显著性差异。处理组的中断交配行为频次显著低于对照组（$P<0.05$），表明无隐蔽空间笼组内公鸡交配过程中受到的干扰较多，且隐蔽空间内公鸡数量与中断交配行为呈极显著负相关（$P<0.001$），如图 3-31 所示。

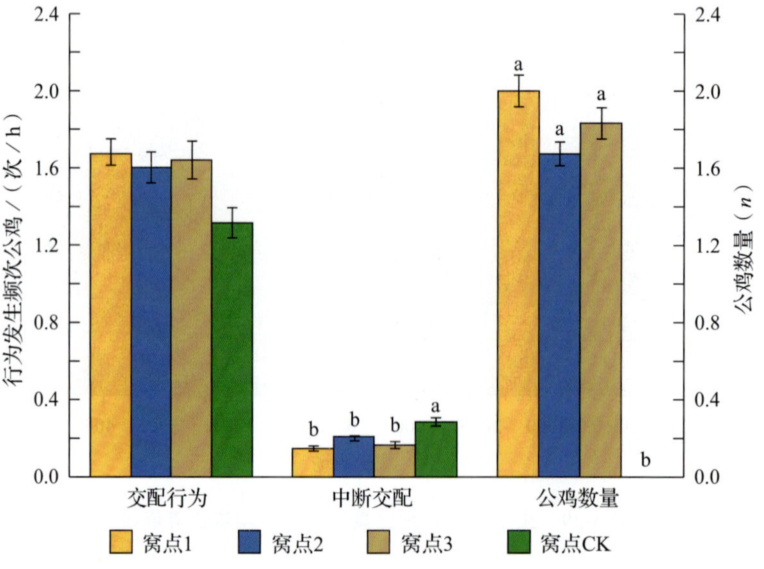

图 3-30　隐蔽空间内公鸡数量与种鸡交配相关行为发生频次

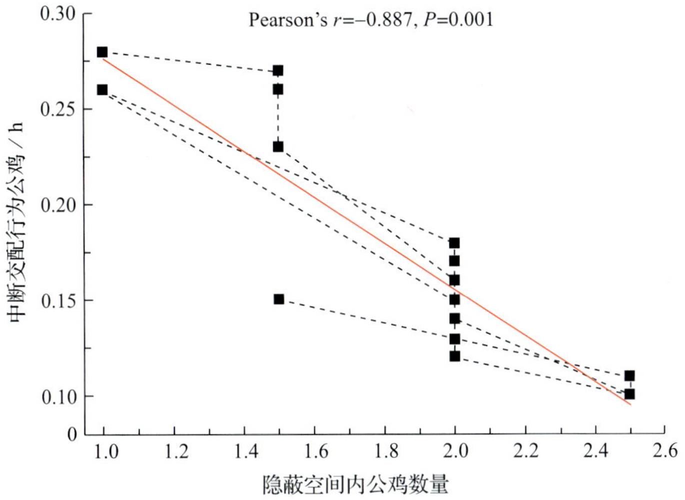

图 3-31　隐蔽空间内公鸡数量与中断交配行为

弱势公鸡在隐蔽空间外活动时会遭受母鸡啄羽。因此,弱势公鸡将隐蔽空间作为庇护场所,以便与隐蔽空间外活动的鸡只隔开,降低遭受啄击的风险。与作者推测不同,隐蔽空间内公鸡的存在对公、母鸡交配行为并无显著影响。可能是由于隐蔽空间的存在并不会对弱势公鸡的性欲造成影响,在交配高峰时段,当弱势公鸡需要交配时,其会从隐蔽空间走出挑选隐蔽空间周围母鸡进行交配活动。因此配备隐蔽空间后,弱势公鸡的交配行为多发生于隐蔽空间周围。图 3-32 所示为发生交配行为的位置分布。本试验中隐蔽空间对中断交配行为频次影响显著,提供隐蔽空间后中断交配行为频次显著降低,表明配备隐蔽空间后,弱势公鸡的交配行为受到的干扰降低。可能是由于隐蔽空间改变了笼内的功能区域和领地划分,弱势公鸡的活动区域集中于隐蔽空间或其周围,当其需要表达交配行为时,其会走出隐蔽空间进行交配,根据隐蔽空间周围的情况选择交配时机,以避免遭受高于其社会等级公鸡的侵袭。

3.4.1.2　种鸡对隐蔽空间的偏好性

1. 隐蔽空间地板覆盖物

鸡只的产前行为表达包括 2 个阶段,寻求其偏好产蛋位产蛋的探索阶段与产蛋前表达一系列筑巢活动的趴卧行为,探索阶段的相关行为是具有目标导向的欲求行为,即已证实的鸡具有寻求隐蔽的符合其偏好的地点产蛋的动机。研究表明,产蛋窝的不同属性如密闭性、颜色与地板坡度均会影响鸡只欲求行为的表达。

2. 隐蔽空间内光环境

光色与光照强度对窝内蛋比例影响的分析结果如图 3-33 所示,窝内蛋比例受光色($P=0.023$)、光照强度($P=0.015$)及二者交互作用影响显著($P=0.007$)。整体上,隐蔽空间内设置 30 lx 的 LED 白光与蓝光时,窝内蛋比例显著高于其他光要素组合($P<0.05$)。在 33 周龄末时,WL-L2 与 BL-L2 组窝内蛋比例可达 91.5%±3.4%和 93.2%±4.5%。

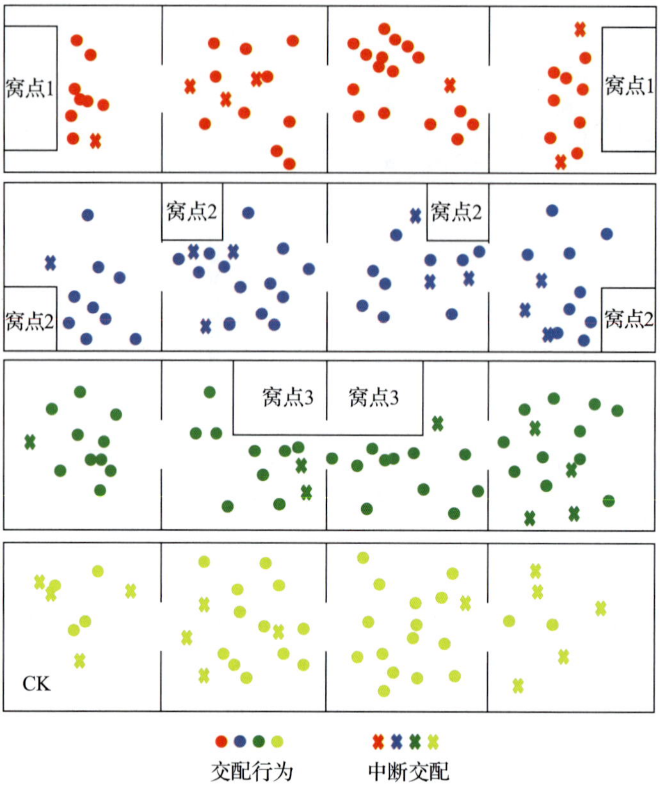

图 3-32　交配行为发生位置分布

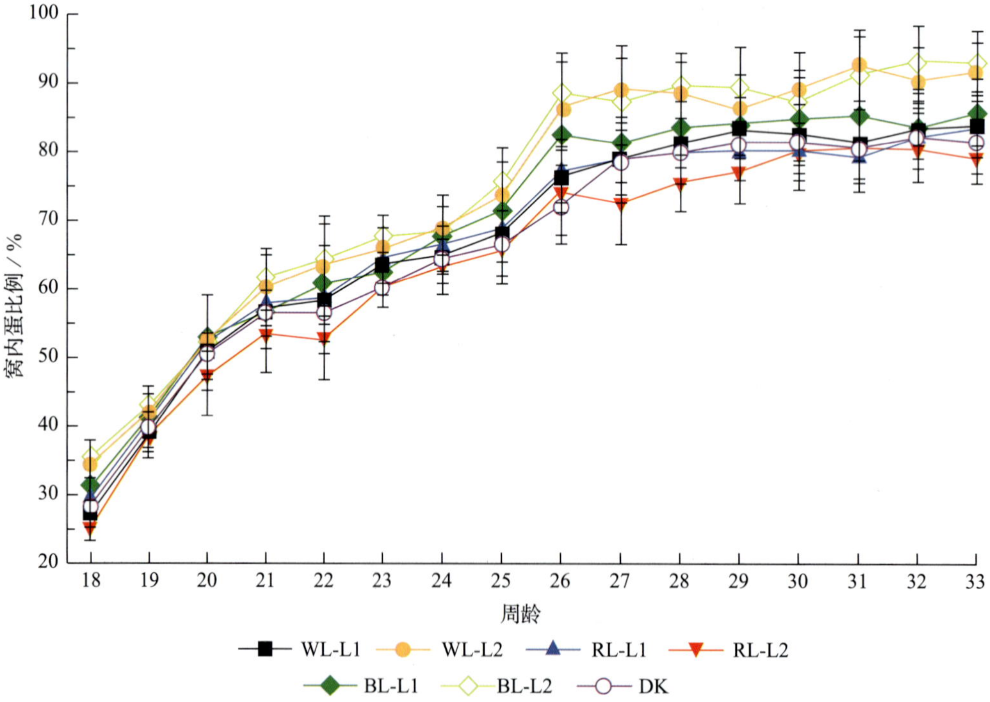

图 3-33　窝内蛋比例随周龄的变化

注：WL＝白光，RL＝红光，BL＝蓝光；L1＝5 lx，L2＝30 lx，DK＝对照组

3. 隐蔽空间内鸡只争斗行为

隐蔽空间内鸡只在不同光色与光照强度诱导下竞争行为分析如图 3-34 所示。鸡只竞争行为受光色（$P=0.012$）、光照强度（$P=0.007$）及二者交互作用影响显著（$P<0.005$）。BL-L2 组鸡只威胁行为、攻击性啄击频次稍高于 WL-L2 组，但无显著差异，且显著高于 WL-L2 组以外的其他组（$P<0.05$）；WL-L2 组鸡只威胁行为、攻击性啄击频次显著高于 RL-L2 组（$P<0.05$）。RL-L2 组鸡只啄羽行为显著高于其他组（$P<0.05$）。WL-L2 组与 BL-L2 组鸡只的打斗行为与排挤行为频次显著高于其他组。整体上，当隐蔽空间内设置 30 lx 的 LED 白光与蓝光时，其竞争行为频次显著高于其他光要素组合（$P<0.05$）。

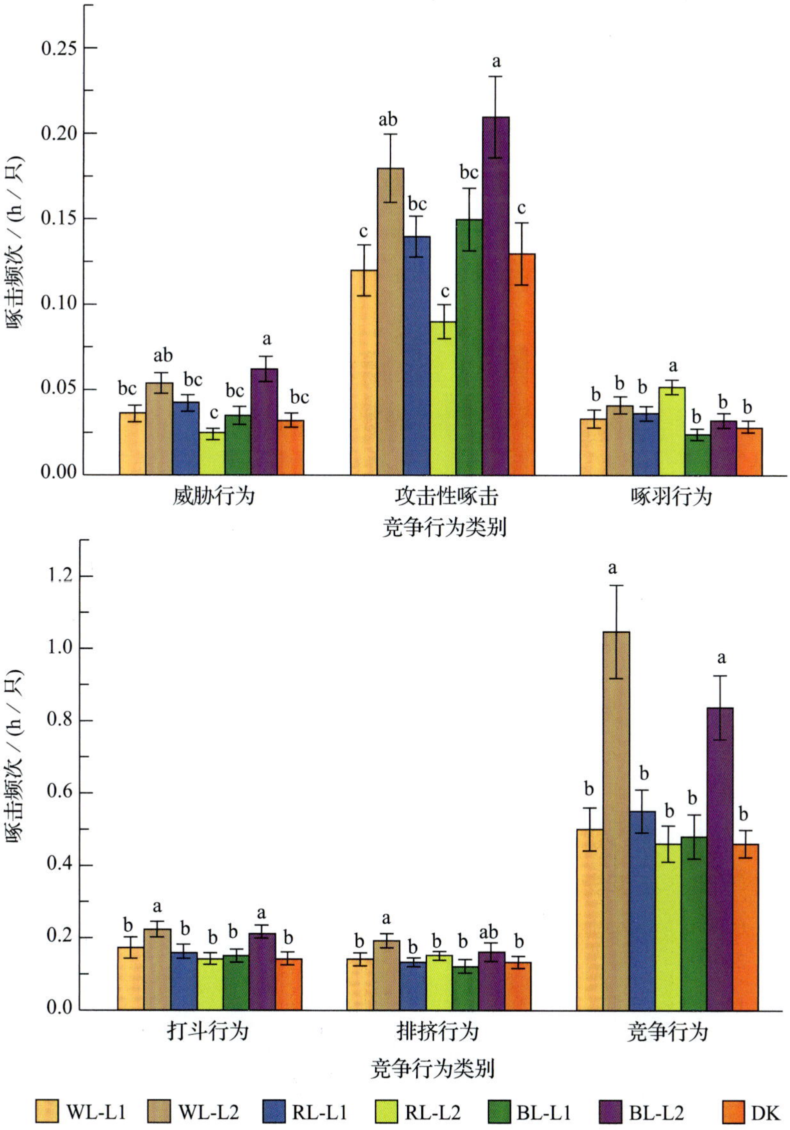

图 3-34　隐蔽空间内鸡只在不同光色与光照强度诱导下的竞争行为分析

注：WL＝白光；RL＝红光；BL＝蓝光；L1＝5 lx；L2＝30 lx；DK＝对照组；
不同小写字母标注表示差异显著（$P<0.05$）

3.4.1.3 磨爪设施与种鸡特征社会行为

1. 磨爪设施与鸡群健康

不同周龄公、母鸡趾部、足部健康状况评分如图 3-35 所示。试验处理($P_{处理}=0.012$)与周龄($P_{周龄}=0.004$)对足部与趾部的健康状况有显著影响。设置磨爪材料的 3 组公鸡

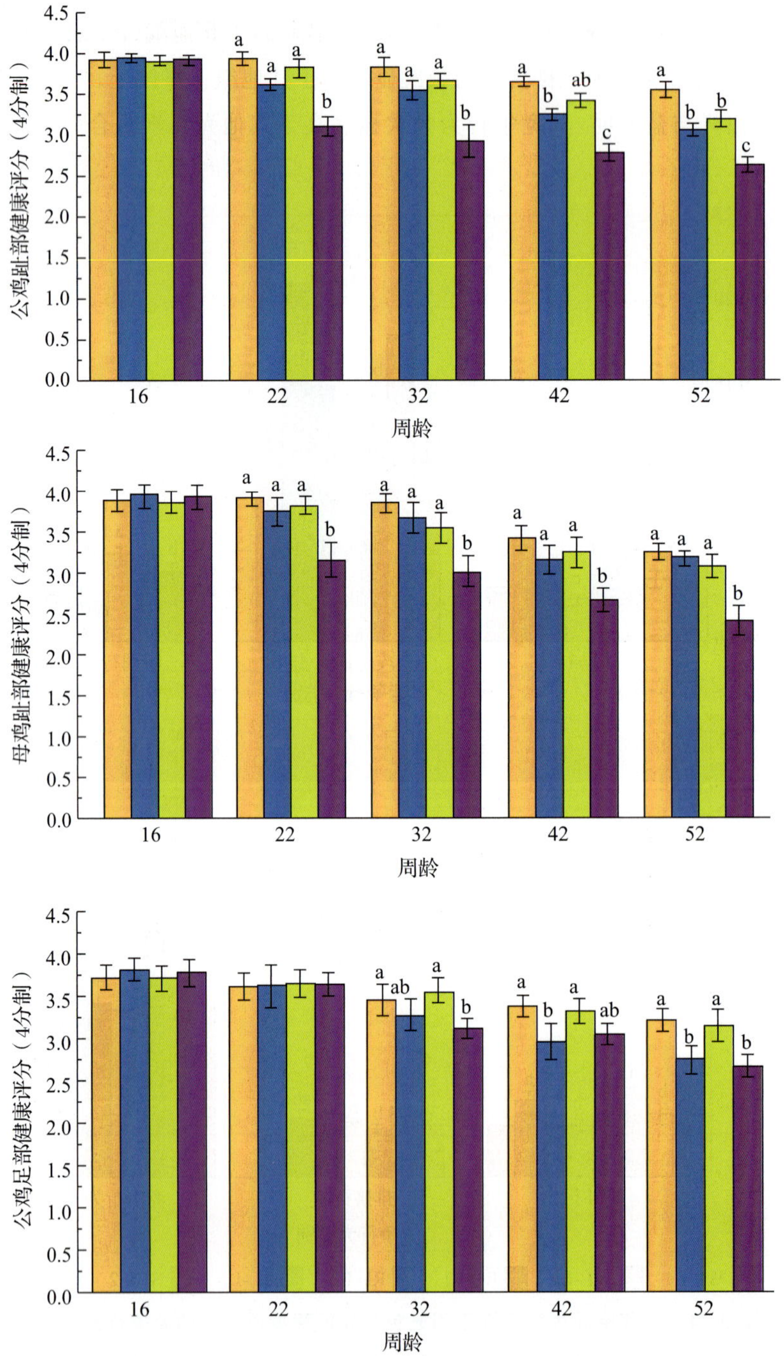

图 3-35

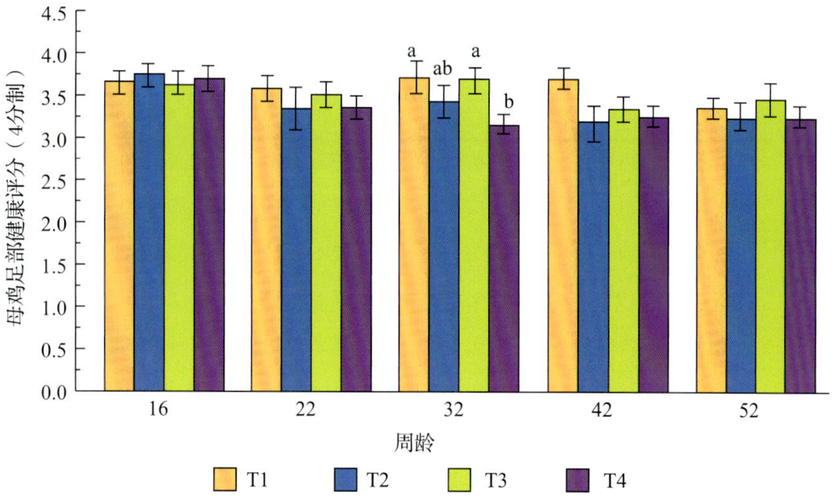

续图 3-35　不同周龄公、母鸡趾部、足部健康状况评分

注：图中所示数据为平均值±标准误，同一周龄不同小写字母标注表示差异显著（$P<0.05$）；T1＝砂带，T2＝橡胶垫，T3＝金属板，T4＝对照组

趾部健康状态在各个周龄时显著优于对照组鸡只（$P<0.05$），22、32 周龄时，T1、T2、T3 组之间无显著差异，42、52 周龄时，T1 组公鸡趾部健康评分显著高于 T2 与 T3 组鸡只（$P<0.05$），T2 与 T3 组之间无显著差异。设置磨爪材料的 3 组，其母鸡趾部健康评分皆显著高于对照组鸡只（$P<0.05$），3 个处理组之间无显著差异。T1 与 T3 组公鸡足部健康状况在 32 周龄与 52 周龄时显著优于对照组鸡只（$P<0.05$）。T1 与 T3 组公鸡足部健康状况在 42 周龄时显著优于 T2 组鸡只（$P<0.05$）。母鸡足部健康状况评分除 32 周龄有差异外，其余周龄，各个处理组与对照组间皆无显著性差异，32 周龄时 T1 与 T3 组母鸡足部健康状况显著优于对照组鸡只（$P<0.05$）。试验证明，公、母鸡趾部与足部健康状况随周龄增加有衰减趋势。

表 3-28 为 52 周龄时各处理组与对照组鸡只羽质覆盖评分。由表得知，试验处理组对鸡只背部、尾羽腺、尾部、腹部、主翅及整体羽质覆盖有显著性影响（$P<0.05$），头部、颈部、副翅、腿部、胸部在不同磨爪材料处理下差异不显著（$P>0.05$）。3 种磨爪材料处理下鸡只背部羽毛与整体羽质覆盖无显著性差异（$P>0.05$），但羽毛评分皆显著高于处理组鸡只（$P<0.05$）。T1 与 T2 组鸡只尾腺羽毛评分显著高于对照组鸡只（$P<0.05$），且 T1 组鸡只尾腺羽毛评分显著高于 T2 组（$P=0.026$），T1 与 T3 组及 T2 与 T3 组间鸡只尾腺羽毛评分无显著性差异（$P>0.05$）。T1 与 T3 组鸡只尾部羽毛评分显著高于对照组鸡只（$P<0.05$），TI 组鸡只翅膀及腹部羽毛评分皆显著高于无磨爪材料组鸡只（$P<0.05$）。母鸡趾部变短变钝后，在鸡群遇到突发状况时，可以减轻在鸡群扰动时趾部对其同伴羽质的损伤及裸露皮肤表面的擦伤与划痕。严重啄羽是造成羽质损伤的主要原因。因此推测，提供磨爪设施后鸡只趾部变短变钝会使鸡只的恐惧应激情绪减轻，从而更少进行刻板性啄羽行为，降低对羽质损伤，提升羽毛覆盖率。

表 3-28　母鸡身体表面 11 部位在 52 周龄时评分结果

身体部位	羽毛评分(3 分制)				LSD
	T1	T2	T3	T4	
头部	2.83±0.11	2.67±0.14	2.75±0.13	2.75±0.13	NS
颈部	2.83±0.11	2.75±0.13	2.67±0.19	2.92±0.21	NS
背部	2.67±0.14[a]	2.39±0.18[a]	2.42±0.19[a]	2.05±0.22[b]	1.31
尾腺	2.42±0.19[a]	2.08±0.23[b]	2.17±0.17[ab]	1.67±0.19[c]	1.30
尾部	2.92±0.08[a]	2.75±0.18[ab]	2.83±0.11[a]	2.33±0.17[b]	1.37
腹部	2.75±0.18[ab]	2.92±0.19[a]	2.83±0.11[ab]	2.58±0.22[b]	1.40
副翅	2.92±0.11	2.75±0.08	2.83±0.14	2.67±0.23	NS
主翅	2.92±0.08[a]	2.67±0.17[ab]	2.83±0.11[ab]	2.58±0.08[b]	1.36
腿部	2.83±0.11	2.92±0.29	2.75±0.13	2.50±0.11	NS
胸部	2.35±0.13	2.33±0.19	2.42±0.19	2.42±0.14	NS
下颈	2.25±0.45	2.08±0.29	1.92±0.08	2.17±0.11	NS
整体	2.72±0.06[a]	2.55±0.07[a]	2.57±0.09[a]	2.11±0.11[b]	1.34

注：表中所示数据为平均值±标准误；同行数据中，不同肩标小写字母表示差异显著（$P<0.05$）；T1＝砂带，T2＝橡胶垫，T3＝金属板，T4＝对照组；LSD＝最小显著差异值；NS＝无显著差异。

2. 磨爪设施与交配行为

在 23 周龄时，T1 组鸡只交尾频次显著高于 T4 组（$P=0.036$）。在 23 周龄时，交配行为与求偶行为各组之间无显著差异。在 33 周龄时，T1 与 T2 组鸡只交配频次显著高于 T3 与 T4 组（$P<0.05$），且 T1 与 T3 组鸡只求偶行为显著高于 T4 组（$P<0.05$），T2 与 T4 组间求偶行为无显著差异。在 53 周龄时，T1 组鸡只交配行为与求偶行为显著高于其他 3 组（$P<0.05$）。整体而言，试验组鸡只在配备磨爪垫后的交配与求偶行为频率要高于对照组鸡只，且 3 种磨爪设施中，砂带组性行为发生频率要高于其他 2 种磨爪设施组。并且发现交配、求偶及交尾行为频率随周龄增加呈下降趋势。公、母鸡趾部状态与交配相关行为的关系如表 3-29 所示。由表 3-29 分析得知，公鸡趾部长度和锐度是影响公、母鸡交配相关行为的主要因素，其贡献率分别为 78%和 65%。

表 3-29　不同周龄各处理组交配行为分析

周龄	行为	处理			
		T1	T2	T3	T4
23 周	交配	1.58±0.12	1.42±0.12	1.35±0.13	1.45±0.12
	求偶	2.85±0.15	2.80±0.15	2.72±0.12	2.75±0.14
	交尾	1.45±0.10[a]	1.24±0.10[ab]	1.28±0.11[ab]	1.20±0.10[b]

续表 3-29

周龄	行为	处理			
		T1	T2	T3	T4
33 周	交配	1.51±0.11[a]	1.40±0.12[b]	1.22±0.12[b]	1.35±0.12[b]
	求偶	2.70±0.13[a]	2.35±0.13[bc]	2.42±0.13[b]	2.22±0.12[c]
	交尾	1.20±0.08	1.15±0.08	1.08±0.09	1.10±0.08
53 周	交配	1.35±0.08[a]	0.95±0.10[b]	1.12±0.10[b]	1.05±0.09[b]
	求偶	2.30±0.08[a]	1.75±0.11[b]	1.82±0.09[b]	1.23±0.10[c]
	交尾	0.92±0.06	0.75±0.08	0.80±0.08	0.85±0.10

注：表中所示数据为平均值±标准误；同行数据中，不同肩标小写字母表示差异显著（$P<0.05$）；T1＝砂带，T2＝橡胶垫，T3＝金属板，T4＝对照组。

3.4.2 多层立体散养系统蛋鸡分布及空间利用

国内学者通过研究创新蛋鸡及蛋种鸡养殖模式，研发了家禽立体散养模式（图3-36），并就家禽对立体散养模式的利用情况开展了研究。

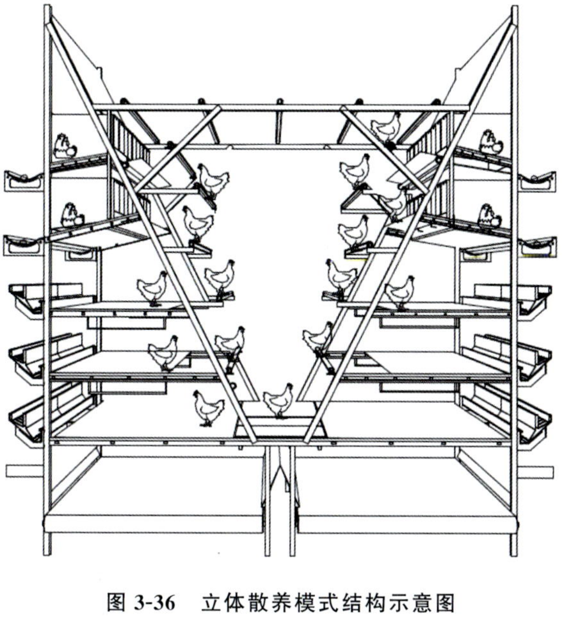

图 3-36 立体散养模式结构示意图

3.4.2.1 立体散养系统设计参数对蛋鸡行为的影响

在蛋鸡立体散养系统中，栖杆作为必备的设施之一，占有不可取代的位置。育成期栖杆的供应和散养系统参数的设计对蛋鸡适应立体散养系统至关重要。笼内增加栖杆有益于早期鸡群对多层空间的适应，并且加杆日龄越早，鸡群在转群初期对多层平台的适应越好。

表 3-30 为蛋鸡转群后鸡群在立体散养系统中的分布。63 日龄增加栖杆（63P＋）和

73 日龄增加栖杆(73P+)处理组在转群后的前 5 d,鸡群分布于上层平台的比例分别为 74.2%和 65.6%,高于未增加栖杆(NP)组 9.2%,且 63P+处理组与 NP 组的差异显著($P<0.05$)。在适应期的后 5 d,NP 组分布于上层平台的鸡只比例达到 80.4%。主要是因为当前栖架系统中增设爬梯,更便于鸡在立体空间活动。鸡群在栖杆上分布显示,2 个处理组整体高于 NP 组,且整个适应期和适应期的后 5 d 两个时段 63P+处理组的栖杆鸡只比例显著高于 NP 组($P<0.05$)。加杆处理对鸡群使用栖杆的影响在适应期的后 5 d 及全期水平下得以显现,这表明鸡群在加设爬梯的栖架单元中,使用上层平台相比栖杆更为容易,但整个适应期内栖杆的使用率都较低。可能源于笼内加杆的方式对鸡的空间学习和飞行能力训练有限,也可能需要更多时间才能得以加强。

表 3-30 不同处理鸡群在上层平台和栖架的分布比例

组别	位置	处理	全期	前 5 d	后 5 d
爬梯	上层平台	63P+	75.4±1.1	74.2±1.7[a]	74.2±0.5
		73P+	71.5±2.0	65.6±2.1[ab]	76.0±2.1
		NP	70.1±3.9	59.2±5.7[b]	80.4±2.0
	栖杆	63P+	1.5±0.5[a]	0.6±0.3	2.9±0.6[a]
		73P+	0.6±0.3[ab]	0.0±0.0	1.5±0.5[ab]
		NP	0.0±0.0[b]	0.0±0.0	0.0±0.0[b]
爬梯	上层平台	63P+	3.1±1.1[a]	1.5±0.6[ab]	4.8±2.3
		73P+	3.0±0.5[a]	1.7±0.3[a]	3.8±1.0
		NP	0.7±0.5[b]	0.0±0.0[b]	1.7±1.0
	栖杆	63P+	0.1±0.1	0.2±0.2	0.0±0.0
		73P+	0.0±0.0	0.0±0.0	0.0±0.0
		NP	0.0±0.0	0.0±0.0	0.0±0.0

注:同列数据中,不同肩标小写字母表示差异显著($P<0.05$);63P+=63 日龄加杆处理组鸡群,73P+=73 日龄加杆处理组鸡群,NP=对照组鸡群。

3.4.2.2 蛋鸡对立体散养系统中产蛋箱的利用

1. 产蛋箱增加隔断对蛋鸡产蛋行为的影响

在散养系统中,当产蛋箱按列布置时,大多数鸡只在位于两端的产蛋箱产蛋。这种鸡只相互堆叠,并选择一个位置产蛋的现象被称为共同就巢。这种现象也被称作社交就巢,且在栖架散养系统中,当提供通长的公共产蛋箱(长 1.5 m)时,同样会出现共同就巢的现象,见图 3-37。

通过对栖架散养系统上下层公共产蛋箱进行 37 cm 和 48 cm 的隔断处理后,上层产蛋箱利用率在隔断处理后有显著提高,下层产蛋箱的产蛋率没有显著变化(图 3-37 和图 3-38)。这可能是由于当公共产蛋箱中加入隔断后,可在同一时间为鸡群提供更多可供选择的安全产蛋位。

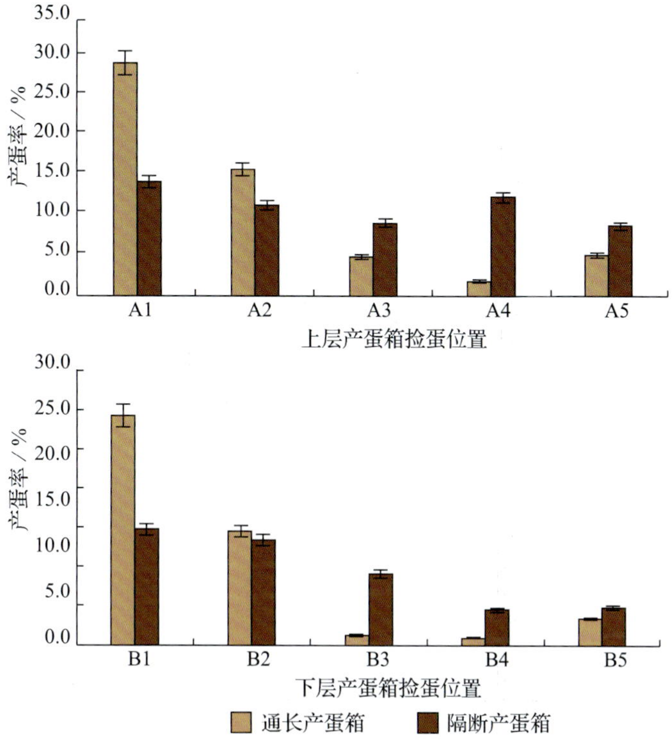

图 3-37　进行 37 cm 隔断处理上层和下层产蛋箱产蛋分布

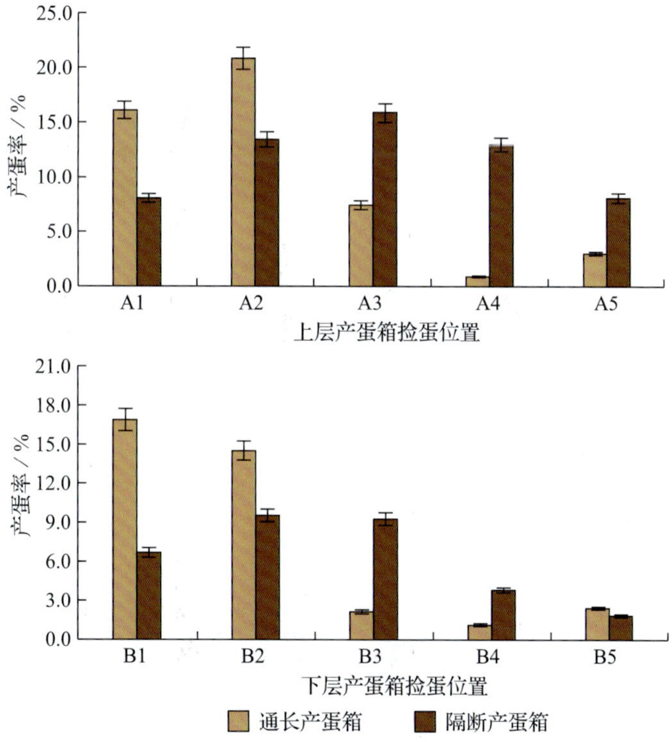

图 3-38　进行 48 cm 隔断处理上层和下层产蛋箱产蛋分布

鸡群适应有隔断的产蛋箱 4 个月后拆除隔断，鸡群共同就巢的现象进一步显现，但仍然表现出对通长的公共产蛋箱两端位置的偏好性(图 3-39 和图 3-40)。

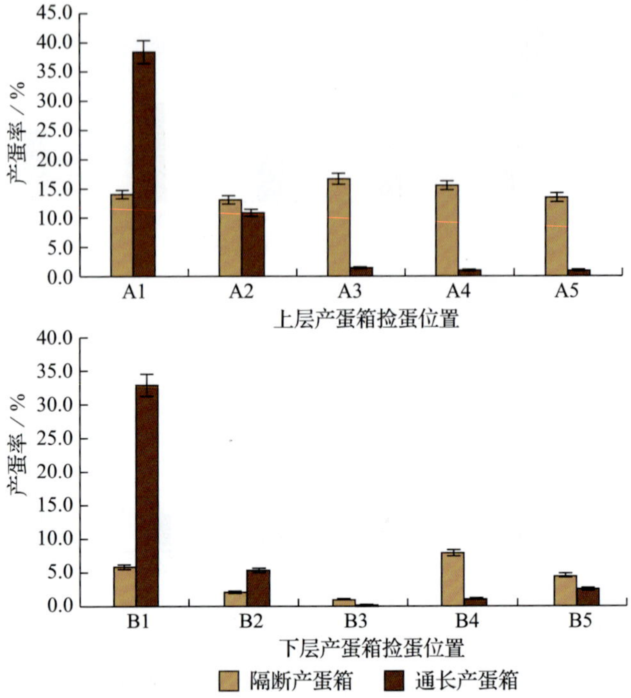

图 3-39　拆除 37 cm 产蛋箱隔断上层和下层产蛋箱产蛋分布

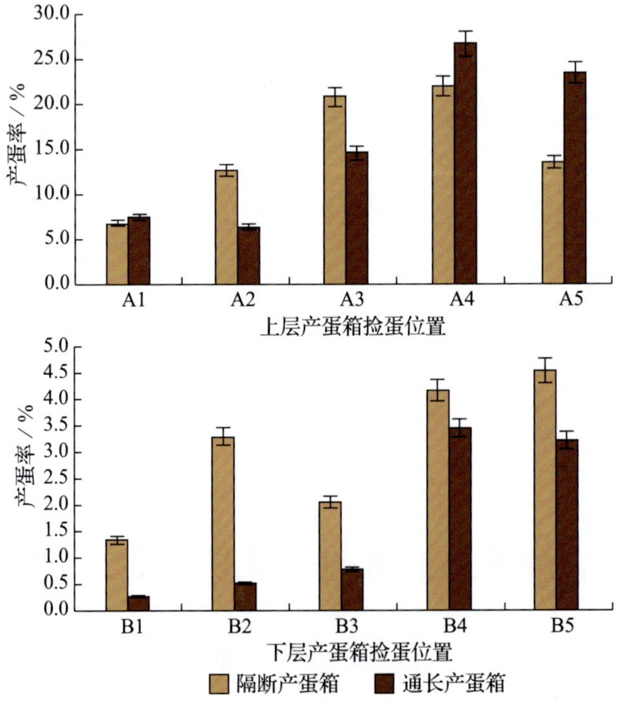

图 3-40　拆除 48 cm 产蛋箱隔断上层下层产蛋箱产蛋分布

另外对于窝外蛋比例而言，如图 3-41 所示，进行 37 cm 隔断和 48 cm 隔断处理的 2 个鸡群在隔断后窝外蛋比例都有极显著性的下降($P<0.01$)，这表明隔断处理对减少窝外蛋比例产生了极显著的效果。37 cm 隔断处理的窝外蛋比例由隔断处理前的 5.5%下降到 1.7%，48 cm 隔断处理的窝外蛋比例由隔断处理前的 15.0%下降到 10.4%。48 cm 隔断拆掉后，窝外蛋比例由 8.9%上升到 13.2%，达到了极显著水平($P<0.01$)。

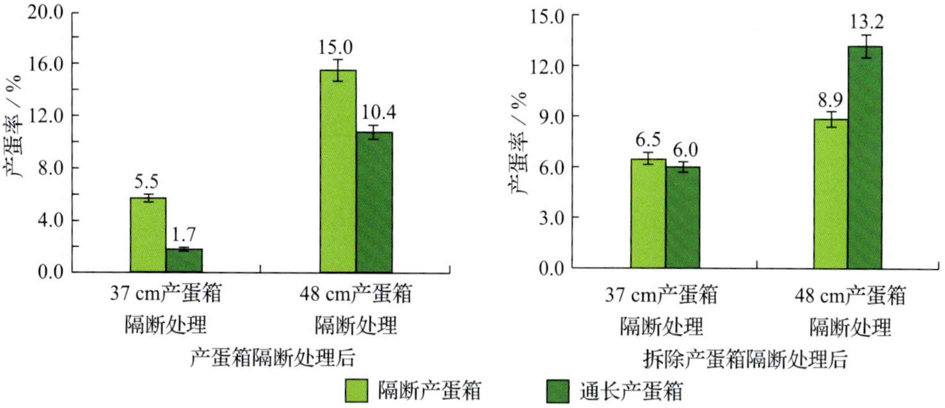

图 3-41 产蛋箱隔断处理后和拆除产蛋箱隔断后窝外蛋比例的变化

2. 立体散养系统结构对蛋鸡产蛋分布的影响

如图 3-42 所示，蛋鸡 22～25 周，在立体散养系统中爬梯组中，箱内蛋比例均极显著高于跳台组(22 周龄，$P<0.001$；23 周龄，$P<0.001$；24 周龄，$P=0.006$；25 周龄，$P<0.001$)。同期爬梯组和跳台组的窝外蛋比例也差异显著(22～25 周龄，各周的 $P<0.001$)。此外，在 23 和 25 周龄，跳台组的系统蛋比例显著高于爬梯组(23 周龄，$P=0.031$；25 周龄，$P=0.001$)。且爬梯组和跳台组栖架中的鸡群产蛋分布差异较大，其中爬梯组的产蛋分布更为理想。

3. 立体散养系统中的鸡群分布

(1)立体散养系统中雌性蛋种鸡分布　中层平台、产蛋箱和上层栖杆的鸡群比例受到密度和采样时间的共同影响，如图 3-43 所示。其中，高密度组的中层平台鸡群比例随采样时间增加，上午的 2 个时段 7:30 和 9:30，位于产蛋箱的鸡群比例显著高于其他 3 个时段($P<0.01$)，并且全天 5 个时段中 17:30 的产蛋箱鸡群比例最低。鸡在产蛋前有探窝的习性，以寻求最适的产蛋位，该过程中，由于产蛋箱分布于系统两侧，上层栖杆作为连接两侧产蛋箱的通道，当日产蛋高峰时段使用上层栖杆的鸡群比例会有所增长；此外在产蛋高峰时段，上层栖杆也可作为待产区供鸡只停留。

饲养密度对底层鸡群比例也有显著影响(底层，$F=17.036$，$P<0.001$)，如图 3-44 所示，但不同密度下的上层平台母鸡比例没有显著差异。当密度增大时，单只鸡的活动面积和可用资源减少。为减少底层和各层平台因过度拥挤带来的压力，高密度鸡群可能以向产蛋箱和上层栖杆分散的方式来缓解。虽然此时底层的鸡群比例相对中上层而言也较低，但因公鸡全分布于底层，对于母鸡而言，底层实际的鸡群比例会高出 9%左右(公、母鸡

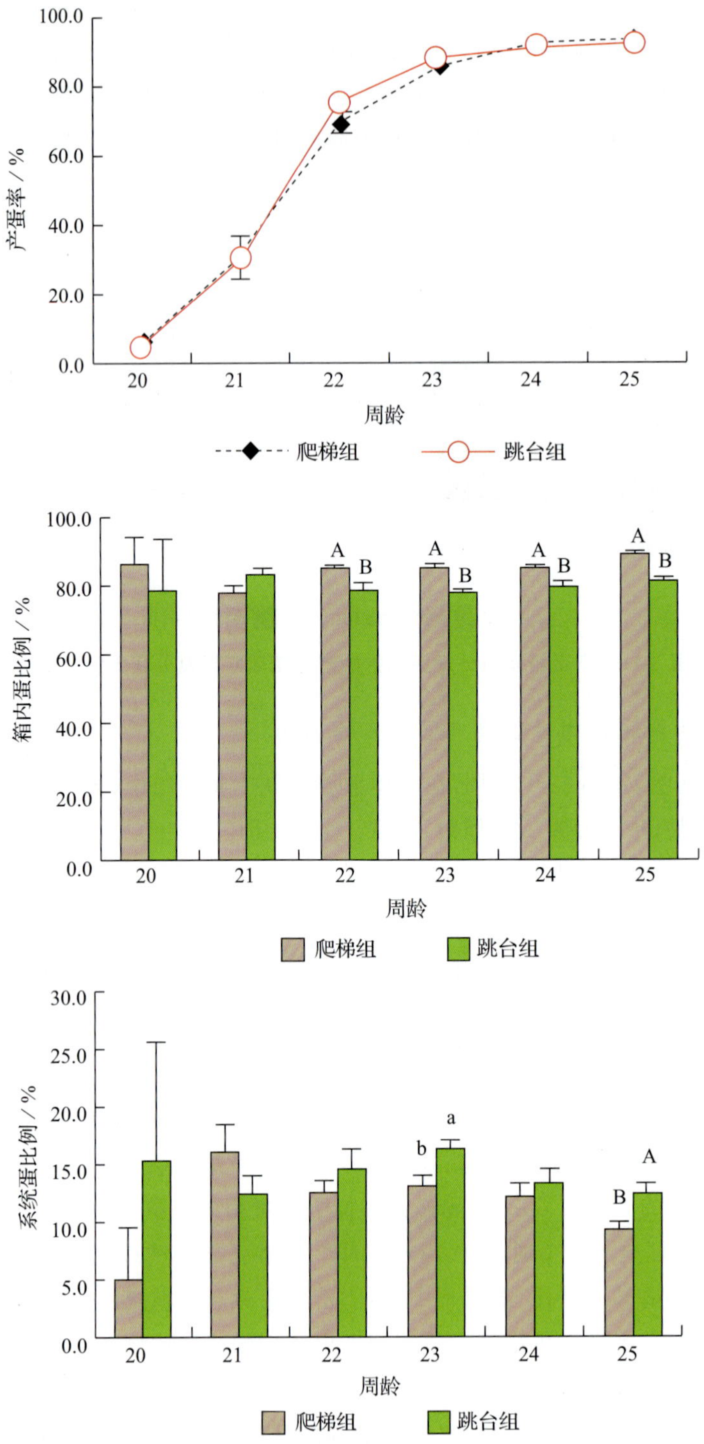
100.0
80.0
60.0
40.0
20.0
0.0
产蛋率 / %
20
21
22
23
24
25
周龄
爬梯组
跳台组
100.0
80.0
60.0
40.0
20.0
0.0
箱内蛋比例 / %
A
B
A
B
A
B
A
B
20
21
22
23
24
25
周龄
爬梯组
跳台组
30.0
25.0
20.0
15.0
10.0
5.0
0.0
系统蛋比例 / %
b
a
B
A
20
21
22
23
24
25
周龄
爬梯组
跳台组

图 3-42

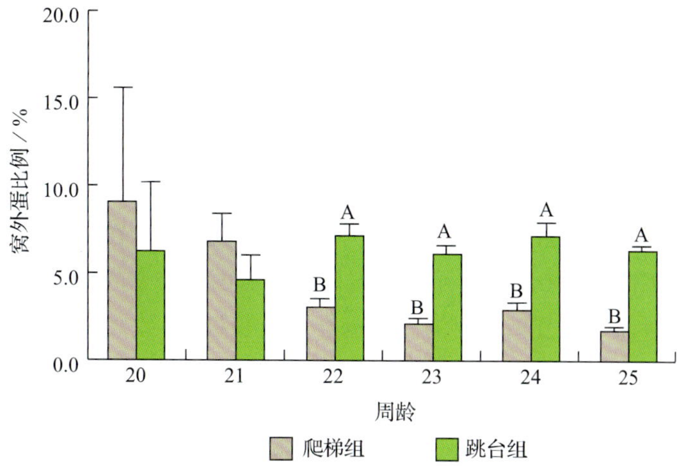

续图 3-42　开产初期不同配置组的产蛋率及产蛋位置比较

注：标注不同小写字母表示差异显著（$P<0.05$），标注不同大写字母表示差异极显著（$P<0.01$）

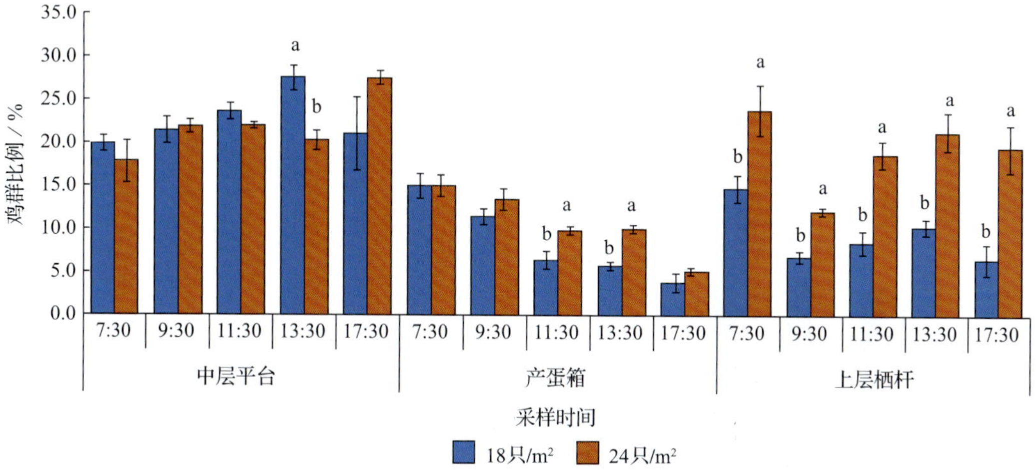

图 3-43　不同密度群体中不同位置鸡群比例随采样时间的变化

比例1∶11)，与中层鸡群比例不相上下。当各层平台鸡群密度过大时，鸡群分布呈现上移的趋势，也可能因为向上活动的难度低于向下活动的难度。

(2)立体散养系统中雄性蛋种鸡分布

相对母鸡而言，公鸡体型大，平均体重高出母鸡34%[22周龄：公鸡(2 330±154) g，母鸡(1 741±144) g]，对栖架系统多层结构的使用难度较母鸡更大。正如先前的研究发现，肉种鸡中公鸡对栖杆的使用显著少于母鸡，这主要

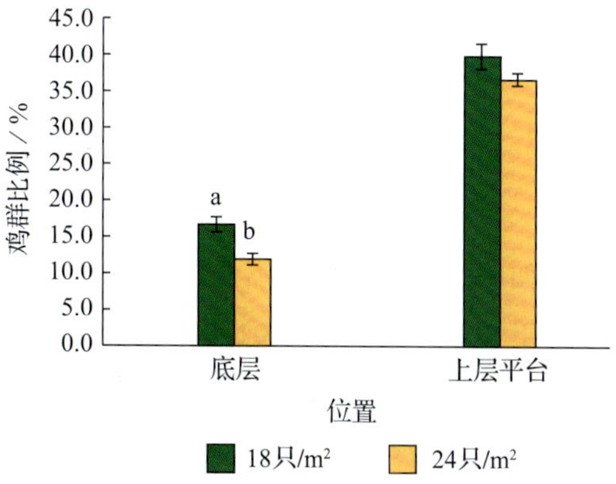

图 3-44　不同密度组的底层和上层平台母鸡比例

是由公鸡体重较大造成的。并且在转入立体散养系统之初，公鸡被放置于底层并进行长达1周时间的隔离，公鸡将底层作为固有领地的可能性更大。此外，当前系统的各层平台高度为40 cm，不利于公鸡的站立和行为表达。综合上述2个原因可导致公鸡活动集中于底层。

(3)蛋种鸡在立体散养系统中交配位置的选择　随着周龄增长，2种群组(110只/群组和22只/群组)下发生在走道位置的交配行为比例上升，在走道两侧位置的比例下降；同时2种群体中发生在平台底部的交配行为比例有小幅上升，在220只/群组中，发生在活动平台的比例下降，如图3-45所示。底层活动区域内最安全的走道相应地被等级高的公鸡占领。母鸡对高等级公鸡做出的回应也会比较积极，以致高等级公鸡所在位置会吸引更多的母鸡前往并接受交配，如此反复，优势位置愈加优势明显，伴随其他位置发生的交配逐渐减少。此外，底层不同位置的构成材料也是影响交配位置随周龄发生变化的可能原因之一。走道采用的玻璃钢材料较鸡笼底网而言，强度高，弹性低，其更有利于种鸡交配。随周龄增长，鸡笼底网的变形程度加大，对应区域发生交配行为的比例会下降。而系统中的平台底部位置，虽然40 cm高度对于公鸡而言空间局限，不利于行为表达，但该位置的交配行为比例上升的主要原因，作者认为可能是随着周龄增长，在整体交配行为频次下降的前提下，由低等级公鸡的交配行为增加所致；同时因为母鸡交配意愿的下降，平台底部采食区域内趴卧鸡只被强制交配的可能性提高也是原因之一。

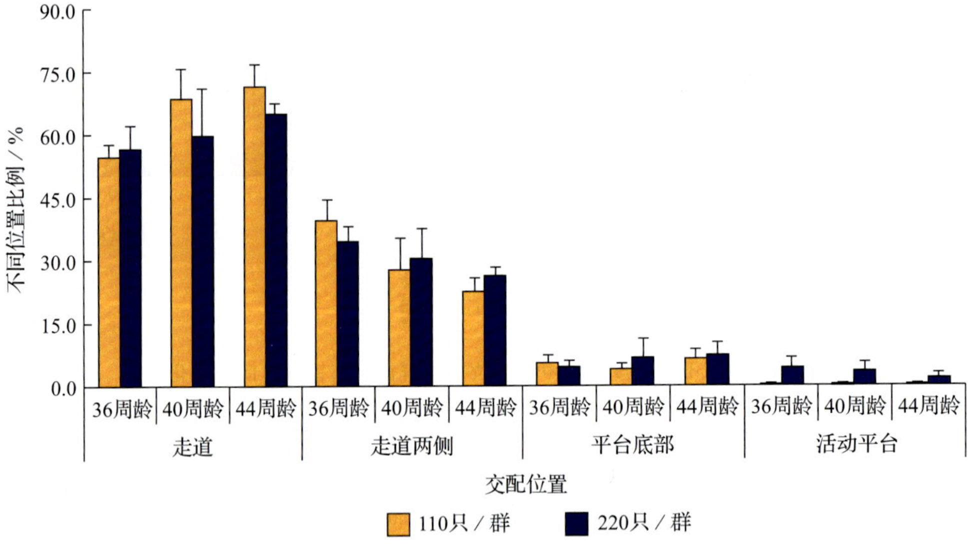

图3-45　不同周龄下在系统内不同位置交配比例

如图3-46所示，在不考虑周龄的影响时，2个群体中发生在走道的交配行为比例显著高于其他位置($P<0.01$)，走道两侧的交配行为比例也显著高于平台底部和活动平台2个位置($P<0.01$)。交配行为主要集中在走道区域(走道和走道两侧)，因其空间相对开阔和对于公鸡具有安全性，是公鸡的停留频次最高的位置，也便于交配行为的进行；并且也是母鸡从活动平台下到底层的必经之地，当有交配意愿的母鸡在走道区域出现时，发生交配的可能性大。

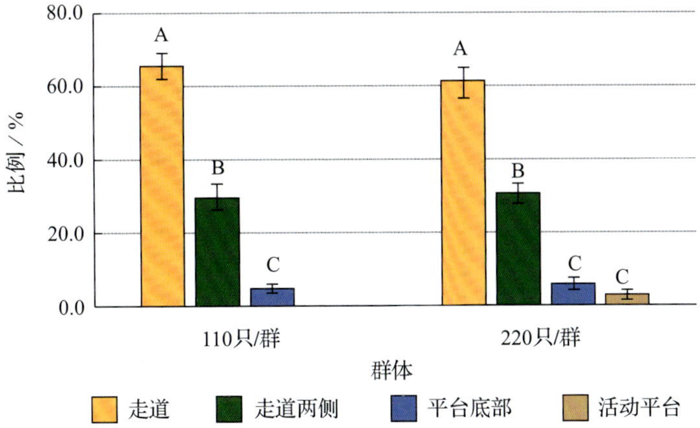

图 3-46　交配位置选择比例

注：标注不同大写字母表示差异极显著（$P<0.01$）

3.4.3　附加阳光间型鸡舍

冬季畜禽长期处于寒冷低温的环境中，不仅影响其能量转化效率，而且影响畜禽成活率以及生产性能的发挥。传统畜禽舍冬季加温需要消耗较多的能源，不仅增加了生产成本，而且带来了严重的环境污染。附加阳光间型鸡舍利用被动太阳能原理，开发利用自然光热资源，在不进行人工加温的前提下提高冬季鸡舍的温度，对于减少鸡舍热量损失、改善舍内环境条件，降低鸡的生产能耗和提高生产性能有着十分重要的实用价值。附加阳光间型被动太阳能理论上是可以起到保温作用，但是在养殖中其实际保温效果是受多方面因素影响的。

对 2 种模型（图 3-47，左：模型一；右：模型二）进行连续 4 d 的温湿度测试，测试仪器选用 THERMO RECORD ERRS-11 温湿度测定仪，24 h 连续测量，每 15 min 记录 1 次数据。对于模型一、模型二的测试点分别选取各区域的中间位置，高度离地 1 m，测试结果如表 3-31 所示。

图 3-47　附加阳光间型鸡舍模型

表 3-31　模型各区域温度状况　℃

日期	舍外			模型一			模型二			阳光间		
	最低	最高	平均	最低	最高	平均	最低	最高	平均	最低	最高	平均
2/21	−4.3	9.6	0.7	−6.4	9.5	−1.0	−4.7	9.6	−0.2	−5.1	17.0	1.3
2/22	−4.4	10.2	1.1	−6.3	11.1	−0.5	−4.9	11.8	0.5	−4.4	22.0	2.5
2/23	−3.5	8.5	1.6	−5.7	9.8	0.1	−4.4	10.0	0.7	−4.2	16.8	2.1
2/24	−1.0	14.8	5.8	−3.5	19.8	4.9	−2.7	21.4	5.2	−3.3	41.0	8.5

有雾天气下，模型内外的温度基本没有差别，而阳光间内的温度明显高于模型内和舍外，而在第 4 天晴朗天气的情况下，模型一、模型二内的温度都高于舍外，阳光间内的最高温度更达到 41 ℃，其相差的幅度要远大于有雾的天气。在 10:00—16:00，模型接收到阳光照射，而该时间段也是阳光间发挥增热以及舍外运动场作用的时间，所以该时间段阳光间内的环境状况决定其发挥功能的效果。

如图 3-48 所示，在每天 17:00 到次日 9:00，模型及阳光间内的温度都低于舍外，这是由于：①模型的材料由玻璃钢和聚氨酯硬泡沫塑料构成，其传热系数大，保温性能差，加上地面是湿度比较大的裸露地面，整体基本没有保温能力；②模型在没有得到阳光照射的时

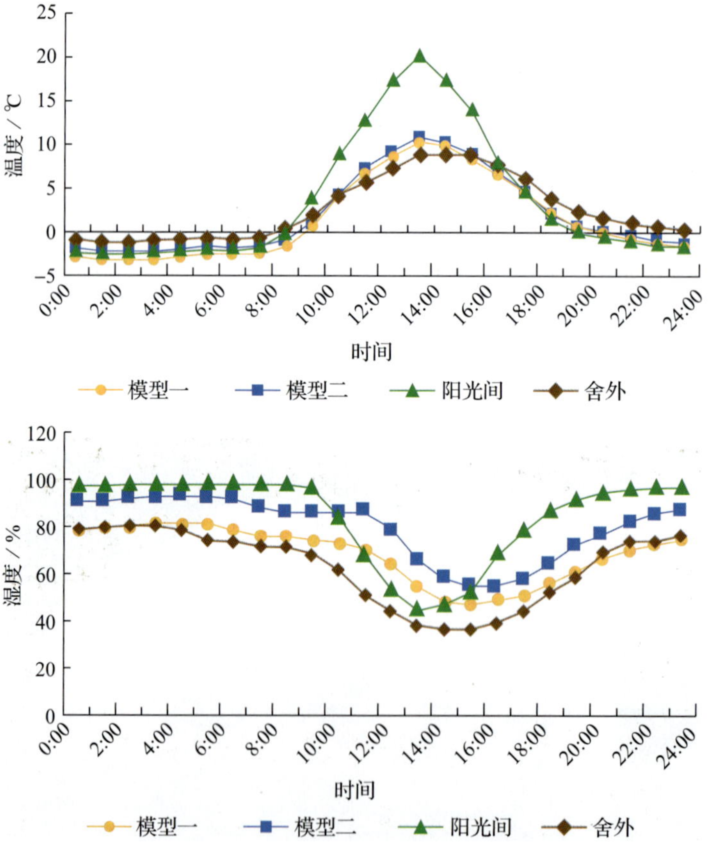

图 3-48　各区域平均温度和湿度

间里，完全处于失热状态，随着温度的降低，模型内的湿度呈明显增大趋势，而模型内基本处于封闭状态，在空气不流动的情况下，高湿的空气容易出现结露现象(每日早晨可看到保温帘的下部被露水浸湿的迹象以及阳光间的塑料膜上挂有露水)；③模型及阳光间内空气处于低温高湿状态，造成温湿度传感器的探头上发生结露现象，所以在温度低的情况下所获得的数据比实际温度还要低。所以，在没有其他热源的情况下，高湿的环境直接影响阳光间在夜晚的保温能力。

模型二及阳光间内的湿度一整天都高于模型一与舍外，尤其在18:00到次日8:00，湿度更是达到90%以上。这是由于阳光间及模型内地面都是没做处理的裸露地面，且湿度较大，在白天温度较高的情况下，模型二及阳光间内的温度要比模型一高，因此其地面蒸发的湿气要更多。所以，对于附加阳光间型鸡舍，做好阳光间地面的防潮与防寒处理是非常必要的，否则不仅增加整体环境的湿度，而且由于高湿的环境大大降低了夜晚阳光间整体的保温效果，直接影响附加阳光间型鸡舍的综合效能。

第 4 章

禽舍建筑围护结构的保温隔热设计原理与方法

4.1　禽舍建筑围护结构保温隔热性能影响因素

4.1.1　围护结构的热平衡计算原理

禽舍围护结构的保温隔热性能不仅影响鸡舍温度的稳定性，而且也是影响家禽健康和生产性能的关键因素。由于商品代家禽舍一般不采暖，而是依靠家禽自身的显热产热量来维持冬季蛋鸡舍内的温度，因此，如果家禽舍内冬季饲养密度较低、通风过度或围护结构保温性能不足，就难以满足家禽舍内温度环境的要求。如何确定不同气候区域家禽舍围护结构必要的保温性能和饲养密度要求，是解决家禽舍冬季通风和保温问题的关键。家禽舍的热平衡是为维持家禽舍空气温度的相对稳定，保持家禽舍输入和输出热量之间的动态平衡。家禽舍热量损耗主要包括外围护结构散热、通风耗热等，家禽的显热产热量是家禽舍主要的热量。

密闭式禽舍外围护结构内表面以导热方式将热量传递给舍外空气，舍内空气以对流和辐射换热方式与外围护结构内表面、舍内设施装备及家禽体表间进行热传递，非等温空气射流与舍内主要容积空气不断发生紊流混合而产生换热。密闭式禽舍内储存热量的变化率等于单位时间禽舍内得到的热量与禽舍散失的热量之差。禽舍热量损耗主要包括外围护结构散热、通风耗热等，禽舍的热量来源包括太阳辐射热、呼吸产热、体表散热、家禽排泄物散热、加热设备、饲喂清粪机械设备和照明散热等，这些热可以分为潜热和显热。禽舍热环境控制主要是排除舍内显热及有害气体，舍内的水汽主要来自舍内潮湿表面（地面、饮水器托盘）水分蒸发、家禽的排泄物蒸发和家禽以潜热形式排出体外的一部分体热。家禽群的显热产热量是禽舍内的主要热量，根据禽舍的热量平衡原理，维持禽舍空气温度的相对稳定，保持其输入和输出禽舍的热量之间的动态平衡，建立如下数学模型：

$$Q_w + Q_u + Q_v + Q_{hd} + Q_{cd} + Q_{t,s} + Q_e + Q_i = \rho_w C_p V_i \frac{\partial t_i}{\partial \tau} + h_x S_x (t_i - t_x)$$

式中：Q_v，Q_w，Q_u分别为禽舍单位时间内通风、外围护结构（墙、地面、屋顶等，考虑太阳辐射热量）和地面散失的热量，W；Q_{hd}为禽舍内空气单位时间内从加热设备获得的热量，W；Q_{cd}为禽舍内空气单位时间内从制冷设备获得的热量，W；$Q_{t,s}$为鸡体表获得的热量，W；Q_e为禽舍内饲喂、清粪、饮水、照明等设备的发热量，因夜间无照明等此值可忽略不计，W；Q_l为禽舍内建筑外围护结构缝隙的散热量，W；ρ_w为舍外温度下的空气密度，通风量按进气量计算时取$\rho_w=353/(t_0+273)$，kg/m³；C_p为空气定压比热，$C_p=1\ 005.6$ J/(kg·℃)；V_i为禽舍建筑内容积，m³；h_x为禽舍内空气与内部饲喂设备、内墙等蓄热体表面对流换热系数，W/(m²·℃)；S_x为禽舍内饲喂设备、内墙等蓄热体外表面积，m²；t_i为舍内空气计算温度，℃；t_x为舍内蓄热体温度，℃。

家禽代谢产生的热量与品种、体重、日龄、饲料消耗量和环境条件等相关。密闭式禽舍舍饲环境下，舍内饮水、喂料、清粪系统中水分蒸发消耗一部分显热，转化为潜热，因此舍内显热与潜热的分配比例受到舍内环境条件的影响，潜热放热量与舍内环境温度的升高呈正相关，显热放热量随着温度升高而减小，CIGR 中规定了潜热与显热比例与舍内设定环境参数间的关系。禽舍内温热环境主要影响因素是围护结构传热散热量和通风热损失。

禽舍建筑外围护结构材料实际的传热过程是较为复杂的，受接触热阻、流动空气间层、屋顶坡度等的影响(为简化起见，研究分析中可忽略这部分影响)。将外围护结构视为均质多层材料相同条件下的传热，禽舍围护结构表面的换热过程为热传导、辐射和对流的综合影响，禽舍外表面换热是由于风力作用产生的强迫对流换热，内表面的换热是壁面与邻近空气和其他壁面由于温差引起的自然对流和辐射换热作用。我国蛋鸡舍建筑地面一般为普通黏土非保温水泥地面，组成地面的各层材料导热系数都大于 1.16 W/(m²·℃)，模型研究分析中，非保温地面传热系数按照最不利条件下传热系数 0.47 W/(m²·℃)分析研究简化。

禽舍冬季通风主要是排除多余有害气体，满足通风换气的要求。由于传送带干清粪系统和乳头式饮水器的普遍应用，舍内湿度和有害气体浓度较传统的刮板清粪系统等明显减小。Chai 等通过连续两年的试验确定了蛋鸡舍满足通风换气的传送带干清粪蛋鸡舍冬季最小通风量；Pedersen 等对用 CO_2 确定畜禽场冬季通风量进行了评估；Li 等研究 CO_2浓度平衡确定的蛋鸡舍冬季最小通风量为 0.43 m³/(h·只)。在考虑分析传送带干清粪、乳头式饮水器系统蛋鸡舍，冬季最小通风量取 Li 等的试验研究结果，此简化取值，其与美国 Seedorf 等对不同品种单个畜禽的推荐通风量和 Chai 等研究的冬季最小通风量基本一致。在满足禽舍通风换气下，传送带干清粪禽舍冬季 CO_2浓度平衡确定的禽舍冬季最小通风量为 0.43 m³/(h·只)。禽舍无采暖系统下，为了实现禽舍内热平衡，外围护结构的保温隔热性能需要满足以下公式：

$$\sum \frac{A_i}{R_i}(1+\theta)=\frac{Q_s+0.278\rho_w C_p V(t_o-t_i)+K_u A_u(t_u-t_i)}{(t_i-t_o)}$$

式中：A_i 为禽舍部分外围护结构面积，m²；R_i 为禽舍部分外围护结构热阻，(m²·℃)/W；θ 为方向修正系数；ρ_w 为舍外温度下的空气密度，通风量按进气量计算时取 $\rho_w=353/(t_0+273)$，kg/m³；C_p 为干空气的定压质量比热，$C_p=1.0056$ kJ/(kg·℃)；0.278 为单位换算系数，

1 kJ/h=0.278 W；t_i 为冬季舍内计算温度，℃；t_o 为供暖舍外计算温度，℃；A_u 为畜禽舍地面面积，m^2；t_u 为畜禽舍地面温度，℃。

4.1.2 围护结构材料的选择

早期建造的小规模蛋鸡舍，外墙以实心黏土砖为主要围护结构材料，目前农村地区的小规模鸡舍开始出现砌块类墙体。规模化鸡舍外围护结构建筑材料主要有 3 类：墙体使用块材，屋面使用板材；墙体和屋面全部采用金属面绝热夹芯板；墙体和屋面全部采用非金属面绝热夹芯板。

4.1.2.1 蒸压加气混凝土砌块与实心黏土性能对比

蒸压加气混凝土砌块与实心黏土性能对比如表 4-1 所示。

表 4-1 蒸压加气混凝土砌块与实心黏土性能对比

材料	价格/(元/m^3)	表观密度/(kg/m^3)	导热系数/[W/(m·K)]	24 墙热阻/[(m^2·K)/W]
蒸压加气混凝土砌块	约 120	600	0.15	1.6
实心黏土砖	约 173	1 700～1 800	0.76～0.81	0.3～0.32

由表 4-1 可以看出，蒸压加气混凝土砌块的表观密度为 600 kg/m^3，约为黏土砖的 1/3。加气混凝土是多孔结构材料，孔隙率可以达到 70%～80%，因而其表观密度较低。我国现在生产的加气混凝土产品的表观密度一般为 500～700 kg/m^3，大大降低了建筑物的自重，也能降低基础造价。蒸压加气混凝土砌块的保温隔热性能优于实心黏土砖。蒸压加气混凝土砌块的导热系数为 0.15 W/(m·K)，实心黏土砖使用重砂浆砌筑时导热系数为 0.81 W/(m·K)，使用轻砂浆砌筑时导热系数为 0.76W/(m·K)，当墙体厚度同为 240 mm 时，蒸压加气混凝土砌块墙体的热阻为 1.6(m^2·K)/W，是黏土砖墙体的 5 倍。

厚度为 490 mm 的实心黏土砖墙体，材料层的热阻约为 1.6(m^2·K)/W，与 240 mm 厚的蒸压加气混凝土墙热阻相当。也就是说，当围护结构热阻相同时，选用加气混凝土材料可以使围护结构厚度降低，提高了蛋鸡舍的有效使用面积，与此同时还减轻了墙体的自重，使基础造价降低。砌块的施工性能优于黏土砖，以表 4-1 中密度为 600 kg/m^3、规格为 600 mm×24 0mm×120 mm 的蒸压加气混凝土砌块为例，1 块砌块的体积相当于 10 块黏土砖，而重量仅为 10.4 kg，相当于同体积黏土砖重量的 1/3，砌筑的速度和劳动强度比黏土砖明显降低，可节省建造时间和人工费用。加气混凝土砌块具有容易切割的特点，它能像木材一样锯、钉、钻、粘，这些特点为小规模鸡舍的门窗开洞提供了极大的便利，受到养殖户的青睐，加气混凝土砌块的生产原料和生产工艺还是环境友好型的。加气混凝土砌块能够以粉煤灰、矿渣、水泥窑灰等工业废弃物为原料，综合利用工业二次资源，有利于保护治理环境，弥补实心黏土砖浪费黏土资源的缺陷；生产砌块多使用蒸压或蒸养的养护工艺，与烧结砖相比，降低了生产能耗。蒸压加气混凝土砌块是我国推行最早，也是目前应用最为广泛的轻质墙体材料之一，在小规模鸡舍的墙体材料革新过程中，可根据当地情况选用蒸压加气混凝土砌块替代实心黏土砖。

4.1.2.2 蒸压加气混凝土砌块与泡沫混凝土砌块性能对比

国家标准《墙体材料术语》(GB/T18968—2003)将砌块定义为：建筑用的人造块材，外形多为直角六面体，也有各种异形的。根据砌块系列主规格的高度的不同将砌块分为小、中、大 3 类砌块。主规格高度 115～380 mm 的为小型砌块(简称：小砌块)；主规格高度 380～980 mm 的为中型砌块(简称：中砌块)；主规格高度＞980 mm 的为大型砌块(简称：大砌块)。

根据砌块的结构、密实程度及气孔的形态，将无孔洞或空心率＜25％的称为实心/密实砌块，空心率≥25％的称为空心砌块，原材料为多孔混凝土或多孔硅酸盐混凝土的称为多孔混凝土砌块。

使用砌块建设鸡舍的外墙时，砌体的裂缝是一个很普遍的技术问题。地基不均匀沉降、温度收缩、地基承载力不足、设计不当或设计构造处理不当都会引起砌体产生裂缝。裂缝影响鸡舍的整体密闭性，并且增加冷风渗透，因此不建议规模化密闭式鸡舍使用砌块墙体，开放式鸡舍对密闭性要求较低，推荐使用建筑砌块。

根据制成砌块的原材料不同，砌块又分为不同的种类，如蒸压加气混凝土砌块、泡沫混凝土砌块、粉煤灰砌块和石膏砌块等。本节将对蒸压加气混凝土砌块和泡沫混凝土砌块的性能进行对比(表 4-2)。泡沫混凝土比蒸压加气混凝土出现的时间晚，但两者都属于多孔混凝土；同时，两种砌块都具有良好的加工性，在砌块上既可以钉钉，也可以钻切打孔。

蒸压加气混凝土和泡沫混凝土的差异主要是由制取方法造成的。蒸压加气混凝土的气孔是利用化学方法由料浆内部产生气体，气孔以联通孔为主，而泡沫混凝土是通过物理方法将泡沫剂水溶液制备成泡沫，再将泡沫加入料浆中，气孔以封闭孔为主。

表 4-2 加气混凝土砌块和泡沫混凝土砌块性能对比

项目	表观密度/(kg/m^3)	导热系数/[W/(m·K)]	吸水率/%
蒸压加气混凝土砌块	500～800	0.18～0.14	＞45,20～25
泡沫混凝土砌块	300～450	0.065～1	8～12,2～5

家禽舍在使用过程中，经常会消毒冲洗，与水接触较多。由表 4-2 中数据可以得出，蒸压加气混凝土的吸水率在 4％以上，而泡沫混凝土通过调整闭孔率可以将砌块的吸水率降至 2％～5％，更适用于家禽舍。蒸压加气混凝土虽然吸水率高但是吸水慢，这个特点一方面使蒸压加气混凝土墙的粉刷比较困难，即使使用界面剂，粉刷层也容易出现空鼓、脱皮、裂纹等现象。泡沫混凝土能达到的密度和导热系数均小于蒸压加气混凝土，当用于非承重结构，泡沫混凝土建筑自重更低，保温隔热性能更好。以自保温墙体为例，北京地区蒸压加气混凝土价格为 200 元/m^3，加上砌筑费和运费，总成本不会低于 300 元/m^3。墙体现浇泡沫混凝土总成本为 130 元/m^3，如考虑其导热系数小，可减少保温材料用量，

则现浇泡沫混凝土的墙体造价还要更低。

4.1.2.3 不同金属面绝热夹芯板性能对比

装配式鸡舍建筑是我国新建、改建蛋鸡舍的主要建筑形式，以钢框架主体、彩钢保温板为外围护结构，新型压冷钢结构具有可循环利用、价格低且装配式建造快等优点。国家标准《建筑用金属面绝热夹芯板》(GB23932—2009)将由双金属面和黏结于两金属面之间的绝热芯材组成的自支撑复合板材定义为金属面绝热夹芯板。根据所用芯材不同，分为金属面聚苯乙烯夹芯板，金属面硬质聚氨酯夹芯板，金属面岩棉、矿渣棉夹芯板，金属面玻璃棉夹芯板。决定金属面夹芯板性能的主要因素是芯材。

调研中发现，河北、北京地区规模稍大的鸡舍屋顶多采用三角形轻钢屋架，金属面聚苯乙烯夹芯板作为覆盖材料，夹芯层的绝热材料种类单一。从芯材的性质来看，聚苯乙烯、聚氨酯属于有机材料，岩棉、矿渣棉、玻璃棉属于无机材料。目前，三棉制品(岩棉、矿渣棉、玻璃棉)在国内外普遍用于建筑绝热、吸声材料。泡沫塑料最大的缺点就是易燃，建筑防火性能差。模塑聚苯板也称膨胀聚苯板，简称 EPS，主要用于外墙外保温。EPS 分为阻燃型和普通型，建材行业标准要求 EPS 应为阻燃型。各夹芯板性能对比如表 4-3 所示。

表 4-3 各类夹芯板性能对比

性能	岩棉、矿渣棉、玻璃棉	PE 酚醛保温板	PU/PIR 聚氨酯	XPS 挤塑板	EPS 挤塑板
燃烧等级	A	B1	B1	B2/B1	B2
导热系数/[W/(m^2·℃)]	0.04～0.05	0.028～0.032	0.024～0.026	0.030～0.032	0.039～0.042
密度/(kg/m^3)	100～160	45～60	35～55	28～35	18～22
压缩强度/kPa	10～60	≥100	≥150	≥150	≥100
抗拉强度/kPa	横丝≥10，竖丝≥100	≥80	≥100	≥100	≥100
尺寸稳定性/%	差	≤2	≤3	≤2	≤3

1. 防火性能

由表 4-3 可以看出，岩棉、矿渣棉和玻璃棉的燃烧等级最高，防火性能最好。岩棉主要由熔融天然火成岩制成，矿渣棉是由熔融矿渣制成，玻璃棉是由熔融玻璃制成，这 3 种无机纤维类绝热材料燃烧等级可达到 A 级。聚氨酯和聚苯乙烯本身属可燃物质，燃烧时有火滴，并且产生浓烟与有毒气体。酚醛通过添加改性剂，燃烧等级可达到等效 A 级(B1 级)，着火时不容易滴落，但烟气依然有毒性。

2. 绝热性能

三棉制品内部纤维间的空隙形成了气流通道，使内外面层的热传导效应增加。

3. 容重

岩棉、矿渣棉的密度为 100～160 kg/m^3，约为酚醛的 3 倍，聚苯乙烯的 5 倍，自重较大为岩棉的施工带来了不便。如竖向安装经过几年后，由于自重问题会出现密度不均匀，板材变形。

4. 压缩强度

岩棉的压缩强度为10～60 kPa，明显低于其他材料。压缩强度小使岩棉在使用过程中(如运输、搬运、安装等)容易产生变形，甚至损坏。聚氨酯和挤塑板的压缩强度最大，可达到150 kPa以上，现场喷涂聚氨酯泡沫塑料使用温度高，压缩性能高，施工简便，较EPS板更适于屋面保温。酚醛泡沫塑料的各项性能和价格与聚氨酯相当，但是压缩性能较低。

5. 吸水性

岩棉多孔的结构使水分特别容易渗透到芯材，水分的侵入对岩棉夹芯板的损坏非常严重，吸水后岩棉的保温性能直线下降。玻璃棉制品吸水性强，但生产成本较高，所以玻璃棉在建筑保温上的应用比较少。挤塑聚苯乙烯泡沫塑料是具有闭孔结构的硬质泡沫塑料。在长期高湿度或浸水环境下，XPS挤塑板仍能保持其优良的保温性能，在各种常用保温材料中，是目前唯一能在7%相对湿度下2年后热阻保留率仍在80%以上的保温材料。EPS用于外墙和屋面保温时，一般不会产生明显的受潮问题。但当EPS挤塑板一侧长期处于高温高湿环境中，另一侧处于低温环境，并且被透水蒸气性不好的材料封闭时，或当屋面防水层失效后，EPS挤塑板可能严重受潮，从而导致其保温性能严重降低。

6. 抗腐蚀性能

三棉制品耐腐蚀，使用温度范围较宽。聚氨酯不能与强酸、强碱、有机溶剂等化学药品直接接触。岩棉的生产过程耗能非常大，污染严重，岩棉接触皮肤后，易导致过敏及刺痒感，岩棉易被吸入肺部，引发肺部感染。

4.1.2.4 夹芯板与混凝土制品热工性能对比

与砖和砌块相比，板材的明显优势是自重轻、安装快、施工效率高，同时可使建筑物的抗震性能提高，增加建筑物的使用面积，节省生产和使用能耗等。随着框架结构的日益增多，新型建筑板材在畜禽舍中的使用也获得了迅速发展。

屋面保温板主要有单层保温板和复合保温板两大类。常见的单层结构屋面保温板主要有珍珠岩保温板、加气混凝土板、矿渣棉保温板、挤塑聚苯板、聚氨酯保温板等。复合屋面保温板有结构复合式和功能复合式2种，结构复合式屋面保温板主要是各类夹芯板。对于同一种建筑材料，热惰性指标D与材料层厚度d是一次函数关系，即材料层越厚，热惰性指标越大。当围护结构的厚度相同时，材料的热惰性系数越大，热惰性指标越大。

选取《民用建筑热工设计规范》(GB50176—2016)附录4中无机纤维类绝热材料、无机多孔状绝热材料、泡沫塑料和轻骨料混凝土的热惰性系数进行计算。导热系数由小到大的顺序为：泡沫塑料、无机绝热材料、轻骨料混凝土，即泡沫塑料的保温性能最好，无机绝热材料次之，轻骨料混凝土制品的保温性能最差。密度在80～200 kg/m^{3}的三棉制品的热惰性系数最大，聚氯乙烯泡沫塑料、加气/泡沫混凝土次之，聚氨酯和聚苯乙烯的热惰性最差，即三棉制品隔热性能最好，大部分泡沫塑料的热惰性很差。

4.1.2.5 反射型保温绝热材料

建筑工程的保温隔热，目前普遍采用的是利用多孔保温材料和在围护结构中设置普通空气层。但是，这种措施只能阻断热的对流和传导，对热的辐射不起作用。在特定的场所中安装高反射性材料构成热传递绝热系统，能有效降低热辐射、热传导和热对流的发生。反射型保温隔热材料，目前主要有铝箔波形纸保温隔热板、反射型保温隔热卷材和玻璃棉制品铝箔复合材料 3 种。

1. 铝箔波形纸保温隔热板

铝箔波形纸保温隔热板，简称铝箔保温隔热板。它是以波形纸板作为基层、铝销作为面层(贴在复面纸上)经加工而成的。铝箔保温隔热板可以固定于钢筋混凝土屋面板下及木屋架下作为保温隔热天棚使用，或设置在复合墙中，如在两层砖墙中设置一层或多层铝箔保温隔热板及空气层。铝箔保温隔热板的优点是质量轻，施工简便，价格便宜，缺点是耐外力冲击能力差，易损坏破裂。

2. 反射型保温隔热卷材

反射型保温隔热卷材，又称反射型外护层保温卷材或镀铝膜玻璃纤维布复合材料，是指以玻璃纤维布为基材，表面经真空镀膜加工而成的一类镀铝膜玻璃纤维织物复合材料。可用作墙体、屋面的保温材料。

该制品的优点是：①节约有色金属，用铝量为铝箔复合材料的 1/750～1/300；②镀铝层不易氧化，因此反射性强。与铝箔保温隔热板相比，反射型保温隔热卷材以玻璃纤维布为材料，力学强度高于铝箔牛皮纸，但是抗外力冲击能力仍然较差，用于结构外表面时，容易受损破坏。

3. 玻璃棉制品铝箔复合材料

玻璃棉制品铝箔复合材料以中级或超细玻璃棉制品为基材，然后在外面包裹铝销牛皮纸、铝箔玻璃布，或是在铝销和牛皮纸之间夹玻璃纤维增强筋。建筑工程中主要用于高等级房屋建筑的隔热。此类制品的优点有热导率小、化学稳定性好、抗展、耐老化，防水防潮，阻燃效果好。

4.1.3 围护结构构造方案

装配式鸡舍建筑是我国新建、改建蛋鸡舍的主要建筑形式，以钢框架主体、彩钢保温板为外围护结构，新型压冷钢结构具有可循环利用、价格低且装配式建造快等优点。彩钢夹芯保温板是畜禽舍建筑的主要材料，彩钢夹芯保温板由内层到外层分别是 0.2 mm 底层彩钢压型板、隔汽层、保温层、防水透气层、0.2 mm 面层彩钢压型板(图 4-1)，面层彩钢压型板的颜色有浅色、中色、深色，不同颜色的面层彩钢压型板对太阳辐射吸收率不同，浅色、中色、深色面层彩钢压型板的太阳辐射吸收率分别为 0.25、0.50、0.75。在国家法律法规及标准规定的防火和节能要求下，保温材料种类会产生变化。

保温彩钢板的搭接方式有 4 种：简单企口式拼接、瓦楞板搭接式、瓦楞板盖帽式、暗扣隐蔽式搭接，如图 4-2 所示。图 4-2a 至图 4-2c 为目前金属面夹起板之间常见的搭接形式。钢材的导热性能良好，几乎不绝热，当外界温度高于舍内温度时，图中红色箭头表示热流的方向。彩钢夹芯板搭接的位置存在热工缺陷，易出现冷热桥。

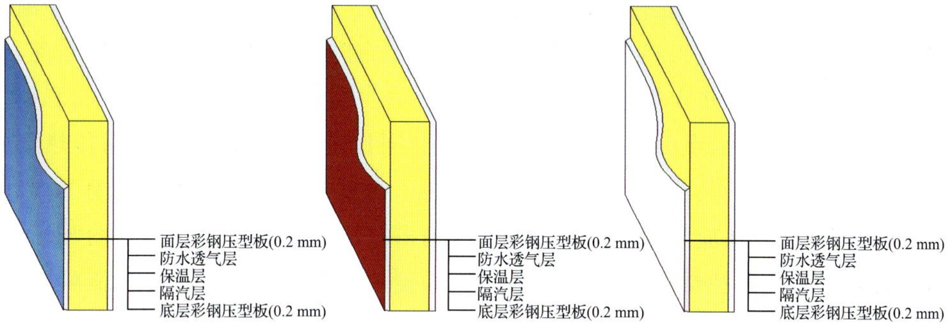

图 4-1　彩钢夹芯保温板结构示意图

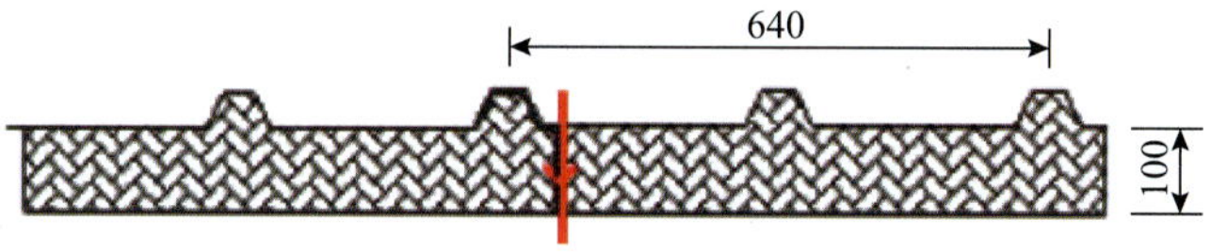

a. 简单企口式拼接

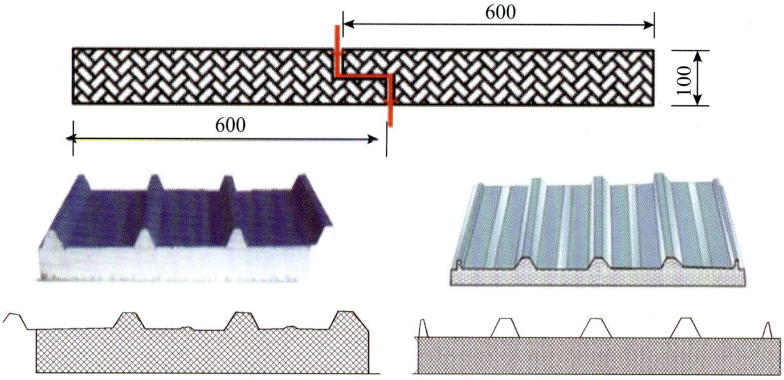

b. 瓦楞板搭接式　　c. 瓦楞板盖帽式

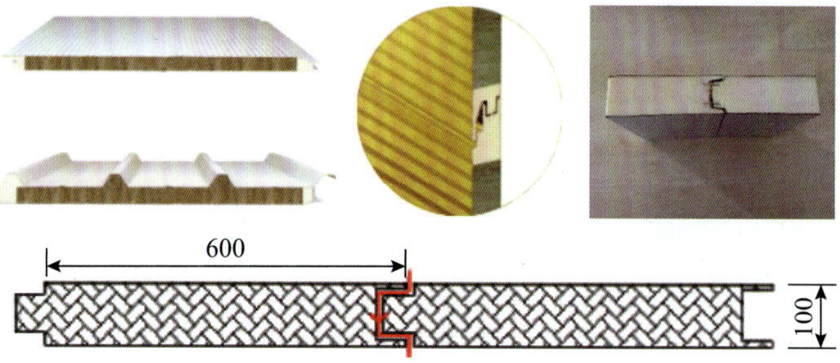

d. 暗扣隐蔽式搭接

图 4-2　保温彩钢板搭接示意图(单位:mm)

在炎热的夏季，利用红外成像仪测定简单企口式和暗扣隐蔽式搭接方式下，墙体与屋顶的交界处、屋顶彩钢板接缝处、墙体与地面基础交界处温度分布情况如图 4-3 所示。简单企口式与暗扣隐蔽式相比较，墙体、屋顶搭接处缝隙更严重。简单企口式彩钢板搭接缝隙处温度可达 40 ℃以上，缝隙四周平均温度 30 ℃左右，温差达 10 ℃以上，舍内环境平均温度27.5 ℃。由红外成像仪检测法判定密闭性标准可知，简单企口式彩钢板搭接接缝处存在漏风现象，密闭性能较差，暗扣隐蔽式较良好。部分热空气不经过蒸发降温湿帘而直接通过缝隙处渗透进入鸡舍内，致使鸡舍夏季湿帘降温纵向通风气流组织紊乱，舍内局部出现热应激现象。热空气密度较小，热气流上升且屋顶占鸡舍表面积较大，彩钢板表面与舍内环境温差较大，在太阳辐射和舍外气温共同作用下的鸡舍建筑辐射传热量成为鸡舍外围护结构主要的热源，不仅加剧了冷损耗量，而且在屋顶渗透风的作用下，造成鸡舍上部空间存在局部热应激现象。鸡舍围护结构搭接缝隙太大还存在另外的弊端，在缝隙及保温薄弱部位，围护结构内表面的温度较低，侵入鸡舍的热空气遇冷气流凝结成水，部分位置结露，而鸡舍粉尘浓度一般较高，结露位置易使得粉尘积聚，不仅缩短外围护结构的使用寿命，还会加剧细菌、病毒等的繁殖传播。

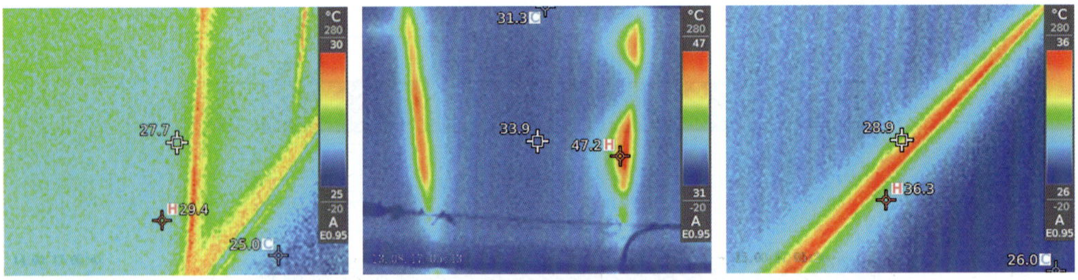

a. 企口式搭接墙体

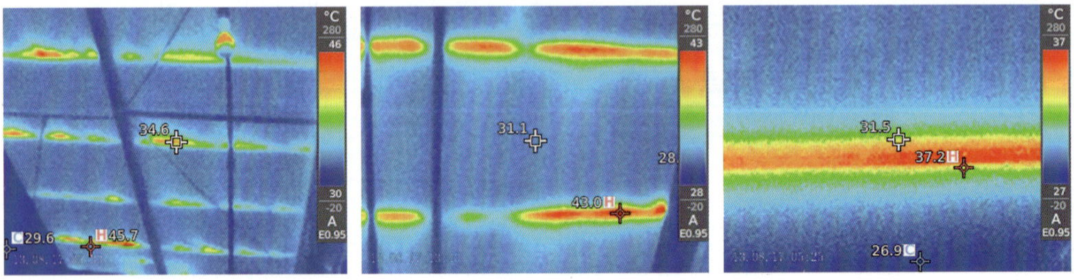

b. 企口式搭接屋顶

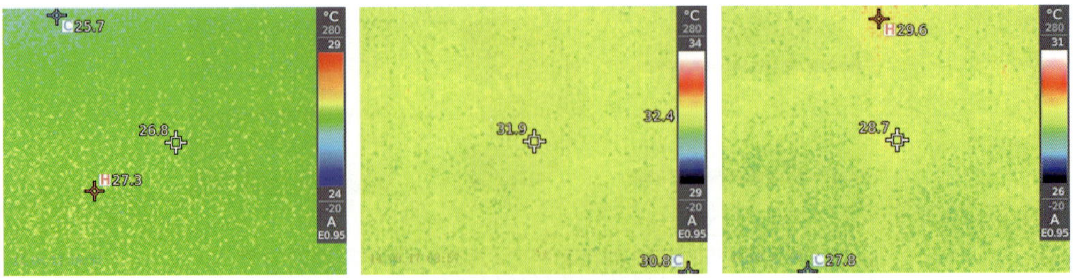

c. 暗扣隐蔽式搭接墙面

图 4-3　简单企口式和暗扣隐蔽式搭接鸡舍外围护结构红外热成像图

暗扣隐蔽式搭接(图4-4)为推荐的夹芯彩钢板搭接方式,夹芯板的面层为模板,板材的两侧都是凸出的榫头,榫头与榫头对接形成的空隙由木板填充,红色标识的路线为冷热风可能的传递路径之一,与其他搭接方式对比,其路径显著增长,阻力加大。

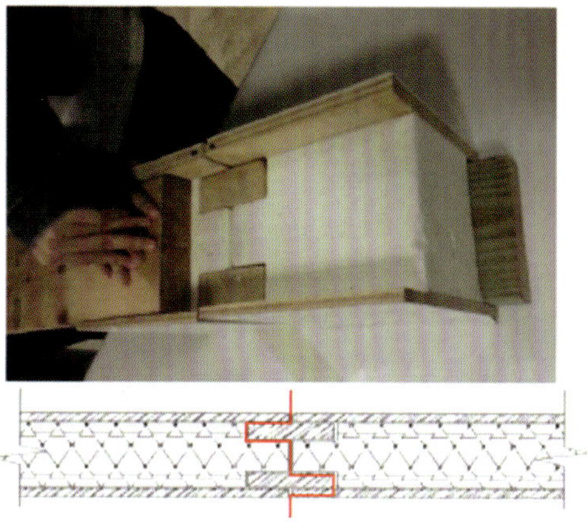

图4-4　暗扣隐蔽式搭接

4.2　不同地区禽舍围护结构的热阻

4.2.1　禽舍围护结构经济热阻的计算方法

禽舍建筑无空调期和采暖期,夏季通常采用湿帘蒸发降温系统降低舍内温度,冬季利用鸡群显热量或采暖系统保证舍内温度不低于下限值,且禽舍建筑表面积系数越大,太阳辐射热的影响越不能忽略,禽舍建筑内热环境随着家禽的日龄变化而变化。考虑到禽舍建筑制冷及采暖特性、辐射热影响及舍内温度变化需求等,有关学者提出等效度日数概念,同时考虑不同方向下太阳辐射热的影响,且湿帘蒸发降温系统主要为电能耗,禁止燃煤、环保压力下,采暖系统以天然气和电加热为主,将禽舍内温度转化为日龄或体重的函数。

鸡舍的等效度日数可以等效表示为:

$$\mathrm{DCDD}^* = \sum_{1}^{365} (t_s - t_i)\ (t_s \geqslant t_i)$$

$$\mathrm{DHDD}^* = \sum_{1}^{365} (t_i - t_s)\ (t_s \leqslant t_i)$$

式中:DCDD^* 和 DHDD^* 分别为等效降温和等效采暖度日数,℃·d;t_i 为舍内空气计算温度,℃;t_s为舍外空气综合温度,℃,其计算式为:

$$t_s = t_o + \Delta t$$

式中:Δt 为舍外空气综合温度与舍外温度的温差,对于水平面,$\Delta t = \rho J_t / \alpha_o - 3.5$;垂直面,$\Delta t = \rho J_t / \alpha_o$,其中 ρ 为围护结构对太阳辐射的吸收系数。

用 P_1-P_2 经济分析模型分析外围护结构厚度，P_1 为经济分析年限内耗能费用的现值因数，P_2 为使用年限内附加费用与初始投资的比值。外围护结构厚度的 P_1-P_2 经济分析模型表达式为：

$$P_1 = \sum_{j=1}^{N_e} \frac{(1+i)^{j-1}}{(1+d)^j} = \begin{cases} \frac{1}{(d-i)}\left[1-\left(\frac{1+i}{1+d}\right)^{N_e}\right] & (i \neq d) \\ \frac{N_e}{1+i} & (i = d) \end{cases}$$

$$P_2 = 1 + M_s P_1 - \frac{R_v}{(1+d)^{N_e}}$$

式中：P_1 为经济分析年限内耗能费用的现值因数；i 和 d 分别为燃料价格增长率和市场折现率，%；N_e 为分析年限及使用年限，年；P_2 为使用年限内附加费用与初始投资的比值；M_s 为维修或维护费用比；R_v 为再售价比。

单位面积保温层的成本为：

$$C_{ins} = C_i x + P_c$$

式中：C_{ins} 为单位面积的保温层成本价格，元/m^2；C_i 为保温层材料价格，元/m^3；P_c 为其他综合费用，元/m^2；x 为保温层厚度，m。

当不考虑其他影响因素（保温材料技术难度、施工）的作用，设计使用年限内禽舍建筑保温材料的成本与使用年限内能耗之和最小时的保温层厚度为最佳厚度。

以北京地区外围护结构材料外表面为浅色的鸡舍为例，6 种不同保温材料的价格对保温层厚度的影响见图 4-5。保温层厚度取决于保温材料的价格和保温材料的种类，保温层厚度与保温材料的价格间呈负相关关系，保温层厚度随着保温材料价格的提高而降低。由图 4-5 可以看出，随保温材料价格的变化，保温层厚度的变化为 0.06～0.21 m，使

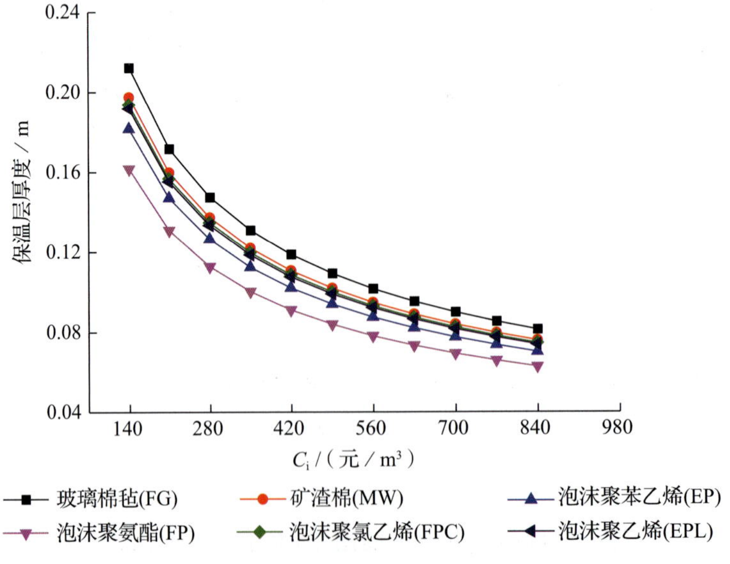

图 4-5　保温材料价格对其厚度的影响

用泡沫聚苯乙烯为保温材料时，当保温材料的价格由 140 元/m^2 提高到 700 元/m^2 时，保温层厚度从 0.18 m 减小到 0.07 m。

保温层厚度对鸡舍设计使用年限内总投资的影响如图 4-6 所示。由图 4-6 可知，玻璃棉毡保温材料和矿渣棉保温材料的设计使用年限内总投资最少，且均低于使用泡沫聚苯乙烯、泡沫聚氨酯、泡沫聚氯乙烯和泡沫聚乙烯为保温材料的总投资，说明选用玻璃棉毡和矿渣棉为保温材料比选用泡沫聚苯乙烯、泡沫聚氨酯、泡沫聚氯乙烯和泡沫聚乙烯为保温材料更经济。北京地区鸡舍建筑的外围护结构外表面颜色为浅色，选用玻璃棉毡、矿渣棉、泡沫聚苯乙烯、泡沫聚氨酯、泡沫聚氯乙烯、泡沫聚乙烯为保温材料时，保温层厚度分别为 0.20、0.19、0.13、0.09、0.09 和 0.19 m。由图 4-6 还可以看出，鸡舍设计使用年限内总投资先随保温材料厚度的增加急剧降低，然后呈逐渐增加的趋势。鸡舍设计使用年限内总投资最小时的保温材料厚度即为最优保温层厚度，Ekici 等也对保温材料厚度对设计使用年限内总投资的影响进行了研究，其研究也表明生命周期总投资在保温材料厚度达到最优后会呈逐渐增加的趋势。保温材料厚度达到最优厚度后，保温材料的投入成本增加到大于燃料成本的降低是设计使用年限内总投资随保温层厚度的增加而增加的原因。

部分地区保温层厚度对鸡舍建筑净现值的影响如图 4-7 所示。由图 4-7 可知，随保温层厚度的增加，净现值呈迅速增加的趋势，当保温材料厚度达到最优保温层厚度后，净现值达到最大值而逐渐趋于平稳。研究结果表明，当选用玻璃棉毡、矿渣棉、泡沫聚苯乙烯、泡沫聚氨酯、泡沫聚氯乙烯、泡沫聚乙烯为保温材料时，鸡舍建筑净现值的变化分别为 905.5、917.5、901.0、886.0、844.1 和 918.1 元/m^2。Ekici 等和 Bolattürk 研究也表明不同保温材料的净现值达到最大时，保温材料厚度受不同材料的影响。

保温层厚度对鸡舍回收周期的影响如图 4-8 所示。由图 4-8 可知，采用玻璃棉毡保温材料和矿渣棉保温材料的回收周期比采用泡沫聚氯乙烯保温材料的回收周期短。Yu 等研究 4 个典型城市 5 种保温材料建筑墙体的最佳保温层厚度，结果表明，因净现值高、回收周期短的优势，泡沫聚苯乙烯是最经济的保温材料。当鸡舍的外围护结构材料外表面颜色为浅色时，使用玻璃棉毡、矿渣棉、泡沫聚苯乙烯、泡沫聚氨酯、泡沫聚氯乙烯、泡沫聚乙烯为保温材料，哈尔滨、北京、重庆、广州地区的回收周期变化分别为 0.9～2.4 年、1.9～5.1 年、4.2～12.2 年和 3.5～9.8 年。Daouas 研究生命周期为 30 年的 Tunisian 建筑回收周期，结果表明，在最优保温层厚度为 0.1 m 时，投资回收周期最短为 3.3 年。Liu 等的研究表明，使用保温材料达到最优厚度时，投资回收周期年限的变化为 1.9～2.6 年，且可节约投资 116.2～199.5 元/m^2。以泡沫聚氯乙烯作为保温材料时，哈尔滨、北京、重庆和广州地区的回收期分别为 1.7 年、3.0 年、5.7 年和 5.0 年；最佳保温层厚度分别为 0.11、0.08、0.05 和0.06 m。不同保温材料的回收周期长短取决于保温材料的厚度和保温材料的性质，Ekici 等的研究表明，回收周期的变化也取决于不同城市的气候、建筑墙体类型和使用的保温材料间差异等。

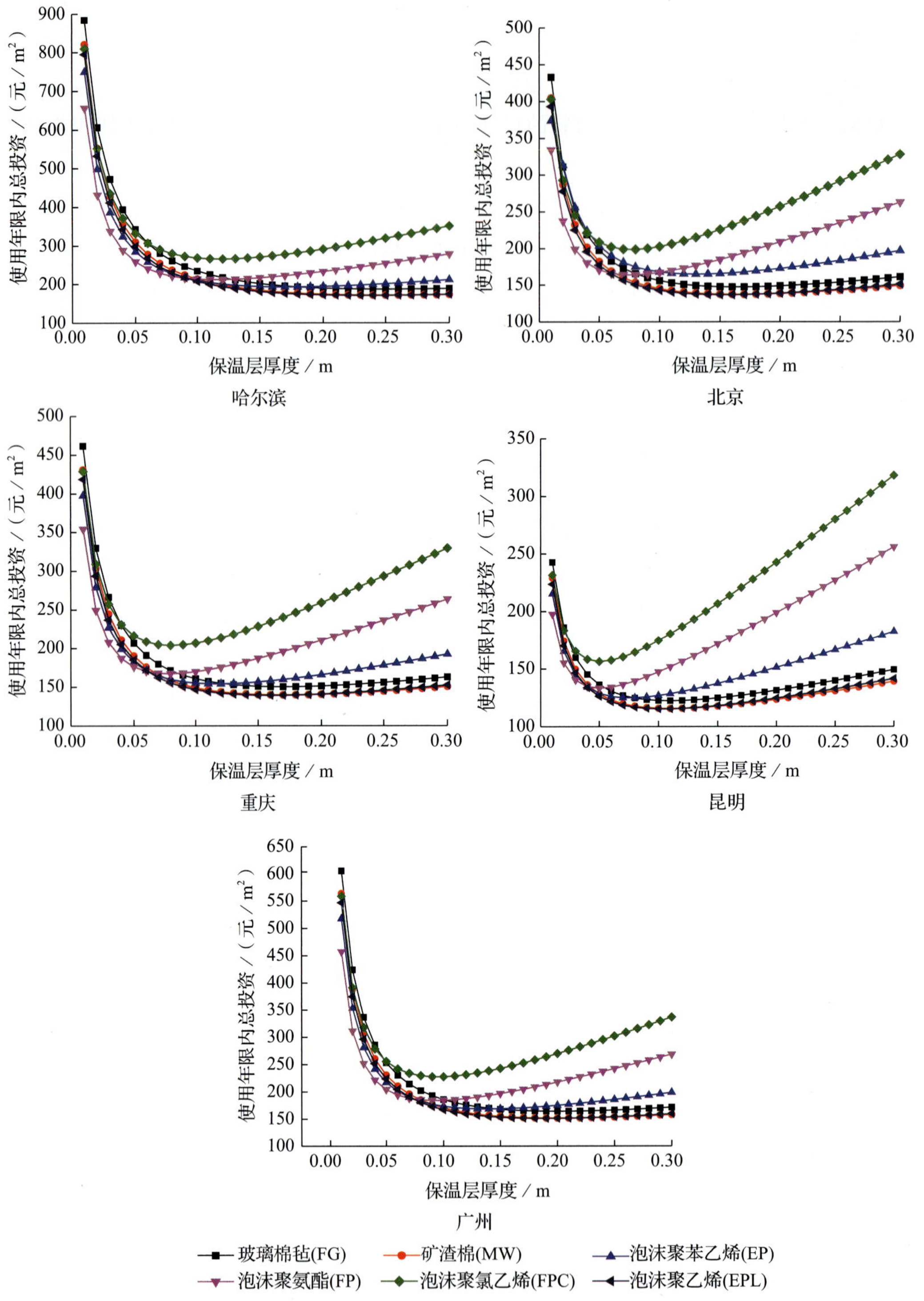

图 4-6　保温层厚度对鸡舍设计使用年限内总投资的影响

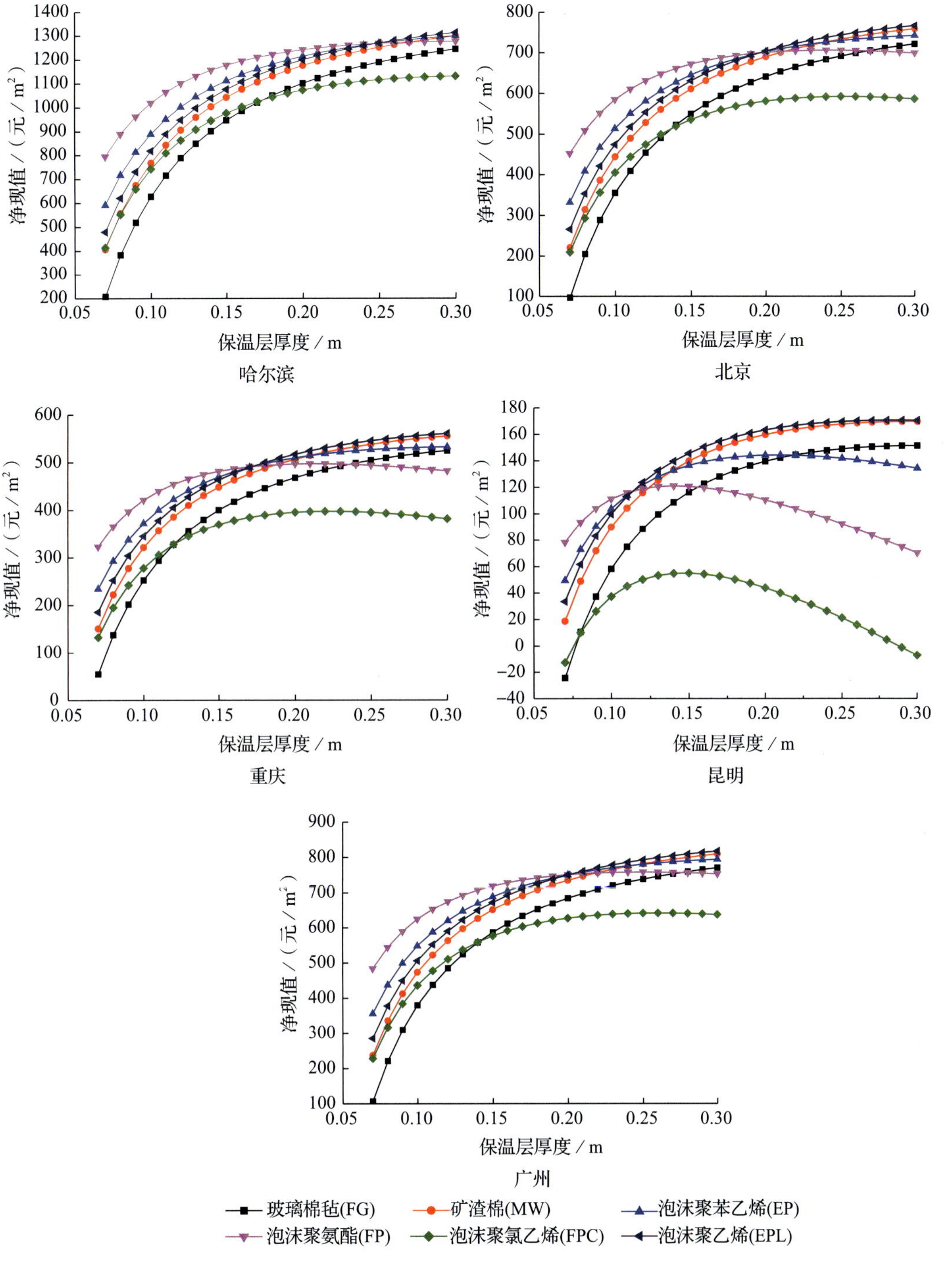

图 4-7 部分地区保温层厚度对鸡舍建筑净现值的影响

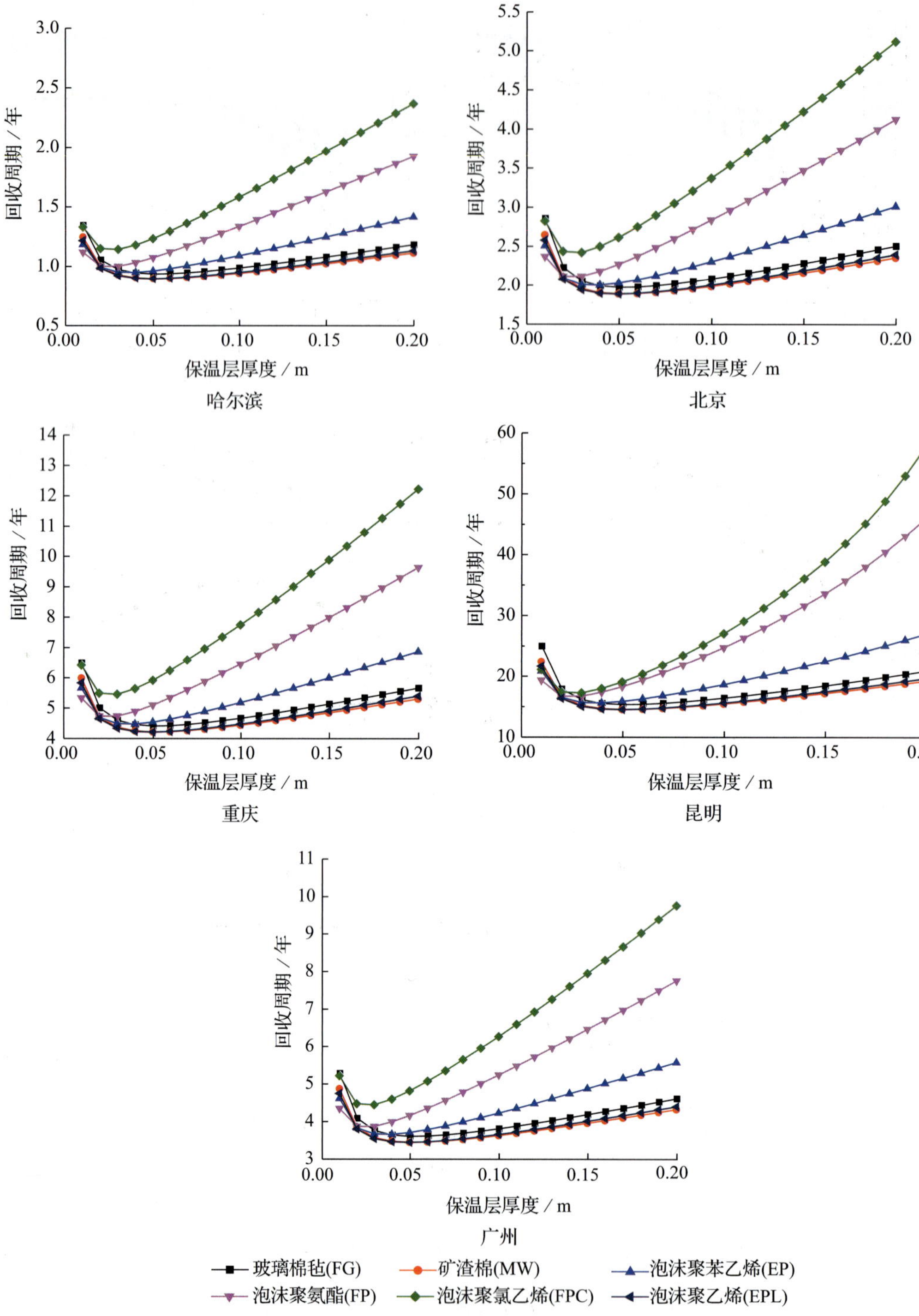

图 4-8 保温层厚度对鸡舍回收周期的影响

4.2.2 不同气候区蛋鸡舍围护结构最小热阻要求

禽舍各部分围护结构换热的热损耗多少与禽舍建筑材料的热阻有直接关系，在实际生产过程中，在禽舍室内外温差波动的作用下，满足围护结构内表面不结露和防止内表面温度过低是保证禽舍内小环境稳定的前提，内表面结露可导致耗热量增大和易使围护结构损坏等，内表面温度过低将会对畜禽产生不良的冷辐射作用，因此，应根据不同气候地区保温要求，合理选择禽舍建筑保温材料，满足最小热阻要求。

有学者将我国畜禽舍所处气候区分为3个区域(寒冷区＜－10 ℃、温暖区－10～0 ℃、炎热区＞0 ℃)，并根据日本不同气候区的热阻值，给出了我国3个区域的最小热阻值。或者根据美国大荷兰人公司的资料介绍，根据1月份平均气温，得出了3个区域(＜－10 ℃、－10～0 ℃、＞0 ℃)围护结构冬季低限热阻值以及美国各个气候区域中鸡舍围护结构材料的选用，并将我国鸡舍建筑分为五大气候区域，为蛋鸡舍外围护结构的选择及鸡舍构造改造提供了参考依据。但我国气候类型多样，禽舍建筑类型也呈现多样化，禽舍内微环境很容易受外界气候条件的影响。禽舍建筑在相同气候区域内的不同地区，冬季室外计算温度不同且温度差别较大(表4-4)，但是相同气候区域内温度不同的地区具有相同的最低热阻值，容易造成禽舍建筑材料选择不合理，不利于节约建筑材料以及降低成本；禽舍冬季舍外计算温度采用建筑热工设计参数规定的不同地区围护结构冬季采暖室外计算温度，更利于实现舍内外温差波动较大时，禽舍内微环境的相对稳定。

表4-4 部分城市围护结构冬季室外计算温度 ℃

城市	Ⅰ型	Ⅱ型	Ⅲ型	Ⅳ型
北京	－9	－12	－14	－16
天津	－9	－11	－12	－13
石家庄	－8	－12	－14	－17
太原	－12	－14	－16	－18
沈阳	－19	－21	－23	－25
长春	－23	－26	－28	－30
哈尔滨	－26	－29	－31	－33
上海	－2	－4	－6	－7
南京	－3	－5	－7	－9
杭州	－1	－3	－5	－6
合肥	－3	－7	－10	－13
南昌	0	－2	－4	－6
济南	－7	－10	－12	－14
郑州	－5	－7	－10	－11
武汉	－2	－6	－8	－11

续表 4-4

城市	Ⅰ型	Ⅱ型	Ⅲ型	Ⅳ型
长沙	0	−3	−5	−7
贵阳	−1	−2	−4	−6
拉萨	−6	−8	−9	−10
西安	−5	−8	−10	−12
兰州	−11	−13	−15	−16
西宁	−13	−16	−18	−20
银川	−15	−18	−21	−23
乌鲁木齐	−22	−26	−30	−33
呼和浩特	−19	−21	−23	−25

根据《实用供热空调设计手册》和《民用建筑热工设计规范》(GB 50176—2016)提出的建筑热工分区及设计要求，外围护结构最小热阻不仅与不同气候区的温度有关，而且与围护结构类型密切相关，应考虑围护结构材料的热惰性指标，中国根据热惰性将外围护结构分为Ⅰ、Ⅱ、Ⅲ、Ⅳ型4类($\sum D>6.0$为Ⅰ型、$\sum D=4.1\sim6.0$为Ⅱ型、$\sum D=1.6\sim4.0$为Ⅲ型、$\sum D\leqslant1.5$为Ⅳ型)。在综合考虑禽舍冬季保温、通风、防止外围护结构内表面结露的要求下，不同地区、不同类型围护结构禽舍建筑设计时需满足的最小热阻，部分城市围护结构冬季室外计算温度如表4-4所示，禽舍外围护结构冬季最低热阻值如表4-5所示。

表 4-5　不同地区禽舍外围护结构冬季最低热阻值　　$(m^2\cdot ℃)/W$

城市名称	Ⅰ型		Ⅱ型		Ⅲ型		Ⅳ型	
	墙体	屋顶	墙体	屋顶	墙体	屋顶	墙体	屋顶
北京	0.450	0.563	0.512	0.639	0.552	0.691	0.593	0.742
天津	0.450	0.563	0.493	0.614	0.512	0.639	0.532	0.665
石家庄	0.430	0.537	0.512	0.640	0.552	0.691	0.614	0.767
太原	0.512	0.639	0.552	0.691	0.593	0.742	0.634	0.793
沈阳	0.655	0.818	0.696	0.870	0.737	0.921	0.778	0.972
长春	0.737	0.921	0.798	0.998	0.839	1.049	0.880	1.100
哈尔滨	0.798	0.998	0.859	1.074	0.900	1.125	0.941	1.177
上海	0.307	0.384	0.348	0.435	0.389	0.486	0.409	0.512
南京	0.327	0.409	0.368	0.460	0.409	0.512	0.450	0.563
杭州	0.286	0.358	0.327	0.409	0.368	0.460	0.389	0.486
合肥	0.327	0.409	0.409	0.512	0.470	0.588	0.532	0.665
南昌	0.266	0.333	0.307	0.384	0.348	0.435	0.389	0.486
济南	0.409	0.512	0.470	0.588	0.512	0.639	0.552	0.691

续表 4-5

城市名称	Ⅰ型		Ⅱ型		Ⅲ型		Ⅳ型	
	墙体	屋顶	墙体	屋顶	墙体	屋顶	墙体	屋顶
郑州	0.368	0.460	0.409	0.512	0.470	0.588	0.493	0.614
武汉	0.307	0.384	0.389	0.486	0.430	0.537	0.493	0.614
长沙	0.266	0.333	0.327	0.409	0.368	0.460	0.409	0.512
贵阳	0.286	0.358	0.307	0.384	0.348	0.435	0.389	0.486
拉萨	0.389	0.486	0.430	0.537	0.450	0.563	0.470	0.588
西安	0.368	0.460	0.430	0.537	0.470	0.588	0.512	0.639
兰州	0.493	0.614	0.532	0.665	0.573	0.716	0.593	0.742
西宁	0.532	0.665	0.593	0.742	0.634	0.793	0.675	0.844
银川	0.573	0.716	0.634	0.793	0.696	0.870	0.737	0.921
乌鲁木齐	0.716	0.895	0.798	0.998	0.880	1.100	0.941	1.177
呼和浩特	0.655	0.818	0.696	0.870	0.737	0.921	0.778	0.972

4.2.3 不同气候区禽舍围护结构保温性能

禽舍围护结构的保温隔热性能影响禽舍内微环境，然而禽舍内微环境的稳定性是提高家禽健康及生产性能的关键因素，密闭式禽舍围护结构的保温性是维持禽舍温度稳定的前提。不同气候地区，不同饲养方式对禽舍建筑设计围护结构的保温要求不同。无采暖供热系统的禽舍建筑设计选用适宜密度、厚度的围护结构材料及家禽群饲养方式（饲养密度），控制禽舍动态热平衡，能为家禽提供稳定的小环境。根据不同气候地区的围护结构室外设计温度参数和维持舍内 13 ℃的正常生产最低气温需求，王阳等明确提出了中国不同气候地区禽舍建筑外围护结构应满足的最低热阻参数取值，实现禽舍内温度下限不低于13 ℃，而且可以降低生产成本，减少建筑围护结构材料的浪费。

我国绝大多数家禽采用全程笼养工艺模式，主要有全阶梯笼养（3 层）、半阶梯笼养（4 层）和叠层笼养（4 层、6 层、8 层）等集约化饲养方式，且不同饲养方式的饲养密度分别为 16、22、28、48、60 只/m^2。传送带干清粪禽舍实现舍内气温不低于 13 ℃，不同气候地区不同饲养方式禽舍建筑设计时外围护结构需满足的热阻值，为了更好地设计禽舍建筑，不同气候地区不同饲养方式下，舍外设计计算温度取一定年限内（20～30 年）累年年最低温度的平均值温度，禽舍建筑设计时外围护结构需满足的热阻值见表 4-6。

在实际生产中，家禽的死淘率在低温季节和产蛋期较高。不同饲养方式下家禽死淘率不同，死淘率导致家禽饲养密度降低，禽舍冬季保温性能需提高才能控制舍内温度不低于 13 ℃。全阶梯笼养（3 层）、半阶梯笼养（4 层）和叠层笼养（4 层、6 层、8 层）等集约化饲养方式的饲养密度每降低 1 只/m^2，家禽死淘后根据家禽群饲养密度改变禽舍冬季通风量，3 层全阶梯笼养、4 层半阶梯笼养、4 层叠层笼养禽舍已无法维持热平衡状态，冬季室外计算温度高于原室外计算温度 0.5 ℃的地区可满足禽舍动态热平衡;6 层叠层笼养、8 层叠层笼养通过改变通风量基本可以维持禽舍原有动态热平衡。在 6 层叠层笼养、8 层叠层笼养的饲养方式下,家禽群饲养密度较大,死淘率导致饲养密度减小,但及时调节禽舍通风量,也可以维持禽舍动态热平衡。

表 4-6 不同气候地区家禽不同饲养方式与外围护结构热阻的关系 (m^2·℃)/W

计算温度/℃	3 层全阶梯笼养		4 层半阶梯笼养		4 层叠层笼养		6 层叠层笼养		8 层叠层笼养	
	墙体	屋顶	墙体	屋顶	墙体	屋顶	墙体	屋顶	墙体	屋顶
0	0.99	1.23	0.70	0.88	0.55	0.68	0.31	0.39	0.25	0.31
−1	1.21	1.52	0.79	0.99	0.61	0.77	0.35	0.44	0.28	0.35
−2	1.36	1.70	0.88	1.11	0.69	0.86	0.39	0.49	0.31	0.39
−3	1.53	1.91	0.99	1.23	0.76	0.95	0.44	0.54	0.35	0.43
−4	1.70	2.13	1.10	1.37	0.85	1.06	0.48	0.60	0.38	0.48
−5	1.90	2.38	1.22	1.53	0.94	1.18	0.54	0.67	0.42	0.53
−6	2.13	2.66	1.36	1.70	1.05	1.31	0.59	0.74	0.47	0.59
−7	2.37	2.97	1.51	1.89	1.16	1.45	0.65	0.82	0.52	0.65
−8	2.66	3.32	1.68	2.11	1.29	1.61	0.72	0.91	0.57	0.72
−9	2.98	3.70	1.88	2.35	1.43	1.79	0.80	1.00	0.63	0.79
−10	3.35	4.18	2.10	2.62	1.60	1.99	0.89	1.11	0.70	0.88
−11	3.78	4.72	2.35	2.94	1.78	2.23	0.99	1.23	0.78	0.97
−12	4.28	5.35	2.64	3.30	1.99	2.49	1.10	1.37	0.86	1.08
−13	4.88	6.11	2.98	3.73	2.24	2.80	1.22	1.53	0.96	1.20
−14	5.62	7.02	3.39	4.43	2.53	3.16	1.37	1.71	1.07	1.34
−15	—	—	3.88	4.85	2.87	3.59	1.54	1.93	1.21	1.51
−16	—	—	4.48	5.61	3.29	4.12	1.75	2.18	1.36	1.70
−17	—	—	5.25	6.56	3.81	4.76	1.99	2.49	1.55	1.94
−18	—	—	—	—	4.47	5.59	2.30	2.87	1.78	2.22
−19	—	—	—	—	5.33	6.66	2.68	3.35	2.06	2.58
−20	—	—	—	—	—	—	3.17	3.96	2.42	3.03
−21	—	—	—	—	—	—	3.84	4.80	2.91	3.64
−22	—	—	—	—	—	—	4.79	5.99	3.58	4.48
−23	—	—	—	—	—	—	—	—	4.59	5.73
−24	—	—	—	—	—	—	—	—	—	—

不同气候地区、不同饲养方式禽舍建筑设计时，考虑家禽的死淘率合理提高禽舍保温性能更利于控制冬季舍内温差。全阶梯笼养(3 层)、半阶梯笼养(4 层)和叠层笼养(4 层、6 层、8 层)等集约化饲养方式的饲养密度每降低 1 只/m^2，不同饲养方式对禽舍围护结构保温性能的改善要求不同，具体结果见表 4-7。

表 4-7　不同饲养方式下饲养密度降低 1 只/m^2 对围护结构保温性能的影响　　%

计算温度/℃	不同饲养方式围护结构热阻增加比例				
	3 层全阶梯笼养	4 层半阶梯笼养	4 层叠层笼养	6 层叠层笼养	8 层叠层笼养
0～－5	4	10	7	4	3
－5～－10	10	13	10	5	4
－10～－14	20	21	15	7	5
－15～－17	—	30	27	14	10
－17～－19	—	—	27	14	10
－20～－22	—	—	—	21	20
－22～－23	—	—	—	—	20

2015 年 1 月 17—24 日在河北邯郸永年区华裕种鸡示范场进行了上述密闭式蛋鸡舍冬季热平衡系统模型验证试验，鸡舍建筑外围护结构参数取值参照《民用建筑热工设计规范》(GB 50176—2016)，墙体、屋顶、地面的总热阻分别为 0.64、1.25 和 0.47(m^2・K)/W；按照热惰性指标为 D，试验鸡舍围护结构的热惰性指标 $D=4.841$ 为Ⅱ型($\sum D=4.1\sim6.0$ 为Ⅱ型)，试验鸡舍建筑满足最小热阻值要求。蛋鸡舍室外平均温度为 －3.7 ℃，湿度为 48.9%，测得蛋鸡舍内通风量为 0.42 m^3/(h・只)。根据蛋鸡舍热平衡系统模型理论，得出试验场区蛋鸡舍在未考虑冷风渗透、侵入所造成热量损失时，理论条件下蛋鸡舍内温度为 13.9 ℃，试验测得温热环境参数变化结果如图 4-9 所示，蛋鸡舍内温热环境参数随舍外环境变化波动较小，蛋鸡舍内平均温度为 13.0 ℃，舍内 NH_3、CO_2 浓度均在标准范围内。试验测得蛋鸡舍内温度略低于理论温度，其原因可能是试验蛋鸡舍饲养密度略低且冷风渗透、侵入造成部分热量损失。

蛋鸡舍实际生产应用中，冷风渗透不仅造成热损耗，而且影响舍内温度场分布和气流组织。蛋鸡舍建筑缝隙面积相同的情况下，鸡舍内外不同压差形成的冷风渗透量不同，造成的热损失也不同；蛋鸡舍不同建筑外围护结构材料搭接方式不同，则形成的冷风渗透量也不同。本文研究分析中将不同气候地区蛋鸡舍建筑视为密闭性强，未考虑不同压差、缝隙下造成的冷风渗透问题，但是试验表明，蛋鸡舍冷风渗透、侵入等造成热量损失，使蛋鸡舍内实际温度低于理论计算温度，温差小于 1 ℃，更完善的分析有待于下一步实验继续研究。

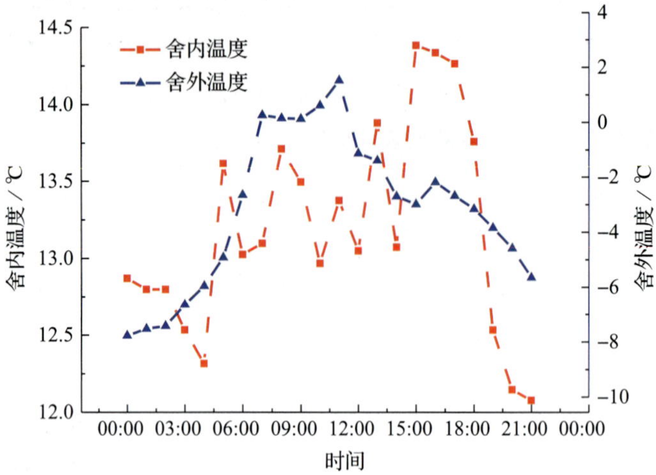

温度变化

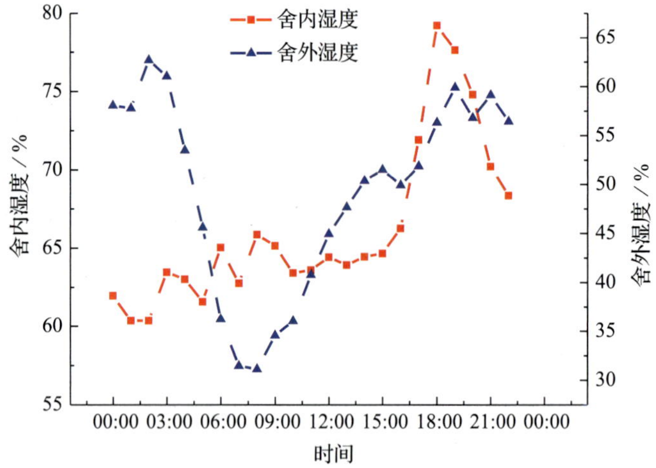

相对湿度变化

图 4-9　试验蛋鸡舍内外温度、相对湿度变化

4.3　装配式禽舍板材搭接气密性控制

4.3.1　禽舍的负压通风特点与围护结构的气密性关系

建筑物的气密性通常以通过外围护结构缝隙的空气量表示，畜禽舍建筑的气密性对舍内微环境影响极大，气密性对舍内热湿环境、污染物浓度分布、压差及环境调控能耗等均有影响。我国新建、改建畜禽舍建筑大多采用装配式结构，以钢框架主体和夹心彩钢保温板为外围护结构。装配式畜禽舍建筑保温板材不同搭接方式下，外围护结构（屋面板、墙板）存在不同程度的缝隙，舍内外压差作用下空气通过搭接缝隙流入舍内，渗透风直接影响舍内局部气流、冬季保温和夏季降温效率，致使舍内气流组织不均匀，局部冷、热应激严重，影响畜禽的健康、生产性能、抗病能力和饲料转化率等。

畜禽养殖生产中，畜禽舍建筑外围护结构（屋面板、墙板）在搭接处存在不同程度的缝隙，致使装配式畜禽舍建筑密闭性差。夏季最有效的降温是空气按设定的山墙湿帘或纵墙湿帘路径进入畜禽舍，若畜禽舍密闭性差，致使部分热空气从畜禽舍围护结构缝隙处而不经过湿帘直接进入舍内，外界热空气侵入降低降温效果，导致舍内气流组织不均，且降低风冷效应，致使畜禽舍湿帘端与风机端温差大、局部热应激严重。冬季时，禽舍一般采用侧墙小窗进风，且禽舍一般无采暖系统，靠鸡群的产热量维持舍内热环境，空气通过外围护结构缝隙渗透进入舍内，会形成“贼风”。特别是北方严寒地区，会明显增大通风耗热量，致使舍内温度偏低，且“贼风”下舍内局部低温高速气流会促使畜禽大量散热，引起畜禽冻伤、关节炎症及感冒等疾病，提高畜禽舍密闭性能以减少“无组织通风”，且保证新鲜空气经侧墙送风口以一定速度和温度射向舍内，进入舍内冷气流与舍内热空气充分混合后再到达饲养层，可避免冷空气直吹畜禽造成冷应激。

4.3.2 装配式禽舍围护结构板材搭接方式的影响

基于农业设施通风设备性能测试平台维持外围护结构内外侧压差，可确定外围护结构保温板材不同搭接方式下空气流动的阻力特性，及装配式畜禽舍建筑保温板材的搭接方式、保温材料、厚度、搭接密封方式对气密性的影响，并确定其气密性参数指标，可对装配式畜禽舍建筑外围护结构保温板材搭接方式的选择及密封设计提出建议。

4.3.2.1 保温彩钢板搭接方式对气密性的影响

简单企口式拼接、瓦楞板搭接式、瓦楞板盖帽式、暗扣隐蔽式搭接4种搭接形式下压差与渗透风量间关系如图4-10所示。由图可知，在相同压差下，简单企口式拼接的渗风量最大，且每种搭接形式下的渗透风量不同，压差分别为5、10、15、20、25、30、35、40、45、50 Pa时，简单企口式拼接的渗透风量比瓦楞板搭接式高11.4、18.8、50.2、60.5、69.0、112.3、108.9、124.1、136.7、128.0 m^3/h，比瓦楞板盖帽式高18.7、29.1、57.0、70.3、66.4、88.9、123.1、112.9、148.3、133.6 m^3/h；相比外围护结构为简单企口式拼接的畜禽舍建筑，舍内压差25～30 Pa，选用瓦楞板搭接式、瓦楞板盖帽式搭接板材的畜禽舍，围护结构的渗透风量可降低37.1%～47.7%、35.5%～37.4%。

图4-10显示了保温彩钢板不同搭接方式对渗透风量的影响。由图4-10可知，渗透风量随压差的增大而增大，但暗扣隐蔽式搭接在任何压差下均未检测到渗透风量，其原因为暗扣隐蔽式搭接一般以聚氨酯或岩棉为保温材料，加聚氨酯封边，采用隐蔽式螺钉连接，板材搭接极为紧密；而且，测试采用的风速仪精度为0.1 m/s，暗扣隐蔽式搭接处缝隙的风速难以测试到数值。试验过程中对暗扣隐蔽式板材的搭接处进行肥皂泡及红外成像仪检测，未检测到气泡及温差。简单企口式拼接下渗透风量与瓦楞板搭接式、瓦楞板盖帽式两种搭接方式下的渗透风量具有显著差异（$P<0.05$），瓦楞板搭接式与瓦楞板盖帽式搭接下渗风量无显著差异（$P<0.05$）。

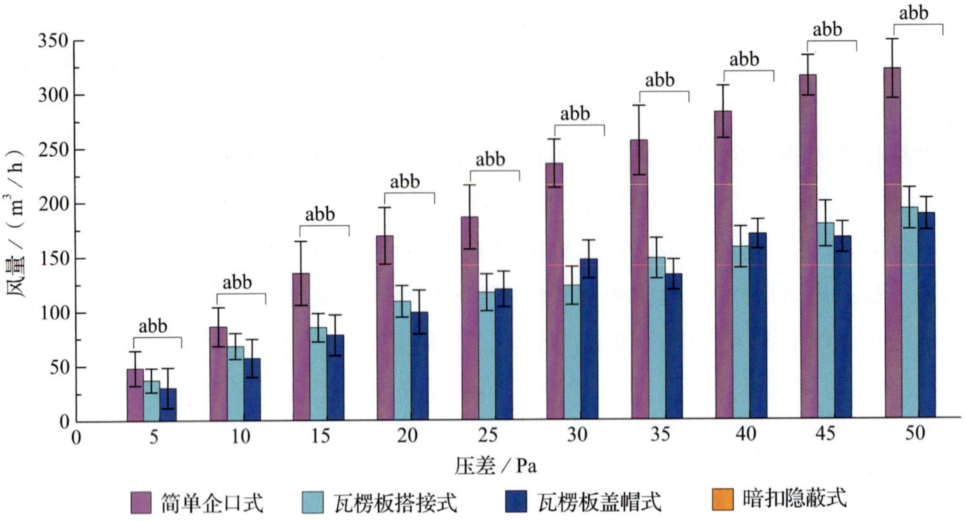

图 4-10　保温彩钢板不同搭接方式对渗透风量的影响

注：标注相同小写字母表示差异不显著($P>0.05$)；标注不同小写字母表示差异显著($P<0.05$)

4.3.2.2　保温彩钢板保温材料类型及搭接厚度对气密性的影响

保温彩钢板保温材料类型及厚度与渗透风量间的关系如图 4-11 所示。从图 4-11 可以看出，在 5～50 Pa 压差时，简单企口式拼接彩钢板搭接缝隙间的渗透风量随压差的增大而逐渐增大，压差每增大 5 Pa，搭接缝隙渗透风量增大 6.2～49.7 m^3/h；岩棉、聚氨酯 2 种保温材料下的渗透风量分别为(203.2±94.5)、(205.6±97.2)m^3/h。保温材料类型影响建筑使用年限内的总成本、净现值及回收周期等相关参数，可通过等效度日数方法估算禽舍建筑能耗需求，并对不同气候区建筑围护结构常用的玻璃棉毡、矿渣棉、泡沫聚苯乙烯、泡沫聚氨酯、泡沫聚氯乙烯和泡沫聚乙烯 6 种保温材料的选择提出建议。彩钢板保温

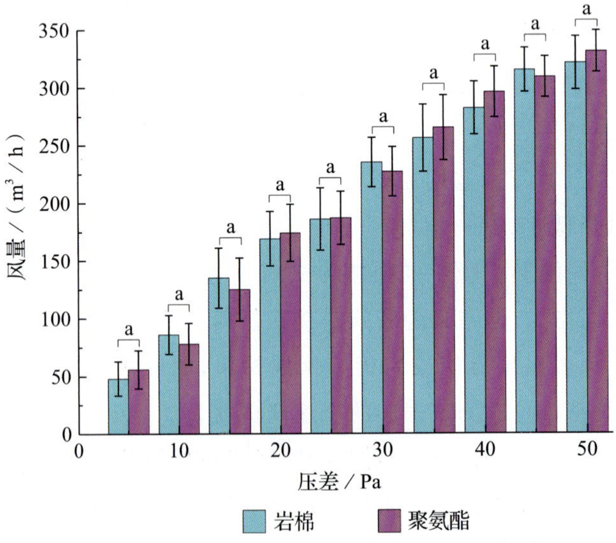

图 4-11　保温彩钢板保温材料类型对渗透风量影响

注：标注相同小写字母表示差异不显著($P>0.05$)；标注不同小写字母表示差异显著($P<0.05$)

材料类型对渗透风量影响的试验结果表明，岩棉、聚氨酯 2 种保温材料下的渗透风量没有显著差异($P>0.05$)，即保温彩钢板搭接缝隙间的渗透风量不受其保温材料类型的影响。

不同压差下，保温彩钢板保温材料厚度即搭接厚度对渗透风量的影响如图 4-12 所示，彩钢板保温材料不同厚度下缝隙的渗透风量也随压差的增大而逐渐增大。压差 5～40 Pa 时，保温材料厚度对简单企口式、瓦楞板盖帽式搭接缝隙的渗透风量没有显著影响($P>0.05$)；压差 45～50 Pa 时，50、75、100 mm 厚度下简单企口式搭接彩钢板缝隙的渗透风量间具有显著差异($P<0.05$)，压差 45 Pa 时，50、75、100 mm 厚度下简单企口式搭接彩钢板缝隙间的渗透风量分别为(325.3±19.1)、(318.4±19.4)和(327.9±21.6) m^3/h；

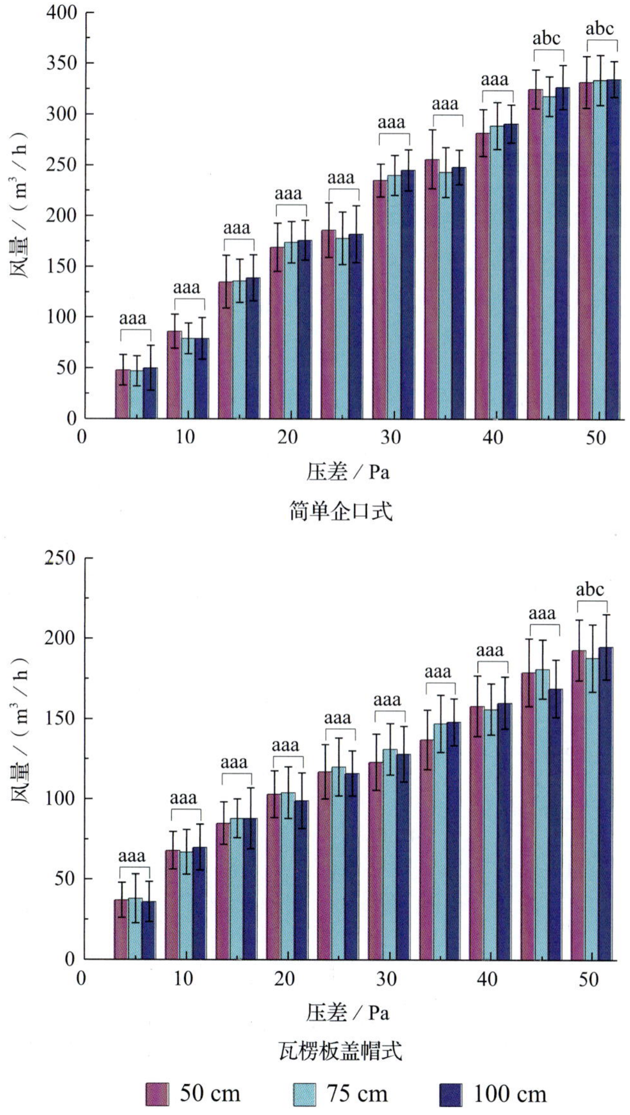

图 4-12　保温彩钢板板材搭接厚度对渗透风量的影响

注：标注相同小写字母表示差异不显著($P>0.05$)；标注不同小写字母表示差异显著($P<0.05$)

压差 50 Pa 时，搭接缝隙间渗透风量分别为(331.8±25.4)、(334.5±20.8)和(337.9±17.5) m^3/h；压差 50 Pa 时，50、75、100 mm 厚度下瓦楞板盖帽式彩钢板搭接缝隙间渗透风量分别为(193.7±19.4)、(188.2±20.9)和(195.8±20. 3) m^3/h($P<0.05$)。根据建筑外围护结构保温材料厚度经济性模型，用经济性评价指标分析了保温材料厚度与设计使用年限内建筑投入成本的交互作用，给出了哈尔滨、北京、重庆、昆明和广州 5 个不同气候区典型城市使用保温材料时的保温层厚度等参数建议。彩钢板保温材料厚度不仅影响建筑投入成本，彩钢板搭接缝隙厚度也会影响缝隙处的渗透风量。在较低内外侧压差的作用下，搭接缝隙处渗透风量不受厚度的影响，在高压差的作用下，渗透风量受缝隙厚度的影响。

4.3.2.3 外围护结构板材搭接密封处理对气密性的影响分析

彩钢板搭接缝隙密封处理对渗透风量的影响如图 4-13 所示，压差 5～50 Pa，发泡塑料密封处理与未密封处理下的渗透风量分别为(203.5±24.2)和(126.7±16.3) m^3/h，采用发泡塑料密封处理后渗透风量降低 76.8 m^3/h，渗透风量受外围护结构板材搭接后密封处理方式的影响；压差为 5、10、15、20、25、30、35、40、45 和 50 Pa 时，发泡塑料密封处理前后渗透风量分别降低 41.7%、42.1%、42.2%、39.5%、33.2%、34.9%、36.6%、38.4%、39.7%和 38.1%。当压差小于 15 Pa 时，发泡塑料密封处理后渗透风量降低 40%以上；当压差大于 15 Pa 时，渗透风量降低 33.2%～39.7%。冬季舍内外温差大，围护结构缝隙下冷风渗透量从 11.5 降至 5 $m^3/(m^2·h)$，可降低能耗 115%；从全年空调和采暖能耗构成分析，可知降低建筑能耗的方法是提高建筑的气密性和减少换气次数。由空气渗透引起的建筑冷、热负荷分别占 40%、33%，建筑密闭性提高可降低 20%能耗，气密性从 1 级提高到 8 级，采暖季、空调季及全年累计负荷分别降低 51.5%、32.6%、46.7%。因此，外围护结构板材搭接后密封处理一定程度上可降低采暖及制冷能耗，DeST

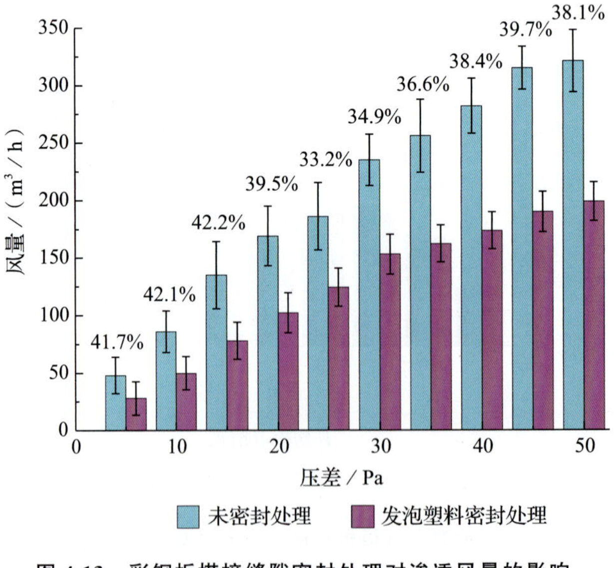

图 4-13 彩钢板搭接缝隙密封处理对渗透风量的影响

模拟禽舍外围护结构密闭性对冷热负荷的影响，结果表明，当禽舍外围护结构的密闭性由差到中等及由差到好时，建筑的最大热负荷分别下降 15.5%和 19.9%，最大冷负荷分别下降 4.5%和 5.7%，该研究结果进一步表明，外围护结构板材搭接密封处理对降低畜禽舍环境调控能耗的可行性。

4.3.3 禽舍围护结构气密性参数指标

空气从建筑围护结构保温彩钢板搭接缝隙的渗透过程遵守质量守恒定律，外围护结构搭接缝隙的面积不随压差变化而变化，且假设其均匀分布于外围护结构板材搭接处，忽略畜禽舍建筑外围护结构搭接施工过程中的人为影响。密闭空间环境的空气渗透性主要取决于围护结构内外侧压差和其对空气的渗透特性，空气渗透风量和压差间关系可表示为：

$$j = s\Delta p^{1/n}$$

式中：n 为压差指数，与外围护结构的气密性有关；s 为空气渗透系数，$m^3/(m \cdot h \cdot Pa^{1/n})$；$j$ 为空气渗透量，m^3/h；Δp 为内外侧压差，Pa。对上式两边取对数，使渗透空气量和压差间的关系线性化表示，得线性化关系式：

$$\lg j = 1/n \lg \Delta p + \lg s$$

式中：$\lg s$ 为截距，$1/n$ 为斜率。为更准确地分析不同压差下缝隙的渗透风量，需对测试压差进行修正，修正后的测试压差计算式为：

$$\Delta P_x = \Delta P_i - \frac{\Delta P_k + \Delta P_j}{2}$$

式中：ΔP_x 为修正后测试的压差，Pa；ΔP_k 为测试前风机未开启时的压差，Pa；ΔP_j 为测试后风机未开启时的压差，Pa；ΔP_i 为测试压差，Pa。

渗透风量的计算参考装配式低能耗建筑气密性设计研究建议方法，根据保温彩钢板不同搭接形式下压差与渗透风量的测试数据，并按照 $\lg j$ 公式进行拟合分析，确定畜禽舍建筑围护结构保温板材不同搭接方式下的气密性参数值。

当舍内外压差为 30 Pa 时，测试过程中部分环境参数、渗透系数、压差指数及相关系数值如表 4-8 所示，建筑外围护结构保温彩钢板企口式拼接、瓦楞板搭接式、瓦楞板盖帽式及暗扣隐蔽式 4 种不同搭接方式下的渗透系数为 0～29.35，压差指数为 0～1.83。从表 4-8 中可以看出，虽然保温彩钢板的搭接方式不同，但是压力指数基本在 1～2，这表明压力指数与建筑的气密性没有显著关系。现有研究常用非气密性指标来衡量密闭空间气密程度，非气密性指标是与密闭空间孔隙渗透状况有关的参数，只取决于密闭环境的物理结构特性，通过压力检测方法检测密闭舍内空气的压力变化，可确定密闭环境的非气密性指标，但非气密性指标难以应用于畜禽舍内热湿环境等数值模拟研究中。

从环境参数、渗透系数、压差指数及相关系数的角度分析彩钢板不同搭接方式下气密性参数，确定的装配式畜禽舍建筑保温彩钢板常用的企口式拼接、瓦楞板搭接式、瓦楞板盖帽式、暗扣隐蔽式 4 种搭接方式下的气密性相关参数（表 4-8），可估算任意压差下，建筑围护结构彩钢板不同搭接方式下渗透风量及压差变化，并可用于畜禽舍内热湿环境、气流组织及污染物浓度分布规律等数值模拟研究中，结果为畜禽舍建筑自身关键节点及气密性对能耗的影响提供了参考依据。暗扣隐蔽式搭接下的气密性指标研究需进一步改进优化测试平台，以提高风速的测量精度，确定其参数指标。

表 4-8　保温彩钢板不同搭接方式下气密性相关参数

搭接方式	测试温度/℃	渗透系数(s)	压差指数($1/n$)	相关系数(r)	空气流量/(m^3/h)
企口式拼接	2.5	12.6	1.6	0.99	235.47
企口式拼接	−2.0	11.3	1.7	0.98	234.78
企口式拼接	1.5	13.7	1.6	0.99	236.24
瓦楞板搭接式	3.0	6.7	1.8	0.97	147.45
瓦楞板搭接式	1.0	7.2	1.5	0.98	145.36
瓦楞板搭接式	1.8	6.9	1.6	0.99	149.34
瓦楞板盖帽式	3.5	7.8	1.8	0.99	147.23
瓦楞板盖帽式	1.5	7.3	1.8	0.99	149.78
瓦楞板盖帽式	2.5	8.2	1.9	0.98	150.45
暗扣隐蔽式	4.0	—	—	—	0
暗扣隐蔽式	1.6	—	—	—	0
暗扣隐蔽式	2.8	—	—	—	0

4.3.4　禽舍缝隙的处理方法

1. 已建成畜禽舍建筑围护结构板材搭接缝隙的处理

已建成并投入养殖生产的装配式畜禽舍，建议用红外线热成像仪逐一排查外围护结构的搭接缝隙及漏风点，特别是建筑围护结构墙板与屋顶板连接处、墙板与地基连接处、墙板与钢结构框架连接处，对围护结构的搭接缝隙处用发泡聚氨酯等材料填充，再用防水密封胶等进一步涂抹密封；留有洞口或连接节点的特殊位置，设备安装后应检查尺寸大小是否合适，并进行边界密封处理。

2. 新建畜禽舍建筑外围护结构缝隙的处理

新建畜禽舍建筑对于必须留有洞口或连接节点的特殊位置，如集蛋输送线与墙板连接洞口处、粪带与墙体连接处，最好在墙板安装前做好连接位置的开孔，避免板材安装后再开槽挖洞口，洞口的尺寸按照实际集蛋带或粪带确定，不宜过大，安装后应进行边界密封处理。在不考虑施工人为影响的因素下，暗扣隐蔽式搭接下未测试出渗透风量，新建畜禽舍建筑外围护结构建议选用暗扣隐蔽式搭接板材，暗扣隐蔽式搭接一般以聚氨酯为保温材料或岩棉保温加聚氨酯封边，采用隐蔽式螺钉连接，板材搭接紧密，暗扣隐蔽式搭接技术提高了搭接缝隙处的气密性、水密性，有效地防止冷桥、热桥现象，降低采暖及制冷能耗。暗扣隐蔽式搭接板材价格略高于企口式（公母口、雌雄口）、瓦楞板搭接式、瓦楞板盖帽式搭接板材的价格，会增加畜禽舍建筑的初期投入成本，但更利于舍内微环境的调控。暗扣隐蔽式搭接板材畜禽舍建筑设计使用年限内建筑投入成本与舍内微环境能耗间的交互作用需进一步研究，以期为装配式畜禽舍建筑外围护结构板材的经济性指标提供参考。

第 5 章

家禽健康养殖环境智能化调控技术

5.1 家禽健康养殖环境温湿风智能化耦合调控原理

5.1.1 我国不同气候区禽舍环境调控的特点

我国幅员辽阔、地形复杂，各地气候悬殊。为适应不同的气候条件，各地的禽舍建筑环境调控有着许多不同特点和不同要求。炎热地区需要通风、遮阳、隔热、降温；寒冷地区需要防寒和保温；沿海地区台风强大，多雨潮湿；高原地区日照强烈，气候干燥，这些在当地建筑上都有所反映。因此，进行畜牧场工程工艺设计时，必须充分掌握拟建地区的气候环境，做到因地制宜，为建筑设计提供适宜的技术要求。

5.1.1.1 东北、内蒙古地区

本区包括黑龙江、吉林、辽宁三省和内蒙古自治区。东北、内蒙古地区寒冷期长，建筑必须考虑防寒和保温问题，以减少热损耗。外墙可采用保温的墙体结构（如空心墙、填充墙）或用热工性能较高的材料，在平面布置和空间处理上应尽量缩小建筑物外围墙面的面积，在保证舍内空气状况良好的条件下，应适当降低舍内高度。南向外墙不直接受寒风袭击，且吸收太阳辐射热，热工要求低于北墙，采用乳料和保温砂浆砌筑，两者可分别处理，以提高保温性能。坡面屋顶一般设置天棚，而屋顶构造还应防范融雪期水的渗透，以及因檐口结冰柱可能产生的影响。直接迎受冬季盛行风的外墙墙面，尽可能少开门窗，在此墙面开设的门窗，可考虑采用双层窗，窗缝必须封闭严密，外门需要有防风保温设施，如设门斗或采用双道门。迎受冬季盛行风的墙面一定不能开设为家畜出入的大门。本区西部春季多风沙，为防止沙尘入舍，外窗窗扇四周需加密封条（如木条或绒毡衬垫等）。

本区冻土深度在 1 m 以上，在基础设计上须加注意，一般需增加基础埋深，或采取其他基础防冻措施。外墙、内墙、南墙、北墙附近的土壤冻深各有不同，墙基埋深可结合具体情况分别对待。本区冰冻时期较长，一般冬季半年时间不要进行禽舍施工，必须施工时，要着重考虑低温条件下的各种技术措施，并注意建筑基地和运输道路上的冰冻和翻浆情况。

5.1.1.2 华北、西北等地区

本区包括北京、河北、山东、山西、甘肃、陕西、宁夏及青海、河南北部。本区冬季寒冷期长，夏季较短，春秋期很短，故进行禽舍建筑设计时，主要要求仍为防寒保温，同时应兼顾夏季的通风降温，如门窗的构造形式和设置位置，要有利于空气对流，外墙的热工性能相当于25～37 cm厚的实砖砌墙，冬季南向外墙受寒风影响较少，其日照长，太阳辐射强，热工要求低于北墙，二者可以分别处理。外门可根据情况加设门斗，一般西北向的外门可在冬季临时加筑风障，以利防寒。大跨度的禽舍，由于多为双列式的畜床，其容畜量较大，故禽舍高度可稍提高，以利于夏季通风降温。本区春季多风沙，应注意防范，其措施同东北、内蒙古地区。本区宁夏、甘肃、河南、山东等省（自治区、直辖市）的部分地区多碱土，对禽舍墙基有腐蚀作用，应采取措施防御。此外，西北地区渭河河谷及河南的西北部一般为大孔性黄土层，有湿陷性，须加以防范。本区冻土各地差异较大，其幅度为0.2～1.4 m，需酌情分别采取措施。

5.1.1.3 华东、中南地区

本区包括上海、江苏、浙江、安徽等省（自治区、直辖市）和江西的大部分、福建的北部和湖南、湖北的东部。禽舍的平面、窗面和门窗构造要利于夏季的自然通风。一般畜禽舍应有直接对外的通风口，必要时采用机械通风，屋顶应注意隔热设计，以防直接辐射热的作用。西墙也应有隔热措施并减少开窗，以避免受夏季西晒的影响，如受条件限制不能避免西晒时，应采取垂直绿化和遮阳措施，加厚墙身，筑空心墙，避免太阳照射侵入舍内导致过热现象。

屋顶需进行严密有效的防水处理，瓦顶坡度一般不小于25%，并设置防水卷材，屋顶的排水应能适应本区雨季长、用量较大的特点。外墙质量要能防用水渗透，外门宜设篷以挡雨水，墙基须有防潮层，舍内地面须高出舍外地面30 cm以上。由于地下水位较高，不宜考虑地下建筑，地下管道也应有较严密的防水措施。在沿海大风地区，应注意减小建筑物的受风面积，禽舍或其他建筑物的短轴与大风方向垂直，长轴与大风方向平行。对门、窗、天窗或易受风吹折损的合外部件，在构造上应予以加固。在开放式或半开放式禽舍或其他生产辅助用房，尤其应注意强大气流的直接冲击或由于强大气流引起吸力的作用，防止舍顶被风掀去。由于本区雷击较多，禽舍还应有防雷设施。

5.1.1.4 华南地区

本区包括广东、台湾等地、广西和云南的南部。禽舍宜采用敞开式，并应着重加强通风，如果必须采用封闭舍时，外墙宜采用隔热性能好的空心墙，或各种类型的轻质隔热墙，西墙隔热尤为重要；门窗要设腰头（亮子），或做落地长窗，但必须设护栏，以防家畜误撞而损坏。一般禽舍应设有直接对外的通风口，必要时用机械通风，向阳门窗均应设遮阳设施。其办法同华东、中南地区。此外，由于本区气候温热潮湿，蚊、蝇、白蚁极易繁殖，故在畜牧场环境卫生及禽舍建筑材料的处理上均应注意。

5.1.1.5 西南地区

本区包括四川、重庆、云南、贵州和湖北的西部以及陕西、甘肃在秦岭以南的地区。四川盆地夏季炎热,冬季阴湿,禽舍宜采用敞开式。并利用对开门窗、腰头窗或落地长窗等自然通风,屋顶及西向外墙应注意隔热设计,以降低夏季舍内温度,云贵高原夏季不酷热,隔热要求不高,但需适当通风以防潮。四川盆地和贵州山地终年多阴云,日光照度小,禽舍多以开敞式为宜,以满足自然采光要求。封闭舍主要以人工采光为主。本地区各地相对湿度均较大,雷击日数较多,禽舍建筑应注意防潮与防雷。

5.1.1.6 青藏高原地区

本区包括西藏自治区和青海省大部分、四川省的西北部及新疆维吾尔自治区的南部高原地区。除藏南个别冬季较暖的地区外,多为严寒地区,建筑物的围护结构需满足保温的热工要求,外墙的保温性能一般相当于 37～49 cm 厚的实砌砖墙。面向冬、春盛行风的外墙,尽可能不开或少开门窗。禽舍高度宜降低,向阳墙宜开启面积较大的窗户,多争取冬季日照,调节舍内温度。本区夏季气温较低,但太阳辐射强烈,舍内常较舍外阴凉,故向阳门窗宜设遮阳设施,在畜禽的日常管理上,也应注意遮阳。本区属风沙、雷击、山洪等自然灾害多发地区,因此,在选择场址及进行设计时也应多加注意。

5.1.1.7 新疆地区

包括新疆维吾尔自治区和青海省的柴达木盆地,及甘肃省的一小部分地区。本区位于欧亚大陆中心,四周高山环绕,地形闭塞,因而所形成的气候条件较复杂。天山北部突出的问题是防寒保温;天山南部则兼有防寒保温、隔热通风的问题;而吐鲁番盆地夏季极其酷热,以“火炉”著称,该地区的突出问题则是隔热、降温和遮阳。因此,禽舍建筑需根据各分区的不同特点进行设计。天山以北地区,禽舍的围护结构必须满足半年长期保温的热工要求,外墙的保温性能相当于 49～62 cm 厚的砖墙;天山以南地区,则要求外墙保温性能相当于 37 cm 厚的实砌砖墙;而吐鲁番地区夏季室外温度很高,云量少,日照强烈,一般建筑不宜利用通风来降温,而宜隔绝室外热空气和太阳照射的侵入,当地多构筑土坯墙或土拱墙以满足隔热的要求。本区北部冰冻、降雪期较长,且积雪较深,屋顶构造须有排除积雪的设施,以免积成雪檐、冰柱。本区大部分地区冬春季也多风沙,在门窗构造上应有防风沙设施。此外,本区局部地区有碱土,应注意克服泛碱现象。

5.1.2 家禽健康养殖环境的温湿风综合影响机理

一般情况下,影响鸡体热平衡的主要环境因素是温度,但各环境因素间会产生综合作用,湿度增加会加剧高温的影响,风速增大可抵消湿度增大的影响,因为气流速度会直接影响鸡只的对流散热量,也是影响其体感温度的关键因素之一。进风形式为高速进风气流以射流形式进入舍内,并以贴壁射流的形式沿屋顶流到屋顶中央与舍内气体充分混合,在通风区域诱导大规模的气流循环,再下落到鸡群活动位置,进风气流与舍内气流进行充分热质交换。湿帘内侧加导风板可使进风口气流先进入禽舍顶部，与舍内空气预热后再进入笼内，缓解进风气流温度过低对鸡群的影响，但导风板引起的涡流会降低进风口处笼内气流的均匀性。

家禽舍内空气流速应随室内温度变化而变化，在未考虑通风运行成本增加的前提下，高温环境下舍内空气较为理想的风速为 1.5～3.0 m/s。高温高湿环境下，夏季通过加大鸡群周围的风速来加强对流散热，促进风冷效应来排除余热降低体感温度(有效温度，实感温度)(二维码 5-1)。1.0 m/s 风速的降温效果可等价于环境温度下降 3.0 ℃，风速与皮温成反比。鸡舍内 1.0 m/s 风速下温度分布相比较于 0.3 m/s 风速下环境更均匀，但并非鸡舍内风速越大越好，提高风速促进风冷效应来排除余热降低体感温度的效果是有限的。风速从 0 m/s 增大到 0.5 m/s，体感温度下降 2.5 ℃，但随风速的逐渐增大，最大降温幅度不会继续增大，阈值为 3.5 ℃，但最大降温幅度不会随风速的增加继续增大。随风速的增加，起初有效温度下降幅度较大，随后逐渐变小。鸡舍温度 26～35 ℃，速度从 0.1 m/s 增加 0.2 m/s，鸡只采食量、蛋重分别增加 9%、5%。气温超过 23 ℃且舍内无风，舍温每升高 1 ℃，产蛋率下降0.7%，但舍内风速为0.5～1.0 m/s 时，蛋鸡产蛋率无下降趋势；高温环境下舍内空气的速度为 1.5～3.0 m/s 是较为理想的风速，但未考虑通风运行成本的增加；鸡舍内最佳风速为 1.5～2.0 m/s，当风速超过 1.5～2.0 m/s 时，有效温度下降幅度甚微且通风运行成本增大。

二维码 5-1
南方高温高湿地区纵向通风增大通风效率调控技术

为增大气流速度，在实际生产中采用最多的解决办法是通过增加风机数量加大通风量，但多层立体养鸡系统下笼层间距较低，且鸡群区域通风阻力大，受集蛋器的影响，气流主要从阻力小的屋顶和走道区域流过，流过鸡笼区域的气流量较少，对笼内气流改善作用极其有限，鸡舍内有效气流利用率较低，且高密度饲养下鸡群散热量会使笼内空气温度升高、密度降低进而影响气流运动；鸡舍内建议静压差为 10～30 Pa，舍内过高的静压会影响风机的通风效率，目前鸡舍常用的风机在静压 30 Pa 以上时，风量降低到相当于额定风量 70%以下，受风机静压、鸡群散热及笼具参数设置的限制，依赖增加风机台数增大通风量提高风冷效应难以达到预期降温效果且显著增加电费等运行费用(图 5-1)。

笼内及笼间气流速度过小是叠层笼养禽舍普遍存在的问题之一，目前研究证明了加大鸡群活动区域的风速以提高风冷效应对鸡只体感温度的降低具有较大作用，但多层立体养鸡系统在不同层高走道区域气流、鸡群散热和进风气流对鸡群活动区域气流的影响，以及不同层高鸡群活动区域的气流分布规律及风冷效应特性尚未明确，这是解析多层立体养鸡系统的气流场与温度场分布及协同作用关系的必要基础，也是构建温度场和气流场耦合调控模型的基本依据。计算流体力学(computational fluid dynamics，CFD)广泛应用于畜禽舍环境研究上，但模型构建的准确性会影响模拟结果的准确性，多孔介质模型是畜禽活动区域常用的简化方法之一，对笼养鸡群活动区域而言，合理地构建鸡群模型才能保证黏性和惯性阻力系数获取的准确性。鸡群气流阻力计算模型和计算方法的创建，为

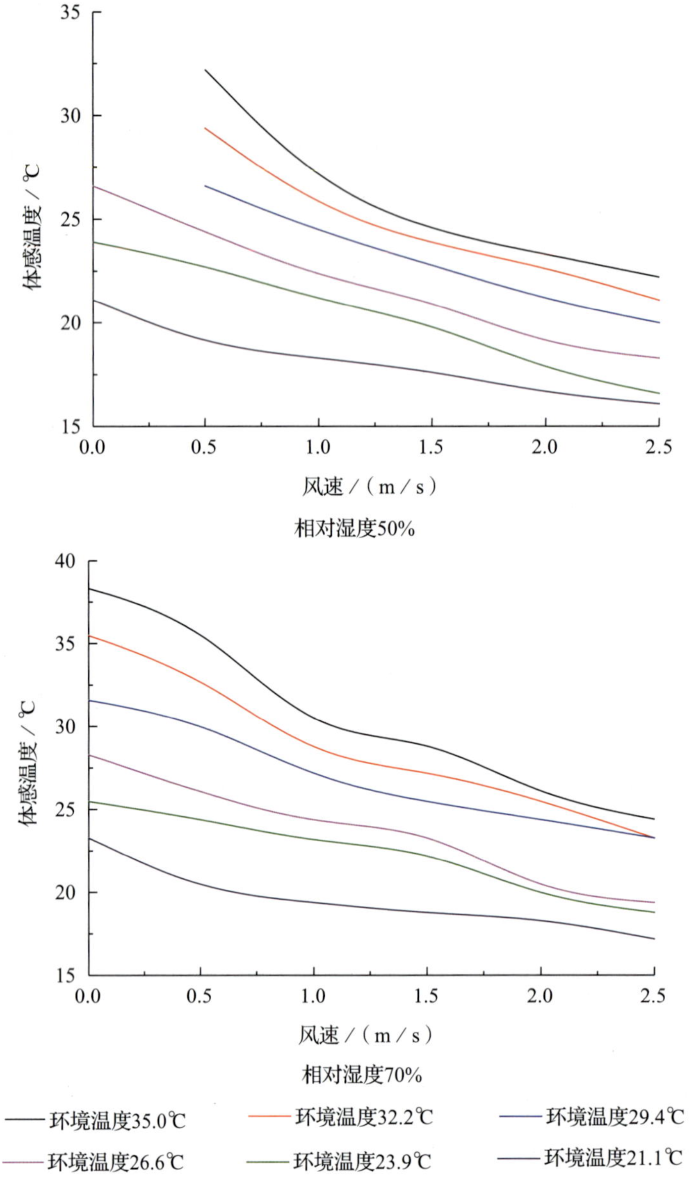

图 5-1　不同环境温度、湿度、风速下鸡只体感温度

叠层笼养鸡舍笼内气流模拟提供了一定参考，但计算静压降及鸡群躺卧的阻力系数等需进一步优化研究。

5.1.3　多层立体高效养殖禽舍的温湿风智能化耦合调控模型

蛋鸡舍夏季一般采用纵向通风和湿帘降温系统，纵向山墙集中安装风机排风，湿帘安装于另一端山墙或两侧墙上。我国长江流域及其以南炎热气候区，蒸发降温湿帘的降温效率受高温高湿天气的影响，舍内气温高、湿度高的环境下，鸡的热应激程度较大，导致鸡只饲料消耗量、产蛋率均下降，饮水量上升；西北地区夏季白天干燥，温差大，湿帘降温系统启动初期降温快且幅度大，当舍内温度低于夏季最大通风量的设定温度时，鸡舍部分风机自动关闭以降低舍内通风量，致使舍内湿帘端与风机端温差较大，且靠近湿帘端鸡群易引发急性冷应激。鸡舍内热环境不均匀，局部冷、热应激影响鸡只健康和生产性能，从而导致经济效益下降。为缓解夏季鸡舍内热应激，鸡舍湿帘风机降温系统设计大多采用增加风机、提高舍内平均风速的方法，通过加大鸡只活动区域的风速来增强对流散热，其环境调控策略是基于舍内走道某点温度或几点平均温度来控制设备的运行、风口开启角度、通风模式的切换等，但由于叠层鸡笼对气流的干扰及阻挡，舍内空间气流分布极不均匀、笼内鸡群活动区域的风速远低于走道的风速，导致鸡群不能直接感受风冷效应，而走道的高风速显著增加了通风阻力，风机的排风量和能效比显著降低。

国内外家禽环境领域对鸡舍走道内温度场、气流场分布及变化规律等已开展了系列研究，研究结果为舍内环境评价及现行热环境调控方法的制订提供了理论依据，同时发现鸡只活动区域温度场、气流场与走道内差异显著，但鸡只实际活动区域内温度场与气流场分布特性及温、湿、风协同作用的风冷效应研究尚未突破。叠层笼养鸡舍内温度场分布规律及温度波动的关键影响因素已揭示，并对各地不同类型通风模式蛋鸡舍进行了大量测试。结果表明，进风口位置和进风射流效应可显著影响笼内鸡只活动区域的风速，但进风口的设计参数与房舍结构、笼具布置和舍内外静压差等多种因素对舍内流速场分布的交互协同作用及影响机理尚未明确，使得叠层笼养系统在不同气候条件的通风设计理论及基于舍内温-湿-风耦合作用对鸡群的调控方法缺乏基本规律与理论依据，制约了叠层笼养系统在不同气候条件的环境智能化管控系统的构建。因此，亟需解析高密度笼养鸡舍内鸡群活动区域的笼内温度场及气流场在不同通风模式下的变化规律，这是制订鸡舍高效通风与环境精准控制方案的基本理论和科学依据。

在高密度叠层笼养鸡舍夏季湿帘降温系统下，已经对舍内温-湿-风耦合调控进行了初步研究，并应用模糊数学综合评判方法构建了湿帘降温系统气候适应性综合评判模型及评价指标体系，该分析综合评判了我国 9 个典型气候区域代表性城市，就湿帘降温系统对我国各地气候的适应性进行了模糊综合评判(表 5-1)。由表 5-1 可知，湿帘降温系统可完全适用于我国各地的夏季降温。湿帘降温系统可将黄河流域及其以北地区、长江流域及其以南地区鸡舍内的空气温度分别降低 5 ℃、3～7 ℃，纵向通风湿帘降温系统可将各地气候条件下鸡舍内气温控制在 30 ℃以下，舍内气流速度达 1.0～3.0 m/s，可为鸡群提供 100%的新鲜空气，夏季蛋鸡的产蛋率可提高 5%以上，饲养密度可提高 10%～20%，高温热应激致鸡只死亡问题解决，且较传统的横向通风系统节约电能和运行费用达 40%以上。并对不同气候地区不同类型通风模式蛋鸡舍内温度场及气流场进行了测试，证明了笼内鸡群活动区域温度场和气流场与走道内具有显著差异，且笼内风速可通过改变进风口位置及进风射流特性显著提高。鸡只活动区域的空气流动特性是热湿耦合传递及空气迁移的复杂过程，既受鸡舍不同静压水平的进风射流特性影响，又受舍内空间设施设备、鸡只行为及日常管理等因素的影响。

表 5-1 湿帘降温系统气候适应性分析综合评判 %

地区	湿帘蒸发降温幅度/℃				鸡舍可控制的平均温度/℃				结果
	≥7	5～7	3～5	<3	<28	28～30	30～32	≥30	
北京	51.9	26.9	19.2	2.0	73.9	22.5	3.6	0	很适宜
济南	54.4	27.4	16.7	1.5	67.5	24.0	8.1	0.4	
西安	63.0	31.3	5.6	0.1	71.9	23.1	4.9	0.1	
重庆	43.6	38.9	17.3	0.2	54.9	54.9	5.1	0.1	较适宜
武汉	17.5	44.4	35.8	2.3	44.5	44.5	32.9	2.2	
南京	14.9	37.9	43.2	4.0	48.9	48.9	29.1	0.1	
长沙	28.9	43.1	26.6	1.4	60.5	60.5	23.5	0.4	
上海	4.3	26.4	62.5	8.6	59.4	59.4	26.5	1.2	
广州	3.8	28.1	61.9	6.2	75.7	75.7	13.3	0.1	

5.2 不同气候条件禽舍通风量的确定

5.2.1 夏季禽舍最大通风量的确定

要保证有效通风，设计出合理的通风系统，必须首先确定适宜的通风量。通风量一般按下列方法确定。

5.2.1.1 根据热量计算必要通风换气量

家禽在呼出 CO_2、排出水汽的同时，还在不断地向外散发热能。夏季为了防止舍温过高，必须通过通风将过多的热量驱散；而在冬季如何有效地利用这些热能维持舍内适宜温度，以保证不断地将舍内产生的水汽、有害气体、灰尘等排出，这就是根据热量计算通风量的理论依据。其公式是：

$$Q = \Delta t\left(L \times 0.24 + \sum KF\right) + W$$

式中：Q 为家禽产生的可感热，J/h；Δt 为舍内外空气温差，℃；L 为通风换气量，m^3/h；0.24 为空气的热容量，J/(m^3 · ℃)；$\sum KF$ 为通过外围护结构散失的总热量，J/(h · ℃)［其中 K 为外围护结构的总传热系数，J/(m^2 · h · ℃)；F 为外围护结构的面积，m^2；$\sum$ 为各外围护结构失热量相加符号］；W 为由地面及其他潮湿物体表面蒸发水分所消耗的热能，按家禽总产热的 10%计算。

根据热量计算通风换气量，实际是根据舍内的余热计算通风换气量，这个通风量只能用于排除多余的热能，不能保证在冬季排除多余的水汽和污浊空气。考虑到夏季舍内气温较高，为了增加鸡体的对流散热，通常还要求保证一定的舍内气流速度，一般应达到

1～2 m/s。若舍内风速取1.0 m/s，则鸡舍应采用纵向通风，所需通风量按满足舍内通风断面上该平均风速的要求。

5.2.1.2 根据舍内水汽含量计算通风量

家禽在舍内不断地产生大量水汽，并且潮湿物体也有水分蒸发。所以，这些水汽如不排除就会聚积下来，导致舍内潮湿，故需借通风换气系统不断将水汽排除。用水汽计算通风换气量的依据，就是通过由舍外导入比较干燥的新鲜空气，以置换舍内的潮湿空气，根据舍内外空气中所含水分之差而求得排除舍内产生的水汽所需的通风换气量。其公式为：

$$L=\frac{Q}{q_1-q_2}$$

式中：L 为要排除舍内产生的水汽每小时需由舍外导入的新鲜空气量，m^3；Q 为家禽在舍内产生的水汽量及潮湿物体蒸发的水汽量，g/h；q_1 为舍内空气温度保持适宜范围时所含的水汽量，g/m^3；q_2 为舍外大气中所含水汽量，g/m^3。

由潮湿物体表面蒸发的水汽，通常按家禽产生水汽总量的10%计算。用水汽算得的通风换气量，一般大于用 CO_2 算得的量，故在潮湿、寒冷地区用水汽计算通风换气量较为合理。

5.2.2 冬季禽舍最小通风量的确定

冬季家禽舍通风量影响舍内温度稳定性和空气质量，进而影响家禽的健康和生产性能。冬季低温气候家禽舍通风换气所需要的通风量，主要为排除家禽舍内的污浊空气，供给家禽足够的 O_2。依据最小通风量和舍内最低气温要求来设计禽舍围护结构的保温性能，才能协调好保温与通风的矛盾。国外学者对用 CO_2 浓度指标确定畜禽舍冬季最小通风量进行了大量的研究，热、湿和 CO_2 浓度平衡3种通风量计算方法分析表明，CO_2 平衡确定的通风量与湿度平衡计算值之间的相关系数（r^2）为0.90。家禽舍冬季最小通风量以 CO_2 平衡原理设计计算，CO_2 的取值大小决定了禽舍的最小通风量和禽舍的通风耗热量。

我国传统的家禽舍主要是刮板式清粪，且存在饮水器漏水、清粪不彻底等，易造成禽类粪发酵，导致舍内湿度、CO_2、NH_3 浓度较高，我国畜禽场环境质量标准规定家禽舍内 CO_2 浓度的环境卫生指标上限为1 500 mg/m^3。近年来家禽养殖设备及环境调控技术发展迅速，普遍采用传送带清粪且乳头式饮水器提高，舍内清粪及时、通风效率高，舍内湿度和 NH_3 浓度明显降低。家禽舍 CO_2 主要源自家禽的呼吸代谢以及粪便，研究表明在对家禽舍进行通风量的研究时，粪尿产生的 CO_2 量可忽略不计，CIGR估算各种畜禽每个产热单位（20 ℃时1000W总产热量称为1个产热单位）的平均 CO_2 产量为0.185 m^3/h。

根据舍内 CO_2 浓度平衡计算的通风量原理在于，根据舍内家畜产生的 CO_2 总量，求出每小时需由舍外导入多少新鲜空气，可将舍内聚积的 CO_2 冲淡至规定范围。冬季家禽舍的适宜温度为13～24 ℃，根据CIGR规定的家禽呼吸产生CO_2量、产热量计算式及修正，当家禽舍内CO_2浓度标准为4 500 mg/m³时，得出维持舍内不同温度，维持舍内温度下限为13 ℃，传送带清粪家禽舍冬季最小通风量为0.40～0.50 m³/(h·kg)。国外学者都对家禽舍冬季最小通风量进行了研究，研究数据表明：家禽体重为1.5 kg左右，传送带清粪家禽舍内冬季最小通风量为0.28～0.54 m³/(h·kg)；我国传送带清粪家禽舍冬季最小通风量为0.87～1.00 m³/(h·kg)。通过CO_2浓度平衡原理确定的家禽舍冬季最小通风量为0.40～0.50 m³/(h·kg)，与国外家禽舍冬季最小通风量基本一致，但明显小于国内家禽冬季最小通风量，需完善修订传送带清粪家禽舍内CO_2浓度，合理组织家禽舍内通风，才能有效解决禽舍保温与通风矛盾。

冬季家禽舍一般靠禽类身体散热来维持舍内温度，相同饲养规模下家禽显热散热量一定，舍内热量平衡条件下，通风量热损失增大，意味着家禽舍围护结构的保温性能要求提高，外围护结构具有更大的热阻才能实现家禽舍围护结构的散热损失减小，即增加墙体厚度或使用保温效果更好的保温材料，但围护结构的成本将明显提高。以舍外供暖设计温度为－9 ℃的北京地区为例，家禽舍冬季间歇通风，最小通风量为0.87～1.00 m³/(h·kg)，家禽舍连续通风，冬季最小通风量为0.40～0.50 m³/(h·kg)，两种模式下通风热损失热量分别为6.90～7.97 W/kg、3.20～3.98 W/kg；对家禽舍外温度为－26 ℃的哈尔滨地区，两种模式下通风热损失热量分别为12.25～14.13、5.65～7.07 W/kg。

我国家禽舍冬季最小通风量一般采用传统经验值、推荐值等，家禽舍冬季最小通风量较大，冬季一般采用间歇通风解决通风与保温的矛盾，间歇通风造成舍内温差和温度波动大，影响家禽生产性能与健康，家禽舍内CO_2浓度平衡确定的传送带清粪家禽舍冬季最小通风量较小可保持家禽舍连续通风，维持家禽舍内温度稳定，舍内CO_2浓度、NH_3浓度不超标，可以降低家禽舍冬季保温成本，协调家禽舍冬季通风与保温的矛盾。

5.2.3 负压排气风机性能及风机选型

由于通风机的种类较多，主要有轴流式、离心式、混流式和横流式，它们的适用范围均不相同，一般离心式通风机适用于小流量高风压的环境。对于家禽舍而言，风机的主要用途是通风换气，要求风机具有大流量，低压力，轴流式通风机则因具备上述特点成为家禽舍通风设备的首选。轴流式通风机是一种主要由集流器、叶轮、机壳和扩散器等组成的增加气体能量的旋转叶轮机械(图5-2)。农用轴流式风机安装便捷，其低压和大风量的特性适合农业通风的要求，通风效果好，在家禽舍及厂房通风系统中应用广泛。近年来，国内研制了一系列低压、大流量的农用轴流式通风机，以满足家禽舍夏季通风的需要，但目前轴流式通风机在各组件的结构设计和适配方面仍存在较多问题。

农用轴流式通风机多以风量和能效比为性能评价指标，其性能直接影响农业设施环境调控和节能的效果。扩散器是农用轴流风机的主要组件，对农用轴流风机的气动性起

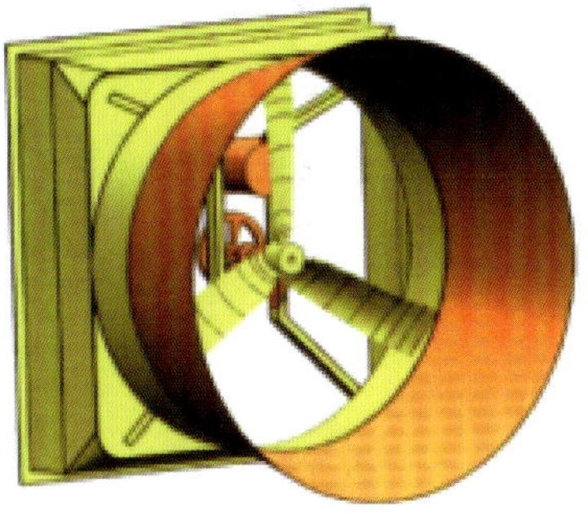

(a)

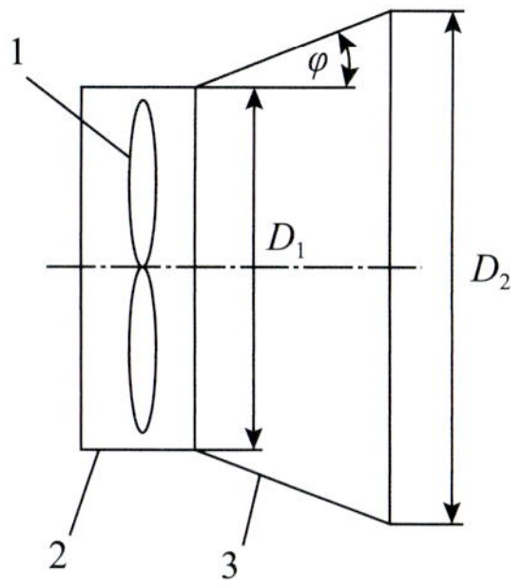

(b)

φ 为扩散角　D_1、D_2 分别为扩散器进出口直径

1. 风机叶片　2. 轴流出风口　3. 扩散器

图 5-2　风机几何模型及结构示意图

着重要的作用，设计良好的扩散器相比未安装扩散器的风机，可以有效提高农用轴流风机静压和效率，显著降低通风噪声。由于农用轴流风机的出风口速度大，其出风口动压仍然很大，占全压的 30%以上，对于有些流量大而压力较低的农用轴流式通风机，其出风口动能占风机全压的 50%左右。因此，扩散器的设置和良好的设计显得尤为重要。

农用轴流式通风机通常安装在建筑墙体上，按照有无出口扩散筒可分为两类，现有研究证明出口扩散筒能够有效提升风机性能，若不设出口扩散筒，则会在叶轮周边安装较短的导流罩，构成半开式轴流式通风机。叶顶泄漏涡是该类风机叶顶区域最主要的流动特征，其产生、发展及耗散与轴流风机的气动性能密切相关。导流罩长度的变化将影响叶顶区域的流场，是优化风机性能的可行途径。固定长度的导流罩位于叶轮不同相对轴向位置时，导流罩出口边与叶片后缘齐平时风机风量最大。由于在农业风机中，相比于风机的压升，风量更直接影响农业设施的通风换气效率，因此风量是用户最为关注的农用轴流风机性能指标。在农业风机领域，习惯上用能效比表现风机的能效，表示单位耗电量所产生的风量。能效比越高，节能效果越好。

5.2.3.1　导流罩长度对风机特性的影响

导流罩的长度变化对风机外形特性有明显影响，导流罩长宽比(K)最佳值为 1.0～1.1，此时风机的风量和能效比均处于最佳水平。导流罩过短($K<0.90$)会导致风量和能效比快速下降。导流罩过长($K>1.1$)并不能提升风量和能效比，反而使风量和能效比在一定程度上有所降低。$K=1.0$ 时，常用工作区平均风量和平均能效比较原型风机($K=0.78$)均有 10%左右的提升。

5.2.3.2　导流罩长度对风机流场特性的影响

通过 Q 准则能有效识别出叶顶泄漏涡的结构，与流线及轴向速度云图所反映的流场特征具有较好的一致性(图 5-3)。导流罩过短($K=0.50$)时，叶顶泄漏涡将从叶顶处无阻碍地发展至风机外框区域，引起外框区域涡结构的增多。导流罩加长过程中($K=0.78$)，叶顶泄漏涡被导流罩分裂成存在于叶顶以及外框区域的两部分，即叶顶涡与外框涡。导

流罩加长至 $K>0.90$ 后，叶顶涡将经历衰减和再发展的过程，同时外框涡强度有所减弱，且其能够被较好地控制在导流罩出口边下游。导流罩加长至 $K=1.0$ 时，叶顶泄漏涡的强度最弱，叶顶泄漏涡强度的减弱能增大风机导流罩有效流通面积，有利于风量的提升。$K>1.1$ 之后，外框涡虽已得到有效控制，但是叶顶涡强度增大，并随着导流罩的加长而在叶片出口侧下游贴合着导流罩内壁继续发展。

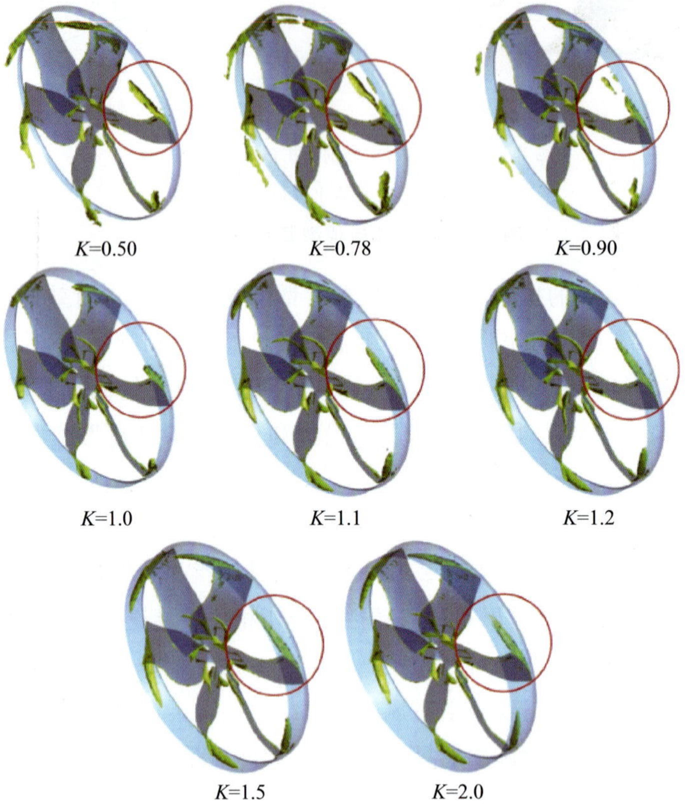

图 5-3　风机旋转域 Q 准则等值面图

5.2.3.3　扩散角对风机性能的影响

农用负压轴流式通风机扩散器处气流容易产生涡旋，从而提高农用轴流式通风机出风口的静压，采用改变扩散器长度和扩散角的方式，可以有效改善扩散器内的气流速度分布均匀度，提高风机的风量及能效比，增强回收动压的能力(图 5-4)。当扩散器长度保持在 575 mm 时，扩散器静压恢复系数随着扩散角的增大先增加后减小，扩散器风速分布均匀度随着扩散角的增大不断波动，风量优化量和能效比随着扩散角的增大呈现出相似的驼峰形曲线，扩散角 12°时，各性能参数同时达到较大值。当扩散器角度保持在 12°时，风量优化量和能效比随着扩散器长度的增大先升高后降低，扩散器长度保持在 575 mm 时，风机性能最优。经单因素分析和交叉模拟结果的相互验证，可以确定扩散器最优参数为扩散角 12°，扩散器长度保持在 575 mm。在此参数下，扩散器动压变化梯度最小，风机风量和能效比分别提高 6.11%和 7.83%。

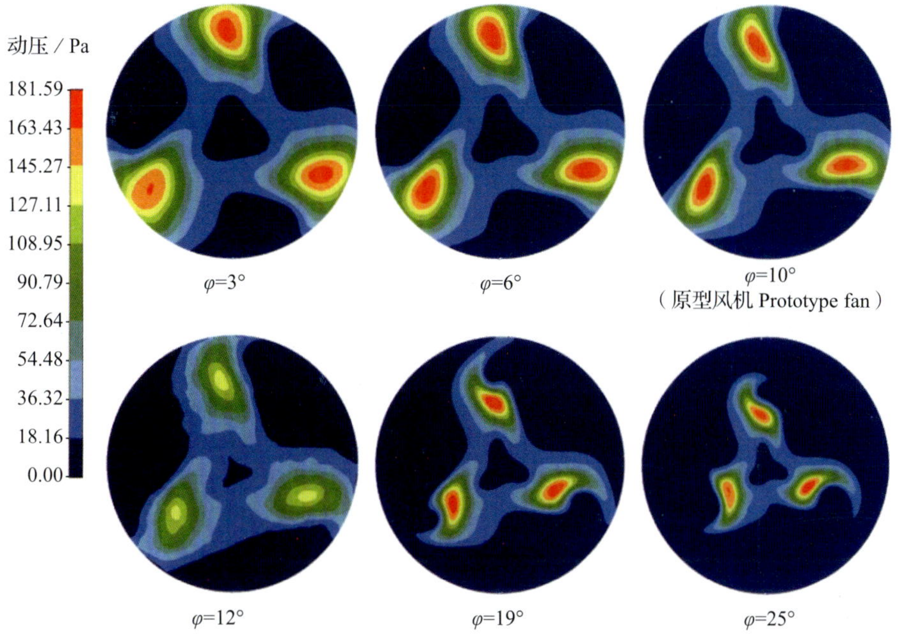

图 5-4　不同扩散角下扩散器出口截面动压云图

5.2.3.4　轴流式通风机性能参数的确定

一般轴流式通风机的主要参数包括有：风量 Q（m^3/s），指单位时间内流经风机的气体体积；风压 P（N/m^2），指风机进出口气体的压力差；叶轮直径 D（m）；叶轮转速 n（r/min）。提高轴流风机的换风量的主要方法有增加叶轮直径和转速，根据风机的风量相似换算公式为：

$$\frac{Q_1}{Q_2}=\left(\frac{D_1}{D_2}\right)^3\frac{n_1}{n_2}$$

风机的风量与叶轮直径的三次方成正比，与转速的一次方成正比，因此想要提高风量，增大叶片直径比提高转速更直接有效。大型鸡舍为保证换风量，通常采用大直径轴流式通风机（1 300～1 400 mm）并联安装，每台风机的风量达到 1 000 m^3/h，通风效果较好。

5.2.3.5　轴流式通风机材料的选择

由于家禽舍空气中氨气和硫化氢等气体具有一定的腐蚀性，NH_3 溶解于水后具有弱碱性，而硫化氢溶于水后呈弱酸性。风机采用普通的碳钢材料无法满足耐蚀性要求，风机的叶轮、轴和叶片均要求采用含镍铬的不锈钢材料或铝合金，以延长风机的使用寿命。

5.2.3.6　轴流式通风机应用存在的问题及解决措施

在轴流式通风机工作过程中，由于操作者在管理上的漏洞，常出现以下问题导致风机无法正常运行或造成不必要的浪费：①风机的叶片长期不清洗。叶片上附着厚厚一层颗粒物，由于颗粒物的分布是杂乱无章的，导致转子的动不平衡值超标，使风机工作时叶片发生振动。应定期将每个风机的叶片拆下进行清洗，对于腐蚀严重或变形的叶片必须及时更换；②有的养殖者为提高通风效果要求风机处于 24 h 开机状态。当风量和通风时间满足要求后，此时风机继续工作的效率相对较低，不但浪费电力，而且缩短风机的使用寿命；③不注意轴承的润滑，使得轴承过热而损坏，也有轴承疲劳磨损保持架损坏的，出现此种情况必须清洗轴承补充润滑剂或更换轴承；④风机安装基础刚度不够或基础不牢固导致电机和风机整体振动，而且在各种负荷下都出现振动，此时必须对安装基础进行加固或在风机与基础间增加减振装置。

5.3 禽舍均匀通风的气流组织与智能化调控

5.3.1 不同进风口的射流特性及对舍内气流的影响

禽舍外空气经送风口以一定的速度和温度射向舍内，并不断地进行扩散形成射流，由于射流在扩散过程中与舍内空气不断进行热湿交换和能量交换，还与舍内各种冷、热物体和禽舍四壁之间相互作用以及循环，射流的边界还受到舍内笼架、家禽、顶棚、墙面等的限制，在舍内形成了具有一定速度和温度分布(即速度场和温度场)，产生了回流、回旋气流和死角。大量研究表明，进风位置对室内环境具有显著影响。舍外空气从侧墙进风口进入禽舍后，开始阶段气流仍按自由射流特性扩散，射流断面与射流流量不断增大，边界为一条直线。当射流断面扩散到建筑宽度的 20%～25%时，射流断面的扩展速度比自由射流缓慢；当射流断面扩展到建筑宽度的 40%左右时，射流断面的速度最大，随后射流断面和射流流量逐渐减小直到消失。射流扩展到最大断面积的断面处是回流断面最小的地方，此处回流区域内的风速最大，舍内家禽的饲养区域都应在回流区，家禽舍内射流扩散的最大长度最好略大于鸡舍宽度的 1/2(中间)，禽舍两侧山墙均应布置侧墙进风口，舍内气流呈对称分布，两侧进风口射流扩展到禽舍宽度的 1/2(中间)后，射流流量和射流断面逐渐减小至消失。

进风位置会影响换气速率及气流分布，烟囱进风口、侧墙进风口、屋顶底部风管和檐下侧墙进风口 4 种进风口布置下，采用烟囱进风结合气流散布器的通风方式，舍内气流分布和通风效率明显优于其他 3 种布置方式，且增加幕帘可有效引导气流流向排风口，更好地组织舍内气流分布；气流从两面侧墙平行于天花板进入舍内，气流分布最为均匀；气流只从单侧进风口进入时，气流分布均匀性会降低；双排条形进风口和多孔天花板进风口能优化舍内气流分布。排风口气流具有速度衰减快的特点，其作用范围有限，因此进风口参数对室内气流分布影响比排风口略微重要。组织舍内气流分布时，在重点考虑进风口流出射流的作用的同时，也要考虑排风口的位置，以便实现预期的气流分布模式。在舍内环境总体状况良好时，局部区域的气流及温度分布不均也不利于家禽的健康生长和优良遗传潜力的充分发挥。

密闭式鸡舍的矩形进风口开启角度、安装高度和进风风速显著影响舍内气流分布，且进风口和顶棚距离越小，越易形成贴壁射流；在室内热源和控制温度不变时，随方形散流器送风速度的增大，送风温差减小，进风方向会影响室内气流路径，进而影响气流分布及均匀性；送风角度对室内气流分布具有显著影响，送风角度为 0°与 45°时，舍内气流分布类似，最大速度区域均贴近地面，且形成的涡流区域位于室内高度的 1/2 以下，但与送风角度为 90°时的气流分布差异较大；气流速度和体感温度呈指数关系，30％的气流速度差异会导致 60％的降温效果差异；肉鸡舍内侧墙裸露的立柱会导致纵向通风时靠近侧墙走道和鸡舍中央风速具有显著差异，靠近侧墙走道和舍中央气流速度分别为 1.3 和 2.5 m/s。鸡舍进、排风口布置位置与安装高度、送风角度和舍内设施设备对舍内气流组织有影响，但舍内外的静压差决定了进风口的进风速度及舍内气流组织形式，进风口形状、位置、分布及开启角度影响不同静压水平的进气射流特性，及舍内空间设施设备区位之间的气流分布规律。

在实际生产中，为减少湿帘开启后舍内温度骤降对鸡的冷应激，湿帘内侧导流板被广泛使用。但其会降低进风区域气流分布的均匀性。因此在合理调控湿帘启闭，解决温度骤降问题的基础上，可考虑去掉导流板。在进风口内侧加设导流板及无导流板时，不同进风位置对鸡舍内部环境影响不同。已有学者通过计算流体力学模拟对进风口内侧加设导流板及不加设导流板时，进风位置对叠层笼养鸡舍舍内及笼内气流、温度及分布的影响进行了研究。在叠层鸡舍夏季通风系统进风位置设计中，进风口应尽量设计在山墙及保证进风口与鸡笼区域无重合，使得进风气流充分发展后进入鸡笼，有助于减少笼内通风弱区及涡流区域。利用导流板能使进入舍内的气流形成贴附射流，有利于进入舍内的冷空气和舍内热空气的混合，且鸡体水平高度气流分布的均匀性有所提高。当进风风速一定时，鸡体水平高度的风速随导流板开启角度的增大而增大。

导流板开启角度一定时，鸡体水平高度的风速会随进风风速的增加而增大，且开启角度越大，对鸡体水平高度风速的影响也越大。进风风速一定时，当进风口安装高度接近顶棚时，即使导流板开启角度发生较小的变化也会对舍内气流分布产生较大的影响。低温季节，要使鸡体水平高度的风速不超过 0.3 m/s，不同风口安装高度和导流板开启角度应选择不同的进风风速。如在双侧墙安装矩形进风口，进风口安装高度为 2.2 m 时，开启角度与最大进风风速应选择 0°与 3 m/s、15°与 1.5 m/s、45°与 1 m/s 的组合。此外，在通风量一定时，双侧墙安装进风口较单侧墙安装的在鸡体水平高度处产生的风速要小，且均匀性要好。同时，双侧墙安装的进风风速比单侧墙的小，这样，可使得气流在鸡舍上部停留更长的时间，因而更有利于冷热空气混合，增大除湿效果。

5.3.1.1 加设导流板时进风位置对鸡笼区域气流的影响

不同进风位置，鸡笼区域内气流平均速度相对差异小于 10％，进风位置对笼内风速无显著影响。其主要原因为进风口内侧导流板改变了气流方向，进风气流先被引流至屋顶，两侧气流交汇后进入鸡笼区域。相比于无导流板的鸡舍，山墙风机对经侧墙进风口进入室内的气流方向改变作用较弱。随着进风口与鸡笼间距的增加，进风口处鸡笼区域内通风弱区和死角面积逐渐降低。进风口内侧加设导流板，不同进风位置时，沿鸡舍长度方向测定鸡笼区域各横截面平均速度。气流速度在鸡舍后部突然增大，这是由于经过每块屋顶导风板后笼内气流速度会突增，为提高通风效率，同样在模型中加设多块屋顶导流板。在进风口内侧加设导流板时，进风位置会影响进口段进风口处鸡笼区域气流速度变化规律，但对鸡舍后侧鸡笼区域无显著影响。进风口对鸡笼区域气流速度及变化趋势的影响范围为距离首个鸡笼 27 m 之内的区域。

当进风口内侧加设导流板时，进风位置对鸡笼区域气流分布均匀性有显著影响，随着进风位置与首个鸡笼距离的增加，鸡笼区域内气流分布更均匀。在距首个鸡笼 45 m 进口段内，不同进风位置时鸡笼区域气流分布均匀性有显著差异，气流速度变异系数随着进风位置与首个鸡笼间距离增大而降低，在此范围之后，气流速度变异系数无显著差异。因此，在进风口内侧加设导流板时，进风位置对进口段进风口处鸡笼区域内气流分布均匀性有显著影响，影响范围为距离首个鸡笼 45 m 之内的区域。

在进风位置不同时，笼内温度及温差无显著差异，且进风口和出风口温差均远小于 2 ℃。其主要原因为种鸡舍饲养密度过低，而夏季为了达到风冷效应，通风量仍维持在较大的水平；以及屋顶导流板的作用，促进了进风气流从鸡笼区域通过，较大体积的低温进风气流降低了进风口位置对鸡笼内温度的影响效果。不同进风位置对进口段进风口处鸡笼区域温度分布有显著影响，随着进风口与鸡笼间距增加，进口段鸡笼内温度呈降低的趋势。在进口段距离首个鸡笼 18 m 内，相比于其他区域，不同进风情况下笼内温度和变化幅度呈现出差异。

5.3.1.2　无导流板时进风位置对鸡笼区域气流的影响

随着进风位置与首个鸡笼间距离逐渐增加，进风口鸡笼区域内通风弱区面积逐渐减小。主要原因是在鸡笼前端，进风区域与部分鸡笼重合，气流未完全进入鸡舍，此区域平均风速过低。此外，进风位置主要影响进风口处鸡笼区域内气流分布。进风位置显著影响进风口鸡笼区域内平均风速，随着进风位置与首个鸡笼间距离增加，鸡笼区域内平均气流速度增加，最大增幅为 0.54 m/s。在远进风口区域，进风位置对鸡笼区域内平均气流速度无显著影响。气流速度在鸡舍后部突然增大，同样是由于模型中加设多块屋顶导风板的原因。在距首个鸡笼 27 m 内，进风位置对鸡笼区域内气流变化趋势有显著影响，此区域之后鸡笼区域内气流速度无显著差异。在距首个鸡笼 3～90 m 的区域，气流变化幅度随着进风位置与首个鸡笼间距增加而降低。在进风口内侧无导流板时，进风位置对进口段进风口处鸡笼区域内气流速度及变化趋势有显著影响。

随着进风位置与首个鸡笼间距增加，当进风口内侧无导流板时，进风位置与鸡笼间距增加可以提高鸡笼区域内气流分布均匀性。在距首个鸡笼 45 m 之内的区域，进风位置对鸡笼区域内气流速度变异系数有显著影响，在此之后，不同进风位置时笼内气流速度变异系数无显著差异。因此，在进风口内侧无导流板时，进风位置对进口段进风口区域鸡笼区域内气流分布均匀性有显著影响，影响范围为距离首个鸡笼 45 m 之内的区域，但影响程度随着进风口与鸡笼间距增加而减弱。

沿鸡舍长度方向，在进风口内侧无导流板时，进风位置对笼内温度的影响结果表明，进风位置对笼内温度的影响效果被削弱。进风位置主要影响进口段进风口处鸡笼内区域的温度。随着进风口与鸡笼间距增加，笼内温度呈降低趋势且其分布趋于均匀。其主要原因为当进风口与部分鸡笼重合时，该区域附近存在通风弱区，鸡群产生的余热不能有效排出，导致笼内温度升高。而随着进风口与鸡笼间距增加，笼内气流波动趋于平稳，从而使温度分布更为均匀。进风口对笼内温度影响范围有限。为保证气流在进入鸡笼前充分预热，其射程应到达鸡舍天花板中央。因此在进风面积一定的情况下，导流板开启角度依据通风速率而定。对阶梯笼养或散养蛋鸡舍而言，鸡舍结构设计和通风量会产生差异，因而进风角度会随之变化，而进风角度会影响气流路径，从而影响室内的气流分布。所以在饲养工艺或通风量不同的情况下，导流板开启角度发生变化时，进风位置对舍内环境影响需要进一步探究。同时，在实际生产中，由于设计不规范等原因，山墙空间得不到充分利用，从而影响侧墙湿帘长度，因此后期可对不同侧墙进风口长度对舍内环境的影响进行讨论。

5.3.2 禽舍排风口位置对舍内气流的影响

适宜的通风系统可以提高家禽生长和生产性能，如增加家禽个体体重等。通风系统的运行受控制系统控制，而控制系统依据所设定的通风策略实施，因此，制定科学、合理的通风策略对家禽舍内适宜的气流分布起到至关重要的作用。Curi 等曾利用 CFD 技术对肉鸡舍内气流分布进行模拟，分析不同出风口位置对舍内气流分布的影响，结果表明，适宜的通风方式有利于减少通风死区和湍流区；Tong 等利用 CFD 技术开发了一种蛋鸡舍用上升气流置换通风(UADV)系统，在夏、冬两季对舍内空气交换效率、热环境等方面与传统隧道通风系统进行比较，结果表明 UADV 系统的空气交换效率提高 46%～129%，增加了舍内热环境的均匀性，减少了夏季 9.4%的热应激与冬季 68%的冷应激。

舍内气流分布受开启风机位置的影响。当开启 2 个风机时，改变通风策略对鸡笼前部有效温度影响小，主要影响鸡笼的中、后部，在靠近风机处由于风速增大，有效温度降低。鸡舍中间位置有效温度高于两侧，开启不同位置风机对舍内蛋鸡体感区有效温度的影响存在差异，实际通风模式下有效温度处于中间水平而非最优，仍可进一步改善。改变风机组合主要影响鸡舍中后部热环境的分布，对鸡舍前部的影响较小；在固定开启风机为 2 个的情况下，应首先开启同区域的风机，其次选择同侧相邻区域的风机，尽量避免跨区域的风机组合。这是由于当开启同区域的风机或同侧的风机时，更容易集中舍内气流朝一侧排出，增大流经鸡笼区域风速的同时有效地排出蛋鸡所产生的多余热量和水汽。

在不改变风机开启数量的前提下，开启风机的位置对蛋鸡舍热环境有一定的影响，所选风机位于下排区域的效果优于上排区域，区域确定后，应优先开启靠近侧墙的相邻风机，避免选择上排或大间距的风机组合。实际通风模式下的舍内鸡笼体感区平均体积有效温度为 25.67 ℃。在不同风机组合下，有效温度最大值为 25.80 ℃，最小值为 25.42 ℃，温差为 0.38 ℃，造成该温差可能与鸡舍流场分布有关。图 5-5 为 3 种风机组合下的第二层鸡笼($Z=1.3$ m)所在截面风速分布云图。如图所示，第一组风机组合下鸡笼后部风速小(呈深蓝色)，气流主要通过走道流向风机。第二组风机组合下仅在鸡笼末端有少部分气流穿过鸡笼，而第三组风机组合下有大量气流从鸡笼后部穿过。改变风机组合主要影响鸡舍后部的气流分布，当气流集中从一侧排出时有更多气流流经鸡笼后部。

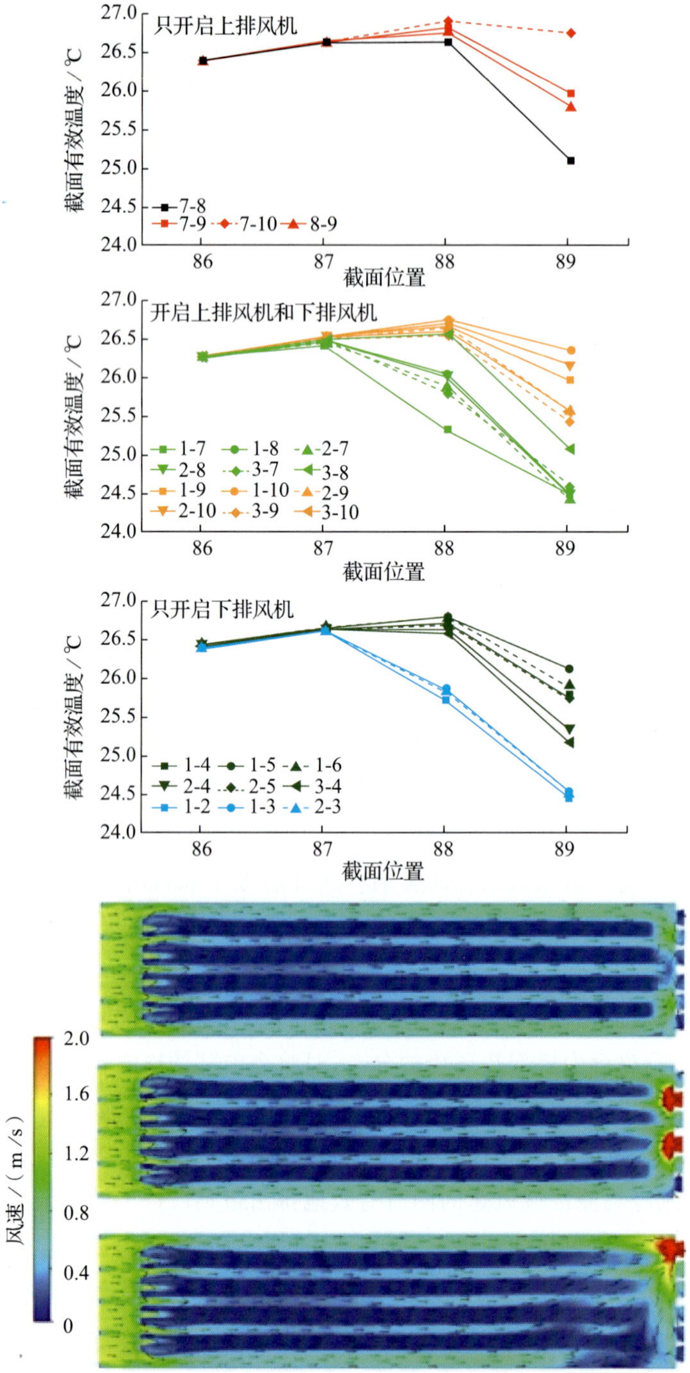

图 5-5　3 种风机组合下舍内截面有效温度和风速云图

开启靠近侧墙的风机能有效集中气流从风机墙的一侧流出，不仅可以提高舍内流经蛋鸡区域的有效气流量，带走多余的热量与水汽，还可以在一定程度上降低蛋鸡体感区的

PM10 浓度，改善蛋鸡舍内环境空气质量，开启靠近侧墙的风机可有效降低蛋鸡体感区 PM10 浓度，靠近风机所在列的鸡笼区域平均体积 PM10 浓度低于远离风机所在列的鸡笼区域，开启同侧下排 2 个风机时 PM10 浓度为 1.93 mg/m³。开启同侧上、下排各 1 个风机时 PM10 浓度为 2.07 mg/m³。这与舍内的气流分布有关，通风较好（风速、通风量较大）的区域污染物浓度相对较低。开启靠近侧墙的一侧风机有利于降低蛋鸡所在的体感区 PM10 浓度，提高蛋鸡舍内环境空气质量，3 种通风模式下所对应的蛋鸡体感区平均 PM10 浓度如图 5-6 所示。

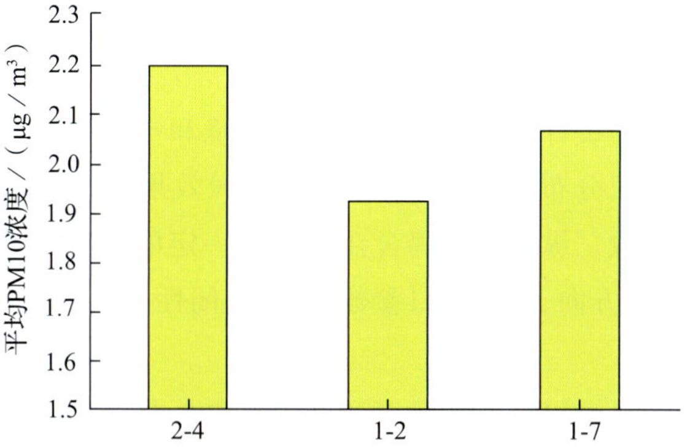

图 5-6　实际风机组合与优化风机组合下蛋鸡体感区平均 PM10 浓度

2 个风机模拟所得到的优化舍内热环境的通风策略在开启 3 个风机运行条件下也是适用的。当开启 3 个风机时，所选风机组合下舍内四列鸡笼体感区的平均体积有效温度分布，从左至右由低至高排列如图 5-7 所示。由图 5-7 可知，现场实际的风机组合所得平均体积有效温度（25.35 ℃、25.38 ℃）处于中间水平，开启靠近侧墙的相邻风机能够较好地优化舍内热环境（25.17 ℃、25.14 ℃），而开启上排风机或大间距风机组合不利于舍内降温（25.46 ℃、25.45 ℃）。通过 3 个风机不同组合的可行性分析后证明所得结论是可靠的，具有一定的普适性。

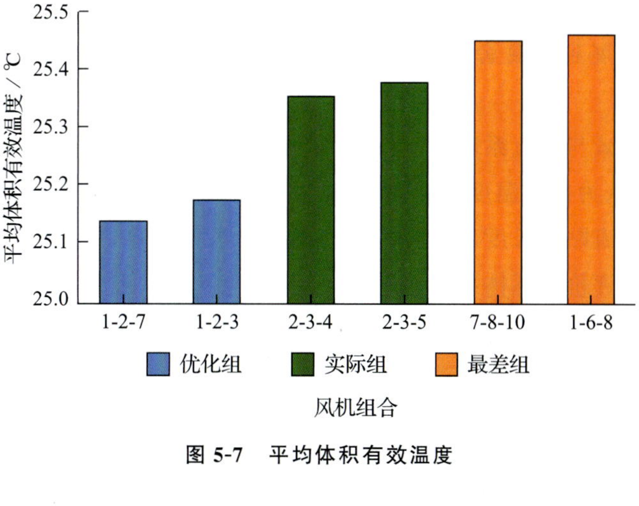

图 5-7　平均体积有效温度

我国蛋鸡舍通风方式主要为纵向机械通风，热量通常在鸡笼后部聚集，导致鸡笼后部的蛋鸡更容易对热环境产生不适。而通过改变风机组合能够有效降低鸡笼后部蛋鸡体感区有效温度，提高蛋鸡对热环境的舒适度，进而提高生长、生产性能(饲料转化率、产蛋率、蛋重、蛋品质等)与养殖场经济效益。现有秋季通风模式下，蛋鸡舍内有效气流利用率低，局部有效温度差值大。新鲜气流进入鸡舍后受集蛋装置的阻挡，大部分新鲜空气从鸡笼上方及过道直接流向风机，流经鸡笼和鸡舍下部的气流较少，此外，由于热量和水汽随气流的流动不断积累，第一层与第二层鸡笼中后部区域的有效温度较高。

5.3.3 禽舍均匀通风的气流组织设计

现代家禽通风系统的设计不仅需考虑整舍热环境和空气质量，也应考虑舍内的气流组织分布。室内气流组织分布的均匀性直接影响通风效果，也决定着室内空气的温度、相对湿度和风速等环境参数。纵向通风鸡舍在送风量一定的情况下，禽舍横截面积直接影响风速大小，进风速度与方向、进排风口参数、建筑密闭性、舍内设备和饲养模式等影响舍内气流分布。

家禽舍外空气经送风口以一定的速度和温度射向舍内，并不断地进行扩散形成射流，由于射流在扩散过程中与舍内空气不断进行热湿交换和能量交换，还与舍内各种冷、热物体和家禽舍四壁之间相互作用以及循环，射流的边界还受到舍内笼架、鸡只、顶棚、墙面等的限制的影响，在舍内形成了具有一定速度和温度分布(即速度场和温度场)，产生了回流、回旋气流和死角。舍外空气从侧墙进风口进入鸡舍后，开始阶段气流仍按自由射流特性扩散，射流过程中断面与射流流量不断增大，边界为一条直线。有研究表明，当射流断面扩散到建筑宽度的20%～25%时，射流断面的扩展速度比自由射流缓慢；当射流断面扩展到建筑宽度的40%左右时，射流断面的速度最大，随后射流断面和射流流量逐渐减小直到消失。射流扩展到最大断面的断面处是回流断面最小的地方，此处回流区域内的风速最大，舍内家禽的饲养区域都应在回流区，家禽舍内射流扩散的最大速度最好略大于家禽舍宽度的1/2(中间)，家禽舍两侧山墙均应布置侧墙进风口，舍内气流呈对称分布，两侧进风口射流扩展到家禽舍宽度的1/2(中间)后，射流流量和射流断面逐渐减小至消失。

射流温度的衰减与射流系数、射程建筑的射流自由度有关，舍内温度波动幅度允许大于1 ℃的环境，可认为射流温度的衰减只与射流的射程有关。家禽舍非等温射流的温度衰减变化规律及射流贴附长度对舍内气流分布设计至关重要，由湿帘降温系统气候适应性综合评判模型及评价指标体系可知，一定气候环境下通风湿帘降温系统的降温幅度不变，即进入家禽舍进风口的进风参数不变，但由于受限射流的温度衰减规律与相对射程关系及阿基米德系数与贴附射流相对射程的关系影响，在鸡舍进风口参数理想状态设定下，进风参数影响舍内温度大小和波动。

近年来，已有学者基于非等温贴附射流理论设计舍内气流组织，明确进风排风参数、舍内设备及风机性能对舍内贴附射流长度、温差衰减的影响规律，揭示鸡舍有限空间内射流温度、风速衰减特性及射流长度变化规律，揭示舍内环境的稳温机理和影响规律，利用非等温贴附射流理论提出降低温度波动及温差的全季节侧墙小窗一体化通风模式（二维码 5-2，图5-8），并明确其理论及设计方法，在规模鸡场推广应用（图 5-9）。

二维码 5-2
全季节侧墙小窗
一体化通风模式

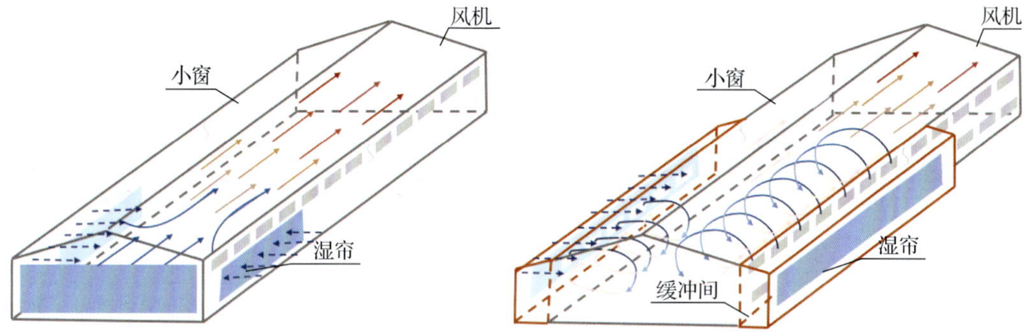

图 5-8　通风系统对比图

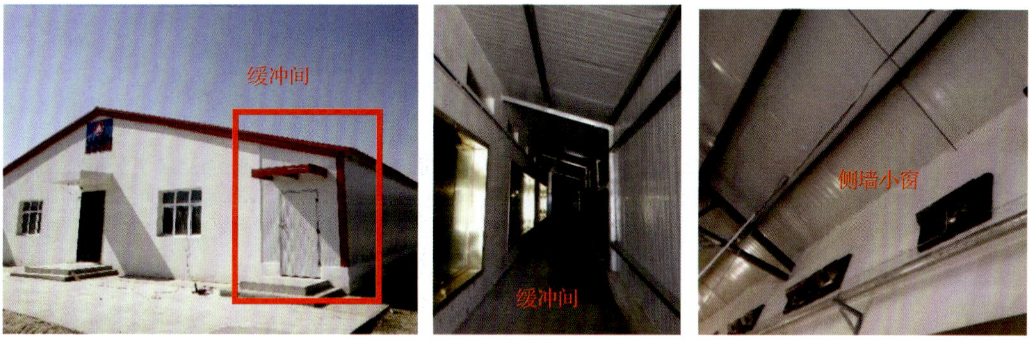

图 5-9　纵墙湿帘缓冲间山墙排风系统鸡舍及其缓冲间

传统纵向通风系统鸡舍改造为纵墙湿帘"一体化"通风模式，舍内水平及垂直方向温差分别由 6.4 ℃、5.4 ℃降低至 1.4 ℃、0.9 ℃（图 5-10）。该纵墙湿帘"一体化"通风模式能很好地控制舍内水平及垂直方向温差，与传统纵向通风系统相比，纵墙湿帘"一体化"通风模式使舍内温热环境分布更均匀，舍内无冷、热应激现象发生。这是因为舍外空气经过湿帘降温后先进入缓冲间，再在非等温贴附射流作用下进入鸡舍，每侧进风射流回流区域均位于 2 列鸡笼鸡只活动区域。全季节侧墙小窗"一体化"通风模式的应用可有效解决鸡舍内热环境不均匀，温度波动幅度大，局部冷、热应激等问题，笼内风速提高至 0.8～1.0 m/s，舍内温度最大波动幅度控制在 3 ℃以内，蛋鸡全期死淘率降低 2.8%，产蛋率提高 4.2%，通风能耗降低 15%。

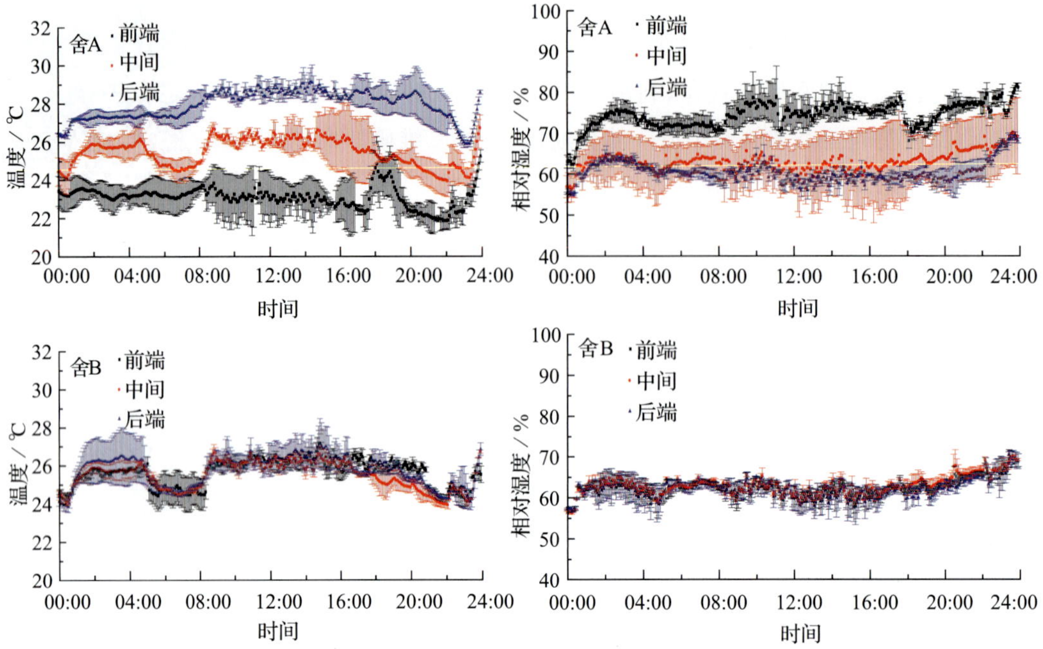

a. 前端、中间及后端温度变化

b. 前端、中间及后端湿度变化

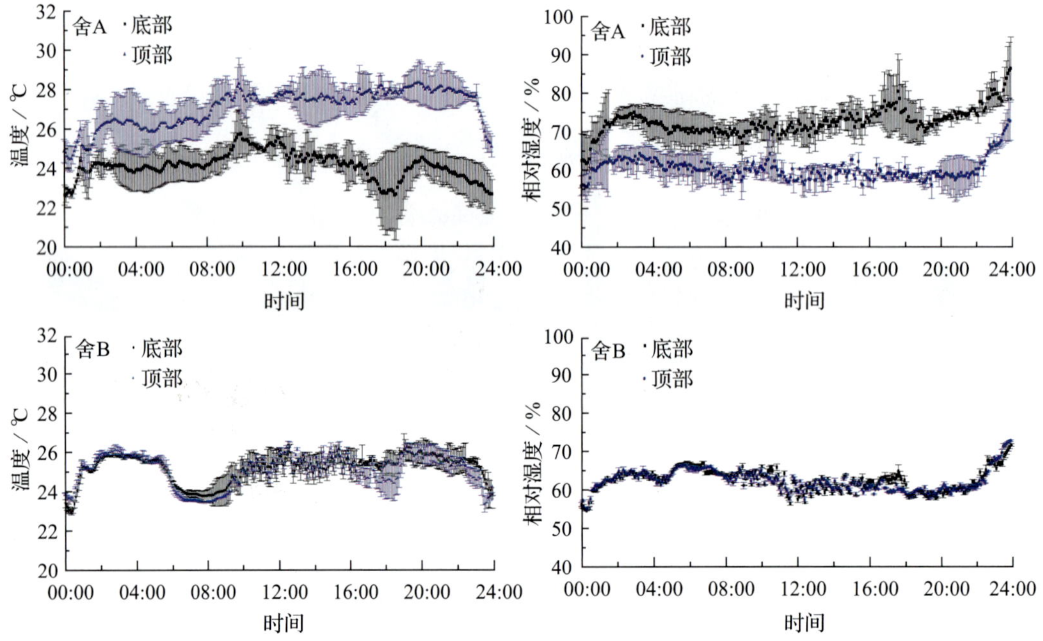

c. 底部及顶部温度变化

d. 底部及顶部湿度变化

图 5-10　试验鸡舍内水平与垂直方向温度和湿度变化

5.4 禽舍光环境智能化调控

5.4.1 禽舍光环境影响参数

蛋鸡的生长发育非常依赖于视觉系统,光照是家禽养殖过程中必不可少的环境因素之一(图 5-11),光照环境会对家禽的行为表达、生长发育及生产性能等都产生影响,合适的光照环境有助于家禽更好地生存和繁衍。光对家禽的影响是光色、光照强度、光周期及光源综合作用的结果,其中光环境参数一般为光照强度、光色以及光照周期。光照对家禽的作用途径主要有两种:一是视觉效应,光线可以通过视觉神经连接到视网膜,刺激下丘脑;二是非视觉效应,光线可以直接穿透颅骨到达下丘脑的受体。正是由于这两条光通路的存在,光照对于家禽正常的行为表达、生长发育以及生产性能等具有重要的作用。蛋鸡对光照的接收部位及路径如图 5-11 所示。

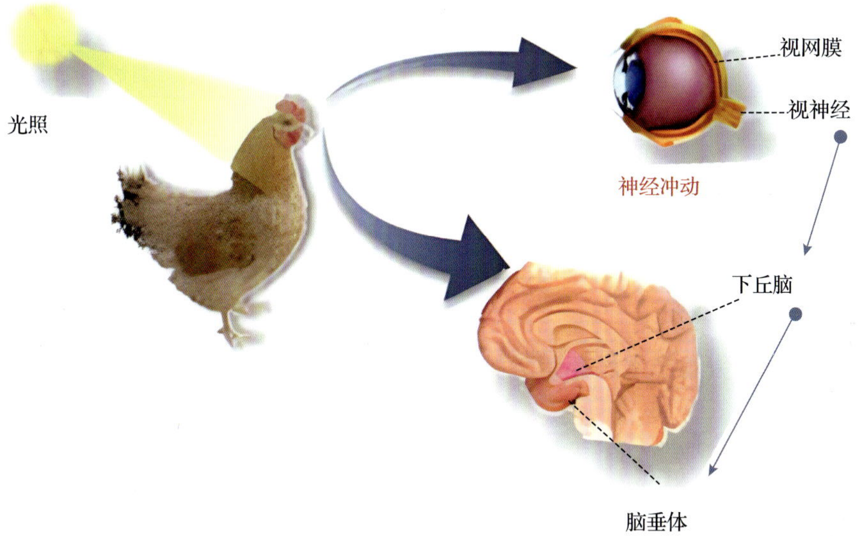

图 5-11　蛋鸡对光照的接收部位及路径

5.4.2 蛋鸡育雏育成期 LED 光照调控技术

图 5-12 和表 5-2 显示了不同敏感波段 LED 灯对蛋鸡育雏育成期生长发育及性发育影响。结果表明:1～13 周龄采用 LED 蓝绿光(435～565 nm),蛋鸡的血清免疫球蛋白(Ig)浓度较高,说明 LED 蓝绿光(435～565 nm)可以促进蛋鸡在育雏育成期的免疫性能。在 14～20 周使用黄橙光(565～630 nm)可以促进蛋鸡骨矿物质密度,增强骨骼质量,预防产蛋期蛋鸡骨质疏松症状,且能够提高鸡群开产均匀性,提高产蛋性能。

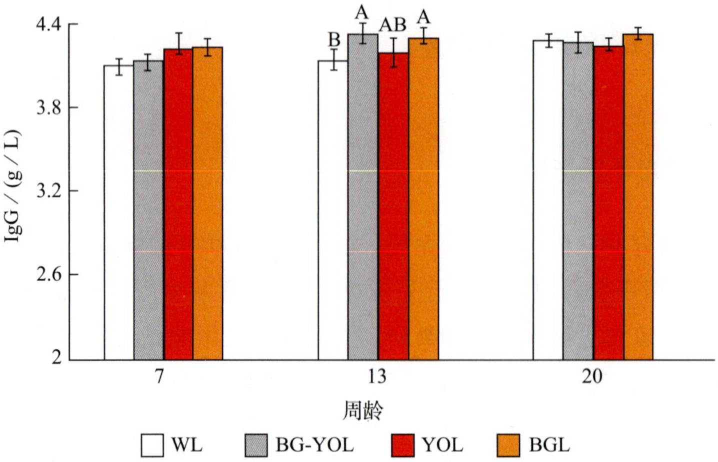

图 5-12　不同光色 LED 灯对蛋鸡 IgG 含量的影响

注：图中 WL＝1～20 周龄白光；BG-YOL＝1～13 周龄蓝绿光，14～20 周龄黄橙光；YOL＝1～20 周龄黄橙光；BGL＝1～20 周龄蓝绿光。下同。

表 5-2　不同光色 LED 灯对蛋鸡开产情况的影响

处理组	开始产蛋日龄/d	开产日龄/d	到达开产所需天数
WL	127	137	10
BG-YOL	124	133	9
YOL	126	133	7
BGL	121	135	14

5.4.3　笼养蛋鸡产蛋后期紫外补光调控技术

表 5-3 显示了不同时长紫外 LED 补光（波长 290～315 nm，光功率 27 mW）对产蛋后期蛋鸡骨骼发育的影响。结果表明：4 周之后，不进行紫外 LED 补光的鸡只体重会降低。4 周之前，各组胫长都增加较快；4 周之后，未进行紫外 LED 补光的鸡只胫长增加会变慢。而且，未进行紫外 LED 补光的鸡只骨密度呈现下降趋势。每天进行 2 h 和 3 h 紫外 LED 补光有利于提高蛋鸡骨矿物质密度（$P<0.05$），增强骨骼质量，同时有利于增加蛋黄维生素 D 的含量。

表 5-3　产蛋后期紫外（UVB）补光对蛋鸡骨骼的影响

参数	时间/周	UVB-LED 补光时间			
		1 h/d	2 h/d	3 h/d	0 h/d
骨密度/(g/cm^2)	0	$0.245\pm0.004^{c,A}$	$0.230\pm0.003^{d,C}$	$0.253\pm0.005^{a,B}$	$0.248\pm0.003^{b,A}$
	4	$0.233\pm0.002^{c,B}$	$0.235\pm0.002^{c,B}$	$0.255\pm0.003^{a,B}$	$0.245\pm0.002^{b,B}$
	8	$0.233\pm0.003^{d,B}$	$0.244\pm0.006^{b,A}$	$0.264\pm0.008^{a,A}$	$0.241\pm0.001^{c,C}$

续表 5-3

参数	时间/周	UVB-LED 补光时间			
		1 h/d	2 h/d	3 h/d	0 h/d
骨含量/g	0	$1.87\pm0.08^{b,A}$	$1.70\pm0.03^{c,B}$	$1.97\pm0.05^{a,A}$	1.73 ± 0.06^{c}
	4	1.66 ± 0.005^{B}	1.65 ± 0.05^{AB}	1.69 ± 0.06^{B}	1.74 ± 0.03
	8	$1.57\pm0.03^{c,C}$	$1.80\pm0.04^{b,A}$	$2.04\pm0.05^{a,A}$	1.75 ± 0.02^{b}
骨面积/cm²	0	$7.59\pm0.20^{a,A}$	7.39 ± 0.05^{a}	$7.78\pm0.05^{a,A}$	6.98 ± 0.26^{b}
	4	7.12 ± 0.03^{AB}	7.04 ± 0.23	6.75 ± 0.15^{B}	7.08 ± 0.14
	8	$6.76\pm0.04^{b,B}$	7.38 ± 0.10^{a}	$7.49\pm0.12^{a,A}$	7.25 ± 0.04^{a}

注：试验周期为 8 周，共有 3 个处理组(每天 1 h UVB-LED 补光，2 h UVB-LED 补光和 3 h UVB-LED 补光)，对照组(每天 0 h UVB-LED 补光)。数据表示为平均值±标准误差(SE)。在一行中，不同肩标小写字母表示差异显著($P<0.05$)。在同一列中，不同肩标大写字母表示差异显著($P<0.05$)。

5.4.4 蛋鸡产蛋期和肉鸡特种光照调控技术

图 5-13 显示了蛋鸡产蛋期 2 700 K 暖白光特种光谱组与对照组产蛋率对比，生产数据

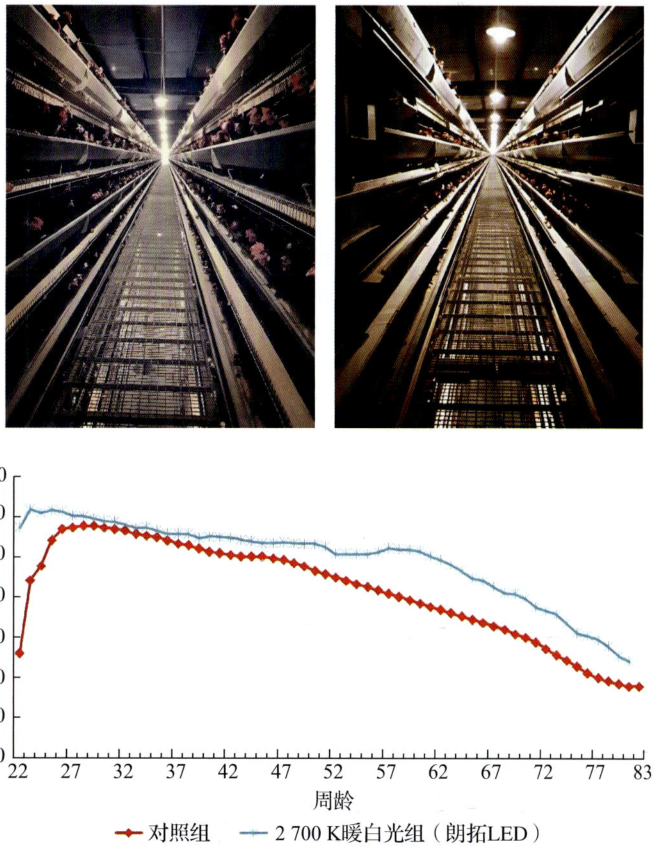

图 5-13　蛋鸡产蛋期 2 700 K 暖白光特种光谱组与对照组产蛋率对比

表明，使用特种光谱（2 700 K 暖白光）相比荧光灯（对照组）显著提高了产蛋率。在整个试验过程中，90%产蛋率持续 40 周，累计产蛋 378 枚/只，显著提高了生产效益。

图 5-14 显示了肉鸡特种灯光谱试验组与对照组死淘率对比，其生产数据表明，使用特种光谱灯具（全程黄光＋白光）相比荧光灯（对照组），能够显著降低 2.17%的肉鸡死淘率，提高 0.75%的饲料转化率，可以节约 75.0%的电能，且该灯具使用寿命是荧光灯的 3 倍以上。

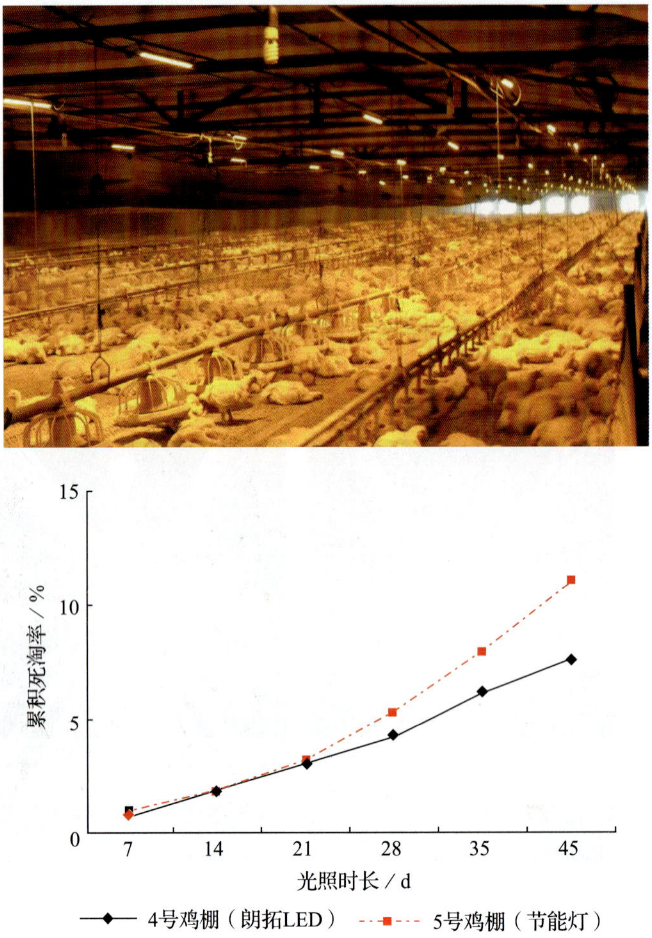

图 5-14　肉鸡特种灯光谱试验组与对照组死淘率对比

5.4.5　蛋种鸡本交笼养 LED 光照调控技术

如表 5-4 所示，蛋种鸡本交笼养的光谱自动调控技术（上午红光，下午 2 700 K 暖白光，图 5-15），蛋种鸡死淘率由 5.3%降至 2.65%。光色、光照强度及二者交互作用对血清皮质酮、5-羟色胺、嗜异细胞与淋巴细胞比例有显著影响（$P_{光色}<0.05$；$P_{光照强度}<0.05$；$P_{光色*光照强度}\leqslant 0.05$）在红光与蓝绿光照射下鸡只血液内 5-羟色胺浓度显著高于白光与黄橙光组（$P<0.05$），在红光下鸡只血液内皮质酮浓度显著低于白光组与黄橙光组（$P<0.05$）。

表 5-4 LED 光色、光照强度及其交互作用对生理应激反应与死淘率的影响

项目	血液指标					外伤及死淘	
	T3/(ng/mL)	T4/(ng/mL)	5-HT/(ng/mL)	CORT/(ng/mL)	H/L	因啄致死率/%	外伤致死率/%
光照强度							
HLI	0.55±0.01	15.10±0.32	28.11±1.22[b]	5.19±0.15[a]	0.50±0.01[a]	5.88±0.32[a]	0.48±0.44[a]
LLI	0.60±0.01	15.75±0.24	30.64±0.93[a]	4.66±0.31[b]	0.41±0.01[b]	4.44±0.58[b]	0.28±0.36[b]
光色							
WL	0.65±0.01	16.76±0.28	27.04±1.22[b]	4.90±0.55[a]	0.49±0.01[b]	5.31±0.57[a]	0.40±0.02[a]
RL	0.49±0.02	14.04±0.44	30.73±0.89[a]	4.06±0.25[b]	0.32±0.01[d]	2.65±0.33[c]	0.18±0.01[c]
YO	0.56±0.01	15.05±0.32	28.14±2.13[b]	5.08±0.27[a]	0.60±0.01[a]	6.06±0.46[a]	0.46±0.04[a]
BG	0.60±0.02	15.85±0.17	30.61±1.07[a]	4.52±0.33[ab]	0.41±0.01[c]	4.63±0.32[b]	0.29±0.04[b]
光照强度 * 光色							
WL-HLI	0.62±0.01	16.48±0.40	26.10±4.61[c]	4.96±0.62[a]	0.53±0.01[b]	5.93±0.72[a]	0.51±0.04[a]
WL-LLI	0.67±0.01	17.03±0.29	27.98±1.77b[c]	4.84±0.18a	0.44±0.01[c]	4.69±0.65[b]	0.29±0.04[b]
RL-HLI	0.45±0.01	13.71±0.44	28.81±0.84[b]	5.63±0.30[a]	0.35±0.01[d]	2.46±0.30[c]	0.19±0.03[c]
RL-LLI	0.53±0.02	14.36±0.38	32.64±0.88[a]	4.08±0.33[b]	0.28±0.01[e]	2.83±0.33c	0.17±0.02[c]
YO-HLI	0.52±0.02	14.66±0.22	28.51±0.89[b]	5.04±0.21[a]	0.65±0.01[a]	6.30±0.85[a]	0.49±0.04[a]
YO-LLI	0.59±0.02	15.44±0.21	31.76±0.83[a]	5.11±0.39[a]	0.55±0.01[b]	5.81±0.72[a]	0.42±0.04[a]
BG-HLI	0.59±0.02	15.53±0.17	29.03±1.48[b]	5.11±0.52a	0.45±0.01[c]	4.81±0.60[b]	0.32±0.03[b]
BG-LLI	0.61±0.02	16.16±0.20	30.19±0.91[b]	4.60±0.39[b]	0.37±0.01[d]	4.44±0.54[b]	0.25±0.02[b]
差异值(P 值)							
光照强度	0.431	0.579	0.042	0.001	0.041	0.010	0.005
光色	0.643	0.412	0.021	0.003	0.037	0.010	0.007
光照强度 * 光色	0.233	0.283	0.018	0.001	0.008	0.001	0.003

注：同列数据中，不同肩标小写字母表示差异显著($P<0.05$)；LI=光照强度，HLI=25 lx，LLI=15 lx；WL=白光，RL=红光，YO=黄橙光，BG=蓝绿光；T3=三碘甲状腺原氨酸，T4=甲状腺素，CORT=皮质酮，5-HT=5-羟酰胺；H/L=嗜异细胞与淋巴细胞的比例。

嗜异细胞与淋巴细胞比例依次为黄橙光组＞白光组＞蓝绿光组＞红光组，且差异显著。鸡只在红光下因啄及外伤死致死显著低于蓝绿光组($P<0.05$)，蓝绿光组显著低于白光组与黄橙光组($P<0.05$)。鸡只在高光照强度下5-羟色胺浓度显著低于低光照强照度组($P<0.05$)，但嗜异细胞与淋巴细胞比例、皮质酮浓度、因啄致死率、外伤致死率显著高于低光照强度组($P<0.05$)。

鸡舍现场实验场景

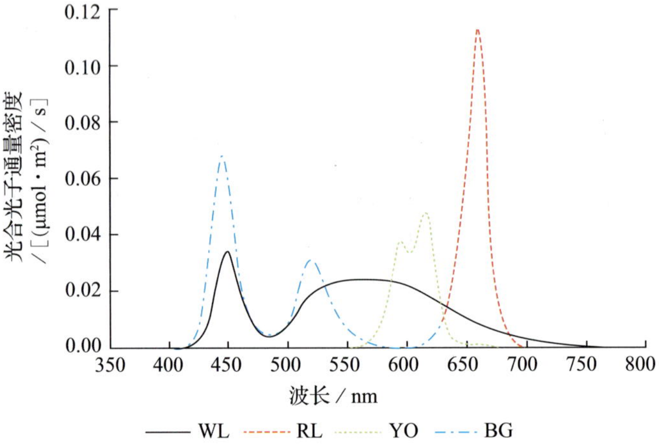

光源光谱特性

图 5-15 试验灯具现场安装图及光谱特性图

注：WL＝白光，RL＝红光，YO＝黄光，BG＝蓝绿光

第 6 章

家禽健康高效养殖的数字化智能感知技术

6.1 家禽生长过程信息的智能感知与监测

6.1.1 家禽生长过程体重的智能化监测

蛋鸡体重是蛋鸡生理性能的重要指标之一，蛋鸡生理性能的优劣会直接影响其生产性能。有研究表明，蛋鸡的蛋重随体重的增加而增加，尤其在产蛋高峰期，如果蛋鸡的体重偏轻，那么蛋鸡肠道对于饲料的吸收效率就会降低，从而所产鸡蛋的品质也会受到影响。因此，在蛋鸡生产过程中对蛋鸡的体重实时监测十分重要，根据体重的变化，合理改变饲料的营养成分和饲料量，进而有利于提高料蛋比和鸡蛋的品质。

在实际蛋鸡生产中，获得蛋鸡体重的方式有很多。传统的获取蛋鸡体重的方式主要为 2 种：一种是根据人工经验，目测其体尺体寸，进而估算出鸡只的体重，显然，此方法较为粗犷且误差较大；另一种是通过人工抓取鸡只，将其放在秤上称量，该方法比起上一种方法精度有所提高，但是会给鸡只带来很大的应激，进而严重影响其产蛋性能，同时人工称量增加了劳动成本。

随着物联网技术在设施养殖领域的不断兴起，其逐渐成为实时获取设施内环境数据、畜禽生理、生产数据的重要手段，物联网也成为数字农业的重要支柱。设施养殖中物联网拓扑如图 6-1 所示。

基于物联网、计算机视觉技术的不断发展，高效、无应激的鸡只体重获取方式诞生。数字化获取鸡只体重的主要方式也有 2 种：一种是基于计算机视觉技术估算蛋鸡的体重；另一种是利用压力传感器，将压力传感器接入物联网系统，并通过压力传感器获取鸡只体重数据，存储至数据库服务器里。

利用计算机视觉可以估算鸡只体重，该方法在建立鸡只体重估算模型时，通过拍摄获取鸡只图像，并同步用电子秤称量鸡只体重，对图像的关键特征参数进行提取，最后选择合适的回归预测模型将图像关键特征作为输入、鸡只体重作为标签进行预测，进而构建基于计算机视觉的鸡只体重估算模型。

Mortensen 等利用此建模思路构建了鸡只估重系统，该系统利用深度相机俯视拍摄

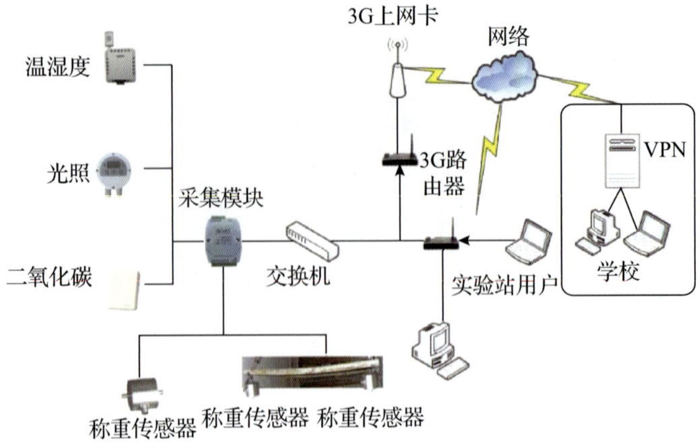

图 6-1　物联网拓扑

背部的图像，并将提取的图像特征在贝叶斯人工神经网络中进行预测。郭蓓佳等在获取鸡只图像时，利用与 Mortensen 相似的方法搭建了一种图像采集平台（图 6-2），使用深度相机获取鸡只背部的图片，进而对其进行特征提取。在对拍摄的图像进行预处理之后（图 6-3），选取图像中鸡只轮廓的长度投影面积，轮廓的长度、宽度，轮廓的周长，轮廓（近似看成椭圆）的离心率作为每一张图像中包含的关键特征进行提取。

1. 黑色背景板　2. 标定小块　3. 俯拍相机

图 6-2　鸡只图像获取平台

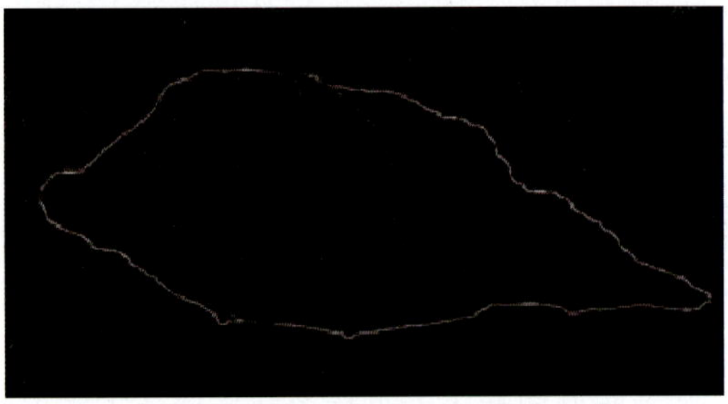

图 6-3　图像预处理之后的图片

邢永正将压力传感器作为物联网感知层中的一个节点，将压力传感器布置在试验鸡笼中（图 6-4 至图 6-6），随机获取单只鸡的体重，并且在鸡笼栖架两端同样布置两个压力传感器，从而能够获取任一时刻栖息在栖架上所有蛋鸡的总体重。

选择逐步回归法和 MLP 神经网络两种多元回归算法，将鸡只图像特征作为输入、实际体重作为输出进行预测。最终的结果显示，MLP 神经网络方法构建的蛋鸡体重估测模型 R^2 可达 0.960，精度较高。

将传感器硬件布置完毕之后，利用 LabVIEW 语言，编写鸡只单体体重获取程序以及栖杆上蛋鸡总体重程序，进而能够实时获取压力传感器的数据，通过单体体重和总体重数据就能估算出栖架上栖息的鸡只数量，也由此可以计算鸡只的平均体重。最后，将采集到的体重数据通过编写的存储程序上传至数据库保存。

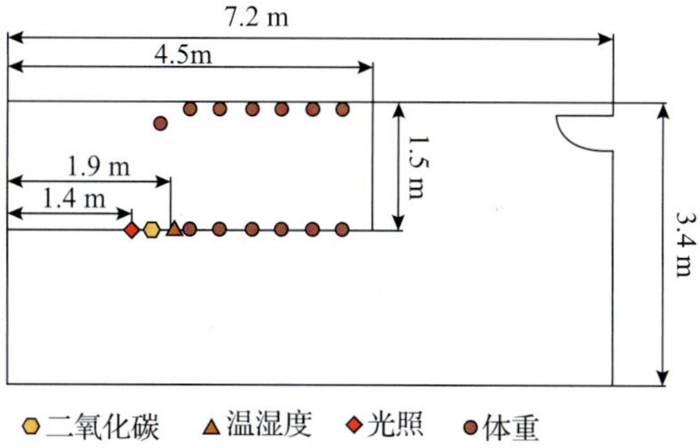

图 6-4　试验鸡笼各传感器布置俯视示意图

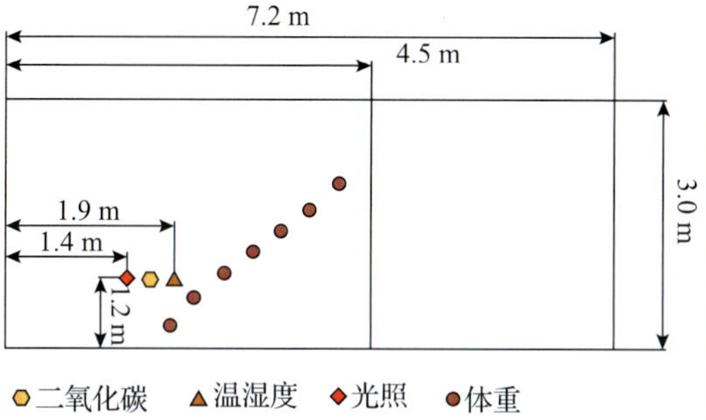

图 6-5　试验鸡笼各传感器布置侧视示意图

图 6-6　压力传感器布置

为提高蛋鸡平均体重计算的准确率，需要进一步明确某时刻一根栖杆上的蛋鸡只数。毛涛涛在邢永正研究的基础上，利用 LabVIEW 编程语言，将鸡笼中的视频图像在前面板上呈现，通过人工识别查看，提高蛋鸡栖息行为的识别准确率，进而提高蛋鸡平均体重计算的准确率。将鸡只平均体重误差缩小在 0.1 kg 以内。

为了降低人工识别的劳动强度以及采集数据存在的冗余，在 LabVIEW 前面板上预先设置需查看图像的数量，如果连续出现的符合条件的图片数量达到该阈值，则只挑选其中的一张图片进行查看。工作流程图与 LabVIEW 工作前面板如图 6-7 和图 6-8 所示。

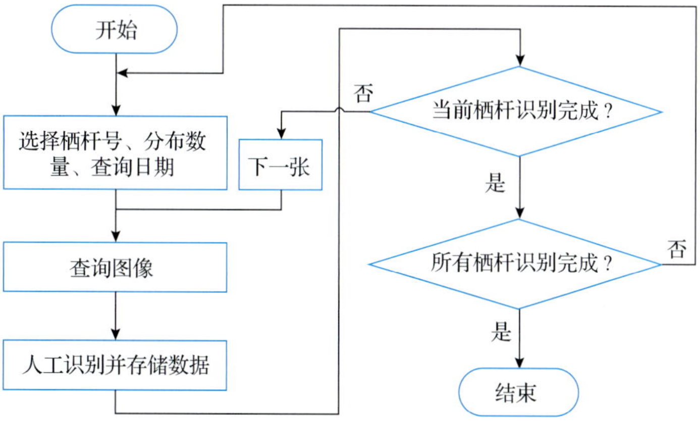

图 6-7　鸡只识别系统工作流程

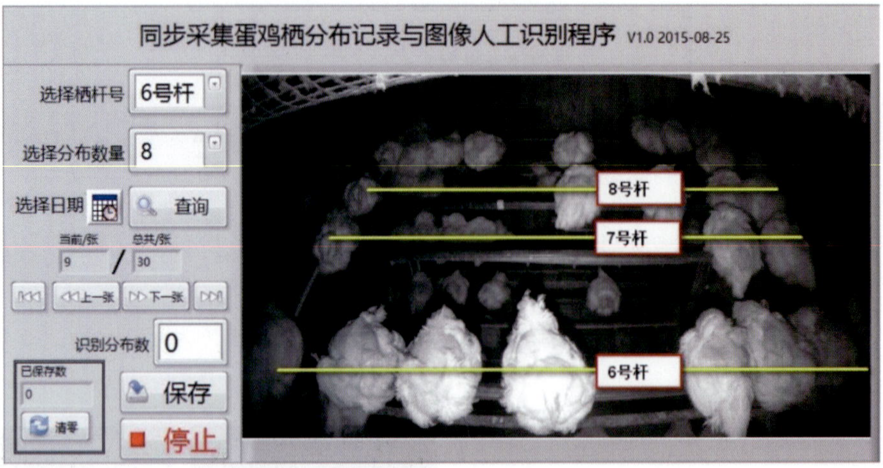

图 6-8 人工识别图像分布流程图及识别程序界面

6.1.2 家禽生长过程体况的智能化监测

家禽的体况简单来说指的是家禽身体的肥瘦状况。体况过瘦或过肥都会在一定程度上影响家禽的繁殖性能、生产性能、健康及福利水平等。以肉鸡养殖为例，鸡群的体况包括骨架、体重、胸肌及脂肪等，获得适当的体况需要合适的骨架、准确的体重和体重增长曲线、适当的胸肌发育和脂肪沉积等。因此通过体况调整等工作保证家禽体况处于正常范围是很有必要的。体况评分是评价畜禽能量代谢状况或脂肪沉积程度的一种重要方法，也是预测生产力、检验和评价饲养管理水平的一项重要指标。江苏京海禽业集团有限公司采用影像学分析通过 CT 技术扫描鸡体来评估鸡只体况的评分系统，并将鸡只体况分为 3 个级别，如表 6-1 所示。

表 6-1 CT 技术扫描影像评估鸡只体况

体况指数	1 分	2 分	3 分
胸肌形状	V 型	窄 U 型	宽 U 型
龙骨	易感，胸部凸出	凸出不明显，平滑	平常不太明显，严重时时常出现锯齿状(可见凹窝)
胸肌	胸肌较少，可感到下凹部分肌肉不良	胸肌良好，圆润，肌肉状态好	胸肌大，宽厚有余，肌肉状态良好

现在家禽体况监测和评分一般采用人工操作，通过触摸评估和肉眼观察等方式来进行，但是人工观察和评分不仅耗时耗力，而且有着强烈的个人主观性，还容易引起家禽的应激反应，影响畜禽生产。

目前国内外直接针对家禽的自动化无接触式体况监测还比较少，但是有学者在类似方面进行了探索，对家禽的体尺、体重、脂肪含量等影响体况的指标进行自动化监测。北京市农林科学院农业信息与经济研究所的王明等研发了以盘式称重器为基础的鸡体重实时监测系统，获得了鸡只实时体重和体重增长曲线，可以帮助研究人员进行鸡只的体况评分。

6.2 禽舍环境参数的智能感知与采集

6.2.1 禽舍温湿度分布数字化

在现代化规模生产中，温度、湿度等湿热环境对鸡只的健康和生产都有重要意义。从鸡的生理结构上看，鸡全身有大量的保暖羽毛，体温也明显比常见家畜要高，同时由于鸡只本身没有汗腺，只能通过喘息进行散热来调节体温，因此鸡的体温调节能力较弱，对温度的变化十分敏感，尤其是高温。一般而言，鸡只的适宜温度为 18～21 ℃，在环境温度上升超过一定范围时（＞30 ℃），鸡只就会产生不同程度的热应激，在这种状态下蛋鸡的体温、健康都会受到一定的影响，甚至会直接导致死亡。而长期处于不适宜温度环境中的鸡只，需要消耗额外机体能量来维持内环境的稳定，同时减少机体用于生长和生产的能量，从而影响最终的生产性能。

而湿度方面，湿度会与温度协同作用于鸡只对环境湿热环境的感受，高湿环境会严重阻碍鸡只通过喘息进行蒸发散热的效果，使得鸡只更易受到夏季热应激的影响；高湿环境增加了空气的导热性，使得鸡只保温能力下降，在冬季加剧了低温对鸡的刺激，同时高湿环境还对舍内的病毒传播、饲料霉变以及粉尘浓度等造成一定影响。

随着当下规模化鸡舍的扩大，养殖密度的提高，舍内的湿热环境十分容易出现不均匀的现象。建筑结构的缺陷、舍内养殖设备的布置、夏季或冬季通风时侧窗的开启角度等都会影响温湿度在鸡舍内的分布，从而在舍内出现局部的温湿度不适宜区，导致处于这部分区域内的鸡只的健康和正常生产难以得到保证，进而降低厂区的生产效益。而在实际生产中，鸡舍内布置的温湿度传感器较为稀疏，而环控方案也基本依赖这些传感器读数来代表整个鸡舍的温湿度来制定，大多忽视了舍内温湿度分布的不均匀性。目前国内外也有不少学者，基于 CFD 等模拟软件来实现对禽舍内温湿度分布的模拟和预测，通过对现场生产进行指导，已取得不少研究成果，而目前基于禽舍内实时温湿度分布的数字化监测研究和产品较少，但近年来也逐步受到人们关注。

德国 Big Dutchman 公司研发的一款 ChickenBoy 分析机器人，其设计大致为搭载有不同传感器和摄像头的机器人，通过悬挂在天花板下的轨道系统，在禽舍内进行巡查并实时收集环境和空气质量参数（图 6-9）。其用于实现全天候的监测和测量肉鸡舍内的气候参数及其分布情况，如温度、湿度、风速、有害气体浓度等，同时又搭载了强大的数据处理、分析单元，部分使用复杂的人工智能算法，并为客户提供多种舍内环境参数二维分布图，使得饲养者能精准且直观地获取鸡舍内的环境状态。

图 6-9 ChickenBoy 分析机器人及其绘制的禽舍内温度分布图

6.2.2 禽舍二氧化碳浓度分布数字化

畜禽舍中 CO_2 主要来自家畜禽类的呼吸作用，其中有一部分来自粪尿等有机物的分解。CO_2 浓度过高会导致禽类体质变弱、食欲减退、缺氧等，严重情况会发生窒息或者引发其他疾病。例如：CO_2 浓度过高会导致蛋鸡产蛋率下降，蛋的品质变差等。欧盟规定环境中 CO_2 浓度应该小于 4 500 mg/m^3。

现有规模化鸡舍普遍采取封闭式设计。在时间上，鸡舍内 CO_2 浓度的昼夜变化比较明显。例如鸡舍中 CO_2 的浓度昼夜变化在 2 500～5 400 mg/m^3（图 6-10）；在 6:00—9:00，鸡舍中的 CO_2 浓度会超过鸡生长的最高浓度，这是因为晚上为了保温而减少了风机

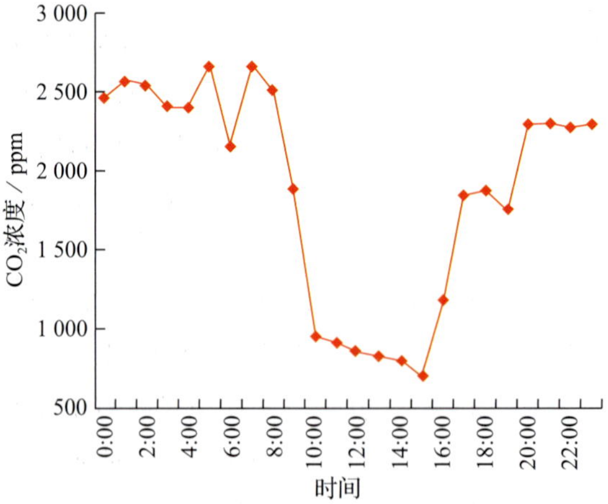

图 6-10 CO_2 浓度的昼夜变化曲线

注：1 ppm≈1.8 mg/m^3

运行的时间，导致 CO_2 无法排除而堆积。在舍内在空间上，垂直方向，因 CO_2 的密度比空气大，所以离地面越远，CO_2 浓度就会越小，靠近地面 CO_2 浓度大；在水平方向上，鸡舍的纵向通风距离越长，CO_2 的浓度会越大，这是因为鸡舍中风机的作用，造成 CO_2 在鸡舍中部和尾端堆积。

随着计算机技术的发展和各种传感器的普及，禽舍 CO_2 浓度监测系统逐渐得到应用。鸡群的呼吸、排泄物的腐化分解，会产生 NH_3、H_2S、甲烷等有害气体，增加 CO_2，减少 O_2。当鸡舍内的 CO_2 含量高于 1 100 mg/m^3 时，会影响鸡的生理机能，降低鸡的抵抗力。气流的流通虽有利于散热，平衡 CO_2 和 O_2 的含量、温湿度，但也会降低温度，增加鸡的能量消耗。物联网系统可以自动根据温湿度传感器、气体挥发物传感器的数值，启动、关闭排气扇、增温设备、降温设备，实现对气体的全自动平衡管理。整个过程可以在手机微信上实时管控，当前国内已有数字化鸡场将类似技术在生产上进行了实践(智慧鸡场)(图 6-11)。

图 6-11　四川成都智慧鸡场(成都世纪锐通科技有限公司)

李丽华于 2013 年设计了一种基于无线传感器网络的鸡舍 CO_2 实时监测系统，此系统可以实现传感器节点的快速自组网和鸡舍中 CO_2 浓度数据实时采集、显示和传输(图 6-12)。无线传感器网络节点可以收集鸡舍中 CO_2 的信息，传输到簇首节点，簇首节点可以接收各个传感器节点发出鸡舍中 CO_2 信息并进行适当处理，之后将处理结果发送到汇聚节点处，汇聚节点会通过 Internet 与远程监控中心来进行通信，从而系统可以实现鸡舍中 CO_2 的远程、准确测量。

6.2.3　禽舍静压分布数字化

想要控制好禽舍内小环境，首先要保证空气只能从设定好的进风口进入舍内，目的是让室外新鲜的冷空气与舍内的热空气充分混合。但普遍存在的问题是禽舍的密闭性较差，静压过低，导致进入舍内的空气流速过慢。尤其是在冬天，较重的冷空气会直接沉降到地面，水分滞留在垫料中导致潮湿。如果禽舍密闭性能差，冷空气会进入禽舍下部、门

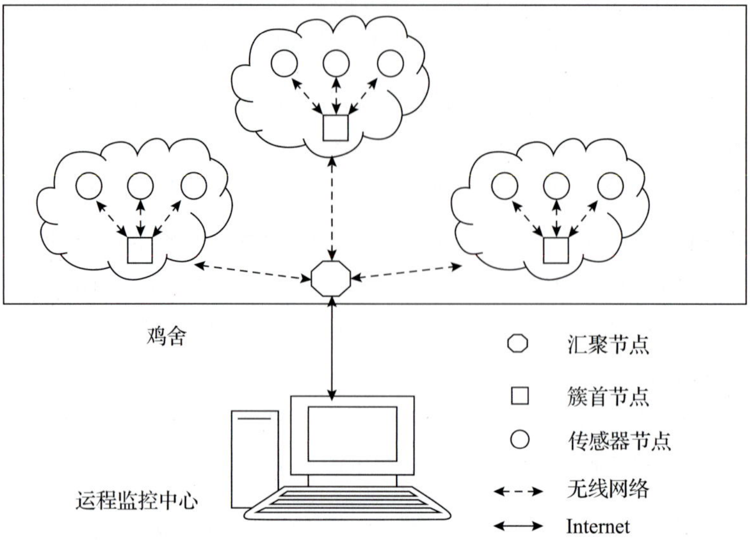

图 6-12　鸡舍 CO_2 实时监测系统总体结构

窗等地方，造成禽舍内有通风死角和贼风。禽舍保温性能差不仅影响生产性能，还会影响禽类健康。想要避免这种直接下降的冷空气，可以在标准的基础上增加禽舍静压来增加空气流速，并利用物联网数字化系统通过监测禽舍静压的变化自动调节进风口开启的大小。

蒙特空气处理设备有限公司开发了一款 TRIO Controller 控制器，可以将进气口设置为压力控制（图 6-13）。保持适当的鸡舍静压，可确保空气以适当的高度和方向进入室内，并确保有效的空气交换。

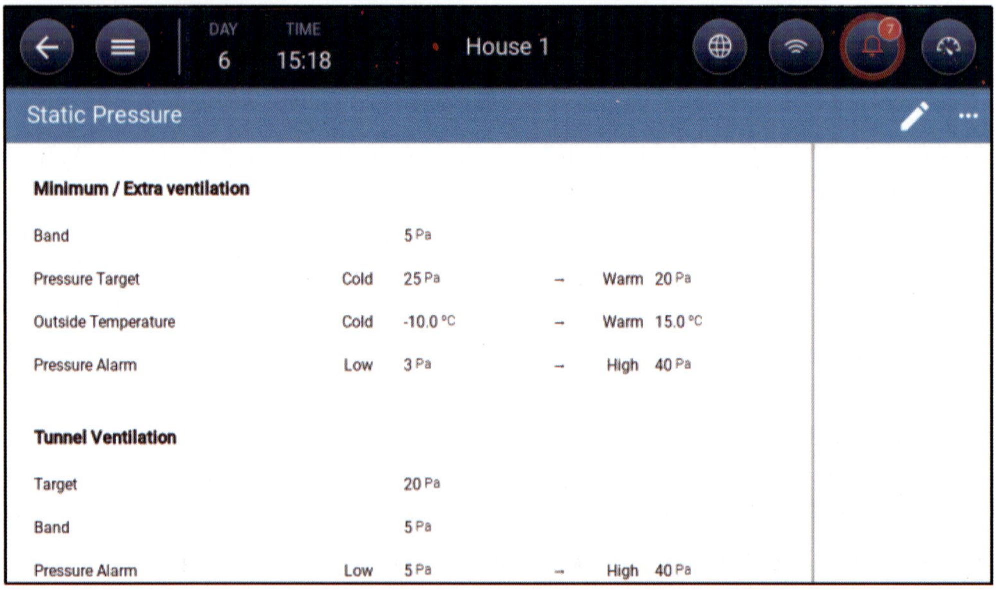

图 6-13　TRIO Controller 控制器静压控制主界面

6.2.4 禽舍环境控制设备运行状况数字化

鸡舍的环境因素包括温湿度、有害气体、光照等主要影响因素。良好的鸡舍环境是蛋鸡健康生长和高效生产的重要保证，研究鸡舍综合环境控制技术优化环境控制方案，对现代蛋鸡产业的发展具有重要的指导意义。环境控制系统是现代畜牧业的核心技术，也是提高蛋鸡养殖现代化水平的重要技术手段。这对降低蛋鸡发病率，提高蛋鸡的有效育种、生产性能，以及提高育种综合效益具有重要意义。该研发也是我国养殖场迫切需要的先进智能环境控制设备，可使国内大部分中小型蛋鸡养殖场也能使用现代化设备，将经验养殖升级为数据化、标准化养殖，逐步优化养殖模式，稳步推进传统育种向智能化、非抗性育种升级。在生产管理中，养殖者应根据养殖规模、鸡群的生长阶段、内外部环境等影响因素，制订合理的综合环境控制方案。

6.2.3.1 空气质量控制方案

对不同规模、不同季节的蛋鸡舍进行空气质量相关的环境因素监测，并对各指标进行深入具体的分析，相关结果见表 6-2。从表中的结果可以看出，风速与其他环境因素呈明显的负相关。也就是说，风速越高，CO_2、NH_3 等有害气体浓度越低，温度和湿度也会越低。对鸡舍环境因素的相关分析表明，风速是影响鸡舍环境的关键因素，CO_2 可以作为监测鸡舍环境因素的典型指标。

表 6-2 蛋鸡舍舍内环境因子相关性分析

环境参数	NH_3	CO_2	温度	相对湿度	风速
NH_3	1	0.865*	0.807**	0.613	−0.516*
CO_2	0.865*	1	0.763*	0.535	−0.611**
温度	0.807**	0.763*	1	0.675*	−0.563*
相对湿度	0.613	0.535	0.675*	1	−0.869**
风速	−0.516	−0.611	−0.563	−0.869	1

注：* 表示差异显著($P<0.05$)，** 表示差异极显著($P<0.01$)。

合理的通风控制是鸡舍空气质量控制的关键，但需要根据不同季节采用不同的通风方式。处于夏季时，当高温、高湿导致温度高于 27 ℃时，应采用纵向通风方式，并关闭所有侧通风口。当无法达到冷却目的时，启动水泵并使用湿帘进行冷却。风速不应低于 2.0 m/s，各种鸡舍在不同温度条件下最大通风量见表 6-3。在寒冷的冬季，鸡舍不需要通风降温，但必须提供足够的新鲜空气，及时排放 NH_3、CO_2 等有害气体和水分。此时通风量为最小通风量，一般根据建筑物内 CO_2 含量和水汽含量计算，风速为 0.1～0.2 m/s。蛋鸡舍在不同温度条件下最小通风量见表 6-4。控制室内空气质量是蛋鸡生产安全的关键。鸡舍常用吊扇、通风机和风扇作为通风设备，但在大型鸡场中，风扇是主要的通风设备。大规模蛋鸡生产要求鸡舍的空气质量必须符合相关标准，与空气质量相关的环境因素参考值见表 6-5。

表 6-3　各种鸡舍在不同温度条件下最大通风量　m/s

鸡舍种类	鸡舍温度/℃		
	<24	24～27	>27
育雏舍(体重 0.05～1.15 kg)	3.75	5.60	7.50
后备母鸡舍(体重 1.15～1.18 kg)	3.75	5.60	7.50
产蛋鸡舍(体重 1.35～2.25 kg)	5.60	7.50	9.35

表 6-4　蛋鸡舍在不同温度条件下最小通风量　m/s

外界温度/℃	通风量	外界温度/℃	通风量
<4	1.8	15～25	5.4
4～15	3.0	20～25	6.6
10～20	4.2	<25	7.8

表 6-5　鸡舍内主要环境参数在生产中适宜的范围

项目	适宜范围	项目	适宜范围
温度/℃	24～27	CO_2/(mg/m^3)	<3 000
湿度/%	55～65	H_2S/(mg/m^3)	<10
NM_3/(mg/m^3)	<10		

6.2.3.2　光照控制方案

制订光系统应遵循如下两点原则：首先，育雏期处于生长阶段，该阶段的光照系统是为了促进雏鸡的健康生长，但要防止母鸡性早熟，避免对其未来产蛋造成不利影响；其次，为了使母鸡在适当的时间生产，并在产蛋期达到峰值，应循序渐进地将光照时间和强度增加到合理的水平，然后让其保持稳定。

照明设备的使用需要注意：确保家禽养殖室有一定的光照，保证能够最大限度地提高家禽的生产性能。照明设备主要包括各种照明灯具和自动照明控制器。照明灯具主要有白炽灯、荧光灯、紫外线灯、节能灯和便携式射灯；自动照明控制器可控制灯具开关。蛋鸡舍光照方案如表 6-6 所示。

表 6-6　蛋鸡舍光照方案

饲养阶段	每天光照时间	光照强度/lx
1～3 日龄	24 h	10～15
4～2 周龄	从 23 h 逐渐降至 10～11 h	10～15
3～18 周龄	10～11 h	10
19～72 周龄	逐渐增加光照，每周增加 0.5 h，直到光照达到 16～16.5 h	10～15

6.2.3.3 生物安全控制方案

为了蛋鸡的健康生长和提供高效生产所需的清洁生活环境，要建立合理的生物安全体系，实现养殖场内部的疫情准确预防和控制。饲养管理的疫情防控要点主要是：加强空气流通、人员和工具、病鸡水平传播 3 个环节的生物安全风险控制。与此同时，完善消毒净化措施，严格执行科学的免疫程序和全进全出的喂养制度，降低病原微生物侵入的概率和浓度。

家禽养殖场的消毒设备一般包括手动喷雾器、固定管喷雾器、消毒净化器等。此外，还有一种使用高温火焰消毒的火焰灭菌器，它的灭菌率高达 97%，不仅操作简单、效率高，而且成本和能耗也低。经过火焰消毒后，设备和围栏干燥卫生，无药液残留。而紫外线照射消毒适用于家禽室内外草垫、器具和人员的消毒。

如图 6-14 所示的鸡舍分布式环境智能控制系统可与温湿度传感器、负压传感器、NH_3传感器、CO_2传感器、称重传感器等多种鸡舍内传感器连接，并可控制变频风机和模拟变频风机。自动控制通风窗和保温门的开启，首先通过负压传感器控制鸡舍的负压值，达到最适压差；其次可以实时监控鸡舍温度，根据鸡舍温度曲线控制鸡舍湿帘的开启时间。该设备根据鸡舍不同区域分布的温度传感器参数，控制不同的加热设备开关，确保鸡舍温度均衡。还能够根据预设的温度参数自动计算、精确调整加热设备的开关。当系统出现异常或故障时，该系统能通过设置停电、高低温、风机故障等故障报警，便于操作人员或饲养员及时发现和维护。

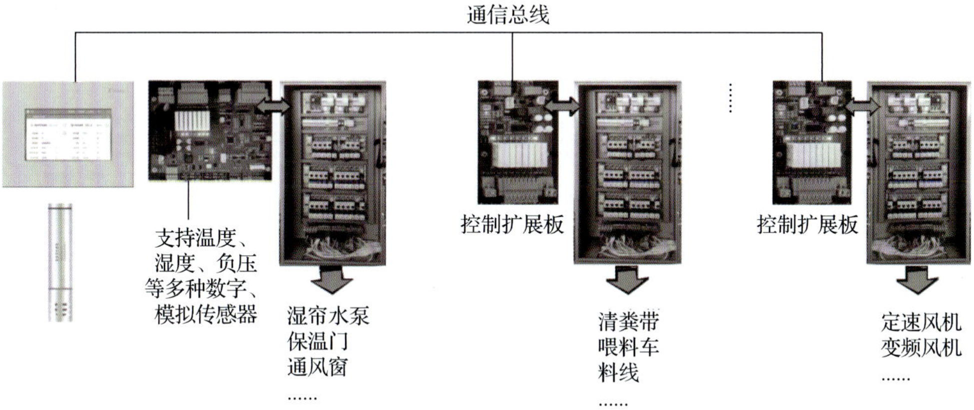

图 6-14 分布式环境智能控制系统结构图

该环境智能控制系统功能全面，可应用于我国各类鸡舍。该环境智能控制系统调节环境良好，不会影响鸡的健康和生产性能，能完全满足鸡对周围环境的生理要求。其采用分布式设计的环境控制系统，改变了市场上主要环境控制器与设备通过高压电缆连接的方式，降低了综合成本。此外，采用易于维护的分布式结构，不仅降低了设计与维护成本，而且也降低了安全风险。

图 6-15 为半开放式鸡舍的环境控制系统，其配有一个可拆卸的导流窗以防止室外风直接吹向鸡体。同时鸡舍配备环境控制器、温湿度一体化数字传感器和气体传感器，准确有效地实现半开放式鸡舍环境的智能控制。通过半开放式鸡舍的环境控制系统，可以自

动采集并实时监测鸡舍的主要环境参数。停电时,可拆除所有窗扇,系统将恢复至自然通风模式(图 6-16)。

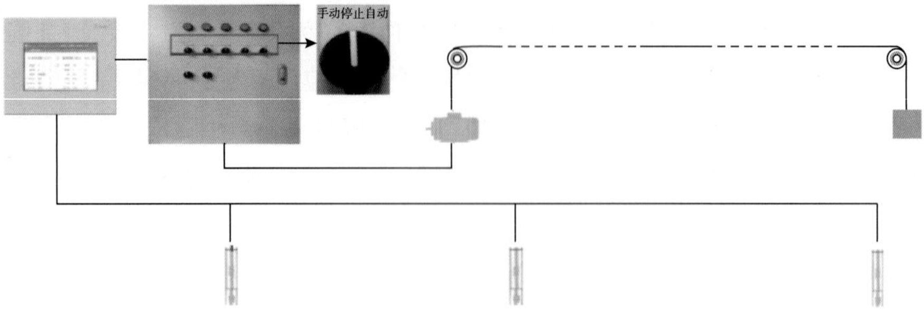

图 6-15　半开放式鸡舍环境控制系统结构图

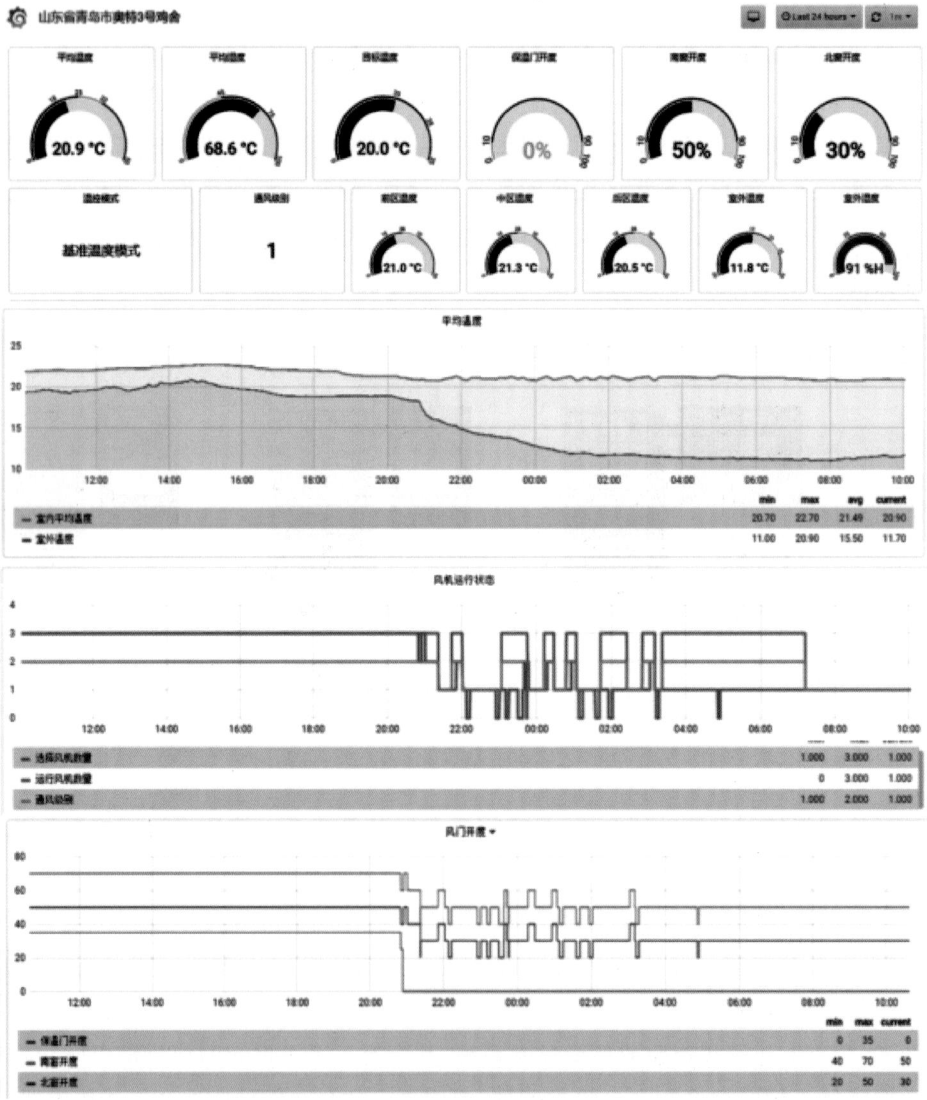

图 6-16　半开放式鸡舍环境参数远程实施监测

如果室内环境参数不利于鸡群的生长，鸡只会因高温、冷应激或有害气体的入侵而处于亚健康状态，增加疾病风险。只有有效地控制鸡舍环境处于利于鸡群生长的条件下，才能保证鸡群的正常生长和安全生产。环境控制系统是鸡只生产中的重要一环，也是整个生产链的催化剂。只有管控好鸡舍的环境，根据鸡的生理特性为鸡提供舒适的生长和生产环境，才能饲养出合格和高品质的鸡只，提高鸡只的生产性能，充分发挥鸡只的生产潜力，才能为养殖场创造更大的经济效益。

6.3　家禽采食、饮水系统的智能感知与监测

6.3.1　家禽数量分布与采食行为监测

6.3.1.1　家禽数量分布监测

蛋鸡栖架养殖系统是一种可以提高蛋鸡福利水平的新型立体散养系统，毛涛涛等基于此开发了一套蛋鸡分布监测实时检测系统，可以实时获取蛋鸡访问栖架频次、访问位置等信息。图6-17为栖架散养系统结构图，主要包括栖杆、鸡笼支架、采食槽、采食平台、清粪带、产蛋箱、集蛋传送带等主要构件。同时栖架内布置有乳头饮水器，栖架笼外配置料槽。采用铁质栖杆，布置方式为倒三角式，每侧均布置5根栖杆。

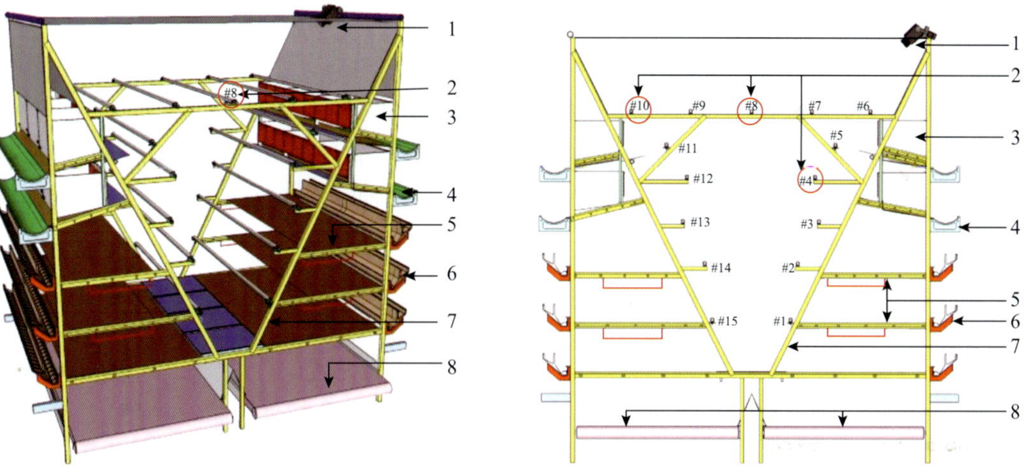

a. 系统结构轴测图　　　　b. 系统结构剖面图

图6-17　栖架养殖系统结构图

注：1.网络相机　2.栖杆及编号　3.产蛋箱　4.集蛋传送带　5.采食平台　6.采食槽　7.鸡笼支架　8.清粪传送带　#1～#15栖杆编号

蛋鸡栖架分布监测系统由现场采集模块、系统校准模块、数据分析模块、远程查看模块等组成，结构如图6-18所示。

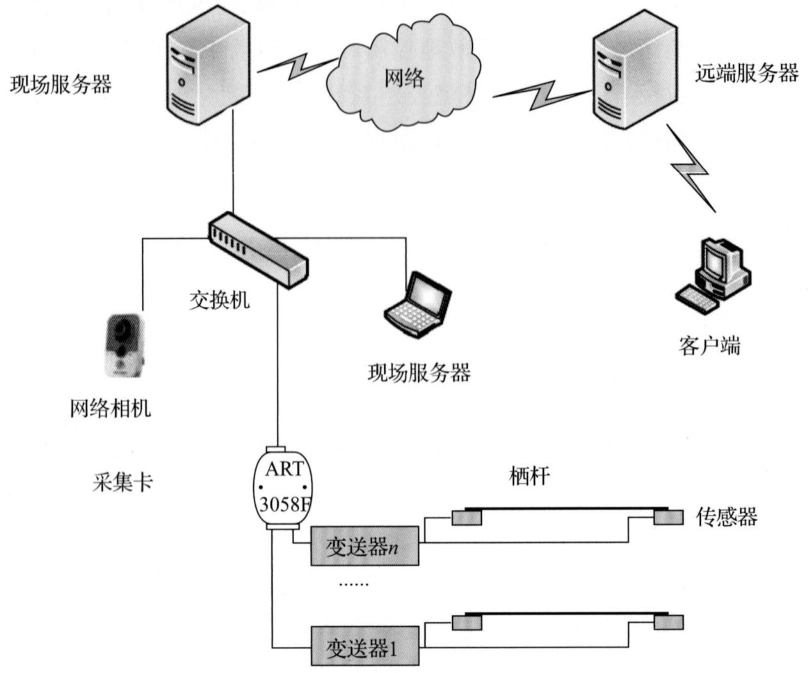

图 6-18　蛋鸡栖架分布监测系统整体结构图

该系统利用栖杆上蛋鸡总重量与蛋鸡个体质量相除得到栖杆上蛋鸡分布。在栖架系统中蛋鸡的栖息行为可以更好地表达,夜晚蛋鸡更多地栖息和趴卧,白天则更多地站立,从选取的某天的分布数据(图 6-19)可以看出,栖架的夜间利用程度显著高于白天。夜晚熄灯时的 22:00 至次日 4:00 蛋鸡处于栖息状态,活动较少;在早上亮灯后 4:00—10:00,单根栖杆和所有栖架上鸡只的数量均呈现数量不断下降的状态,偶尔会出现小的波动,蛋鸡多处于采食、产蛋状态,栖杆上鸡只分布不断变化,说明了蛋鸡在非栖息时段的活动情况,从侧面说明栖架养殖系统确实增加了蛋鸡的行为图谱,同时扩展了蛋鸡的空间活动范围,满足了蛋鸡表达天性的行为需求,提高了蛋鸡福利。

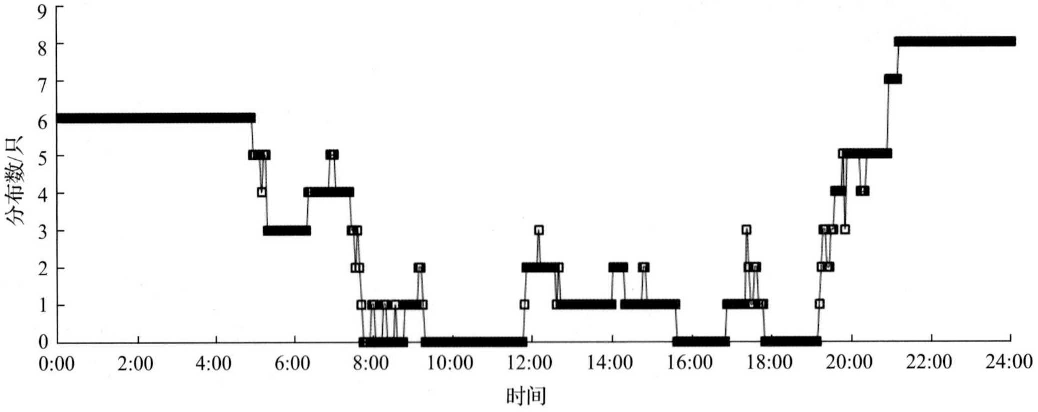

图 6-19　栖杆每日分布

有学者利用环境舱顶部摄像头记录肉鸡对不同环境温度的反应，基于像素的数量，根据其光强变化和二值对比处理后的数字图像判断其行为。如图 6-20 所示，研究人员观察了这些视频图像，并开发了一个利用网格来识别肉鸡停留的区域以及它们停留时间的方法。

Fernandez A P 等在肉鸡舍安装的鱼眼摄像头 eYeNamic™ 系统是一种俯视图摄像系统，用于测量其覆盖范围内动物的活动和占用面积情况，可以生成建筑面积的可视化图像，其中所包含的图像分析软件将获得的图像转换为活动和分布指数。每分钟捕获两张图像，每幅图像都按禽舍地面分成 1 m×1 m 的正方形进行分割，总面积为 70 m^2（图 6-21）。

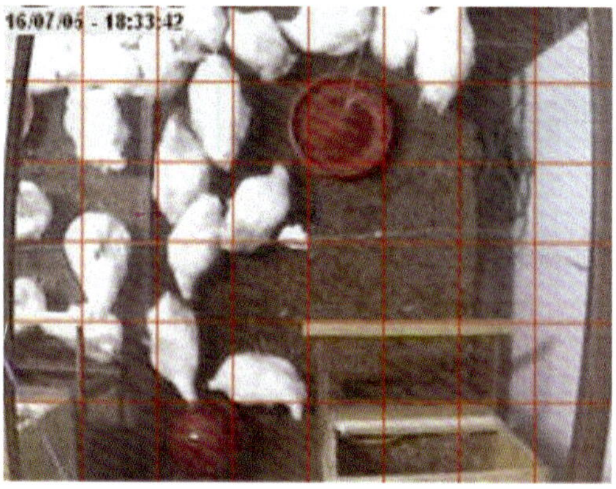

图 6-20　使用网格与图像重叠，显示鸡只占用实验箱的区域

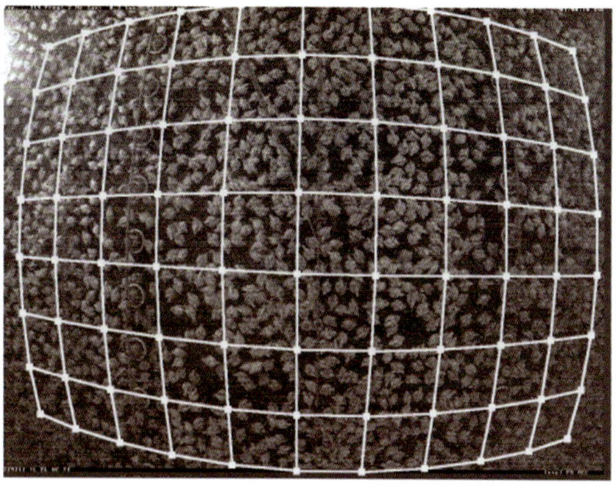

图 6-21　肉鸡舍内 eYeNamic™ 系统四个摄像头之一的图像

该系统网格定义了一个矩阵，将原始输入图像分成 1 m×1 m 的正方形，在网格的每个方格中计算活动指数和分布指数。

该软件对数据进行处理，并通过两个连续的图像像素相减评估从已占用变为未占用的像素的数量，反之亦然，将活动指数定义为两个图像之间已改变的像素的百分比。占用指数也只是定义为鸟类占用像素的百分比。因此，软件生成网格中每个正方形的活动和占用值，用于划分系统覆盖的区域。

6.3.1.2　采食行为监测

劳凤丹等使用机器学习的方法，利用 Lab 颜色模型色彩空间比 RGB 大、设备无关性等特点，解决了 RGB 图像依赖设备色彩特性的问题，将 RGB 图像转为 Lab 后再进行图像分割，确定分割阈值后，应用欧氏距离公式对后续图像进行分割，计算图像像素和蛋鸡颜色阈值、背景颜色阈值的欧氏距离，将与蛋鸡颜色阈值的距离较小的像素归入蛋鸡参照组中，从而求出去除复杂背景的蛋鸡分量图（图 6-22）。再通过进一步滤波处理，得到较完整的蛋鸡图像。

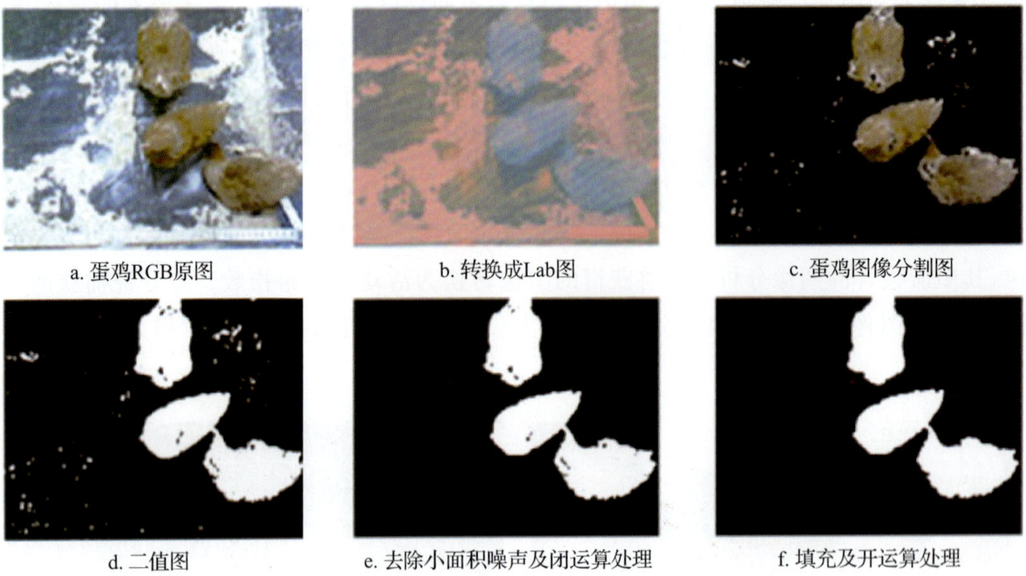

图 6-22　蛋鸡图像分割及滤波过程

通过处理后的图像获取行为关键参数，利用其中的质心点坐标及移动位置，结合采食槽位置（左围栏外侧），将轮廓最左点是否处于采食槽范围作为判断依据，识别蛋鸡是否为采食，识别率为 87.3%。

此外劳凤丹等利用深度图像，克服数字图像对光照敏感的缺点，搭建了采集系统，系统由一台 3D 照相机同时采集数字和深度图像数据，并开发软件进行蛋鸡行为的自动识别（图 6-23）。通过对获取的深度图像进行预处理，得到连通的鸡只图像，再获取采食区域的鸡头数据，利用高度信息对采食区域的鸡头图像进一步处理得到鸡头连通区域，计算剩下的连通区域数量，即为正在采食的鸡的数量，采食行为的识别准确率为 90.3%。

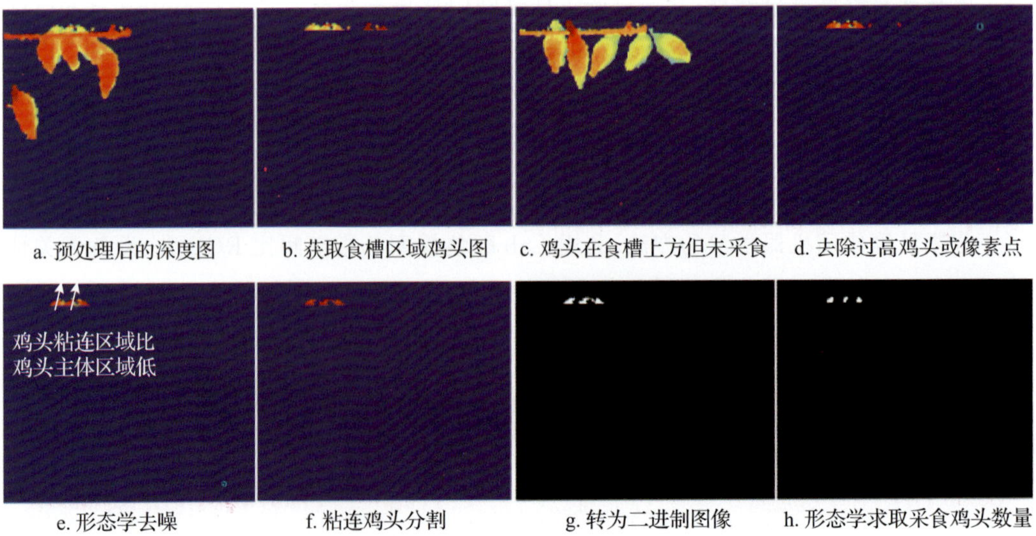

图 6-23　蛋鸡采食行为识别过程

6.3.2 家禽饲喂系统与采食量监测

饲喂系统是禽场的关键设施之一，与家禽的生产性能有密切关联，直接影响家禽饲养人员的利益。近年来，随着畜禽采食监测技术的发展，以及无线射频识别等技术的广泛应用，家禽的饲喂已经可以实现自动化，并在家禽自由采食的情况下自动记录家禽个体的采食时间、采食量。

规模化家禽养殖场自动饲喂系统可以归纳为 2 种：第一种是链式饲喂系统（图 6-24）。链式饲喂系统主要配置有：送料箱、驱动装置、送料槽、转角装置、链片、栅格、升降架等。每根链片连接成链条，将链条放置于槽内，启动驱动装置，通过拉动链条将料斗内的饲料推入料槽中。该饲喂系统具有喂料快、速度均匀、运行平稳、不易磨损、操作简单、维护方便、节省饲料和人工、减少走动人数和饲料污染概率小等特点。同时可根据家禽生长随时调整高度，为家禽提供舒适的饲养环境。第二种是盘式饲喂系统。盘式饲喂系统的研发时间较早，其依靠一条钢索、链条连接一个托盘或者一条绞龙将料斗中的饲料通过一条管道传送，管道位于料盘上，与地面保持一定高度可以让家禽在下面行走。料盘可以直接和管道相连，也可以通过一个溜管和管道相连。当系统开始工作时，第一个料盘以及和它相对应的部分管道被充满，紧接着第二个、第三个相继被充满，依此类推。但在生产实践中证明，盘式给料系统存在以下无法弥补的缺点：①饲料浪费严重，无法转弯，进料管内易残留饲料导致发霉；②进料口很小，一旦遇到雨季或进料黏度较高时，容易堵塞进料管，造成部分进料盘缺料；③在家禽群饲喂位置多余时，个别料盘无家禽采食会造成溢料严重的现象；④有时下料口和料盘结合松动时会出现漏料；⑤由于家禽每采食一口饲料需要将脖子缩出料盘，然后将头部仰起才能完成进食，整个过程饲料浪费严重。所以当前禽舍主要使用链式饲喂系统。

家禽采食量的监测主要是使用称重传感器得到群体采食结束后消耗的饲料重量，该

图 6-24　禽舍饲喂系统（山东兴瑞达智能设备有限公司）

重量除以家禽数量得到的平均饲料消耗重量即认为是家禽的采食量，这也是目前大部分养殖场计算采食量的方法。家禽个体采食监测基于无线射频识别技术进行，同时需要配合电子饲喂站使用，当带有电子标签的测定家禽进入电子饲喂站采食时，系统立即识别出采食家禽的电子标签号码，并实时监测家禽的采食量，当这一采食过程结束后，电子饲喂站会自动记录测定家禽进入和退出饲喂站的时间、采集家禽进入前及退出后料槽重量的变化，料槽的重量差即为家禽此次的采食量。但是基于无线射频技术的监测方法会给家禽带来较大的应激，同时存在掉落率高、信息传输不稳定等缺陷，目前该方法仍处于试验阶段。为了实现无应激监测家禽采食量，Aydin 等提出了基于声音估测鸡群采食量的方法，首先从连续录音中提取单个声音，然后将每个声音分类为采食或其他声音，其次通过单个采食声音出现的次数乘以出现单个采食声音时鸡只的采食量来估测鸡群的采食量(图6-25)。该方法获得的采食量与称重秤记录的采食量之间的相关性极高，$R^2=0.994$，同时 86%的鸡群采食量通过声音分析得到了正确监测，结果表明，该连续采食声音监测系统具有监测家禽的采食量和采食行为的可能。

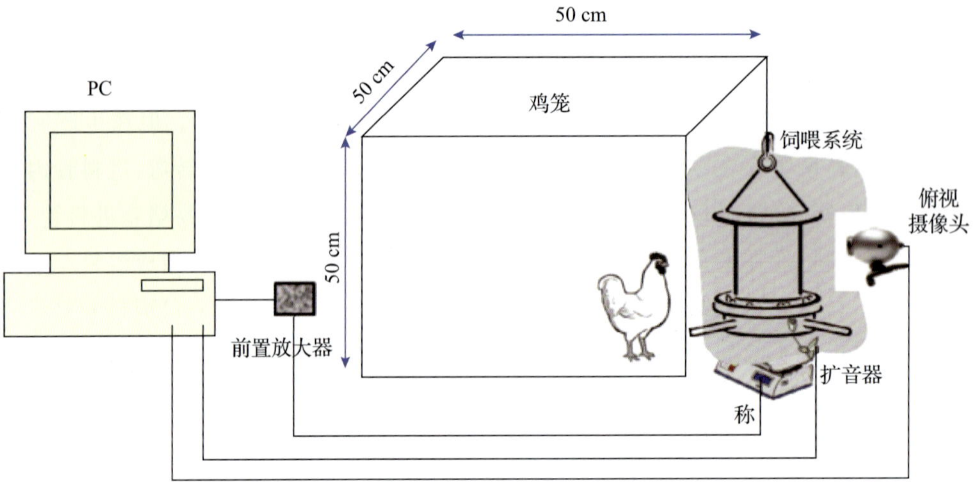

图 6-25　用于鸡只采食声音录制的实验室设置

6.3.3　家禽饮水量智能监测

水是动物生存与生长中必不可少的元素，在动物体内可以起到营养传输、体温调节、润滑关节、保持组织器官稳定等作用。监测家禽的饮水，可以了解动物的健康状态、生长效率等，为家禽的精确管理提供帮助，传统的饮水量监测方法主要依靠水表监测，存在较大误差且需耗费人力，时效性较差，当动物饮水出现异常时不能第一时间进行反馈。使用智能传感器监测饮水量，可以更好更快地帮助饲养者了解家禽的状态，并及时做出反馈。

计量传感器监测被广泛应用于家禽饮水监测。早在 2001 年，Puma 等便使用喂食饮水站点配备精密电子天平监测肉鸡在不同环境下的饮水行为，如图 6-26 所示。其通过 RS232 及 RS485 信号将肉鸡的饮水相关数据传输至计算机，可以帮助养殖人员制订合理的饮水方案。李丽华等设计了一套蛋鸡个体生产性能参数监测设备，通过传感器、光电传感器等设备获取蛋鸡的个体饮水量数据。在此基础上，王春山等改进并搭建了一套新的蛋鸡生产性能参数监测设备(图 6-27)，用于监测蛋鸡的各项生产参数，包括饮水量数据，使用饮水量传感器结合 RS485 及 MODBUS 方法快速获取蛋鸡的饮水量。

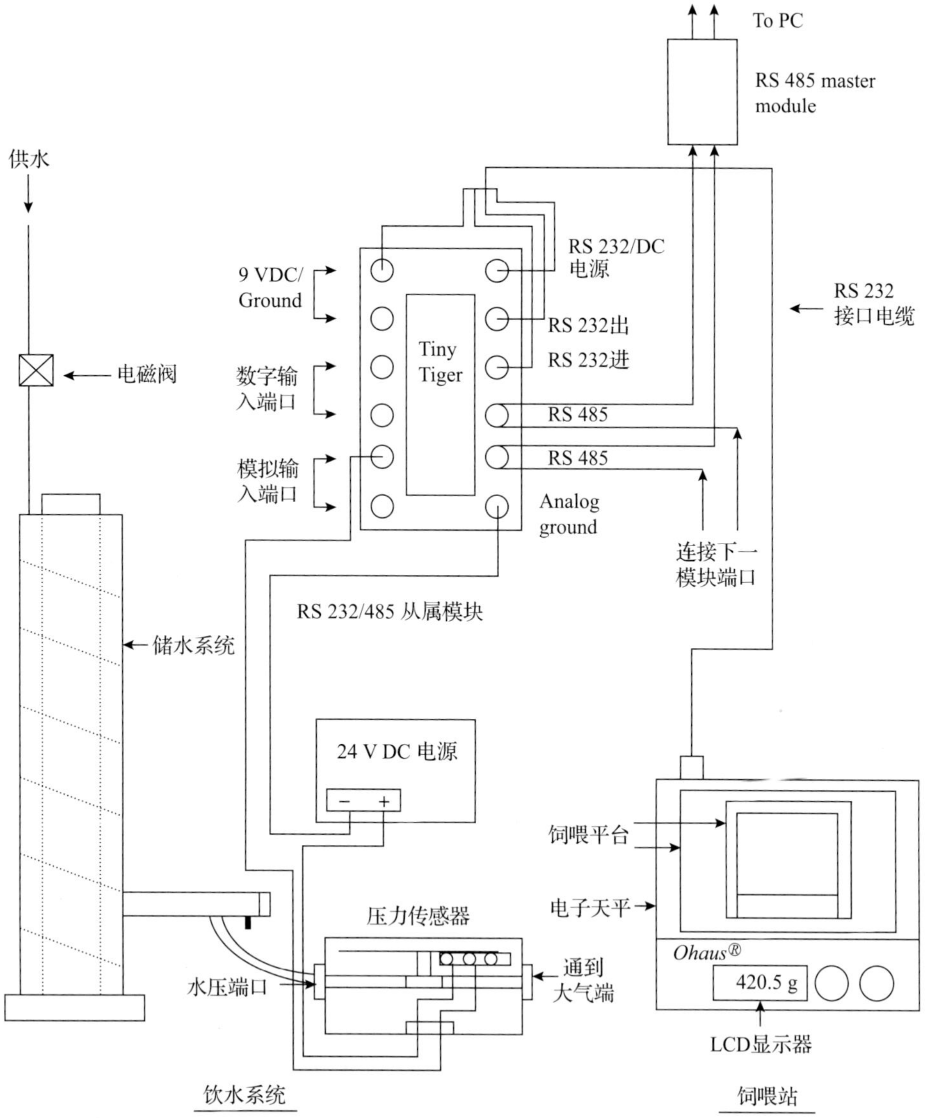

图 6-26　鸡只喂食饮水站

然而，由于家禽的饮水器类型及养殖场较高的饲养密度，目前对于饮水量监测的研究依然较少，而且研究主要集中在饮水行为，如使用 RFID 技术对蛋鸡的饮水次数、饮水时间等进行监测，也有基于视觉的肉鸡饮水行为监测方法。这些方法虽然并未直接对鸡只的饮水量进行监测，但获取了鸡只的饮水行为参数，可以通过饮水器的流量等信息估测鸡只的饮水量，同样可以达到饮水量的估测效果。传感器监测，特别是目前火热的深度学习识别图像视频的相关技术，是未来智能监测的主流，深度学习也应被广泛应用于家禽的饮水监测之中。

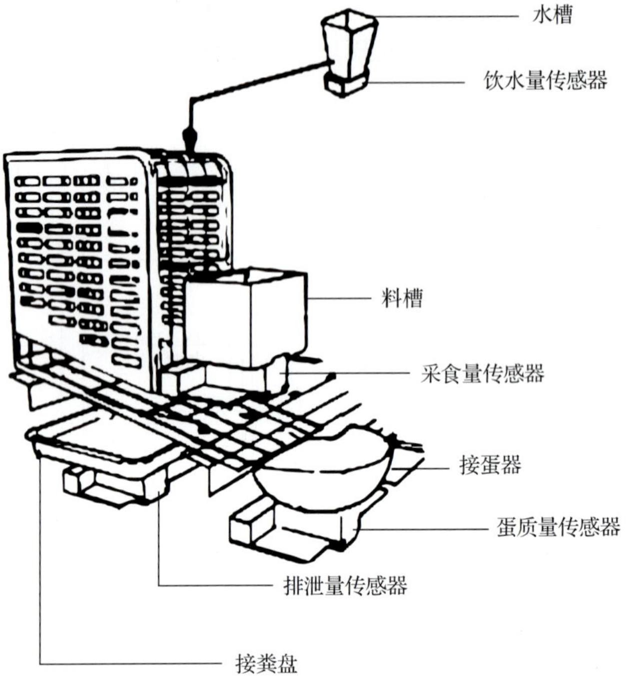

图 6-27　蛋鸡生产性能参数监测设备

6.4　家禽健康信息的智能感知与监测

6.4.1　家禽呼吸道疾病的声音监测

呼吸道疾病主要由病原体感染引起，造成呼吸道堵塞，伴随咳嗽声、呼吸啰音、喷嚏声、尖叫声等异常叫声。如果气管和肺受到影响，会听见由于气管中黏液过多造成的啰音或咳嗽声；如果呼吸道受到严重感染（如传染性喉炎），鸡笼上可见血丝，鸡只较易出现喷嚏声；严重感染时气管红肿，黏液中有血。黏液栓几乎封锁气管或支气管，导致鸡只缺氧窒息而发出尖叫声。目前，传统诊断方法主要依靠饲养人员夜间对呼吸道疾病进行人工巡检，实时性和准确性无法得到保障。在规模化养殖中，及时发现禽舍内患有疾病的个体非常重要。声音监测技术可通过持续、在线监测家禽声音，实现疾病判断、状态识别与疾病预警。

曹晏飞等针对蛋鸡声音识别过程存在噪声干扰的问题，通过分析蛋鸡声音与噪声的功率谱密度等频谱特征差异，提出了蛋鸡声音自动检测与分类识别的方法，开发的蛋鸡声音识别模型可在夜间低噪声环境下检测出蛋鸡的呼噜声。蛋鸡呼噜声的时域信号幅值较小，呼噜声很容易被其他声音淹没。同时与蛋鸡其他类型的声音相近，呼噜声的频率范围主要在 5 000 Hz 以内，其中在 100～1 000 Hz 的声音能量占绝大部分（图 6-28 和图 6-29）。

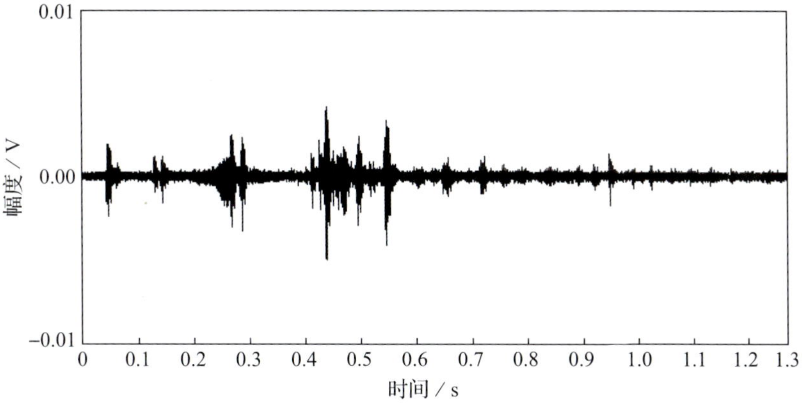

图 6-28　蛋鸡呼噜声的时域信号

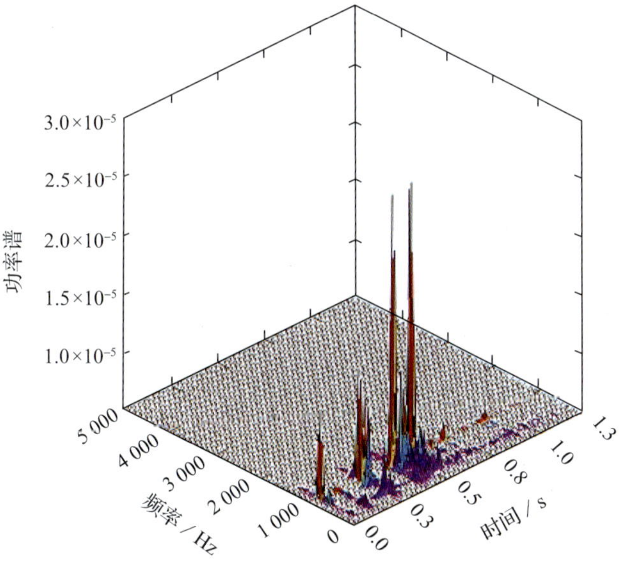

图 6-29　蛋鸡呼噜声的三维时频特征

以消音室中获取的蛋鸡产蛋叫声、鸣唱声与蛋鸡呼噜声为研究对象，单音节蛋鸡产蛋叫声、鸣唱声与呼噜声的声学特征参数如表 6-7 所示。显然，与蛋鸡产蛋叫声、鸣唱声相比，蛋鸡呼噜声的频域能量和声压最小，而带宽最大，表明呼噜声的频域能量分布范围要比另外两种声音的频域能量分布范围更大。

选用人工检测出的消音室 100 个呼噜声和蛋鸡舍 100 个呼噜声进行测试，利用声音识别软件进行蛋鸡声音监测，消音室中蛋鸡呼噜声和 3 号蛋鸡舍中呼噜声的正确识别率分别为 99.0%和 100%，蛋鸡声音监测效果很好，说明在低噪声环境下，可利用蛋鸡声音识别软件在夜间低噪声环境下对蛋鸡呼噜声监测。蛋鸡呼噜声是判断蛋鸡是否感染呼吸道疾病的重要标志，以此为基础，蛋鸡声音可作为判别蛋鸡健康状况的重要指标。

表 6-7 低噪声环境下不同蛋鸡声音的声学特征参数

声音类型	声音样本数	时长/s	主频/Hz	频谱质心/Hz	带宽/Hz	频域能量	声压/dB
呼噜声	100	2.15±1.20	789±81	950±136	911±146	6.15±0.34	25.0±4.6
鸣唱声	198	0.32±0.21	1 037±176	691±148	350±126	1.97±0.64	60.3±5.2
产蛋叫声	173	0.33±0.20	1 184±74	1 007±90	598±104	1.32±0.43	66.9±4.9

梅尔倒谱系数(MFCC)是对信号波形的短时能量谱的一种表示,是将微震信号的对数功率谱通过线性余弦变换运算投影至非线性梅尔标度中所得的。MFCC 参数的提取方法一般包括高通滤波、波形分帧、加汉明窗、快速傅里叶变换、三角带通滤波器、计算对数能量谱、离散余弦变换 7 个步骤。波形分帧过程中每隔 N 个采样点将微震信号波形分段,形成新的波形单位,称为帧。根据特征提取的要求和信号的长度一般在 256 或 512 中选取 N 值,同时,使每帧的前后帧都与其有一小部分交叉,目的是为了避免连续的帧之间的变化过大。梅尔倒谱系数提取过程中梅尔倒谱系数个数(m)应满足 $0 \leqslant m \leqslant M$,$M$ 为滤波器个数,一般取 12 个,因此会提取 12 个梅尔倒谱系数特征参数,即 12 个维度。图中颜色不具有意义,为软件分析完自动生成的颜色。

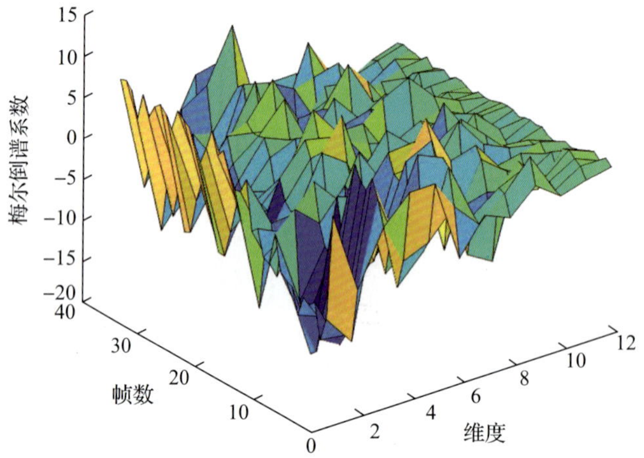

图 6-30 蛋鸡尖叫声梅尔倒谱系数

Sadeghi 等基于 23 种声学特征,应用人工神经网络识别健康鸡和感染鸡。在鸡患病后的第 2 天和第 8 天分类的准确度分别为 66.6%和 100.0%。Huang 等计算梅尔倒谱系数作为特征参数,用于区别健康鸡和禽流感病鸡,实验室条件下的测试集准确率为 84%～90%。此方法为及时监测禽流感传染病提供依据。在此基础上,张铁民等提出以短时过零率、短时能量、短时过零率与短时能量混合的多频特征作为音频特征参数和模糊神经网络作为分类器识别禽流感病鸡发声,试验表明,隶属度函数为钟形函数、隶属度个数为 2 时,模糊神经网络对 3 组测试集识别准确率分别为 75.47%、80.39%和 76.92%。这些研究为规模化家禽养殖场禽流感病禽的识别提供了快速高效的检测方法。Banakar

等根据数据挖掘方法和Dempster-Shafer证据理论，分析了25种频域声学特征和75种时域声学特征，基于支持向量机构建分类器研制了一种装置，用于检测鸡是否感染新城疫、支气管炎、禽流感3种疾病效果较为理想。但试验不足之处是没有考虑实际现场环境噪声的影响。Rizwan等比较了极限学习机算法和支持向量机分类算法对于分类识别病鸡呼吸啰音的准确性。支持向量机分类算法在鸡健康时显示较少的假阳性状态，而在患病时试验组和对照组识别结果更清晰。在规模化养殖舍中，Carpentier等提出一种在多个噪声源的情况下识别打喷嚏声的算法，在763次打喷嚏声中提取出8个主要的特征参数构建喷嚏声识别模型，准确率达到了88.4%。秦伏亮等提出一种基于小波变换的改进梅尔倒谱系数与高斯混合模型-隐马尔可夫模型的鸡咳嗽声识别系统，肉鸡咳嗽声识别准确率达95%。Mahdavian等使用支持向量机模型对比5种常见的声学特征在鸡患病后的识别效果。结果发现，在鸡接种病毒的第3天，音频信号的小波熵作为特征参数，鸡的支气管炎识别效果较好，准确率达83%。因此，实验室条件下，音频监测技术对于梭状芽孢杆菌感染、禽流感、支气管炎和新城疫等家禽常见疾病有较好的识别效果，也具有在生产中进行应用的技术优势。

家禽集约化养殖增加了传染病传播的风险，呼吸道疾病是家禽饲养过程中的常见疫病，声学研究中主要表现症状为发出喷嚏、咳嗽等异常声音。相较于人工观察，利用声音监测进行疾病判别可以提前预警。目前，研究选取呼吸道疾病发声特征参数、建立识别模型，用来识别患病个体，防止疾病蔓延和群体性暴发，对于减少生产损失、提高家禽福利化水平具有一定的现实意义。

6.4.2 病死家禽的智能化巡检

据统计，在规模化鸡场养殖中，每天约有万分之一或万分之二的鸡只死亡，且大多数病死鸡只隐藏在笼内，位置分散，不易被发现。由于鸡只死亡后2 h肌肉和血液开始繁殖病菌，5 h后繁殖的病菌会成倍增长，很快腐烂变质，可能会形成很严重的疫病并扩散，对鸡场疾病防控和生产十分不利。为及时发现并处置病死家禽，目前养禽厂基本为人工定时进行地毯式巡检，且病死鸡只的人工检测是一项琐碎而细致的工作，工人必须近距离对所有鸡笼进行仔细检查，费时费力，实效性差(图6-31)。

近年来，随着家禽养殖规模的扩大和人工成本的增加，每天人工巡检增加了极大的工作量和生产成本。现有人工巡检越加难以满足病死家禽巡检的需求，通过自动化的巡检装置代替人工巡检成为必然发展趋势。有学者设计一种用于禽舍管理的机器人，该机器人具备环境信息采集监测、图像分析、蛋鸡尸体和鸡蛋搬运、自动导航与定位等功能，在83次鸡蛋采集测试中，测得成功率达91.57%。

畜禽舍智能化巡检技术可对家禽按时、按需或全天候自主巡检，具有路径自主规划、智能避障、环境识别、红外线测温、音频识别、行为分析等功能，可代替人工巡检并高效完成巡检任务，降低了畜禽养殖人员的劳动强度，避免了人畜共患病和疫病大面积传播，更好地实现畜禽养殖中疾病早预防、早发现、早诊断。其关键核心技术如下：

图 6-31　鸡舍人工巡检

1. 室内导航

通过光学、视觉、惯性等传感器感知周围环境，结合 SLAM 和深度学习技术，使畜禽舍巡检机器人可以在封闭或半封闭的禽舍内，完成自主运动和自主定位。

2. 路径自主规划

通过算法，使畜禽舍巡检机器人在给定巡检起点和巡检终点的这段路径内，沿该路径移动且移动的过程中不会与动物或障碍物发生过激碰撞。机器人可在禽舍内进行按时、按需或全天候自主巡检，巡检过程中可以实现实时定位，不需要人工干预，且不会发生碰撞，也不会对舍内的动物造成任何的影响或应激。

3. 红外线测温

通过传感器感知周围动物的红外辐射，通过红外传感检测动物体表辐射，生成伪彩色热像图以直观显示温度分布，从而实现对禽舍内动物的非接触式且直观的精准测温。通过畜禽舍巡检机器人移动过程中所获得的红外图像信息，可以分析得出动物的最高体温，当最高体温高于设定阈值时，系统自动记录当前巡检的位置(图 6-32)。

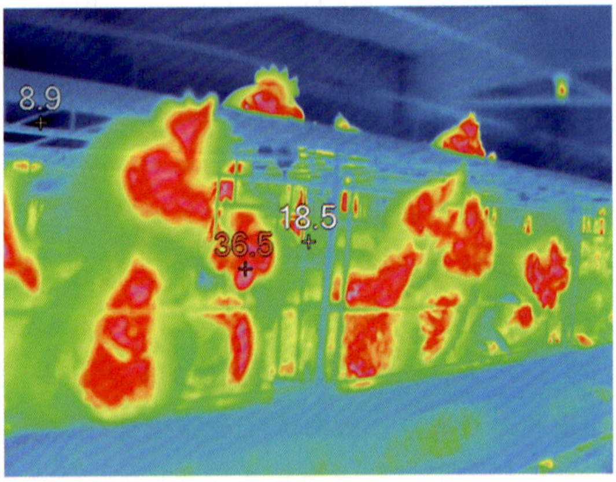

图 6-32　传感器红外线测温

4. 环境监测

通过化学、物理等传感器对周围环境的质量进行感知，从而使畜禽舍巡检机器人可以监测禽舍内不同地方的环境信息。机器人在移动过程中，可实时采集当前位置的环境信息，如温度、湿度、各类有害气体浓度和粉尘浓度等。并对采集到的信息进行统计和分析，当某项参数超出安全指标的范围时，可进行异常报警，并联控环境相关的设备。

5. 音频识别

通过拾音器采集环境中的音频，对音频进行滤波去除杂音，使之获取动物的音频信息。通过音频识别技术，畜禽舍巡检机器人可在巡检的过程中采集动物的声音特征，并与数据库中健康动物的音频信息进行对比和分析，判断动物是否患病，如发现声音有异常，自动记录当前的巡检位置。

6. 图像识别

通过高清摄像头采集图像，对图像进行识别，并获取图像中动物的各项特征。通过图像识别技术，畜禽舍巡检机器人可在巡检的过程中对动物的行为进行监控，如有异常行为，自动记录当前的巡检位置，还可以实现如禽个体识别(如通过羽色、体型特征)。

巡检机器人系统可以结合图像、声谱和红外图像中的异常情况，对禽舍内的异常家禽进行定位和锁定，便于畜禽工厂的工作人员及时采取处理措施。畜禽舍巡检机器人可以取代工作人员进行日常的高密度动物养殖舍内的巡检工作，且巡检效率高、标准统一，具有较强的应用价值与实际意义。

7. 移动监测

家禽智能化巡检机器人(图 6-33)能够监测家禽舍内鸡群健康状态、生理特征/行为、舍内多点养殖环境参数等信息。机器人可以在家禽舍内自动循迹行走，行走过程中可以实现实时定位，不需要人工干预。在行走过程中，采集通道两侧动物的 RGB 图像信息与红外图像信息，同时通过环境因子传感器采集当前位置的环境参数(温度、湿度、各类有害气体浓度、粉尘浓度等)。

图 6-33　家禽智能化巡检机器人

8. 数据融合与分析

随着巡检机器人的移动，可以采集到舍内各个位置的环境信息，根据数据分析融合进行疫病和异常信息预测，自动绘制成环境参数分布图，饲养管理员可及时判断舍内环境状态。

9. 图像采集和增强

选用热成像摄像机采集鸡舍热成像图像，高清摄像头采集鸡舍可见光图像，监测鸡舍内喂食情况、鸡粪情况、饮水情况等养殖实况；同时利用二叉树离散小波变换和自校正粒子群优化算法，增强低光照下鸡舍内的图像清晰度，实现禽舍内鸡头的实时监测与鸡只行为的在线分析，有效监测鸡只的行为。通过红外图像信息，可以分析得出动物的最高体温，当最高体温高于阈值时，会自动记录当前巡检位置，结合 RGB 图像信息对动物的健康情况做出自动评判，发现异常时，自动记录当前巡检位置。

10. 远程操控与管理

家禽智能化巡检机器人支持数据远程传输和平台网络化管理，远程服务器平台远程管理不同禽舍内机器人运行状态、不健康蛋鸡监测状态记录等，支持自主充电能够完全替代禽舍巡检员，实现全自动化和网络化的禽舍巡检模式。

6.4.3 家禽粪便与肠道疾病的视频监测

消化道疾病是规模化家禽养殖业面临的较严重的疾病之一。鸡消化道疾病具有发展速度快、发病率高的特点，对养殖场的经济效益影响大，并且与鸡的死淘率和料肉比、料蛋比都有着直接的联系，所以需要密切关注鸡消化道疾病的防制工作。正常鸡只的粪便通常呈棕色、青灰色，顶部有时带有白色固状物，形状为圆柱状。鸡只患消化道疾病时，粪便也会随之变化，出现异常。不同疾病引起的粪便变化不同，异常粪便包括：颜色异常、粪便形状异常、粪便含水率异常等。

家禽粪便与肠道疾病的视频监测系统基于异常粪便可以反映鸡只患病情况的特点，实时采集清粪带处的图像，通过运用深度学习技术，建立异常分辨识别分类模型，开发异常粪便空间位置确定系统，实现对异常粪便的定位和对疾病的预警，系统示意图如图6-34所示。

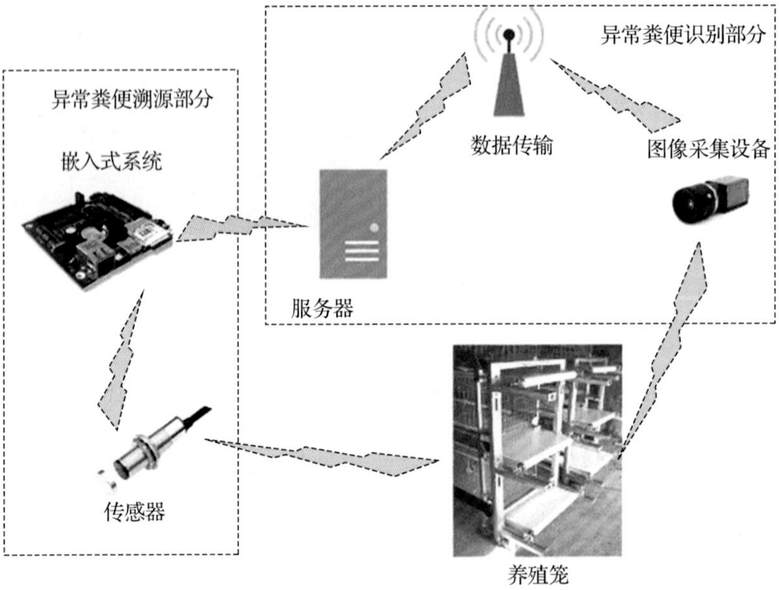

图 6-34 家禽粪便与肠道疾病的视频监测系统示意图

第7章

家禽智能养殖装备

7.1 家禽智能饲喂与养殖设备

近年来，我国家禽养殖总量已居世界前列，随着养鸡业工业化、集约化程度的不断提高，传统的家禽养殖方式与设备难以实现现代规模化的养殖需求，我国禽类养殖特别是蛋鸡、肉鸡养殖设备已经向半自动化、全自动化逐步完善，并开始广泛投入使用智能化、信息化技术，逐步向现代农业智能化工厂转型升级。

笼具是现代化禽类养殖的主体设备，不同笼具设备适用于不同的禽类，其配置形式和结构参数不仅决定了饲养密度，也决定了清粪、喂料、饮水等设备的选用。以蛋鸡为例，目前笼具主要分为叠层式鸡笼、富集式鸡笼、多层立体散养鸡笼等，其中叠层式鸡笼是现阶段规模化养殖最常用的形式。大规模蛋鸡场主要采用4～8层的叠层笼养，其优点是舍饲密度高，大大降低了鸡场占地面积。同时与叠层笼养配套的给料、给水、清粪、集蛋设备均实现了机械化、自动化(图7-1)。

图7-1 叠层笼养蛋鸡舍

7.1.1 喂料设备

喂料设备主要包括贮料塔、输料系统、喂料系统和料槽等4部分。

7.1.1.1 贮料塔

贮料塔(图7-2)放置在鸡舍的一端或侧面，用于储存供给饲料。贮料塔一般采用镀锌钢板冲压而成，上部为圆柱形，下部为圆锥形，圆锥与水平面夹角应大于60°，以便于排料。塔盖的侧面开了一定数量的通气孔，以排出饲料在存放过程中产生的各种气体和热量。贮料塔直径一般较小，故含水量过高且长时间存放易出现“结拱”现象，影响饲料正常排出，因此贮料塔需安装破拱装置，常见的破拱方法有：利用压缩空气破拱（常用空气炮破拱装置）、搅拌装置破拱和仓壁振动器破拱等。料塔和中央输料线应带有称重系统，满足鸡舍每日自动送料、喂料需求。以单栋饲养量10万只为例，产蛋期蛋鸡采食量为每只鸡100～109 g/d，饲喂系统应保证每天至少提供10 t饲料，贮料塔容量应满足鸡只2 d的采食量。

图 7-2 贮料塔

7.1.1.2 输料系统

家禽养殖场的输料系统泛指由厂区料仓将饲料输送至各鸡舍贮料塔的舍外输料系统和由舍外贮料塔输送至鸡舍内的舍内自动化系统。目前规模化鸡场内广泛使用的舍外输料方式为通过散装饲料车在生产区内运输，由车上自带的可伸缩上料管将车斗内的饲料通过贮料塔顶端向塔内装料（图7-3a）。由于输料车需要从生产区外装料，在生产区入口需要经过严格的冲洗消毒，否则会有交叉感染的隐患。一种隔墙输料的改进方式（图7-3b）可以克服此弊端。在输料道旁边建立有一道隔墙，隔离输料道与生产区。输料时输料车在生产区外的输料道行走，行驶到贮料塔旁时，将可伸缩上料管对准贮料塔上料口，将车内饲料输送至贮料塔内，这种输料方式可以更好地满足养殖防疫需求。

a. 场内输料

b. 场外输料

图 7-3 料车输料方式

当今国内外无人驾驶技术发展迅速，尤其是在仓储物流、养殖场无人加料等定点运输领域应用前景广阔。颜麟等设计了一种基于双目视觉测距的无人补料车模型（图7-4），设计出了高精度的目标识别和双目测距方法，可以有效辅助近距离定位补料装置，较好地满足补料装置与贮料塔的对接功能要求，对提高补料装置的自动化水平具有重要意义。在规模化家禽养殖场中，因其料库、贮料塔等场内位置固定不变，场区无外来行人的干扰，现在的无人驾驶技术完全可以满足智能无人驾驶料车的需求，实现无人自动化定点运料、输料。

除了料车输料的舍外输料方式外，还可以采用舍外高架输料方式。其中一种为高架刮板式自动输料系统，一种为高架自行走料车智能输料系统。

高架刮板式自动输料系统（图 7-5），图 7-5a 为料线场区总览，图 7-5b 为料线与舍外贮料仓。该系统可以水平、倾斜、垂直等多角度运输饲料，多点卸料、加料，实现智能自动化输料。该系统已在正大平谷鸡场应用多年。

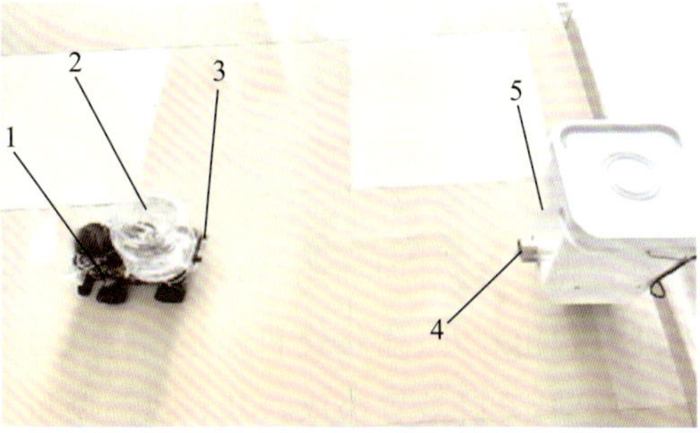

1.补料车 2.接料桶 3.双目相机
4.出料口 5.贮料塔

图 7-4 无人补料车模型

a.料线场区总览 b.料线与舍外贮料仓

图 7-5 高架刮板式自动输料系统

1.高架轨道 2.自动料车 3.滑触线 4.集电器

图 7-6 高架轨道式舍外送料系统

程进等设计了一种高架自行走料车智能输料系统（图 7-6），在贮料库与鸡舍之间架设高架轨道。该系统主要由送料车及舍外轨道、舍内贮料箱、平移轨道和自动控制系统等组成，其中，舍内外的轨道均采用高架轨道的形式，轨道的架设高度要满足下方车辆和人员的通行。在不满足直线轨道铺设条件的厂区，使用旋转轨道实现送料车在厂区内的转弯。自动控制系统能够控制送料车、布料车按设计要求完成装料、巡航送料和卸料，实现了无人自动化、智能化输料。

7.1.1.3 喂料系统

叠层笼养鸡舍等规模化多层立体养殖鸡舍目前多采用行车式喂料系统（图 7-7），每日通过定时开启在头架和尾架间沿料槽布置方向运行，各层出料口实现同时出料，将饲料添加至每层料槽中，还可以根据工艺流程需求，实现定量连续喂料，准确度较高，出料速度快，实现舍内自动化喂料。

网上平养或地面垫料平养的肉鸡舍主要采用自动盘式喂料系统（图 7-8），包括料线系统和喂料盘等，料线系统由料斗、输料管和绞龙、料盘、自动喂料控制器及驱动、升降装置组成。其料盘高度可根据家禽的日龄和品种的生长需求进行调节，本料线系统能满足家禽从 1 日龄到出栏全过程的饲养要求，运行平稳，能迅速将饲料输送至每个料盘并保证供应充足的饲料。

图 7-7　行车式喂料系统

a. 结构图　　b. 生产应用图

1. 料箱　2. 料线系统　3. 喂料盘

图 7-8　自动盘式喂料系统

规模化蛋鸡舍还可选择智能贮料塔、智能输料线、智能喂料机等精准饲喂系统，根据鸡只营养需要智能监测鸡只采食情况与喂料情况，自动控制下料量、下料速度、下料次数等，同时对舍内外上料、喂料系统实时监测设备运行情况，对输料异常故障情况自动报警，对鸡只进食数据实时统计，实现智能化精准饲喂。目前基于养殖动物个体进行投喂的智能化精准饲喂装备在禽类养殖中的应用较少，黄晓君研究了一款以高灵敏声控设计 LM556 芯片为核心的高精度家禽饲料控制装置（图 7-9），该装置通过前置的麦克风来捕获家禽求食的叫声，将其转化为数字信号，由电路驱动启动伺服电机完成出料口自动给料，进行鸡只饲喂。同时可通过监控探头来实现远程图像采集，记录家禽活动和进食情况。该装置升级方便、操作简单、维护便利，采用工业控制、多传感器技术、应用数据采集、智能高精度投料等技术，形成了一体化、自动化制禽类的饲料机，避免了饲料浪费并节约了人工成本。

针对通过饮水投药易造成药物浪费和饮用药物不均等问题，可在螺旋式输料系统中增设自动加药装置，改变将兽药加入饮水的传统做法。通过控制绞龙的转速和时间，将固

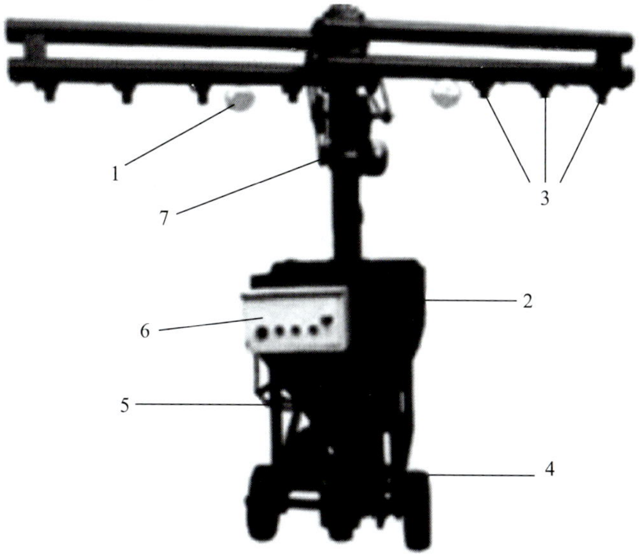

1. 监控探头　2. 出料口　3. 集料仓　4. 驱动电机　5. 前置麦克风　6. 系统电路箱　7. 投料电机

图 7-9　基于 LM556 芯片的家禽自动化喂料机结构

体兽药直接与饲料混合，并根据实际情况调整药物的流量，可有效解决混合不均等问题。

7.1.1.4　料槽

目前国内大多数规模化养鸡场普遍采用的是镀锌钢板制成的长槽型食槽，这种食槽由于具有卫生状况好、便于人工或机械加料的特点而受到畜禽养殖者的青睐。图 7-10 为目前生产中常用的几种长槽型食槽的截面图，图 7-10a 是最常见的一种长槽型食槽，它的槽底面积大，鸡很难将其中的饲料啄食干净；图 7-10b、7-10c 是另外两种长槽型食槽，它们是在图 7-10a 的基础上的改进版，槽底面积很小，这是考虑到鸡喙的前端较尖很难啄食浅层饲料的一种合理设计，减少饲料浪费。

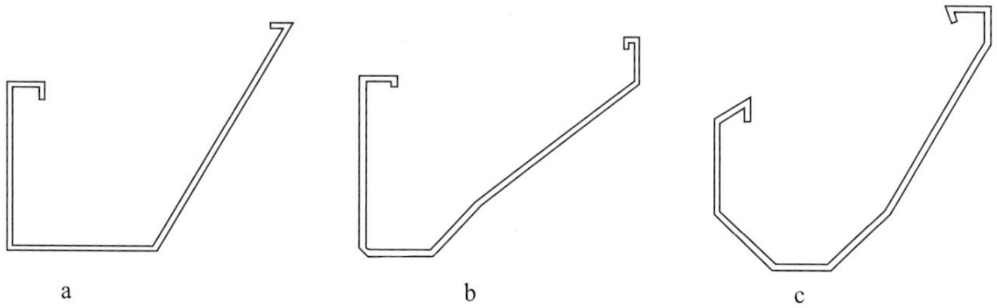

图 7-10　3 种常用长槽型食槽的截面图

在笼养蛋鸡的饲养过程中，由于鸡只具有优先采食大颗粒饲料的习性，而在规模化饲养时，饲养密度大，鸡只无法同时采食。这样，先后采食的鸡只摄取的饲料颗粒大小有差异，导致采食的营养成分也有差异。张立设计了一种饲养家禽的自动落料食槽（图 7-11），鸡只边采食边下料，减少先后采食的鸡只所摄入饲料的营养成分差异。将来还可在布料机或料槽等处增设饲料智能监测装置，自动监测鸡只采食情况和料槽饲料剩余情

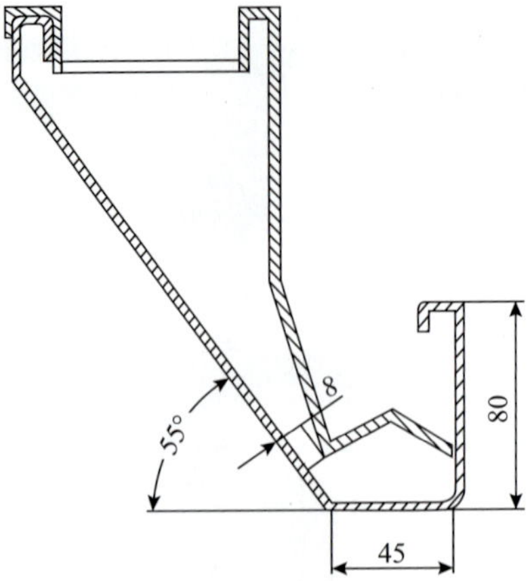

图 7-11　自动落料食槽结构(单位:mm)

况,根据识别结果自动调控行车布料,调整下料量与下料次数,实现智能化精准饲喂。

7.1.2　饮水设备

目前最常用的饮水设备是乳头饮水器(图 7-12a)。乳头饮水器由饮水乳头、水管、减压阀和水箱组成,其中乳头由阀体、阀芯和阀座等组成。阀座和阀芯由不锈钢制成,装在阀体中并保持一定间隙,利用毛细管作用使阀芯底端经常保持一个水滴,鸡只啄水滴时(图 7-12b)即顶开阀座使水流出。乳头饮水器及其配件组成的自动饮水系统适用于笼养、平养和立体散养,可以有效解决规模化养殖场水槽污染引起的交叉感染问题,同时也可以很好地控制饮水量,避免浪费。

a. 乳头饮水器

b. 鸡只饮水场景

图 7-12　乳头饮水器结构及使用场景

完整的饮水系统除乳头饮水器外,还可在主供水管道和房舍水线之间增设智能化水线前端(图 7-13),如带压力计的过滤器、放水球阀、电子水表、加药器、减压过滤器等,完整的饮水系统有助于了解鸡群每天的饮水情况和健康状态,能满足鸡只从雏鸡到成鸡不同鸡龄的饮水需要,可有效解决规模化养鸡用水槽饮水所引发的交叉感染问题,以及减少用水量与污水排放量的问题，有效防止病菌传播，为保持鸡舍内鸡粪干燥以及维持舍内良好的空气质量起到重要作用。

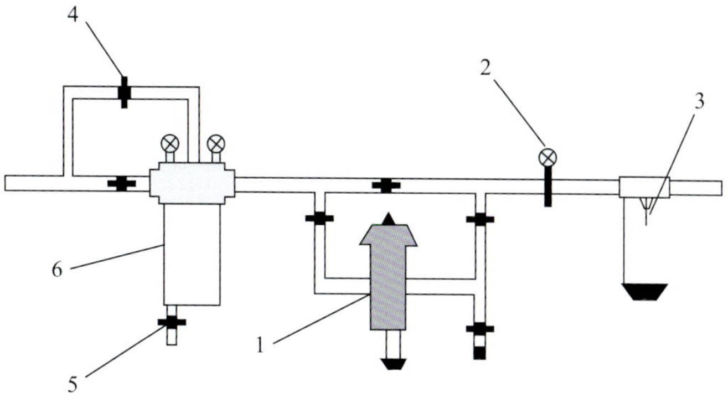

1.加药器　2.智能水阀　3.乳头饮水器　4.冲洗开关　5.放球水阀开关　6.过滤器

图 7-13　饮水系统连接单元示意图

7.1.3　养殖设备

虽然目前最常用的蛋鸡养殖模式为叠层笼养，但随着人们对于动物福利的日益关注，各国也在探索新型的养殖方式，大荷兰人研发了一种舍饲散养系统（图 7-14），目前主要应用于欧盟国家，在我国以及美国等主要产蛋国家应用较少。该类系统能够很好地让蛋鸡表达天性，并增加蛋鸡的运动量和活动空间，同时也有利于蛋鸡栖息行为，具有多层采食、栖息平台，与平养相比，提高了饲养密度，节约了建筑成本，但是也增加了部分设备投资。多层散养系统顶部通常设有多根栖杆，以满足鸡只栖息高处的习性；部分鸡舍地面铺设垫料，以满足鸡只觅食、沙浴的习性，但也会导致鸡舍内粉尘量过大。该系统设有多层采食平台，鸡只可以在多层采食平台进行采食、饮水。养殖系统内还设有自动称重装置等智能化设备（图 7-15），通过传感器实时监测鸡只生长情况，便于精细化养殖管理。在该系统下鸡只可以自由活动，但也存在着免疫时抓鸡不便的问题。

图 7-14　大荷兰人大舍饲散养系统

图 7-15　鸡只自动称重装置

为推进多层散养系统的不断改造升级，近年来国内外相关团队在设备方面进行了研究。中国农业大学农业农村部设施农业工程重点实验室研发了离地栖架立体散养系统

(图 7-16)。该系统具备笼养方式生产效率高、环境可控的优点,又克服了笼养方式限制鸡的活动、降低鸡的体质的缺点。该系统采用离地栖架立体散养方式,具备 3 个显著的特点。

①不以小笼为饲养单位,而是以一个大型区域为饲养单位。在该单位内,以鸡的活动功能划分区域,配备相应装备。功能区域包括采食区、产蛋区、活动区、栖息区、观察通道、操作通道等,鸡只可以在各个区域之间自由活动。

②采食、饮水、集蛋、清粪等需要耗费大量劳动力的工作,都采用自动化方式,提高劳动生产效率。

③在各功能区配合辅助设备,满足鸡的行为习性,促进鸡的健康生长。在采食区,提供双区食槽,均衡供料,满足鸡的营养需求,还提供可统一开关的升降笼门,方便免疫时抓鸡,解决了散养时的免疫问题;在栖息区,提供便于鸡爪抓握的栖杆,方便鸡白天在栖杆上振翅、梳羽,抖落羽毛上的皮屑、灰尘等,也方便鸡夜晚在栖杆上栖息,满足鸡栖息在高处、远离敌害的生理习性。

离地栖架立体散养系统采用的喂料、饮水等配套设施与叠层笼养相似,一般采用行车喂料系统和乳头饮水系统。针对大规模生产过程中存在鸡只免疫工作量大的问题,陈刚等设计了一种采食层隔离门(图 7-17)可解决立体栖架系统在鸡只免疫时难以实现鸡群集中隔离的问题。该立体栖架隔离门的可靠性高,通过控制转轴转动实现隔离门的自动开合,节约人工成本。

图 7-16　离地栖架立体散养系统

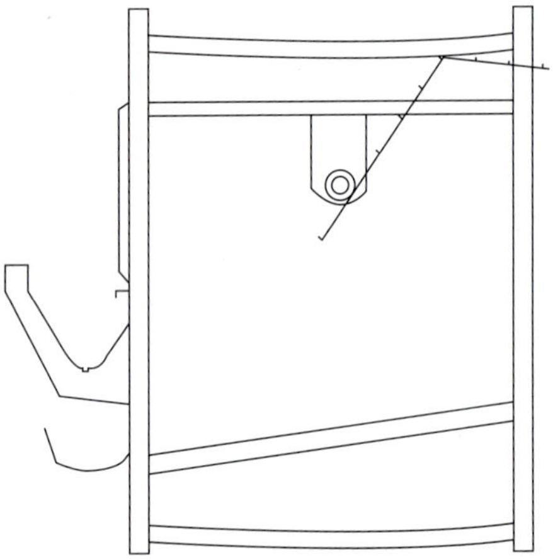

图 7-17　采食层隔离门示意图

针对在鸡只养殖过程中监测其体重存在困难的问题,结合离地立体散养系统的特有结构——栖杆,滕光辉等发明了一种蛋鸡栖架分布监测系统,适用于多层散养系统。自动称重栖杆在两端分别设置有称重传感器,通过称重传感器获得每一根栖架上蛋鸡总重量,同时还可以得到蛋鸡在栖杆上的站立时间数据,可进一步用于蛋鸡的福利状况评价分析和蛋鸡对栖架的利用情况分析。整个测量过程完全自动,蛋鸡不会产生应激,不会对蛋鸡的生长和生产产生影响。

7.2 家禽立体高效养殖智能清粪设备

目前家禽立体高效养殖大多采用传送带式清粪系统(图 7-18),实现定期自动化清粪。传送带式清粪系统主要包括纵向、横向、斜向清粪传送带和动力控制系统,其中纵向清粪传送带位于每层鸡笼下方,清粪时统一输送至笼架尾端,经尾端刮板刮落后调入底部横向传送带,再经横向和斜向传送带运至舍外。该系统不仅解决了禽与粪的及时分离难题,还实现了粪不落地、日产日清,显著提升了舍内空气质量。聚丙烯(PP)材质的传送带通过重力曲变为槽形,可以使粪便不会掉落到设备上。挡粪帘安装在传送带式清粪机尾架上,清粪时将挡粪帘打开可以遮挡粪便的迸溅,有利于舍内卫生。笼具尾架处设置刮粪板,清粪时传送带运转,粪便从各层纵向传送带传输到尾架处,通过刮粪板刮落至横向传送带上,再由横向传送带传送到粪便储藏室或清粪卡车上。

1. 传送带式输粪带　2. 挡粪帘　3. 尾架

图 7-18　传送带式清粪系统

在规模化鸡舍内,传送带式清粪机清粪时经常存在输粪带跑偏问题,一旦发生输粪带跑偏,将影响正常清粪过程,甚至引起输粪带断裂。输粪带跑偏发生的主要原因有:①输粪带材质老化,连接处薄弱等导致输粪带跑偏甚至断裂;②输粪带材质、厚度等不达标,长期使用被鸡粪腐蚀;③清粪周期过长导致输粪带上鸡粪积攒过多,输粪带表面粪量分布不均等。

在实际生产中,为了防止清粪时输粪带跑偏,需要饲养员时刻关注输粪带的运行情况,然而一栋规模化的鸡舍一般使用 8 层 4 列或 5 列的多层立体设备,清粪时饲养员难以同一时间检查所有的输粪带跑偏情况。因此,需要以自动化、智能化的装置解决输粪带跑偏的问题。针对一问题,目前规模化养殖场一般采用在清粪机上增设自动纠偏装置以监测跑偏情况,王先伟等设计了一种改变敷胶工艺的输粪装置,实现了各层间输粪带驱动辊轮的联动功能,改善了输粪带性能,延长了输粪带的使用寿命。大荷兰人设计了一种输粪带自动纠偏装置(图 7-19),输粪带通过定位在左右两侧的横向传感器监测输粪带运行情况。如果输粪带发生偏离，传感器会识别并向 AMBA（automatic manure belt adjustment）电机发送信号。AMBA 电机有一个内部逻辑，处理传感器信号，防止输粪带偏离，实现了输粪带运行监测、纠偏的智能化控制。

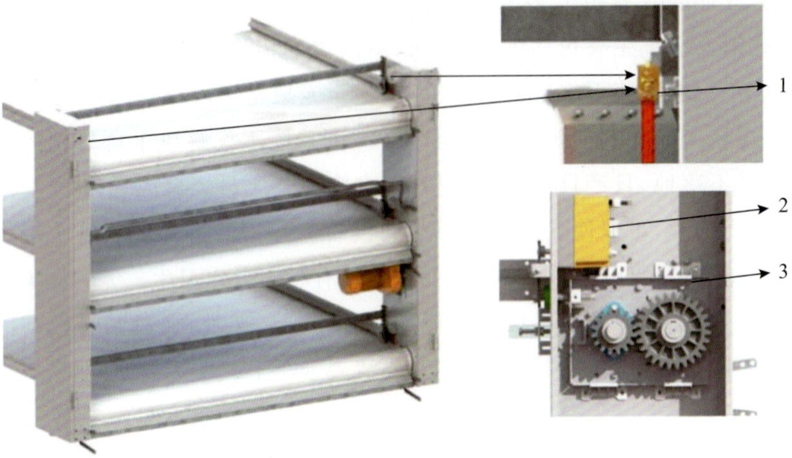

1. 传感器　2. AMBA 电机　3. 滑块

图 7-19　大荷兰人研制的输粪带自动纠偏装置

目前常用的舍外运输粪污的方式为清粪时由运粪车到清粪鸡舍鸡粪排出口接粪，通过运粪车将鸡粪集中运输到粪肥处理厂。在规模化鸡场中，除了鸡舍内的自动化清粪设备外，还可配套具备粪污运输和提升功能的智能中央集粪系统（图 7-20）。

1. 中央输粪沟　2. 输粪带　3. 输粪沟盖板　4. 舍内出粪口

图 7-20　隧道式智能中央集粪系统

该系统位于鸡舍污道一侧，以下沉式粪沟的形式通过输粪带向集粪间（图 7-21）输粪，配有可掀开的输粪沟盖板。该系统可以有效避免粪车在场区穿行引起的交叉感染隐患，有利于场区防疫，同时还避免了粪污在鸡舍外的洒落污染，有利于场区整洁。另外，还有利于北方寒冷地区冬季的鸡舍保暖。

a. 集粪间外景　　b. 集粪间内景

1. 集粪间　2. 中央集粪系统输粪带

图 7-21　鸡场中央集粪系统的集粪间

目前以传送式清粪为主的规模化鸡舍清粪设备已基本实现自动化，未来还可将机器视觉技术、智能无人驾驶技术运用到舍外粪车的定点运输、粪污对接流转上，实现规模鸡舍智能化集粪与运输。

7.3　智能环境控制器

目前，国内外禽类养殖业普遍采用高科技技术来促进禽类品质与产量，通过采用智能环境控制器加强畜禽养殖环境的自动化实时监测，充分了解畜禽各阶段的生长状态，智能化调控对畜禽健康生长、充分发挥生产性能、最大限度节省人工及降低养殖成本等具有重要意义。

全密闭禽舍环控器主要以国外产品为主流，国内市场以瑞典 Munters 公司旗下的 ROTEM 环控器、以色列 Agrologic 公司环控器为主，其产品成熟、市场占有率高、稳定可靠，得到了家禽养殖业、家畜养殖业和水产养殖业的全球养殖市场客户的广泛认可。以最新发布的蒙特 Trio 鸡管家为例（图 7-22），该环控器提供极大的扩展性能，模块化构架，在系统设计上具备高度灵活性。该控制器硬件性能可具备以下特点：通过触摸屏可全面访问所有功能、通过网络或云端访问、远程报警、支持多达 200 个负载继电器、16 个独立加热区、精准喷雾器及蒸发式冷却系统等，ROTEM 环控器与 Agrologic 环控器充分发挥自身性能优势的同时也存在缺点：它们在国内没有研发部门，控制器集成化程度高，程序不可上传下载，接入接出端口有限等。国外控制器对国内环控器形成一定的技术壁垒，具有垄断优势，其低端产品售价便宜打压国产环控器，高端产品售价昂贵占领高端市场。

图 7-22　蒙特智能环控器（Trio 鸡管家）

编者针对国外智能环境控制器技术垄断的问题，基于恩智浦 I. MX8MPULS 系列

MPU 自主研制了初代蛋鸡舍智能环境控制器，该智能环境控制器采用的 MPU 芯片为恩智浦半导体公司最新研发的芯片，集成有神经网络处理单元（NPU），可以用于畜禽舍环境调控中的计算密集型程序，可用于运行机器学习、神经网络等智能控制算法，同时环控器基于 Linux 开源操作系统开发控制程序，具有高效和稳定的优点，能够根据需要进行内核裁剪。环控器搭载了 4G、以太网的网络通信接口，鸡舍的环境控制数据可以通过网络接口实时传递至云端显示，便于使用者远程监控，同时与国外环控器相比，该环控器为团队独立自主开发，禽舍环境、生产数据均可通过网络平台进行下载储存，便于禽舍管理人员进行数据分析，实现禽舍养殖环境的智慧管控，同时控制器基于 CAN 通信技术建立蛋鸡舍热环境分布式控制网络，可通过分布式控制器进行局部加热、降温等设备控制，提高环境控制系统的鲁棒性，智能环控器的硬件设计如图 7-23 所示。这一智能环控器的研制为环控理论的研究及推广提供实际平台，且打破国外环控器产业的垄断，研制自主产权的国际一流智能环境控制器，促进了我国蛋鸡产业绿色高质量发展和智慧化转型升级（二维码 7-1）。

二维码 7-1
规模化养鸡场智能环控系统

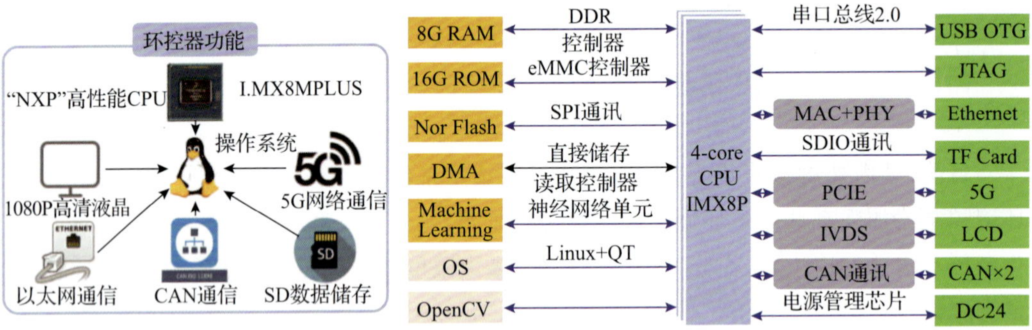

图 7-23　环控器软件功能及硬件架构

在控制程序方面，环境控制器基于 MPC 的智能控制方法搭建蛋鸡舍分区预测控制算法，将鸡舍分为 3 个区域，通过各个区域空气交换量与墙体的导热量、进风量和出风量等因素建立鸡舍 3 个区域间的物质能量传递模型（图 7-24），进而构建了 3 个分区的状态

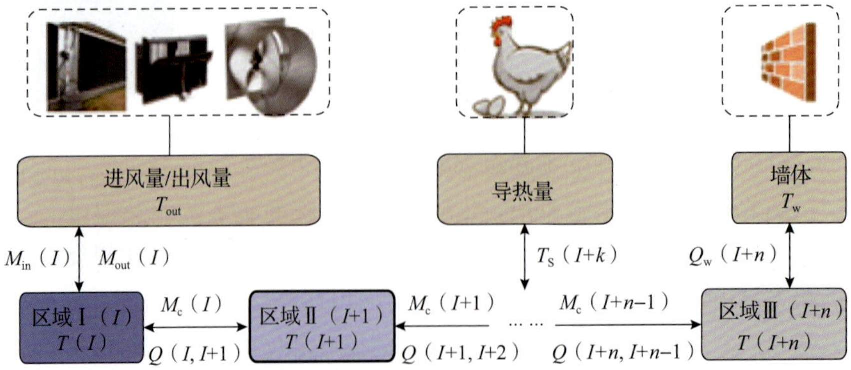

图 7-24　MPC 分区控制基础模型

空间模型，以该模型为 MPC 智能控制方法的约束条件，采用动态规划作为 MPC 模型的优化求解方法，获取禽舍热环境的控制参数。控制器采用的 MPC 智能控制方法广泛用于工业、建筑行业热环境控制中，在畜禽养殖中运用能够以较小的能源消耗实现畜禽舍内的热环境最优控制，有利于促进禽舍智能环控技术的发展。

7.4 禽蛋智能收集与分级包装设备

禽蛋及其制品是优质动物性蛋白食物，因其具有高营养、易吸收等特点，成为人们的优质食品。我国是蛋禽养殖、禽蛋生产和消费大国。2020 年我国禽蛋产量超过了 3 000 万 t，接近世界总产量的 40%，禽蛋产量位居世界第一。然而传统的禽蛋收集、分级过程多采用人工方式，这样不仅成本高、效率低、人为因素影响大，而且食品的安全性也存在着威胁。随着科学发展和人们生活水平的提高，人们对禽蛋品质提出了更高的要求，从而推动了禽蛋智能化收集、分级包装技术的发展，促使国内外禽蛋收集与分级包装设备智能化程度逐渐提高。

7.4.1 禽蛋智能收集装备

禽蛋收集是家禽养殖重要的生产环节，禽蛋智能收集装备主要用于统一收集养殖环境下生产的禽蛋，便于后续禽蛋的分级包装等操作，其自动化和智能化水平的高低直接影响鸡蛋的储藏时间、选种选育和破损程度等。

在不同的饲养模式下，禽蛋收集设备也不尽相同。笼养模式下，禽舍中集约化程度高，禽类产蛋位置固定，集蛋装置规模化、集成化程度高，集蛋设备主要包括电梯式集蛋系统、升降式集蛋系统和中央集蛋线等。家禽叠层饲养模式下，每层笼具下方均安装有集蛋导向装置，将集蛋槽中的禽蛋运送至电梯集蛋系统或升降式集蛋系统，电梯集蛋系统安装于笼具末端，其上方设置有皮带＋整体蛋爪机器，通过蛋爪机器固定禽蛋，将其运送至一层传送带（图 7-25）。升降式集蛋系统是一层一层收集鸡蛋的，配合伸缩式蛋线，蛋线不使用时自动停靠在最高位置，不影响过道通行，单层集蛋可避免禽蛋在集蛋设备中相互碰撞，同时禽蛋从蛋带到蛋库的翻滚次数可由电梯集蛋系统的 3 次降低到 1 次，有效降低鸡蛋破损率（图 7-26），且智能化集蛋系统能够准确计算每层和每列笼具的产蛋量。中央集蛋线则将各个集蛋系统运送的禽蛋进行统一收集，传送至集蛋室或者禽蛋分级包装车间。

在散养条件下，鸡的活动区域更为广阔，蛋禽往往会选择一些相对安全和隐蔽的地方产蛋，不同个体在产蛋地点偏好方面存在一定的差异，这样会导致产下的鸡蛋分布地点不够集中，因此，在散养模式下，智能化禽蛋收集设备主要为智能捡蛋车，其体积较小，能够在禽舍中进行自动巡航、对禽蛋进行识别和捡拾。Joffe 等研发的 Gohbot 智能捡蛋机器人能够在禽舍中自动巡航，并通过 Kinect v2 视觉传感器和深度学习算法不断对地面上的禽蛋进行识别，并自行前往，到达地面鸡蛋附近后，依托图像识别技术将鸡蛋两端的精

图 7-25　电梯式集蛋系统
（青岛大牧人机械股份有限公司）

图 7-26　升降式集蛋系统
（大荷兰人）

确位置确认下来，然后驱动电机做出相应的动作完成吸盘与鸡蛋的接触，并通过吸气的方式将地面鸡蛋放置于蛋托上，鸡蛋捡拾的成功率能够达到 91.6%（图 7-27）。编者团队研发了一种智能禽蛋收集车，通过机械臂＋硅胶机械爪进行鸡蛋收集，收集车内部有集成传送装置及禽蛋盘，禽蛋收集车根据图像识别禽蛋控制硅胶机械爪抓取地面禽蛋，并通过传送装置传送至卡蛋槽中，同时集蛋盘根据已有禽蛋数量判断下一次禽蛋掉落位置，实现禽蛋自动装盘功能。

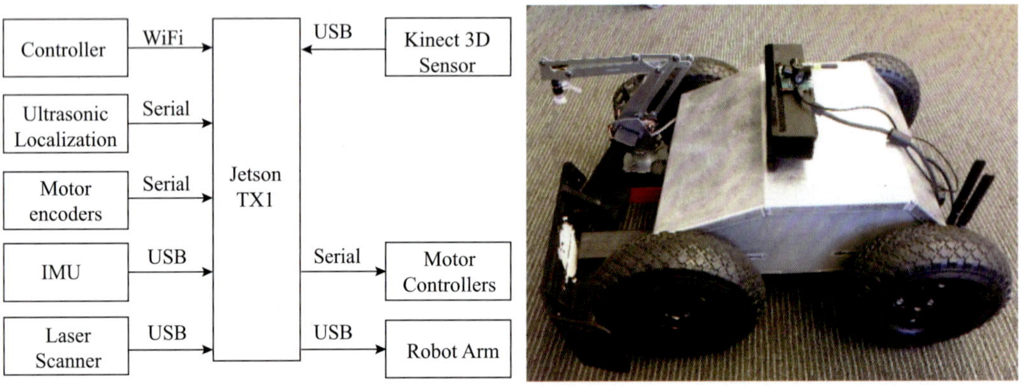

图 7-27　Gohbot 智能捡蛋机器人

7.4.2　禽蛋智能分级包装设备

禽蛋智能分级包装设备主要包括滚筒传送带、重力传感器、洗蛋装置、吸蛋装置、裂纹检测装置等。禽蛋经过各处理环节，在输送线首先经过冲洗、干燥等操作对禽蛋表面进行清洁和消毒处理，除此之外，智能分级包装设备还含有对禽蛋裂纹、血斑等的检测功能，可以实现自动检测禽蛋外部品质，从而筛选出存在异常的禽蛋，常用的方法包括机器视觉、声学检测等，机器视觉通过神经网络处理算法对其进行图像处理，在生产线机架上预留视觉检测区和设置光照箱，分别通过光学检测和视觉检测挑选出污染的蛋和血斑蛋（图

7-28)。声学检测则是根据表面有裂纹的禽蛋在敲击时对振动和敲击的响应与完整蛋之间有显著区别的原理进行表面裂纹检测。经过预处理后,鸡蛋经过滚轮传送带传送至称重输送杆,输送杆下方有倾斜轨道,轨道末端安装称重传感器,禽蛋脱离称重输送杆后在无推力的情况下减速自由滚过称重区域,通过控制器接收传感器信号记录禽蛋的重量及个数。控制器中对各禽蛋重量信号进行滤波,保证称重精度,在分级末端轨道处安装有禽蛋分级执行装置及计数器,控制器给电磁式分级执行装置一个电信号,电磁式分级执行装置通电后相吸,执行拨爪弹起后将禽蛋快速拨到位于分级执行机构下方的运输带上,等待进入包装环节(图 7-29)。经过分级后的禽蛋从上料机构进入后,首先保证每列有且只有 1 个蛋进入,等每排的 6 个蛋都进入后,同步进入输送装置,经过气室整序后,禽蛋从旋转过渡装置竖直落入处于最高点的托放装置,盖板控制装置压住夹子组使禽蛋不掉落,承托装置的作用是在禽蛋从输送装置进入蛋托的过程中,使禽蛋间距发生改变(输送装置上的禽蛋间距宽于蛋托格的中心距),适应蛋托每格之间的中心距,并且在竖直方向实现一个柔性下落,避免撞击;当禽蛋柔性到达蛋托时盖板打开,夹子组在禽蛋重力的作用下撑开,禽蛋落入蛋托并保持大头朝上,从而实现从输送带到蛋托落蛋间距的变化。

图 7-28 机器视觉检测(大荷兰人)

图 7-29 禽蛋分级、包装设备(韩国智玄)

7.5 家禽健康高效养殖巡检机器人

智能巡检机器人可以有效解决我国高密度畜牧养殖中环境监测技术不完善、环境参数数据缺失、畜牧健康福利监测环节薄弱以及畜牧养殖场巡检劳动强度大等问题。智能巡检机器人可配备先进的传感器等技术手段，对规模化、集约化畜牧养殖场的环境参数进行多维、实时和精准的监控，从而提升畜牧养殖场环境参数的实时获取能力、效率和准确性，有效保障家禽舍内的环境状况，降低家禽的发病率、减少预防性治疗、降低死淘率并减少抗生素或药物的使用，提升畜牧养殖场环境控制的自动化水平和劳动效率，有效保障舍内动物的生物安全，实现了生产过程、家禽健康与终端产品品质的关联控制，为规模化高效与安全生产提供关键技术与产品支撑。

目前在平养模式下的蛋鸡舍中，巡检机器人的应用比较广泛。2019 年，Iamus Technologies 公司利用人工智能和机器人技术，在畜禽生产中实现对数据驱动的改进，研发了一种 Colin Usher 巡检机器人（图 7-30），利用机器学习处理视觉、环境和生物识别等畜禽和农场信息，该巡检机器人可以检测并捡起地面上的鸡蛋和识别死亡的鸡只，并对鸡群和环境进行定性分析，不会损害鸡只的健康，可以用在商业化的养鸡场。这种巡检机器人可以最大限度地减少劳动力，减少人工的方式会更有利于生物安全，同时它能够对湿度、温度、光照、氨气、二氧化碳、甲烷等气体进行监测。农场自动化机器人公司研发了一种悬挂式的机器人 Chicken Boy（图 7-31），配备高精度传感器，可在家禽舍天花板的轨道上运行，

图 7-30　Colin Usher 巡检机器人

图 7-31　Chicken Boy 机器人

从而实现对鸡只健康问题的诊断、对死鸡定位以及环境参数检测。刘艳昌等研发了一种鸡舍机器人智能监控系统，它以 FPGA（field programmable gate array）控制器、传感器等作为硬件核心，可以实现对鸡舍的环境数据实时采集、处理、显示、存储及远程控制等功能。法国农业科技创业公司 Technologies 设计了一款名为 Tibot 的机器人，可连续 1 周在鸡舍内走动，机器人的持续运行会迫使鸡群四处走动，降低地板蛋的数量。乔治亚理工学院设计的 Gohbot 自动移动机器人，其使用人工智能程序和一套传感器，包括二维和三维成像仪，结合基础设施在商业鸡舍内导航，既能评估家禽的状态，又能收集地板上的鸡蛋。

近年来，我国的家禽产业得到了迅猛发展，标准化水平有了很大的提升，饲养方式逐渐由地面或网面平养向笼养转变，叠层笼养模式开始兴起，使得在有限的空间内养殖规模得到了翻倍增长。叠层笼养模式中，家禽饲养规模大，鸡舍中的环境参数，如温湿度、光照强度、二氧化碳和氨气浓度等，在很大程度上会影响鸡群的生长和健康，因此需要动态实时监控鸡舍中各种环境参数的变化，为叠层笼养鸡舍环境控制提供基础数据。

编者团队研发了适用于规模化叠层笼养鸡舍的智能巡检机器人，可实现按照给定的巡检路线在鸡舍内稳定行驶、自主导航，根据采集方案实时连续或定点停靠采集数据，并将数据自动上传到云端数据库或鸡舍耳房。根据叠层笼养鸡舍过道窄、鸡笼位置低、需要避开料车等实际环境特点，以及需搭载多个传感器、多个摄像头的需求，机器人结构设计（板、框架和桅杆）如图 7-32 所示。巡检机器人采用激光雷达导航和磁导航系统，巡检机器人上方安装 16 线机械式激光雷达，通过采集鸡舍的点云数据获得鸡舍过道中的一些特征点，如笼架上的竖杆，以竖杆作为停靠位点进行路径规划，利用同一侧不同竖杆的距离确定机器人此时在过道中的位置，同时在鸡舍铺设地磁条进行路径规划，按照机器人的巡检行驶路线，沿途铺设地磁条，并对其进行相应固定，机器人就会根据磁条路线的引导进行巡检。

基于上述巡检机器人移载平台，优化并研发畜禽舍多元环境智能监测系统，根据家禽环境需求，环境检测系统集成温湿度传感器、二氧化碳传感器、颗粒物传感器、风速传感器、氨气传感器、光照传感器。由于肉鸡舍和蛋鸡舍笼层高度不同，根据不同环境因子在纵向高度上的分布特点，为实现代表性位点的环境监测，蛋鸡舍和肉鸡舍不同传感器安装高度也有所差异，传感器信息和具体安装高度见表 7-1。巡检机器人在工作中进行环境监测时采集大量的环境、位置等数据，采集到的数据能够进行存储和实时网络传输，其中部分重要数据实时网络传输至数据库云平台，其他数据进行本地存储，最后上传至数据库，方便后续进行数据分析。由于桅杆的设置合理，该巡检机器人实现了水平和垂直空间的 3D 环境数据的实时监测和存储，解决了禽舍定点传感器布置方式只能获得常规数据、存在监测死角的情况，能够解决目前对光照、风速等其他环境参数关注度不高的问题，并进行分级传输和可视化展示利用（二维码 7-2，图 7-33 和图 7-34）。

二维码 7-2
笼养鸡舍智能变量喷雾免疫机器人

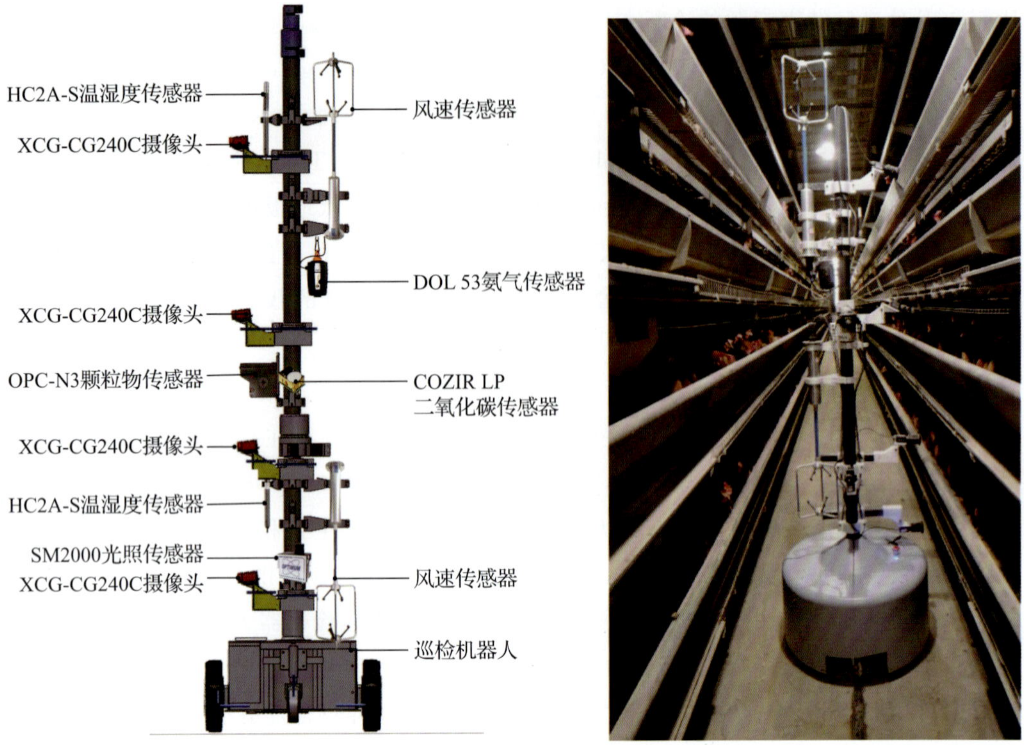

图 7-32　巡检机器人整体装配三维模型及巡检现场图

表 7-1　环境传感器信息和安装高度

传感器类型	测量范围	精准度	安装高度(肉鸡舍)	安装高度(蛋鸡舍)
温湿度	0～100%RH/ －50～100 ℃	0.5RH/0.1K	1.4 m/2.9 m	0.6 m/1.8 m
二氧化碳	0～9 000 mg/m³	90 mg/m³	1.76 m	1.5 m
颗粒物	0.38～40 μm	0.02 μm	1.76 m	1.45 m
风速	0～45 m/s	1%RMS	1.3 m/2.8 m	0.6 m/2.2 m
氨气	0～70 mg/m³	1 mg/m³	1.76 m	1.6 m
光照	1～300 lx	2% lx	0.75 m/3 m	0.8 m

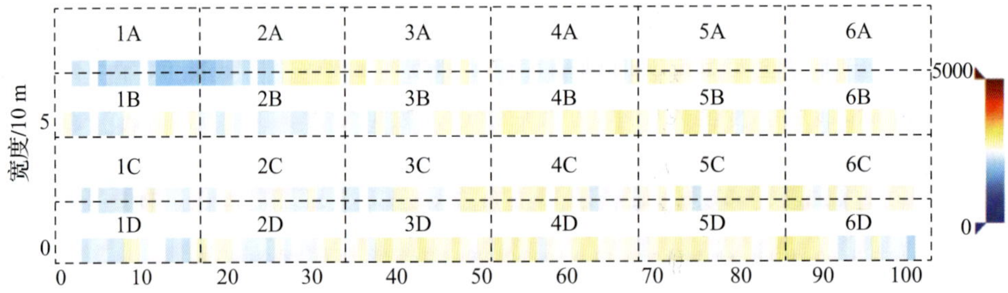

图 7-33　蛋鸡舍二氧化碳实时监测页面

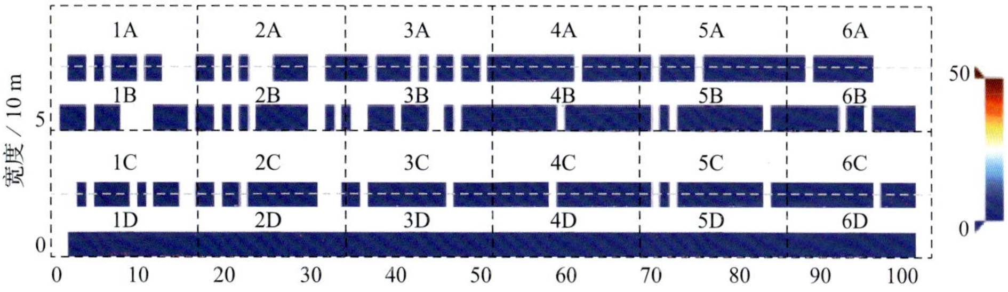

图 7-34 蛋鸡舍氨气实时监测页面

第 8 章
生物安全与场区卫生智能化管理

8.1　规模化家禽场规划建设

合理的家禽场规划设计是保障生物安全和场区卫生管理的前提，本节从场址选择、场区规划和养殖模式等方面入手，旨在从家禽场规划设计阶段做到便于场区卫生管理，采用系统性措施保障生物安全。

8.1.1　场区选址

场址是未来开展养殖生产活动的场所，是家禽养殖场规划设计与建设的载体。场址选择是蛋鸡场规划与建设的首要问题，它关系到建场工作能否顺利进行及投产后家禽场的生产水平、鸡群的健康状况和经济效益。家禽场的建立具有一次性投入、长期使用的特点，理想的家禽场场址不仅要符合当地土地利用发展计划和村镇建设发展计划，还要符合环保要求，要综合考虑拟建场地的自然条件（包括地势、地形、土质、水源、气候条件等）、社会条件（包括水、电、交通等）和卫生防疫条件，尽量做到科学合理，避免盲目建场。

8.1.1.1　自然条件选择

1. 地形地势

地形地势包括场地的形状及坡度等，理想的场地应当建在地势较高、排水良好、背风向阳、平坦或略带缓坡处。避免低洼潮湿，例如沼泽地、低洼地、四面有山或丘陵的盆地。若鸡场建立在平原地区，应选在较周围地段稍高处，场内坡度应在 1%～3%为宜，以利于排水；若在山区建场，应选择较为平坦，坡面向阳的位置，建筑区坡度不宜超过 3°。另外，要注意地质构造情况，避开断层、滑坡、塌方的地段，也要避开坡底和谷地以及风口，以免受山洪和暴风雪的袭击。在谷地或山坳中，空气流通状况会受地形、地势的影响，形成局部空气涡流现象，造成场区出现污浊空气长时间滞留，潮湿、阴冷或闷热等现象，选址时应注意避免。一般来说，低洼潮湿的场地易积聚大量病原微生物和寄生虫，不利于鸡的健康，并严重影响建筑物的使用寿命。此外，场区选址要求地形开阔整齐，保证场地能充分利用，避免因为地形狭长或边角过多等问题影响鸡场和其他建筑物的合理布局。

2. 水源和水质

家禽场水源包括地面水、地下水和降水等。在家禽饲养生产过程中，禽类的饮水、鸡舍和用具的洗涤、员工生活与绿化等都要使用大量的水，因此家禽场附近水资源量及供水能力应满足鸡场生产生活的总体需求。可靠的水源应符合以下要求：

(1)水量充足　能满足各种用水，并应考虑防火和未来发展需要。

(2)水质良好　处理简便或不经处理即能符合饮水标准的水最为理想。

(3)便于防护　保证水源水质经常处于良好状态，不受周围环境的污染。

(4)取用方便　设备投资少，处理技术简单易行。

3. 土壤

土壤的透气性、吸湿性、毛细管特性及土壤化学成分等不仅直接和间接影响鸡场的空气、水质和地上植被等，还影响土壤的净化作用。要求土壤透气透水性强，毛细管作用弱，吸湿性和导热性小、质地均匀，挤压性强，壤土最为理想。这种土壤疏松多孔，透水透气，有利于树木和饲草的生长，冬天可以增加地温，夏天可以减少地面辐射热。砾土、纯沙地不能建饲养场，这种土壤导热快，冬天地温低，夏天灼热，缺乏肥力，不利于植被生长。

但在客观条件限制的地方，土壤条件稍差，需要在规划设计、施工建造和日常使用管理上，设法弥补土壤的缺陷。土壤中的化学元素缺乏或过多，往往引起家禽地方性营养代谢疾病。还有病原性微生物及寄生虫病对土壤的污染，常为家禽发病的传染源。应尽量对土壤进行实验室分析，确定其类型、化学元素含量、被污染情况。

4. 气候因素

气候因素主要指与建筑设计有关的、造成鸡场小气候的气候、气象因素，如气温、风力、风向及灾害性天气的情况。我国地域辽阔气候复杂，变化多样，各地区气候条件差别很大。了解拟建地区常年气象变化特征，包括平均气温、绝对最高与最低气温、土壤冻结深度、降水量与积雪深度、最大风力、常年主导风向、风频率、日照情况等。参照各地民用建筑设计规范标准，同时结合家禽品种的生物学特性，综合分析并加以利用，根据这些特点在选址、规划、设计等前期工作中，扬长避短，趋利避害，充分利用其气候特点为家禽饲养服务。

8.1.1.2　社会条件选择

全面考虑家禽场的饲养模式、资源供应、交通运输、相对位置、产品销售、废弃物处理等进行场地的选择，以卫生管理、防疫安全及养殖污染治理3方面作为选择依据。

1. 遵循社会公共卫生准则

为防止场区受到周围环境的污染，选址时应避开居民点的污水排出口，不能将场址选在化工厂、屠宰场、制革厂等容易产生环境污染企业的下风向处或附近。在城镇郊区建场时，应距离大城市20 km，小城镇10 km。按照畜牧场建设标准，距离其他畜牧场、兽医机构、家禽屠宰厂不小于2 km，距居民区不小于3 km，且必须在城乡建设区常年主导风向的下风向。另外，禁止在以下地区或地段建场：规定的自然保护区、生活饮用水水源保护区、风景旅游区；受洪水或山洪威胁及有泥石流、滑坡等自然灾害多发地带；自然环境污染严重的地区。

2. 交通运输条件

既要考虑交通方便，又要使家禽场与交通干线保持适当的距离。家禽场距二级公路和铁路应不少于 300～500 m，距三级公路（省内公路）应不少于 100～200 m，距四级公路应不少于 50～100 m。家禽场有专用道路与公路相通。

3. 电力供应

家禽场生产、生活都要求有可靠的供电条件，通常要求家禽场与Ⅱ级供电电源铺设输电线路。如采用Ⅲ级以下电源供电时，则需自备发电机。选择家禽场场址时应靠近输电线路，尽量缩短新线的铺设距离，减少供电投资。

4. 土地征用情况

为保证畜牧场顺利建设，选址时应尽量避开基本农田区域，选择荒地、劣地。选址时一定要查看当地的农业发展规划、土地利用发展规划以及经济发展规划，保证畜牧场地顺应当地的长远规划，避免将来被拆迁，使用年限过短。

根据《畜禽养殖业污染防治技术规范》（HJ/T 81—2001）的规定，禁止在下列区域内建设家禽牧场：生活饮用水水源保护区、风景名胜区、自然保护区的核心区及缓冲区；城市和城镇居民区，包括文教科研区、医疗区、商业区、工业区、游览区等人口集中地区；县级人民政府依法划定的禁养区域。在以上禁建区域附近新建、改建、扩建的牧场，应建在上述禁建区域常年主导风向的下风向或侧风向处，场界与禁建区域边界的最小距离不得小于 500 m。

8.1.2　场区规划

8.1.2.1　总体规划

家禽场址选定后，要根据场地的地形、地势和当地主导风向，计划和安排场内不同功能区、道路、排水、绿化等区域的位置，即为场区规划（图 8-1）。根据场地规划方案和家禽场工艺设计对各种房舍的规定，合理安排每栋房屋和每种设施的位置和朝向，称为建筑物布局。场地规划和建筑物布局必须相互配合进行，综合考虑。畜牧场功能分区是否合理，各区建筑物布置是否得当，不仅直接影响基建投资、经营管理、生产组织、劳动生产率和经济效益，而且影响场区小气候状况和兽医卫生水平。

图 8-1　鸡场布局图

8.1.2.2 功能分区

按性质相同、功能相近、联系密切和对环境要求一致的原则，把不同的建(构)筑物划分成不同的功能区域。

具有一定规模的家禽场一般分为 4 个功能区：生活区、生产辅助区、生产区和隔离区。在进行场地规划时，应充分考虑未来的发展，在规划时留有余地。各区的位置要从场区卫生防疫和工作方便的角度考虑，根据场地地势和当地全年主导风向，生活区应该在场区地势最高的地方和上风处，隔离区在地势最凹处和下风处(或侧风向)。按图 8-2 所示顺序安排各区，这样配置可减少或防止家禽场产生的不良气味、噪声及粪尿污水因风向和地面径流对居民生活环境和管理区工作环境造成污染，并减少疫病蔓延的机会。

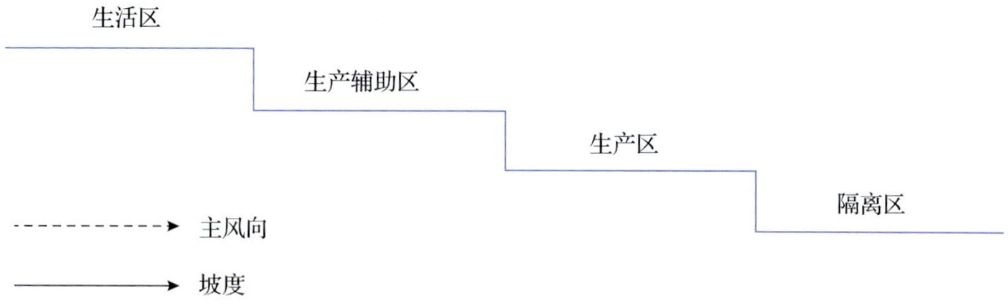

图 8-2 家禽场各区按地势和风向划分场区示意图

1. 生活区

生活区包括场区工作人员的宿舍、娱乐场所、办公室，负责场外运输的车辆的车库(或车棚)，除饲料库以外的其他库房，产品的加工车间等。生活区与生产区隔离，两者相距至少 300 m。外来人员只能在生活区活动，负责向场外运输物品的车辆也只能在生活区活动，不应该进入生产区。生活区应靠近场区大门内侧集中布置，方便与外界的联系和防疫。

2. 生产辅助区

生产辅助区主要包括供水、供电、供热、维修、仓库和饲料加工车间与储存间等建筑设施。此区位置的确定除考虑风向、地势外，还应考虑将其设在与外界联系方便的位置。为了防疫安全，又便于外面车辆将饲料运入和将饲料成品送往生产区，应将饲料加工车间和储存间设在该区与生产区隔墙处。但对于兼营饲料加工销售的综合型大场，则应在保证防疫安全且与生产区保持方便联系的前提下，独立组成饲料生产小区，饲料调制和储存间原则上应设在生产区上风处和地势较高处，同时要与各鸡舍联系保持方便。设置时还要考虑与饲料加工车间保持最方便的联系。饲料加工车间及储存间的位置既要便于原料从场外运入，又要避免外面车辆进入生产区。

蛋品储藏及加工的建筑设在靠近生产区一侧，紧贴生产区围墙，且应将运出的门直接开在围墙上，以避免运输工具进入生产区内。蛋品加工厂不得设在生产区内。家禽粪便与生产污水的堆放和储存设施应设在生产区下风向，地势稍低处，并远离水源以防污染。

3. 生产区

生产区是家禽场的核心，主要安排各种类型禽舍及生产附属设施。对于蛋禽舍，生产区内禽舍的布局根据生产工艺流程按下列顺序布置：育雏舍、育成舍、成鸡舍。育雏舍布置在上风向，产蛋舍布置在偏下风向，育雏舍、育成舍与蛋禽饲养区域间距应在 150 m 以上。孵化室布置在生产辅助区的一侧，靠近大门，以便购入种蛋时外部人员不与生产区鸡群接触。

4. 隔离区

隔离区主要包括患病鸡的治疗室、病畜隔离室、处理病死家禽的焚尸室或埋尸坑等，有的还包括粪便处理区、污水处理室。隔离区与生产区应至少相隔 300 m。隔离区周围最好有天然的或人工的隔离屏障（如界沟、围墙、栅栏或浓密的乔木、灌木混合林）。此外，病死家禽的粪便、污水等也要严格控制、妥善处理，防止疾病蔓延和污染环境。隔离区与场区外有专用大门和道路相通。

8.2 人员及车辆生物安全智能化管理

8.2.1 人员管理

人员是家禽疾病传播中最危险、最常见也是最难以防范的生物传播媒介之一，必须靠严格的制度并配合相关设施设备进行有效控制。现有物联网技术可针对场区人员自动洗消、工服颜色、姿态评估和跨界安防等方面进行实时监管，记录人员操作状态，帮助场区进行防疫管理，减少疾病传播风险。

8.2.1.1 人员洗消自动控制

人员进入场区或流动到其他区域均需要进行洗消工作。洗浴间采用自动化洗澡间设计，从入口到出口分别分为脏区、沐浴区和净区，由入口处更衣，沐浴区进行洗消，净区更换工作服，如图 8-3 所示。从进入人员洗消间开始，物联网人员洗浴消毒控制系统便通过门禁联动装置以及人体位置传感器开始自动记录流程，通过水流传感器确保人员有效洗澡时长，且支持多次自动化控制喷洒沐浴露泡沫，保证人员洗消更彻底。洗消全过程语音

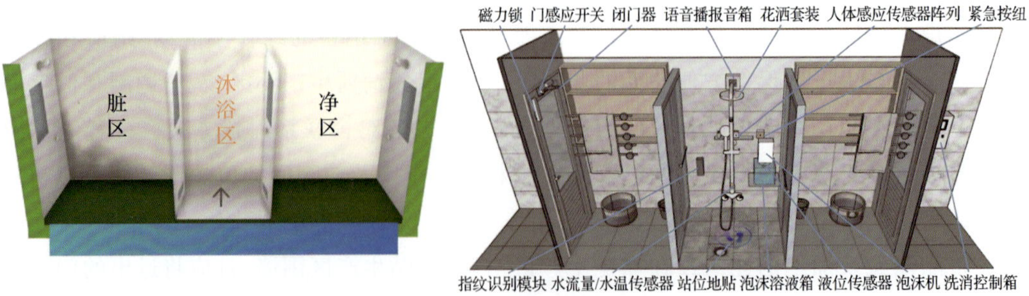

图 8-3　自动化洗浴间实例

提示，方便人员操作，同时淋浴龙头旁配置紧急按钮，保障人员安全。通过物联网系统界面，可了解人员洗消使用情况和使用状态（图 8-4）。

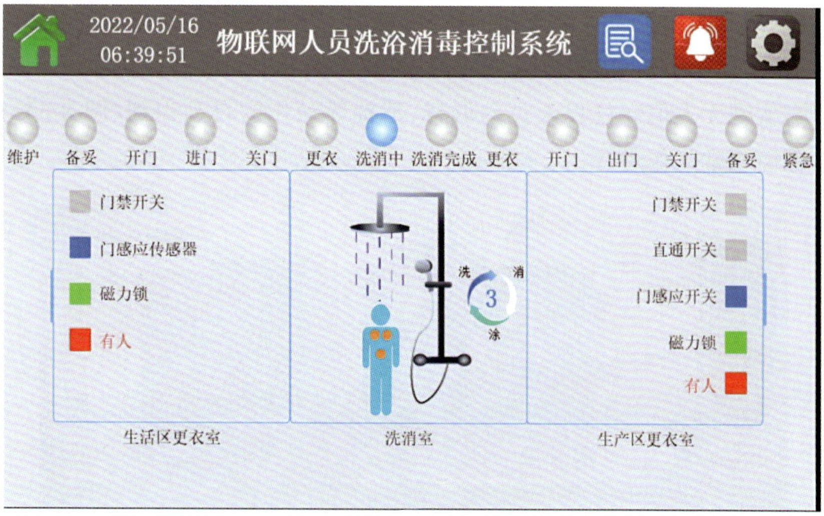

图 8-4　物联网人员洗浴消毒控制系统

8.2.1.2　异常工服识别

人员的跨区操作可能会导致病毒传播，因此可通过不同生产功能区的工作人员分发不同颜色的工作服进行区分，可在入口房间和出口房间分别部署 AI 摄像机，通过衣着颜色检测算法，实时检测是否有其他区域人员进入特定区域操作（图 8-5），若区域内出现异常颜色服装，系统会开启自动报警功能。

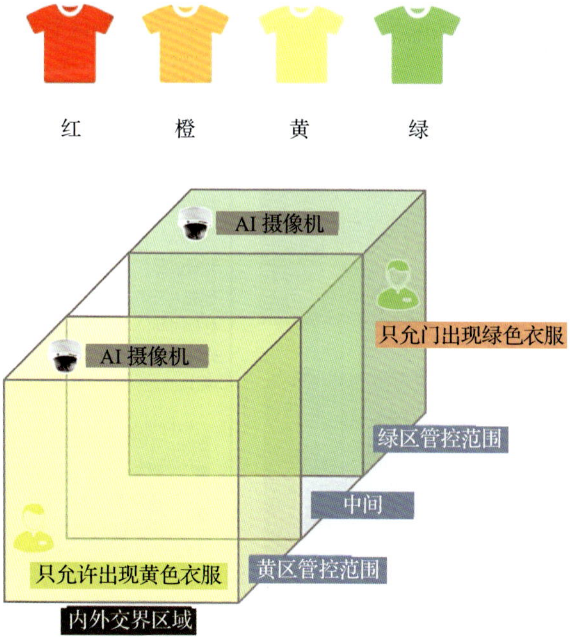

图 8-5　异常工服颜色识别

8.2.1.3　人体操作姿态评估

目前已实现将深度学习引入人体姿态估计，自动判断人员操作的完整性、准确性。也可使用神经网络学习图片特征和空间信息，通过 RGB 图像或视频描绘出人体的形态，在输入点中定位身体关节位置，提取人体关键点，输入视频中一系列连续帧预测画面中的人体姿势动作，实现无人值守过程人员的取样、消毒等动作的自动识别(图 8-6)，确保人员操作合规，保障正常工作进行。

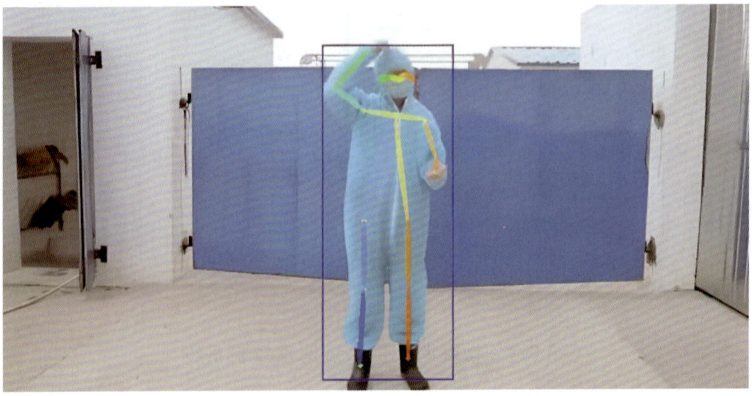

图 8-6　人员操作动作识别

8.2.1.4　场区外围越界安防系统

随着目前家禽养殖场的整体规划加强，在无人值守的场区外围，已实现基于智能视频分析技术，提供违规越界行为以及异常事件的报警信息(图 8-7)。利用机器视觉和智能分析算法，过滤引起误报的信息，提升识别准确率，使异常事件分析的触发条件更准确，提供的报警信息更丰富，实现对场区更为严密的防控，有助于场区管理。

图 8-7　场区外围安防系统

8.2.2 车辆管理

车辆在行驶过程中，会沾染大量的污染物质。相比工业运输车辆，家禽运输车辆更易携带动物粪便、污物结块等，是病原体传播的主要来源之一。经检测，家禽运载车辆沾染的微生物主要由大肠杆菌、沙门菌和葡萄球菌构成，其中大肠杆菌和沙门菌分别占 49% 和 38%，若携带病原的运输车辆在各种养殖场、屠宰场、饲料厂之间流通，存在严重的交叉传播风险。建设进场车辆洗消中心是避免运输过程中病原通过车辆传播，保障养殖场家禽健康的重要手段之一，对规模养殖场抵御重大动物疫病风险有重要意义。

目前家禽养殖场在对来往车辆的日常管理过程中，均已要求对车辆进行消毒。有学者探究了喷雾消毒以及冲洗后消毒两种运行模式对消毒效果的影响，分别使用微酸性电解水和复合酚作为消毒剂，结果发现，用两种药物直接进行消毒的杀菌率分别为 59.26% 和 58.31%，而先使用自来水冲洗表面附着污渍后杀菌，杀菌率可分别达到 98.00% 和 97.71%，故先对车辆进行冲洗后消毒，可显著提高杀菌率，实现更优的消杀防疫效果。

根据以上研究结果，建议在家禽场入场处设置智能化车辆冲洗消毒二段式洗消中心，如图 8-8 所示。采用物理性自来水高压冲洗和微酸性电解水喷雾消毒结合的消毒工艺：首先用自来水对进场车辆的轮胎、底部和侧面进行高压冲洗，去除车辆表面附着的粉尘和结块污物，再使用微酸性电解水对车辆表面进行大面积喷雾消毒，去除车辆表面的微生物，且该洗消中心结合智能控制系统，洗消流程无需人工操作。

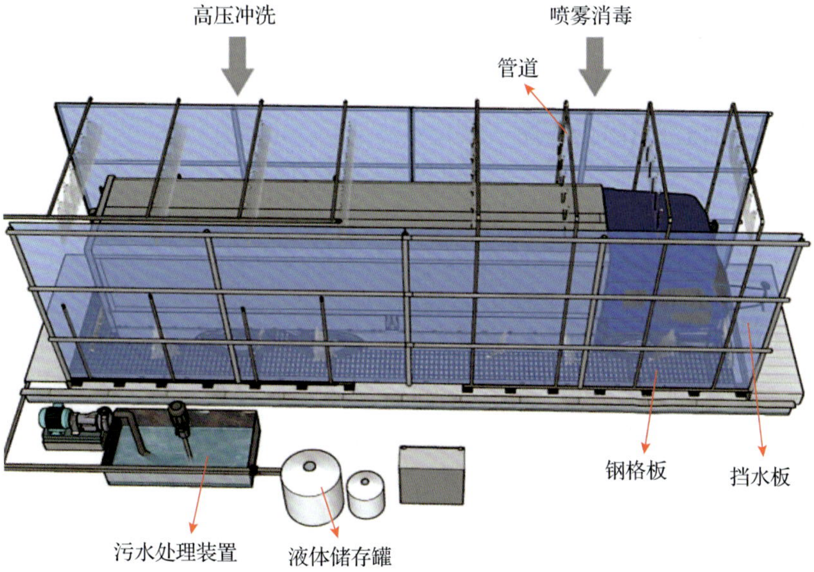

图 8-8　车辆冲洗消毒二段式洗消中心

车辆冲洗消毒二段式洗消中心采用智能控制系统，实现无人化车辆洗消，车辆到达洗消中心入口处，系统自动检测车辆的尺寸、重量和形状等信息，以便后续程序的执行，读取到相关信息后自动开启门外道闸及卷帘门，洗消通道内部自动感应系统感应到车辆后，自动打开高压冲洗喷头，车辆通过洗消通道时需缓慢低速，以确保车辆轮胎、底部和侧面经过充分的冲洗；检测到车辆到达中间过渡区域时，喷雾消毒系统开启，消毒区域采用实心雾化喷头和多排交叉式喷头，可以使消毒水均匀地喷洒在车辆表面，确保消毒剂与车辆完全接触，提高消毒效果；待车辆缓慢驶出消毒通道后，系统自动关闭。

在部分管理较为严格的场区，系统会对洗消后的车辆进行烘干处理，通常采用热风干燥的方法，通过热风机产生的热风对车辆进行吹干，将空气加热并送入烘干室，热风通过烘干室内的风道，经过喷嘴喷射到车辆表面，将车辆表面的水分蒸发和排出；车辆烘干系统通常也会接入自动化控制系统，可以根据车辆的尺寸和形状，自动调整烘干室内的热风温度和风速，以达到最佳的烘干效果，控制系统还可以监测车辆的烘干时间和温度，确保烘干的充分和有效，见图 8-9。

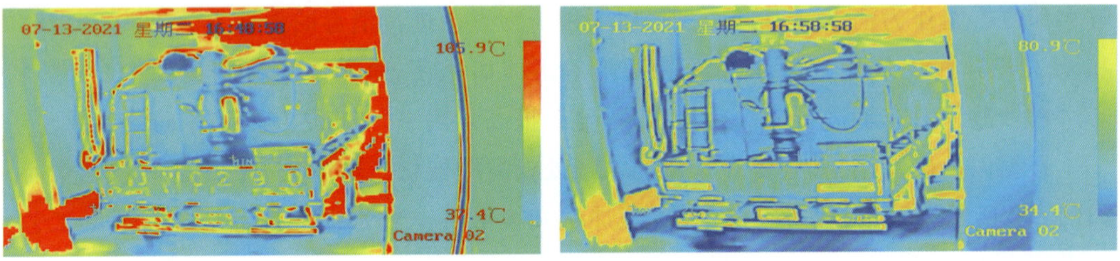

图 8-9　车辆消毒时长和消毒温度感知

8.3　家禽舍空气环境卫生智能化管理

8.3.1　家禽舍空气除尘管理

实际生产中，家禽舍内高浓度粉尘颗粒物可通过通风排放至外界环境，这些污染物排放至大气后会破坏大气环境、传播致病菌以及影响厂区周围居民的正常生活。因此家禽场在生产中应注意对家禽舍内排出的空气进行处理，以达到排放要求。除尘间安装简单、成本较低、对风机性能影响较小，是目前国内鸡舍用于除尘的最常见方法之一。

除尘间主要用于收集尾气中的粉尘，通过在风机排风端设置除尘间，利用垂直墙体迫使气流突然改变方向，部分颗粒物在气流过后会被阻挡而沉降，较大颗粒物沉降在室内，小粒径颗粒物向上运动与外部空气混合稀释，如图 8-10 所示。部分鸡舍除尘间上方安装铁丝网，通过铁丝网收集排出空气中的羽毛，从而实现有害气体与颗粒物的分离减排，其对粗颗粒物的阻挡效果优于细颗粒物。过滤系统应距离风机口 2～4 个风机直径以确保风机性能，高度至少在 3 m，以确保对粗颗粒物的拦截。

虽然实际使用中除尘间能阻挡大部分粉尘和羽毛，但截留的羽毛和粉尘需要人为地定期用水冲洗，产生的废水也需经处理后才能排出。养殖场可配备禽舍排出过滤系统的清洗装置对除尘间拦截的羽毛进行自动清洗，如图 8-11 所示。

图 8-10　鸡舍尾端除尘间

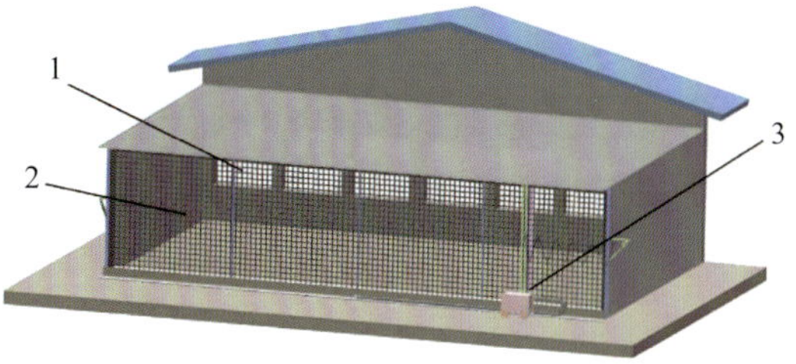

1. 风机洞口　2. 除尘间　3. 排出空气过滤清洗装置

图 8-11　禽舍排出过滤系统羽毛清洗装置

禽舍排出过滤系统的自动清洗装置采用喷水反冲的方式，将滤网上积聚的羽毛反冲至收集槽回收，并通过控制自行走冲洗车，定期清理和收集羽毛，从而实现无人化清理羽毛。除尘间尾端包括控制机构、过滤机构、驱动机构和冲洗机构，能够有效拦截鸡舍排出空气中的羽毛、粉尘，通过定期自动清理，避免除尘网堵塞，提升过滤效果，实现对除尘网滞留羽毛、粉尘的自动冲洗，避免人工清理，有效实现羽毛、粉尘的无害化处理，提高生产效率，并且在不影响生产的情况下，可便捷地安装在禽舍排风口处。

在寒冷的冬季，室外水管易受冷冻结，所以禽舍排出过滤系统搭载温度传感器，需要进行羽毛粉尘去除前，先判断环境温度是否达到 0 ℃，环境温度超过冰的熔点时，才可执行清洗操作，防止系统冻结损坏，并根据检测到的实时状态，自动调整水压和水流，以达到更佳的清洁效果。

8.3.2　舍内空气消毒净化

消毒是畜禽养殖场疾病综合预防中的一个重要环节，通过科学合理且有效的消毒，可有效切断传染病的传播，减少畜禽舍和场区病原微生物的数量，可在一定程度上减少或者避免传染病的发生。目前，畜禽养殖场主要的消毒方法有：①物理消毒法。如清扫、通风干燥、紫外线照射、火焰喷射、干热消毒、湿热消毒和煮沸消毒等。②化学消毒法。如喷雾法或喷洒法、擦拭法、浸泡法和熏蒸法等。③生物消毒法。如对粪便污水进行发酵处理和在场区进行绿化等。

其中，化学消毒是利用化学药品作用于某些特定病原微生物，达到杀灭病菌的目的的一种消毒方法。化学消毒法是目前畜禽场的主要消毒方法，在进行人工操作时，难免会接触消毒剂，特别是在使用强酸、强碱等危险化学品时，使用自动消毒设备可以代替人工操作进行消毒，保护工作人员的身体健康。在使用过程中，自动化设备能够精确剂量均匀地喷洒消毒液，确保每个角落都得到充分的消毒，避免浪费，提高消毒效果，减少疾病传播的风险。

近年来，随着养殖模式集约化和标准化程度的不断提高，研发和应用全自动移动式防疫消毒机器人，可有效促进养殖舍内智能化高效管理。北京农业智能装备技术研究中心针对畜禽养殖防疫消毒劳动强度大、安全性差的问题，设计了防疫消毒机器人系统（图8-12），以实现畜禽舍防疫消毒喷雾的智能化作业。该机器人系统由移动承载平台、防疫喷雾部件、环境监测传感器以及控制器等 4 部分构成，支持全自动运行和遥控操作 2 种工作模式。在全自动运行模式下，用户按照既定防疫规范要求，设置养殖场内药液喷洒时间、剂量和作业范围，形成机器人防疫消毒作业计划。机器人按照预设参数自动启动，在养殖舍内巡线移动。根据控制器预设的药液喷雾要求，自动调节电磁阀开闭频率控制消毒液喷洒流量、调节风机转速来控制消毒液喷洒距离，从而实现养殖环境内的无人化消毒作业。在遥控模式下，用户通过电脑或手机终端向机器人发送操作指令，根据用户自主判断，对养殖场内不同作业区域的消毒剂量和喷雾距离进行动态调节。

图 8-12　鸡舍消毒机器人现场运行

农业农村部设施农业工程重点实验室自主搭建的自动导航巡检式移动平台（鸡舍喷雾免疫机器人，图 8-13），搭载环境传感器模块，通过电气控制模块实时控制流量，对鸡群进行精确的喷雾免疫。系统主要包括运行平台模块、环境监测模块、电气控制模块、喷雾模块等。运行平台模块承担硬件搭载、自动导航巡检等功能。环境监测模块包括图像识别、温湿度监测、风速以及颗粒物浓度监测等，用以实时探测养殖舍内不同空间位置的环境信息，实时监控舍内环境，并将数据发送到电气控制模块的控制中枢中。电气控制模块接收到来自环境模块收集的实时环境信息，对其进行计算和处理，以电动阀门和电控压力等方法控制喷雾的流量和压力，实时控制喷雾扬程和雾滴颗粒直径，精准调控喷雾规格，同时还负责运行平台在超出运行合适环境下的自动停止和复位。喷雾模块受控制系统的直接控制，硬件上需要满足喷雾免疫基本规范，同时可在一定压力范围内调节，以便满足项目自动化控制的要求。

需要注意的是，在鸡舍内的喷雾免疫，需要舍内环境的配合，在进行喷雾免疫时，风机与侧窗等常开设备均需要关闭，舍内形成密闭空间，风速基本降为 0 m/s，使喷雾扩散和蒸发程度降到最低，但这就对鸡舍内要求的环境条件产生了很大影响，一旦鸡舍保持密闭不通风达 1 h 以上，鸡群就会逐渐出现热应激等不良应激反应，这给畜禽舍的生产造成的损失是巨大的，也与喷雾免疫最终要达到的目的相悖。因此要运用大流量喷嘴配合较快速移动的移动平台(图 8-13),控制其在 15～30 min 内完成 1 层鸡舍(对应笼具为 4 层)的喷雾免疫,不可超时。

图 8-13 鸡舍喷雾免疫机器人

8.4 规模化家禽饲养生物安全环境智能化管理

8.4.1 家禽饮用水水质标准

水质主要指水中病原微生物和有害物质的含量。除保证有充足的水源外,还应采集水样,进行水质的物理、化学和生物污染分析,以了解水质酸碱度、硬度、透明度,有无有害化学物质等情况,以保证家禽和场区职工的健康和安全。具体的家禽饮用水水质标准如表 8-1 所示。

8.4.2 家禽饮水生物安全管理

由于家禽场的饮水主要使用地下水,由于工业及生活废水的排放导致地下水的污染,家禽场的水源可能含有各种微生物及化学物质,同时在家禽饲养过程中,由于封闭水线管路内部难以清洁、水线内温度和水流速度适宜微生物生长繁殖和添加药物为微生物生长提供了营养物质等原因,水线内极易大量繁殖微生物,并分泌黏性基质形成生物膜附着在管道表面。生物膜形成示意图如图 8-14 所示。

表 8-1　家禽饮用水水质标准

	项目	标准值
感官性状及一般化学指标	色(度)	不超过 30
	浑浊(度)	不超过 20
	异臭和异味	无
	肉眼可见物	无
	总硬度/(mg/L)	≤1 500
	pH	6.4～8.0
	溶解性总固体/(mg/L)	≤2 000
	氯化物/(mg/L)	≤250
	硫酸盐/(mg/L)	≤250
细菌学指标	总大肠菌群/(MPN/100 mL)	10
毒理学指标	氟化物(以 F^- 计)/(mg/L)	2.0
	氰化物/(mg/L)	0.05
	总砷/(mg/L)	0.2
	总汞/(mg/L)	0.001
	铅/(mg/L)	0.1
	铬(六价)/(mg/L)	0.05
	镉/(mg/L)	0.01
	硝酸盐(以 N 计)/(mg/L)	3

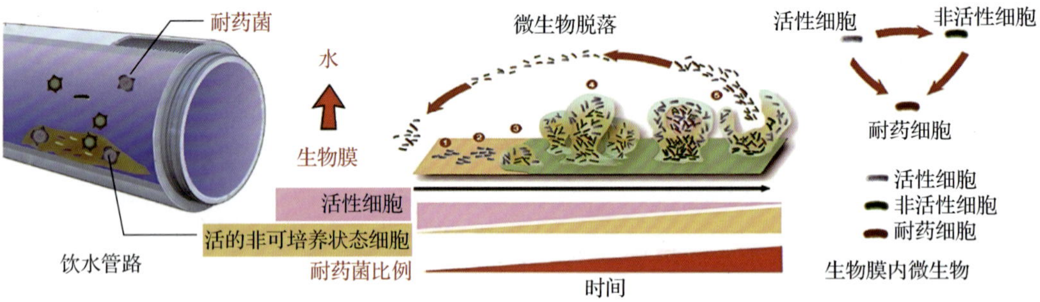

图 8-14　饮水管路生物膜形成示意图

饮用水系统生物膜附着种类繁多的微生物，图 8-15 表示了家禽饮水管路微生物的相对丰度，如隐孢子虫、空肠弯曲菌、军团菌、甲第鞭毛虫、气单胞菌、分枝杆菌、沙门菌、志贺菌以及地表水中分布的病毒，这些病原微生物的存在不仅增加了管道输送风险，也导致许多疾病的病原体通过饮水途径传播而引起家禽的疾病感染。因此保障饮水卫生是家禽场疾病预防的重要环节。

微酸性电解水是由低浓度的 NaCl 和/或稀 HCl 溶液电解产生新型消毒剂，杀菌作用后，可以很快还原成普通的水，对饮水系统不会造成化学残留，在家禽养殖场饮水系统消毒领域具有良好的应用潜力(二维码 8-1)。已有大量试验表明，向家禽的饮水中添加有效氯浓度为 0.3～0.5 mg/L 的微酸性电解水，能有效控制饮水中微生物的生长繁殖，从而抑制水管壁生物膜的形成。同时，氯离子能渗透到生物膜内

二维码 8-1
新型微酸性电解水高效消毒工艺与环境净化

部，在长期作用下，可使黏附在水管壁的生物膜裂解脱落，达到清洁的目的。图 8-16 为添加微酸性电解水前后蛋鸡舍饮水管线内壁对比图，添加微酸性电解水去除管壁生物膜的效果非常明显。

使用微酸性电解水对家禽饮水消毒，不仅能够降低饮水中微生物浓度，同时在提高消化酶活性、保护家禽肠道健康和改善家禽生产性能等方面效果显著。具体表现在可以显

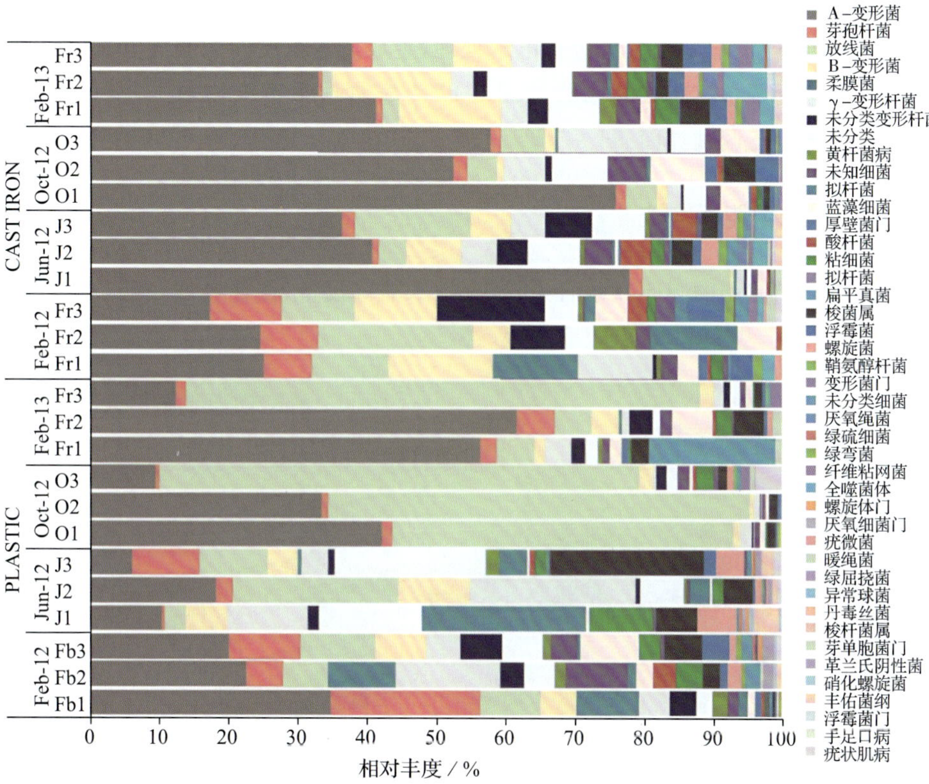

图 8-15　家禽饮水管路微生物相对丰度

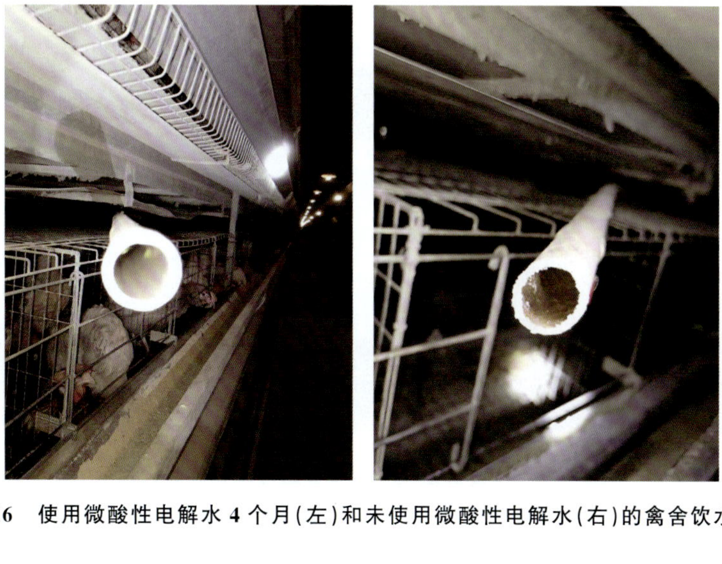

图 8-16　使用微酸性电解水 4 个月(左)和未使用微酸性电解水(右)的禽舍饮水管线

著改善家禽肠道环境，降低不良粪便率，降低家禽消化道 pH，有效促进胃蛋白酶的活性和提高酶原激活率，从而提高蛋白质的消化率，有效抑制家禽肠道各肠段内大肠杆菌和沙门菌数量等方面。

家禽饮水智能管理系统包含水源预处理单元、电解质添加单元、电解处理单元和智能控制单元等单元模块。水源预处理单元采用物理技术初步净化处理饮用水，去除水中悬浮物质和部分病原体，处理后的水通过电解质添加单元，通过计量泵对溶液自动配比添加电解质，电解液经过电解处理单元进行电解处理，生成所需浓度的微酸性电解质溶液。可通过智能控制单元调整控制设备参数。图 8-17 为家禽饮水系统技术工艺图，图 8-18 为设备机组和设备运行调试界面。

8.4.3 水线智能反冲洗

水流经过长期使用的封闭饮水管道，乳头饮水器等设备，往往会残留污垢、滋生大量

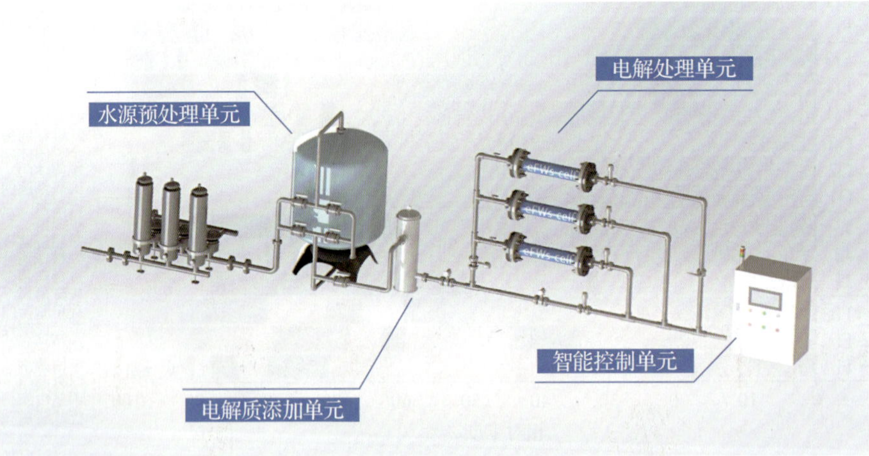

图 8-17 家禽饮水系统技术工艺

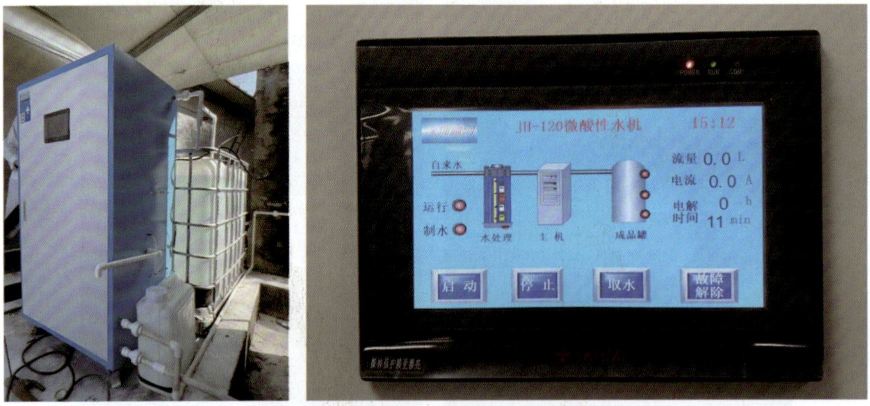

图 8-18 设备机组(左)和设备运行调试界面(右)

病原微生物，不进行定期的清洗消毒，会导致饮水水质污染，影响鸡群健康。为了解决这个问题，现有养殖场常引入智能反冲洗系统，可在一定时间间隔内自动进行反冲洗操作，将管道中的污垢和细菌冲洗出去，保持水质清洁卫生。

饮水水线智能反冲洗系统通常包括控制系统、检测装置和执行装置，如图 8-19 所示。控制系统是整个反冲洗系统的核心，它可以根据预设的时间间隔和频率，自动启动反冲洗操作。控制系统通常由微型计算机或控制器实现，可以通过编程设置反冲洗的时间和持续时间等参数，根据现场层列的实际情况设置水线初始化层列值，执行多层多列的水线控制。检测装置由温度检测、压力检测、流量检测探头，以及与之配套的末端缺水报警器和液位检测探头组成，它可以检测管道内的水流流量和压力等参数。通过传感器的反馈信息，控制系统可以判断何时启动反冲洗操作，以及何时停止。执行装置是实现反冲洗操作的关键部分，包括冲洗、加药和报警装置等。当控制系统启动反冲洗操作时，电磁阀会打开，将水流推动，从而冲洗管道内的污垢和细菌。喷嘴则可以将水流均匀地喷洒到管道内各个部位，确保彻底清洗。

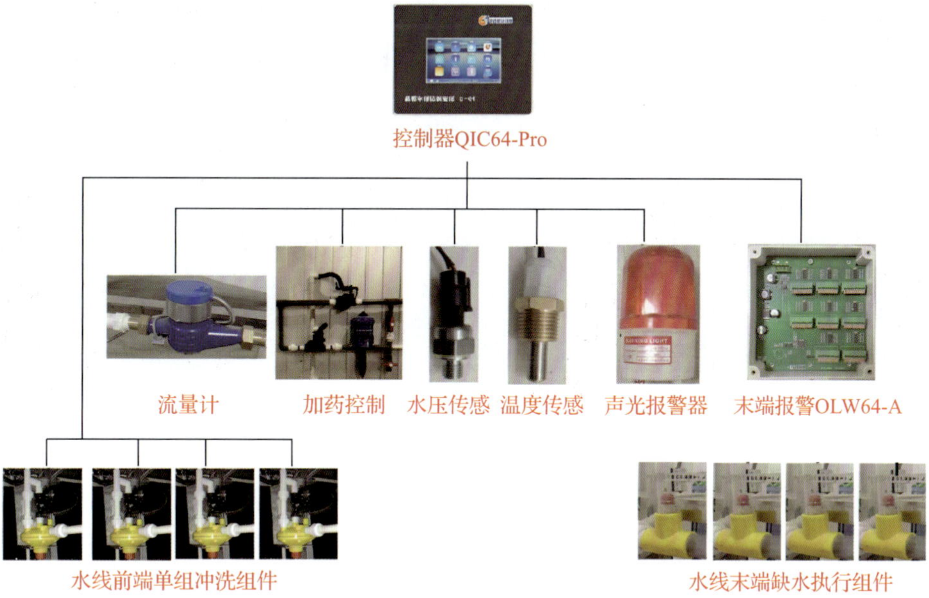

图 8-19　饮水水线智能反冲洗系统

8.4.4　家禽饮水系统物联网综合管理

智能动物饮水设备物联网综合管理系统是一种通过物联网技术实现对动物饮水设备远程监控和管理的系统，可通过传感器、控制器等装置与物联网综合管理系统一起连接动物饮水设备，也可以通过无线通信方式，如 WiFi、蓝牙、NB-IoT 等，将设备的数据传输到云平台，云平台接收数据后，对设备的状态、水位、用水量等数据进行实时监测和分析，同时，还可以对水质数据进行分析，如对 pH、溶解氧、浑浊度等指标的监测和分析，以确保动物饮用水的水质安全，当设备发生异常或水质超过设定阈值时，云平台可以通过短信、邮件、推送等方式向用户发送报警信息和通知，用户可以及时了解设备的异常情况，通过手机 App 或 Web 界面实时查看设备的工作状态和水质情况，可以远程调整设备的工作模式和参数，并采取相应的措施进行处理。智能动物饮水设备物联网综合管理系统通过实时监测、远程控制和数据分析等功能，为用户提供便捷、高效的管理方式，不仅可以提高动物饮水设备的运行效率和水质安全性，还可以减少人工操作的工作量和时间成本，做到家禽场的饮水智能化精细化管理。图 8-20 为智能动物饮水设备物联网综合管理系统的运行界面。

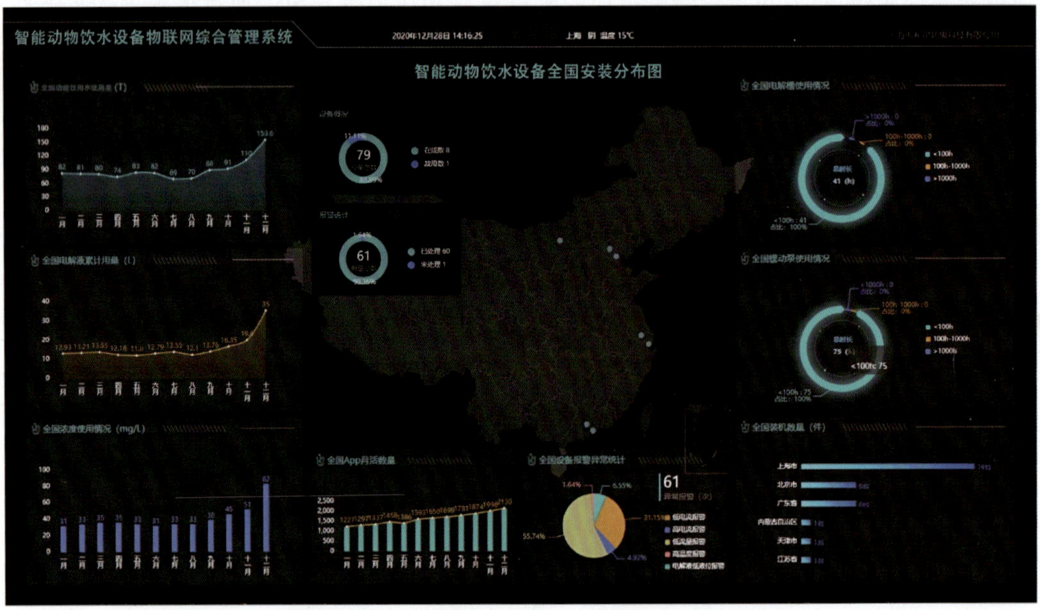

图 8-20　智能动物饮水设备物联网综合管理系统的运行界面

8.5　家禽场设施设备卫生智能化管理

8.5.1　设施设备表面消毒

家禽舍内部设施设备表面都是病原微生物存在的载体，如地面、墙壁、料槽、通风系统及其他设施设备等。粪便中含有大量病原微生物，如大肠杆菌，粪便可以污染鸡笼、网床和其他生产设施的表面，然后通过介质传播到更多地方，或附着在各种设施设备表面的固体污染物上，难以清洗。

所以一般的养殖舍在每个全进全出生产周期结束后，会将所有的鸡只从禽舍中清出，然后通过使用高压水枪、喷洒器或清洁剂，对禽舍进行清洗和消毒，彻底清洁禽舍内的表面和设施，清除禽舍内的污渍、杂物和病原体，防止疫病在禽舍内交叉感染，减少疾病传播的风险，维护禽舍的卫生和健康环境。已有部分智能家禽养殖工厂开始使用禽舍自动冲洗机器人来进行现场洗消工作，既能减轻人工清洁禽舍的工作负担，又能保证禽舍消杀更为彻底。

鸡舍高压冲洗机器人的结构主要包括底盘、机械臂、高压水枪、监控系统、自动化控制系统和安全保护装置。开始工作之前，鸡舍高压冲洗机器人需要通过激光传感器、摄像头等设备获取鸡舍内的环境信息，根据预设的清洗路径规划出最优的清洗路径，并根据识别的结果，调整水压和流量，通过机械臂摆动角度，将高压水枪对准需要强力冲洗的鸡笼区域，直至污垢和杂物去除，如图 8-21 所示。在清洗过程中，机器人需要不断监控周围的环境，并根据传感器的反馈进行相应的调整，保障鸡舍高压冲洗机器人能够高效、快速地完成鸡舍内部的清洗任务，提高工作效率和卫生水平。

图 8-21　鸡舍自动冲洗机器人

8.5.2　湿帘循环水净化

湿帘-风机降温系统是家禽舍最常用的夏季降温方法，因其成本低和显著的降温效果，备受家禽养殖者的青睐。其降温原理是湿帘纸上的水膜快速吸取热量蒸发，同时风机利用舍内外压差将低温空气传至家禽舍内，使得家禽舍内整体温度下降，为家禽营造良好的生长环境。然而，夏季湿帘循环水系统中存在大量供细菌繁殖的营养物质，容易滋生大量微生物，这些微生物通过湿帘循环水系统运动至湿帘表面，改变了湿帘整体微生物环境。细菌细胞膜表面的受体可以感受生存环境中营养物质的浓度变化，同时改变运动的方向，使其本身聚集在营养浓度较高的位置。在实际生产中，水作为湿帘循环介质，容易在湿帘表面形成微生物富集，通过使用微酸性电解水对湿帘循环水消毒，可以减少湿帘进风口空气中的微生物，有效杀灭潜在的病原体，降低家禽疾病感染概率。

目前已有家禽场使用微酸性电解水在现场进行过实验测试，使用有效氯浓度为 30 mg/L 的微酸性电解水在湿帘循环水系统使用 30 min，便可将湿帘表面的微生物含量由 5.01lg CFU/cm^2 降至 4.14lg CFU/cm^2；使用 40 min 后可将舍内近湿帘端空气微生物由 3.39lg CFU/cm^3 降至 2.39lg CFU/cm^3；对比同时间点舍外空气微生物浓度，舍内空气微生物浓度降低了 82.2%；较未开始湿帘消毒时，舍内空气微生物浓度降低了 90.4%。然而，循环水中的有效氯在循环系统运行过程中极易发生损耗，循环 50 min 后，有效氯浓度损耗达 93.3%，由于微酸性电解水制备简单，制备成本低廉等优势，家禽场在日常系统运行过程中应使用计量泵及时向湿帘循环池（图 8-22）中的循环液补充微酸性电解水，提升湿帘循环水的有效氯浓度。

图 8-22　湿帘水循环系统

现场湿帘循环水净化系统由加药泵、电磁阀、探测装备以及控制系统等构成，控制系统通过传感器监测水质参数，如浊度、pH、溶解氧等，根据设定的阈值进行自动控制，如自动开启或关闭电磁阀、调节加药泵供药比例的操作等，以保持水质的稳定和优化，保障循环水净化效果。

8.6　家禽场异常状态鸡只智能化管理

8.6.1　病死鸡只智能巡检

传统饲养模式下，饲养员很大一部分工作都是在舍内巡检，寻找情况异常的鸡只，清理笼内死鸡，如果不及时清理，极易发生疫病，危及整个鸡群健康。而人工作业方式存在作业效率低、劳动强度大且不利于工人身体健康等弊端，开展笼内死鸡自动识别机器人研究是整个家禽养殖业亟待解决的问题。

现有场区巡检机器人基于人工智能技术，融合物联网及区块链等最新科技，针对人工获取蛋鸡生理信息效率低、强度高的问题，实现对死鸡、弱鸡、绝产鸡、鸡群行为进行自动识别：通过摄像头或其他图像采集设备获取鸡群的实时图像，观察笼内每只鸡动作状态，然后将这些图像传输到计算机或服务器进行处理和分析，利用计算机视觉技术和机器人学习技术对图像进行特征提取和分类预测，最终判断出是否存在病死鸡，一旦检测到病死鸡只，系统可以通过报警、自动分拣等方式进行处理，以确保病死鸡只及时淘汰，防止病原扩散。对笼内每只鸡形态、状态、声音进行分析，确认鸡舍内是否存在绝产、低产母鸡，以及转群时人工未识别出的公鸡，并进行记录，自动淘汰，及时发现减少饲养成本。利用图像处理技术，智能识别每只鸡的嘴型，异常张嘴定位预警，通过鸡只异常表型，判断鸡舍鸡群舒适度情况，同时采用热成像技术，定位每只鸡头温度，进行发烧鸡只判别，保证及时、有效掌握舍内鸡只健康状态，并绘制现场病死鸡只云图(图 8-23)。

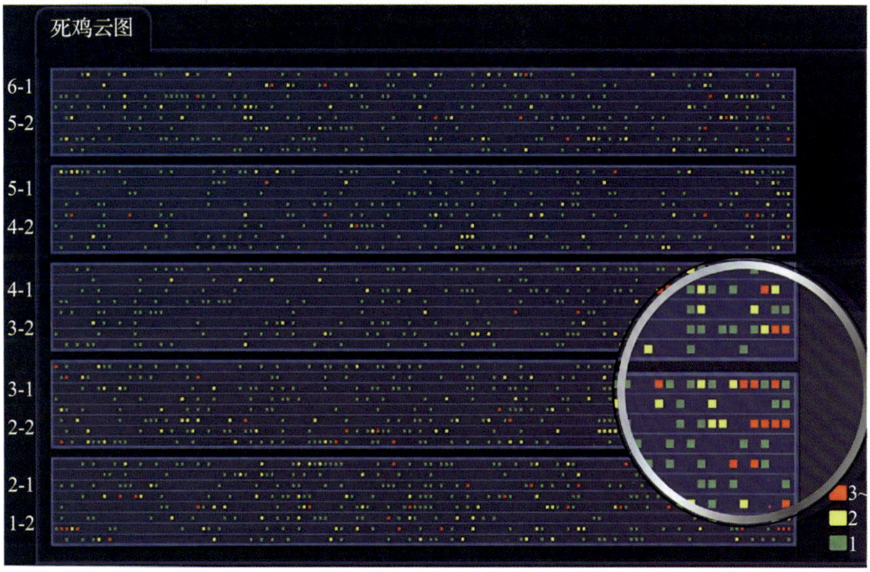

图 8-23　病死鸡只云图

同时，根据鸡只与鸡笼位置，判断出现场鸡笼是否存在卡鸡状态，提前发送所在鸡笼位置、层数，通知饲养员，可减少饲养过程鸡只损失。机器人还可搭载多种环境传感器，实时汇总更新现场环境云图，结合其余鸡舍参数分析鸡只异常状态产生原因，若存在问题，对舍内状态及时检修调整，减轻人工工作量。针对人为巡检舍内养殖设备存在的漏、误、懒等管理隐患，同时机器人还可开发设备智能巡检功能(图 8-24)：水位线定时点检、蛋线溢出报警、风机皮带断裂报警，机器人的自动点检功能可替代人为作业，通过数据的收集可及时发现设备异常，避免人为管理存在的疏忽。

8.6.2　异常鸡粪识别溯源

消化系统疾病是常见的家禽疾病，日常生产中主要包括球虫病、传染性法氏囊病、副伤寒、蠕虫病、溃疡性肠炎等消化系统疾病，这些疾病严重影响家禽的健康，给养殖户造成了巨大的经济损失，因此在家禽养殖中，提供消化道疾病暴发的早期预警至关重要。在层叠式笼养蛋鸡系统中，饲养员经常会花费 1～2 d 的时间随机选择蛋鸡来评估其健康状况。这一过程耗时、耗力，且会对母鸡造成应激，违背动物福利原则。家禽消化道疾病可

图 8-24　鸡舍设备智能巡检机器人

在粪便形态、颜色等方面初步体现，及早观察到异常状态，可在疫病暴发前及时预警，以便做出相应调整。

中国农业大学研发团队针对家禽消化道疾病问题，搭建了蛋鸡异常粪便识别与回溯定位实验平台，通过现场数据采集(图 8-25)，结合粪便诊断结果，对不同类型的鸡粪进行分类标注，采用深度学习目标识别框架训练鸡粪识别模型，在实际生产的复杂背景下，该检测模型能够从禽粪 RGB 图像中提取与异常禽粪具有强相关性的特征，能够有效替代人工观察，取得较好的检测效果。

图 8-25　异常鸡粪数据采集平台现场搭建

同时，系统还可以对传送带运动状态进行实时检测，如识别出异常鸡粪状态，利用序列图像匹配技术同步计算传送带移动距离，找出异常鸡粪所在笼位，精准定位异常鸡笼并实现对异常鸡粪的溯源(图 8-26)。对实际生产中蛋鸡健康状况提供早期预警，开发蛋鸡异常粪便信息查询系统，将识别到的异常结果录入数据库，并通过前端页面进行数据查询，方便养殖人员实时了解蛋鸡的健康状况。

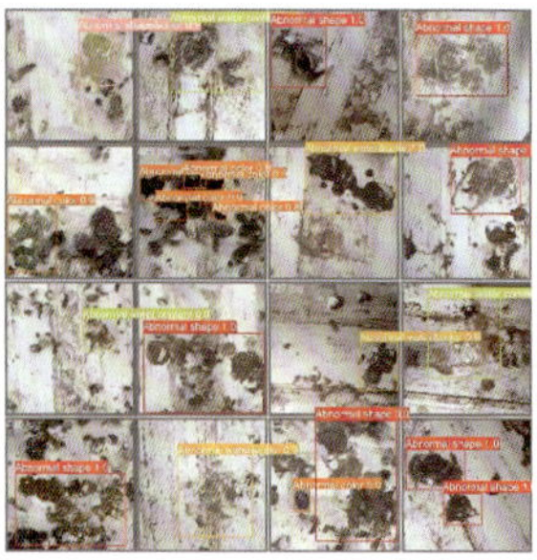

鸡粪识别结果

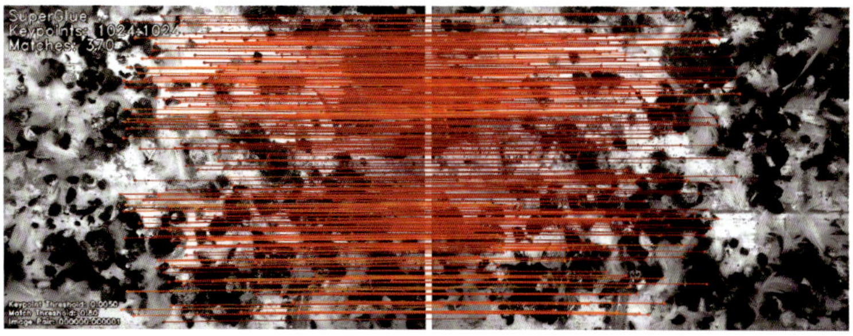

异常鸡粪溯源

图 8-26　鸡粪识别和鸡粪溯源

第9章

智能化家禽饲养工程案例

9.1　北京华都峪口禽业有限责任公司——智慧蛋鸡系统

北京市华都峪口禽业有限责任公司作为世界三大蛋鸡育种公司之一、国家高新技术企业和北京市农业信息化龙头企业，率先建设了百万蛋种鸡产业园，并依托物联网、云计算、AI人工智能等新一代信息技术，构建了蛋种鸡养殖物联互通模式，将网络化、智能化、数据化、在线化贯穿蛋鸡养殖经营管理全过程，成功打造了首个"蛋鸡+互联网"的规模化蛋种鸡数字化养殖物联互通平台——智慧蛋鸡。通过对实时的生产、生长、环境等数据进行大数据挖掘与分析，实现生产过程的生产管理、经营分析、风险预警、指导决策，推动蛋鸡养殖由经验型粗放管理到数字化高效管理的转变，平台设计方案见图9-1。该平台服务全国31个省市及自治区70%以上的蛋鸡养殖场(户)，取得了37项软件著作权及8项发明专利。

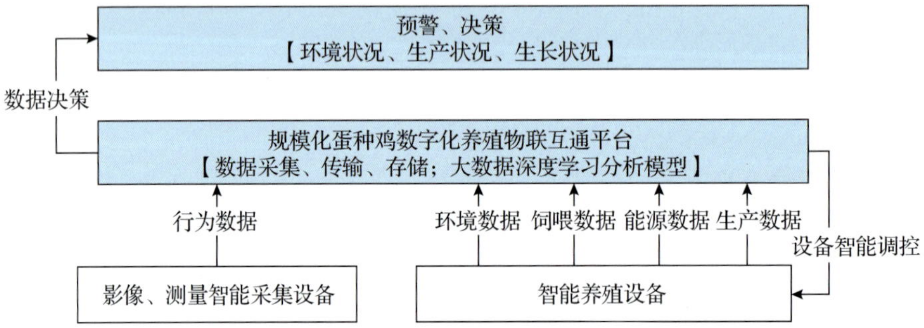

图9-1　规模化蛋种鸡数字化养殖物联互通平台设计方案

9.1.1　基于物联网大数据的数字化智慧养殖

9.1.1.1　打通设备端

北京市华都峪口禽业有限责任公司基于智能传感器、物联网、5G、RFID等技术，实现蛋鸡各生产阶段的环境、耗料、能耗、产蛋等基础数据自动采集，并建立了一套养殖运营参数体系、协助生产养殖人员实时、全方位、数字化监控生产过程关键参数，做到每批次养殖精准化。主要调控内容包括以下几方面。

环控系统：实时检测舍内外环境因子，包括温度、相对湿度、风速、有害气体浓度等，根据设定的阈值进行自动调控，保障舍内环境处于最佳水平，实现环控自动化。喂料系统：根据鸡群品种、周龄、存栏量、舍内温度，按照时间编制饲喂流程，系统主机按时间节点或探测器反馈信息，定时匹配上料量后自动喂料。采食量数据作为生产数据采集系统检测数据源，用于分析各阶段生长、生产性能。饮水系统：包括脉冲水表、进水箱、过滤单元、自动饮水器，实现设备饮水的自动启停、预警，记录每个时间段的饮水量。清粪系统：舍内鸡粪通过清粪带、中央清粪系统自动传输至发酵罐内。照明系统：采用渐明渐暗设备，光照启停时间、光照强度根据系统设置自动调整。种蛋收集与处理系统：实现种蛋的自动收集、分级和气室调整，处理后的种蛋自动装入孵化蛋盘并输送至自动装车系统。智慧蛋鸡物联网集成系统界面如图 9-2 所示。

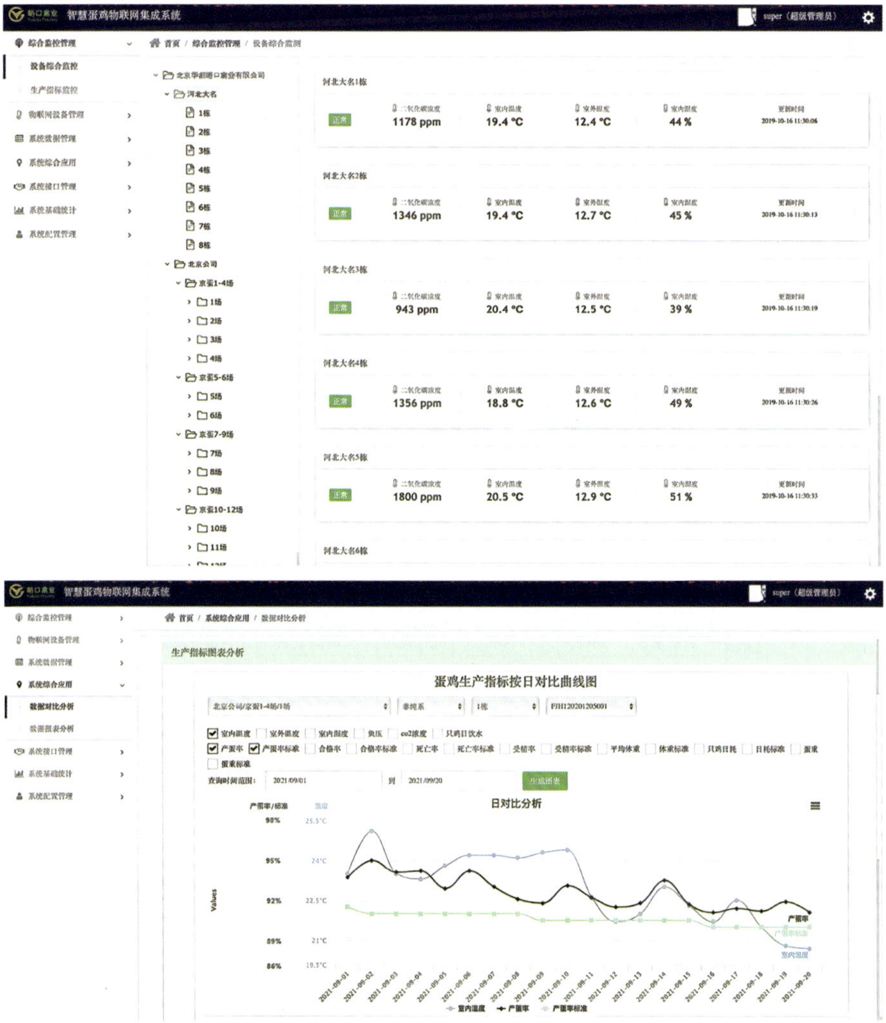

图 9-2　智慧蛋鸡物联网集成系统

9.1.1.2 打通养殖端

通过将采集到的基础数据构建成标准数据群，建立各数据群间的多向传递机制，实现养殖过程中不同模块的数据融合、归集、流通与共享，通过多源数据对标对表分析，指导生产管理。系统主要功能模块包括基础设施管理、实时信息、生产过程管理、统计分析、预警预报 5 个模块。

基础设施管理模块：针对不同养殖场基础设施设备不尽相同的情况，该模块用于配置养殖场基础信息以及每栋鸡舍物联网设备，以便实现数据采集和设备控制功能。实时信息模块：将蛋鸡生产现场采集的实时数据通过部署于现场的采集程序存入数据库，分析处理后通过 Web 端和手机 App 实时向用户展示。生产过程管理模块：主要对生产过程中自动采集的能耗数据、投入品消耗、生长数据、生产数据、健康监测数据等进行管理。统计分析模块：对收集到的多源数据进行分析，通过图表进行个性化展示。预警预报模块：根据环境、设备阈值以及监测到的鸡群状况进行预警，及时提醒管理人员做出合理应对措施。

9.1.1.3 智能决策分析

基于大数据挖掘获取养殖舍内各类参数的细微动态变化和内在联系，应用专家决策、模糊评判数字化、模型化舍内设备，挖掘生长发育-健康-环境互作模型，实现精准环控、精准营养、精准免疫。种鸡生产智能决策分析框架如图 9-3 所示。

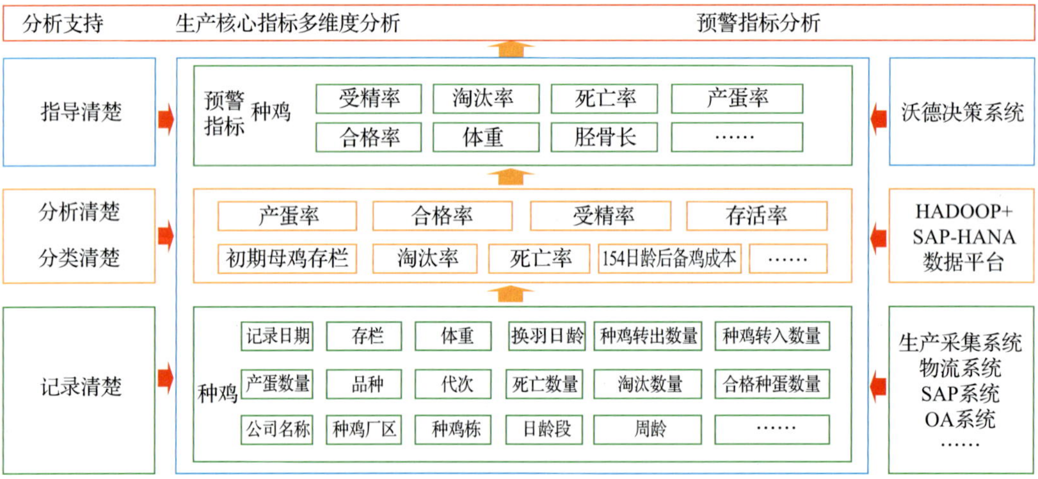

图 9-3　种鸡生产智能决策分析框架

9.1.2 基于物联网大数据的数字化市场行情

9.1.2.1 蛋鸡市场“晴雨表”

基于 29 个省，202 个典型采集点的数据，智慧蛋鸡平台于 2017 年推出了我国蛋鸡市场三大指数：蛋价指数、成本指数和盈利指数，用以评价我国蛋鸡市场当前的状态，每天

9:00 准时更新，可以客观反映我国蛋鸡市场供求关系(图 9-4)。蛋价指数为 500 kg 鸡蛋的全国加权平均价格，涵盖各地红壳蛋、粉壳蛋、白壳蛋价格。成本指数为 500 kg 鸡蛋的社会平均生产成本，核算方法考虑了饲料占总成本的权重、淘汰鸡价格影响及人工、兽药、水电、折旧、利息等其他成本。盈利指数反映每 500 kg 鸡蛋的盈利水平。

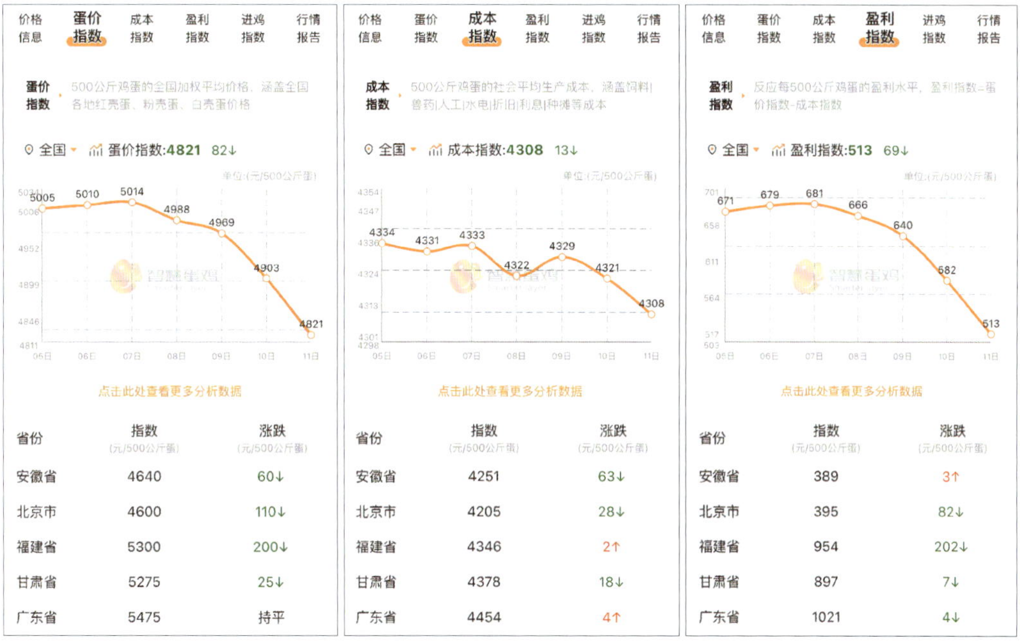

图 9-4　智慧蛋鸡三大指数

9.1.2.2　蛋鸡市场“风向标”

依托大数据采集和智能分析系统，按照不同的时间周期，形成蛋鸡市场行情日报、周报、月报、季报和年报，可视化呈现三大指数和淘汰鸡价格走势并作交叉分析，如图 9-5 所示。

9.1.2.3　辅助决策“导航仪”

根据蛋鸡市场的行业周期规律和季节周期规律，运用蛋鸡市场大数据、云计算，智慧蛋鸡平台增加了进鸡指数功能，于 2020 年 7 月份上线，至今已被近 50 万人次使用。进鸡指数为反映 100 只鸡饲养到 72 周，全程总的盈利状况的指数。用户通过选择蛋鸡品种、输入进鸡时间、选择饲养周期，即可得出对应的进鸡指数。进鸡指数≤1 200，观望，最好不进；进鸡指数 1 200～2 400，谨慎，能进则进；进鸡指数≥2 400，乐观，马上进鸡。

9.1.3　智慧兽医

我国蛋鸡行业长期的“小规模、大群体”饲养，使得疫病防治成为影响行业发展的最大因素之一。高效解决家禽疫病防控难题，改变家禽疫病防治水平与养殖规模不匹配的局面，已成为我国家禽养殖业发展过程中最为迫切的需求。峪口禽业联合高校和科研院所，

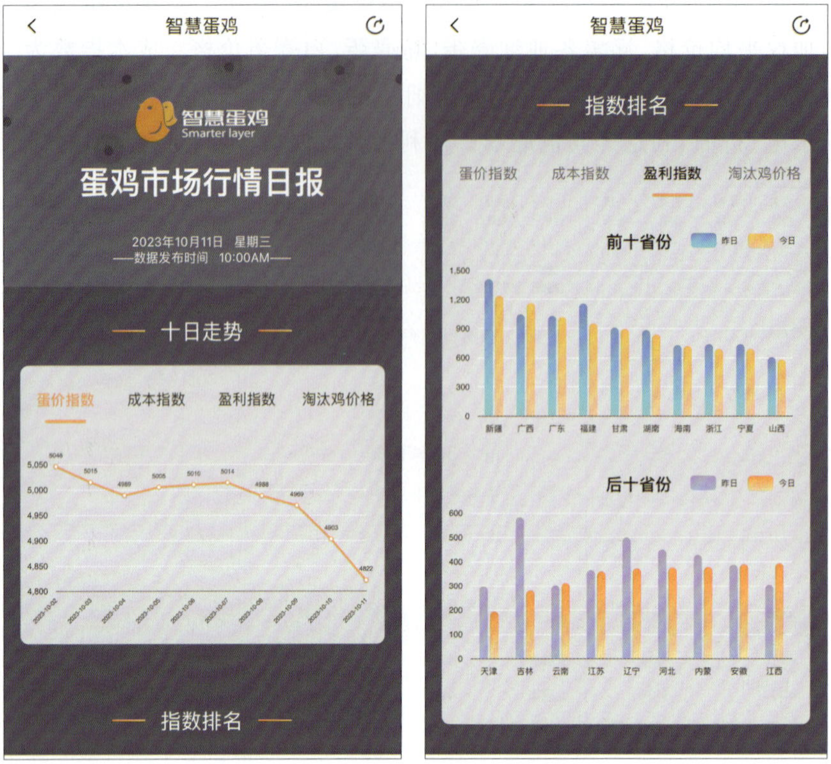

图 9-5 智慧蛋鸡市场行情报告

组建百人兽医技术项目组与研发项目组，通过对疾病特点、疾病数据、防治痛点、养殖户需求、行业未来发展等进行深度评估分析，形成蛋鸡疾病智能诊断蓝图设计规划。依托大数据、物联网、云计算、人工智能等技术开发出蛋鸡行业首个疾病防控技术的“贴身兽医博士”——“智慧兽医”。通过智能诊疗 1.0 到 2.0 的模型升级，迈出蛋鸡疾病数智化的第一步。全国蛋鸡养殖者可以利用智慧蛋鸡 App“智慧兽医”栏目，轻松享受自助诊断、咨询兽医、发起求助等服务，打破时空限制，高效解决“诊断难、治疗难”的问题。

9.1.3.1 疫病库、症状库、处方库

常见疾病数据库：通过对近年疾病服务数据、疾病报告和检测数据分析，综合考虑发病比例、疾病防治、经济损失等因素，筛选出具有临床诊断意义的 38 种疾病，包含滑液囊支原体 MS、新城疫、禽流感、球虫病等在内的 3 种垂直传播性疾病、14 种免疫控制性疾病、21 种环境条件性疾病，形成蛋鸡疾病数据库。

症状数据库：按照基层养殖人员的巡视和诊断习惯，建立外观症状、解剖症状、生产性能变化、呼吸情况、粪便异常、行为异常、体温和发病情况 8 个分类方式，整理归集了 500 多个临床关键症状，用于模拟人工诊断和后期交互应用。

处方数据库：根据诊疗规范指导意见，结合大量临床诊疗案例和一线兽医专家的临床诊疗经验，加上环境防控、饲养要点、免疫检测、治疗投药等疾病关键控制点，形成每种疾病的预防和治疗方案。

9.1.3.2 智能诊断模型

通过 AI 人工智能深度学习技术与鸡病临床诊断知识高度融合，基于“10 万＋”临床诊断样本，采用高阶多标记方式，实现大量多源异构疫病数据的特征标定，搭建深度学习模型，进行大数据智能分析，运算绘制出疾病诊断的“决策树”，通过上百万条标定数据的应用测试，构建智能诊断模型，搭建移动端 App 和诊断模型的云服务，使临床与示病症状直接适配、得出诊断结果、给出预防和治疗方案，满足家禽常见疾病的诊疗，实现 24 h 不间断提供服务支持，筛选 5 个或 5 个以上典型症状 3 s 出结果，诊断结果准确率达 98% 以上。

9.1.3.3 线上兽医服务

搭载诊断 2.0 模型的智慧蛋鸡“智慧兽医”自助交互一键满足养殖场(户)痛点需求。上线至今，近 4 万养殖场(户)持续使用平台服务，疾病诊断数量超过 11 万条，满意率超过 98%。自助诊断，操作便捷，养殖场(户)只需根据鸡群情况，选择相应的症状标签，一键获得诊断结果(图 9-6)。智慧兽医诊疗系统不仅提供发病概率提示，同时配有解决方案。方案中包含本病的典型症状、解剖症状用以辅助诊断决策，并提供参考预防方案、参考治疗方案指导防治。

图 9-6　自助诊断流程

专家求助，结果准确：针对无诊疗能力的养殖者，或病情复杂的非典型疾病，系统为每位养殖场(户)都配备了专属兽医，一键求助兽医专家，200 多名兽医可执行实时在线服务，达到快速解决养殖场(户)难题的效果。

公开求助，服务高效：对于一些具有区域特点或疑难杂症，一键公开求助，可获得全国养殖场(户)和数百名兽医专家的共同关注，实现经验分享和养殖互助，同时方便大家跟进疾病流行信息及时调整养殖方案。

9.1.4 疾病预警

"防重于治",疾病预防一直是疾病防控的重要工作,防未病、治未病,让养殖从业者能够在繁重的养殖工作中有的放矢,抓住重点,根据疾病的地域流行趋势、季节流行趋势,提前做好预防是非常重要的一项工作。随着大数据技术的应用,养殖场可以清晰地了解到全国及所处地区近 30 d 内以及 3 个月内的重点疾病发生比例,提前做好预案,采取相应的预防措施,减缓疾病的流行,降低疾病造成的损失。

1. 疾病数据库

疾病大数据预警平台通过线上智能诊断系统自动获取和线下合作伙伴人工收集两种渠道获得疾病的信息,构建全国蛋鸡疾病大数据库,涵盖疾病类型、疾病名称、鸡群日龄、发病季节、发病区域等内容,为疾病预警提供数据支撑。

2. 疾病预警服务

疾病大数据预警主要通过两种形式展现:一种是即时信息,随着后台数据的变化,实时展示当前各区域近 30 d 以及 3 个月内的重点疾病的流行情况;另一种是月报分析,以月度为周期,对当前疾病的流行情况进行总结,对下月疾病的流行趋势进行预警。

3. 预警信息发布

根据全国的地理区域、气候特点和其他流通因素,将全国划分为七大区域,分析统计各区域的疾病流行情况,实时展示当前全国疾病的总体流行情况。系统可根据注册客户所填地址,优先展示其所在区域疾病流行情况,为其展示本区域内最近 30 d 以及 3 个月内的重点流行疾病,同时展示每种疾病在最近 30 d 以及 3 个月内的发生比例。智慧蛋鸡 App 中呈现数据为实时数据,根据用户使用结果进行动态更新,便于广大养殖场(户)更加快速,便捷地了解本地区的疾病流行动态,为疾病防控提供有效支持。

4. 预警报告分析

根据智慧蛋鸡平台大数据,形成月度报告,对当前疾病流行情况进行总结分析并对未来趋势进行预判(图 9-7)。报告内容分为 3 部分:智慧蛋鸡平台疾病诊断数据分析,本月疾病防控重点分析与发布禽病疫病信息。通过数据分析,可以看到全国疾病流行情况,明确重点关注方向,提醒养殖场(户)做好免疫管理、加强饲养管理,并针对未来防控方向和重点流行疾病,给出专业防控建议。结合世界动物卫生组织以及农业农村部的相关信息平台转载发布禽流感相应信息,提醒养殖场(户)重点关注。

9.1.5 智慧服务

现阶段蛋鸡养殖主体绝大多数为农民,其从业者年龄偏高,学历偏低,经验养殖是当下普遍现象。"缺技术、缺管理、缺服务"等现状,造成鸡只遗传潜能无法完全发挥,生产效率低下。同时，饲养模式相对落后，养殖环境复杂，必要的疾病诊断手段缺失，疫病防控难度大，养殖风险高。针对以上问题，北京沃德辰龙生物科技股份有限公司构建了智慧蛋鸡App，成为行业首个专为蛋鸡养殖场(户)提供综合服务的产业互联网平台(图 9-8)。目前，平台注册用户已突破 18 万，受到广大养殖户及行业相关同仁的一致认可。

图 9-7　全国疫病预警图

智慧蛋鸡 App 由“汇资讯、会养鸡、惠交易”3 部分组成，涵盖了“行业资讯、市场行情、热点话题、养殖预案、智慧兽医、生产统计、蛋鸡商城、智慧超市、峪禽教育”9 个栏目。

“汇资讯”汇集了养鸡人最需要的信息和技术，设立“重磅推荐、管理精髓、技术大餐、红粉鸡汤”4 个栏目，分别包括精选养殖业最新政策要闻和行业动态、推送名企管理之道和先进模式、囊括蛋鸡实用技术和科技成果、展示养殖标杆风采和独家秘方等内容，旨在帮助养殖户实时了解行业动态，开阔眼界，提升养殖技术，规范内部管理。

“会养鸡”包括养殖预案提醒、在线视频推送、市场行情发布、坐堂兽医在线、生产记录服务和智能分析等多种服务，为养殖户提供自助管理养殖场平台，通过平台各项功能的应用，提升养殖水平。

“惠交易”利用电商平台，提供雏鸡、饲料、药械、鸡蛋等在线交易服务。养殖生产物资统一集中订购，从而降低采购成本，提高采购效率，鸡蛋销售则直接面向高校、企业、超市、批发商和零售商等不同集采群体，减少中间流通环节，解决鸡蛋难卖、价低的问题。

图 9-8 智慧蛋鸡 App 数字化服务场景

9.1.6 提升方向

1. 突破蛋鸡养殖数字化阶段

畜禽养殖数字化是智能化的基础。首先要突破数字化阶段，实现养殖全过程、全环节数字化全覆盖，实现包括环境、生长、生产性能、采食饮水量、音视频、行为核心数据进行对标对表分析，指导生产管理。

2. 打造全国智慧兽医服务系统

随着养殖业智能化的发展进程，通过“核心技术＋关键装备＋智慧服务”融合创新，构建典型畜禽疫病智能诊断与主动防控技术体系，针对全国不同条件、不同地域、不同需求的养殖场(户)有针对性地推广应用。将物联网与人工智能诊断相结合，实现 AI 自动分析、自我预警，自动推送诊断报告、兽医开具处方等疫病防控措施，实现家禽疫控水平的全面升级，打造覆盖全国的智能化兽医服务系统。

9.2 光阳蛋业——基于机器人巡检的数智化协同养殖

福建光阳蛋业股份有限公司创办于 1995 年，其以“创造更高价值，树立行业典范”为宗旨，一直走在我国蛋鸡产业创新发展的最前沿。作为国家蛋鸡产业技术体系福州综合试验站，其既是专注于禽蛋全产业链融合发展的农业产业化国家重点龙头企业，也是国家高新技术企业、农业农村部数字农业试点项目单位。2019 年福州木鸡郎智能科技有限公司在福建光阳蛋业的推动下成立，针对我国规模化叠层笼养中蛋鸡环境检测技术不完善、健康福利监测环节薄弱、预防性治疗较多、鸡场劳动强度大和劳动效率低等问题，光阳蛋业联合木鸡郎开展了笼养蛋鸡养殖机器人多模信息巡检的创新研究与推广应用。自 2020 年 6 月 1 日第一台蛋鸡养殖试验机器人落地以来，历经 4 次迭代，于 2021 年 6 月 1

日正式发布"木鸡郎 4",标志着全球第一款商用蛋鸡养殖机器人已正式投入应用。目前,公司已获 20 个知识产权证书,其中包括 6 个实用新型专利,1 个外观专利,13 个软件著作权;另受理中专利 178 个,其中发明专利 31 个,实用新型专利 138 个,外观专利 9 个。

其中,光阳蛋业渔溪蛋鸡养殖基地作为项目主要依托的国家数字农业建设试点单位,场区高度集成育雏育成、蛋鸡养殖、饲料生产、粪污资源化利用、鸡蛋产地初加工等,并在各环节采用机械化、自动化和工厂化生产。目前存栏量达 60 万羽,年产鸡蛋 1.2 亿枚,9 栋叠层笼养鸡舍已全部配备"木鸡郎 4"巡检机器人(图 9-9),结合机器人配备的红外光摄像头、可见光摄像头、麦克风、温湿度传感器、光照传感器、氨气浓度传感器等,可对鸡舍养殖环境、设施设备、鸡群状态进行精确实时感知、表征与定位预警,能够实现人机"1+3"的新型协同养殖模式,同时围绕数字化养殖搭建全流程大数据平台,树立蛋鸡养殖业从自动化迈向数字化、智能化、绿色化的典范,目前已荣获全国首张基于数字化技术的优质鸡蛋认证证书。

图 9-9　光阳蛋业渔溪蛋鸡养殖基地鸟瞰设计图与饲养员、机器人协同养殖现场

9.2.1　叠层笼养鸡舍复杂工况的全天候稳定巡检

9.2.1.1　自主导航完成固定巡检、远程巡察

根据叠层笼养规模化鸡舍面积大、过道窄等实际特点,"木鸡郎 4"采用磁轨导航技术,结合地面磁条行进轨道、RFID 站点标定及机器人底座两侧磁传感读取器,实现了按照给定的巡检路线在鸡舍内稳定行驶、自主导航,如图 9-10 所示。基于渔溪鸡场单栋 5 万羽规模、五列六走道四层叠层笼养模式,机器人可在 90 min 内完成全舍逐笼位自主启动、巡检、停止、回充等既定轨道任务,且不会对舍内鸡群造成任何影响或应激。

同时,巡检机器人设有遥控信号接收装置,且底盘四角的四个步进机是整体移动和转向的关节部件,结合万向轮、推杆电机、转向机构和 RFID 定位标签,可使机器人根据自身所在位置和巡检路径在巡检区域地图上的位置关系,实现工作人员对其进行任意方向的移动控制、站点停靠、连续采集,并且通过电机驱动转盘、驱动丝杆、电动伸缩杆、导向组件及夹持结构,能够满足摄像头升降调节及 360°稳定拍摄。以上技术有效提升了机器人远

图 9-10 光阳蛋业渔溪蛋鸡养殖基地机器人巡检现场以及鸡舍地面磁轨铺设

程定点异常巡检的灵活性，便于无人情况下加强对舍内异常状况的全面了解与及时管控。

另外，由于舍内设备杂物多、地面不平整、鸡群易受惊等问题。“木鸡郎 4”一方面加装挤压弹簧的碰撞保护结构，并在驱动底座外侧壁底端设有支撑板防摔结构，从而提高机器人移动的稳定性，避免发生事故。另一方面通过安装 CCD 相机、无线信号收发模块和中央处理模块进行道路监控，及时捕捉障碍情况并停止运行，同时发出警报提醒相关人员处理道路障碍或操纵机器人机体绕开障碍物，使得设备损坏频率降低，有利于巡检工作的顺利进行。

9.2.1.2 合理设计满足多模信息逐笼采集

当前渔溪蛋鸡养殖基地机器人巡检功能主要包括鸡舍养殖环境、设施设备、鸡群状态的精确实时感知、表征与定位预警，因此需要对笼位鸡只、水料蛋线和风机设备等进行清晰、无死角拍摄，以及多维环境的监测集成等。

根据舍内不同笼具尺寸参数、设施设备布局以及整体照度较暗的情况，“木鸡郎 4”共安有 7 个摄像头，通过升降底座与支撑套筒组件、锥齿轮转轴结构，便捷调节摄像头高度和俯仰角度，并配备白色补光灯(图 9-11)，以满足对鸡笼内部、鸡笼底部、水料蛋线、风机的无死角拍摄，有效提升机器人对不同鸡舍参数的适用性。另外，针对鸡舍粉尘大、湿度大、羽毛易黏结等实际环境特点，利用摄像两侧的摆动杆、导向块，结合毛刷、海绵块或干湿清理布等对摄像头进行擦拭，以保证图像清晰，减少模糊画面的出现，使其在监测鸡只异常时更精准，同时也能减少摄像头内部缝隙的灰尘堆积，提高使用寿命。而多维环境监测集成方面，根据渔溪蛋鸡养殖基地的需求，机器人配备有麦克风及温湿度传感器、氨气浓度传感器、照度传感器，安装布置高度与二层鸡笼鸡头处齐平，并使用塑形外壳装置进行组装保护，目前也正在进行温湿度不同高度布点测试，以加强鸡舍垂直分布的热环境监测以及环控器温湿度传感器校准。

9.2.1.3 无线通信助力数据传输与报警

渔溪蛋鸡养殖基地育雏育成、蛋鸡养殖、饲料生产、粪污资源化利用、鸡蛋产地初加工等车间均配备无线网络，以满足全过程信息的传输、处理、存储、显示、记录和控制等要求。

巡检机器人主体内部设置有电路板，包含有图像分析模块、中央处理模块以及无线通信模块，外部配备可升降信号杆结构，通过主控模块与摄像机、麦克风电性连接，并经数据采集板与各传感器电性连接，可将实时采集的巡视过程图像数据、音频数据和环境数据利用无线网络分级传输至监测平台，并进行可视化展示，对相关异常反馈到后台终端报警提示。

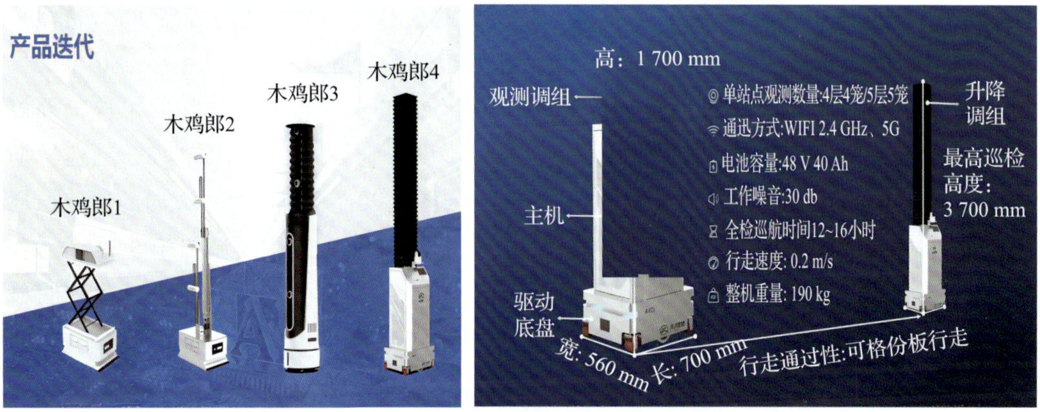

图 9-11 “木鸡郎 4”机器人产品图及相关组件参数

9.2.2 叠层笼养鸡舍环境分布的数字化动态监测

叠层笼养规模化鸡舍环境在三维空间上易分布不均，而当前普遍采用稀疏位点部署传感器的方式，使得养殖人员无法精准、直观地获取舍内实时动态环境分布状态，且传感器失真及监测点无代表性，提升鸡群因不适应热环境或有害气体入侵而处于亚健康或不健康状态的风险。而结合巡检机器人则可实现水平和垂直空间的 3D 环境数据实时监测和存储，有效解决鸡舍定点传感器布置方式只能获得常规数据、存在监测死角的问题，同时提升养殖人员对多模环境参数分布的关注度(图 9-12)，便于进行环控、管理策略的及时、综合调整。

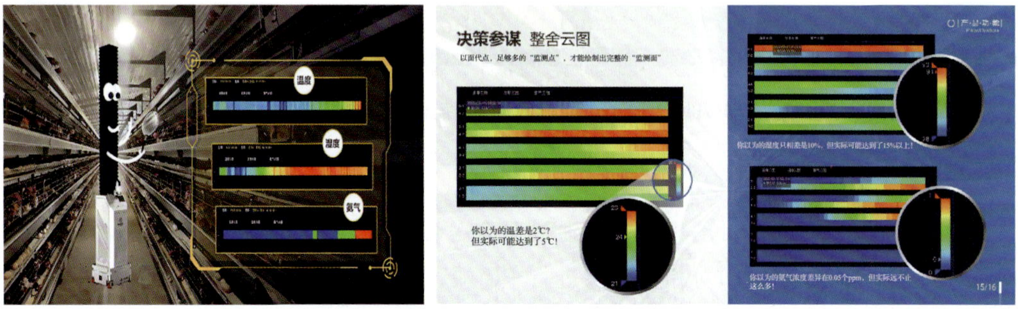

图 9-12 机器人环境巡检分布展示云图

目前，渔溪蛋鸡养殖基地“木鸡郎 4”机器人巡检方案设定为每日 2 次全舍连续环境巡检，分别在 6:30 和 11:00 进行。

9.2.2.1 环境参数的二维数字化分布

首先通过机器人搭载的环境传感器进行逐笼位温湿度、氨气、光照度的移动采集，之后根据上位机读取实时环境、图像、位置等数据，利用无线网络、数据处理分析单元、人工智能算法等，为用户提供鸡舍内均匀密集点位的环境二维分布云图，以 2023 年 7 月 7 日 11:00 某栋鸡舍温度巡检结果为例，见图 9-13。该鸡舍长 96 m，宽 15 m，高 4 m，整体采用湿帘-风机纵向负压式通风系统；布局形式采用五列六走道，每列设置 4 层 280 个长×宽×高为 600 mm×560 mm×600 mm 的鸡笼，平均每组笼具的鸡位数为 9，单栋饲养规模可达 5 万只。此时蛋鸡 312 日龄，外界平均温、湿度分别为 37.87 ℃、58.64%，巡检期间舍内山墙 16 台风机均维持常开状态，通过环境云图可以直观获取水平方向的逐笼位环境分布，其中舍内温度由湿帘端至风机端呈现升高趋势，全舍最热区域位于 3-1-124 笼，温度为 32.41 ℃，最低处位于 6-1-29 笼，温度为 28.05 ℃；此外不同列局部温度呈现明显特征差异，这主要受湿帘位置、热风渗透、走道风速、饲养密度影响较大。

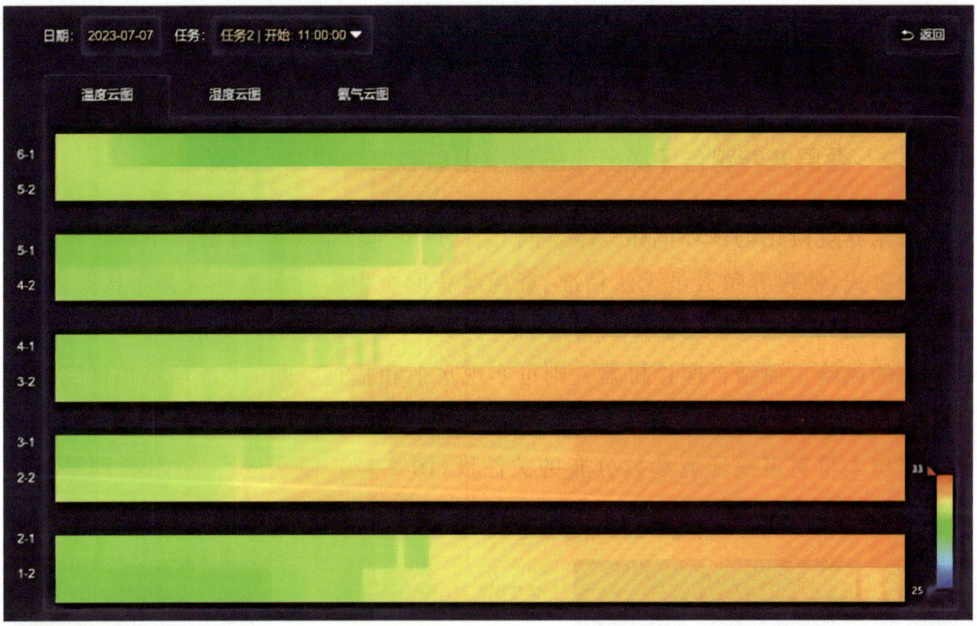

图 9-13　2023 年 7 月 7 日 11:00 渔溪蛋鸡养殖基地某栋鸡舍温度巡检结果

9.2.2.2 环境分布的异常报警与联控

针对环境监测方面，目前机器人仅通过对全舍环境数据进行阈值计算判定，当某项参数超出安全指标范围时，即对相关人员进行 PC 端、手机 App 端、短信、电话的推送报警，如图 9-14 所示。其中温度、相对湿度、二氧化碳、氨气的上限分别设定为 34 ℃、90%、1 800 mg/m^3、14 mg/m^3，温、湿度下限设为 14 ℃、35%。此外，“木鸡郎 4”环境监测数据已和大数据平台全面打通，汇成了大数据池，可联控环境相关设备，例如风机组启停、湿帘下水与否等，一定程度上形成了数据闭环。

图 9-14　温度超标推送手机短信报警记录

9.2.3　叠层笼养鸡舍异常状态的智能化感知定位

饲养员人工巡检死鸡、绝产鸡、病弱鸡、坏损设备是当前的传统主流方式，由于鸡笼数量多、层数多，饲养员单次完整巡检往往需要爬上爬下 1 h 以上，非常耗时耗力。除死鸡外，分辨异常状态鸡只常需具备一定的专业知识或经验，因此新手巡检有较强的滞后性及错漏率，使得异常情况存在大范围扩散风险。同时，人工巡检一般通过人工录入汇总信息并上报存档，在过程中易因突发状况影响记录的准确度，这对后期标准化管理、成本分析、金融保险等均有较大影响。

目前，“木鸡郎 4”机器人能够在无人操控的情况下，在规定时间和巡检方案内，沿着既定轨道移动。当机器人到达逐个笼位站点时，通过电动升降机构相应调整可见光、热成像摄像头高度，以使拍摄方向正对各层鸡笼（图 9-15），并将视频上传至监测平台。之后监测平台分别将可见光视频和热成像视频按帧转换为对应的可见光图像和热成像图像，然后基于组合图像，在行进途中实时对各鸡笼中鸡只状态进行判断，直至所有笼位鸡群巡检完毕。

图 9-15　渔溪鸡场机器人巡检录像现场图及鸡舍异常感知宣传图

9.2.3.1 基于底部图像的死弱鸡智能识别

据统计，在规模化鸡场养殖中，每天约有万分之一、万分之二的鸡只死亡，且大多数死鸡隐藏在笼内，位置分散，不易被发现。再加上鸡舍往往具有笼内照度低、饲养密度高等特点，极大地增加了图像识别的难度。通过前期观察，发现笼具在设计时，为满足鸡蛋自由滚落，料槽与集蛋槽之间会具有一定坡度空间，对其进行拍摄，大多数影像会出现鸡脚、鸡蛋，而少部分则会包含俯身低头的活鸡以及死鸡或弱鸡。基于此经验和样本集训练，渔溪蛋鸡养殖基地“木鸡郎 4”机器人每日分别于 6:30、11:00 进行 2 次固定巡检任务，如图 9-16 所示。巡检过程中利用红外摄像头采集鸡笼的底部图像，之后通过 Efficient Net-Lite 0 目标检测模型自动识别底部图像中明显的死弱鸡，对于有明显死鸡特征的底部图像，目标检测模型能够快速识别，而对接近活鸡特征的底部图像，则采用 IoU 算法进行历史鸡只位置比对，若相似度大于预设相似度阈值，则判定该鸡只为死弱鸡。同时，对以上异常鸡只结合 RFID 定位标签发送至该舍饲养员手机客户端。通过长达 2 年的实际应用，该方法识别准确率高达 99%，且对不同品种鸡只均有较高鲁棒性。

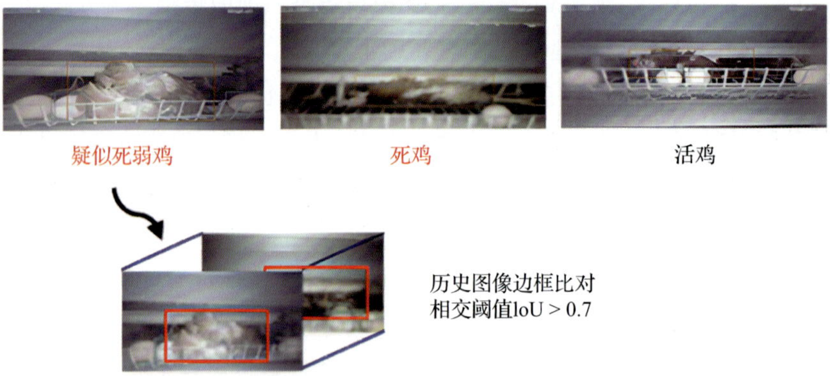

图 9-16 基于机器视觉技术进行鸡笼底部死鸡识别

9.2.3.2 基于鸡冠特征结合产蛋率的绝产鸡智能检出

在实际生产中，绝产鸡无法通过产蛋带来经济效益，但又空耗饲料，大大提高了养鸡场的养殖成本。若能及时发现绝产鸡，将其作为肉鸡进行销售，不仅能够降低养殖成本，还能给养殖场(户)带来更大的收益。

针对鸡冠萎缩这一绝产鸡特征，以及鸡舍低照度养殖、笼内鸡群互相遮挡、拍摄角度近大远小等难点，“木鸡郎 4”巡检机器人结合渔溪蛋鸡养殖基地实际笼具参数，采用配置有白色补光灯的可见光摄像头以靠近鸡笼 29 cm 位置、平行鸡笼顶部向下 25°角的特征位置对鸡笼内部进行图像拍摄，并采用自适应直方图均衡化和灰度世界算法相结合方式，先减少色差再提亮，从而获取到清晰且保持原色差的图像。之后利用 Efficient Net-Lite 0 目标检测模型结合 IoU 算法标记鸡冠大小与鸡头大小的五维数据特征，将其输入 LSTM 深度学习网络分析判断鸡冠是否萎缩。同时，为提高识别准确率，智能算法还结合鸡笼底部热成像图像，差异比较逐笼位鸡只日产蛋率与全鸡舍日均产蛋率(图 9-17)。综上，基于组合摄像头的多元化识别绝产鸡，准确率可高达 96%，且在实际应用中 5 万羽规模鸡舍仅需0.5 h 即可达成全检，每只鸡每个产蛋周期可节省饲料 0.5 kg，有效降低了企业养殖成本，提高了企业经济效益。

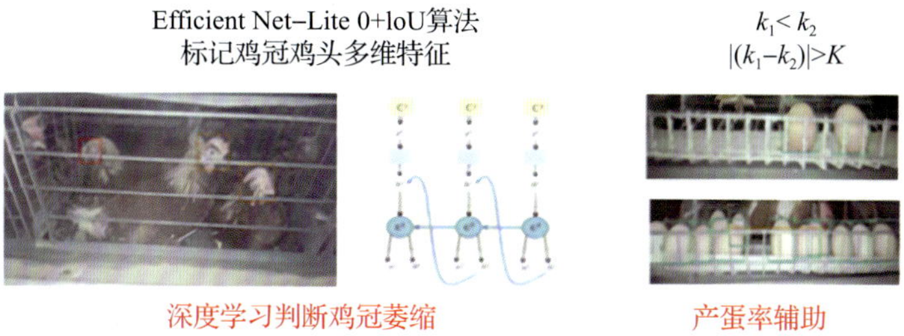

图 9-17　基于组合摄像头的绝产鸡自动识别

9.2.3.3　基于音频频谱的呼吸道异常鸡只定位

规模化养鸡业中鸡呼吸系统疾病是非常普遍和突出的问题，不仅严重影响鸡只生产性能，也给养鸡产业造成巨大损失，其中舍内环境温度波幅大，局部冷、热应激等是呼吸道疾病诱发的重要因素。目前，养殖场呼吸系统疾病多以人工夜间巡检听声辨别进行初步判断，但巡检过程中若声响过大，则会引起鸡的应激反应和骚动，病鸡的人工检查是一项琐碎而细致的工作，耗时耗力，且由于鸡笼内鸡只数量众多、病鸡状态不明显且易趴卧深处，实时性和准确性无法得到保障，很难及时、全面地发现异常。

目前，针对渔溪产蛋鸡舍光照策略，“木鸡郎 4”巡检机器人于每日 21:00 仅进行麦克风音频采集的巡检，之后采用 STFT 将音频数据转换为频谱图，通过 ShuffleNetV2 目标检测网络定位出频谱图中所有包含叫声的区域，再通过卷积神经网络逐一识别各个叫声区域对应的叫声类型(图 9-18)。在此过程中，由于卷积神经网络在识别时输入的已是剪切出仅包含叫声区域的频谱图，其已经剔除了绝大部分的噪声干扰和其他正常叫声，因此大幅度节省了目标检测网络资源，进一步提升识别准确度和效率。针对发出喷嚏、咳嗽、呼吸道堵塞等异常叫声，辅助寻找病死鸡工作，及时通过人工处理，对防止疾病蔓延和群体性暴发，减少生产损失、提高家禽福利化水平具有一定的实现意义。

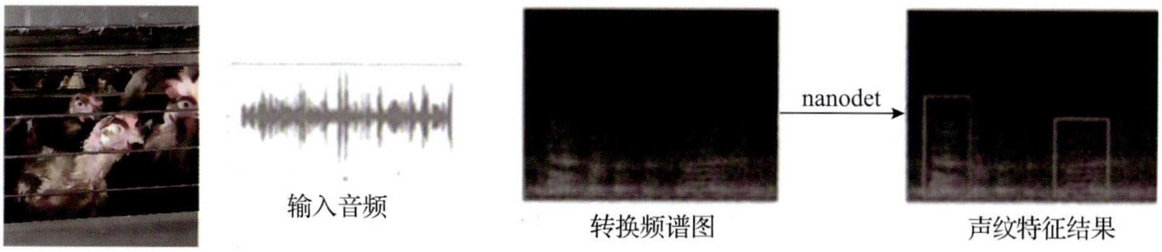

图 9-18　基于 STFT 算法转换频谱图的呼吸道异常感知

9.2.3.4　基于行为角度的鸡群热应激数智化识别

基于鸡只生理，当环境温度超过蛋鸡的等热区(18～23 ℃)时，机体会通过显热散热(传导、对流、辐射和排泄)和潜热散热(蒸发)方式改变体内代谢过程。当鸡群处于高温环境时，为增加散热，呼吸次数会大大增加，因此鸡只的张口呼吸、热喘息也被看作是热应激的典型特征。而渔溪蛋鸡养殖基地处于福建省东部沿海地区，是典型的南亚热带季风海洋性气候，在夏季雨热同期作用下，舍内湿帘降温的效率受到影响，鸡只热应激程度较大。

"木鸡郎 4"机器人通过摄像头采集笼内鸡只的原始图像并进行预处理，之后利用 EfficientNet-Lite 目标检测模型输出标记有鸡头和喙部边框位置的识别图像，计算喙部张嘴特征值并结合深度学习进行分析判定。最后可通过识别图像中的鸡笼标签定位异常鸡只所在笼位，或通过在采集图像的同时用 RFID 设备读取鸡笼的电子标签，将原始图像和电子标签绑定，从而定位鸡笼，并生成每日张嘴鸡群分布云图(图 9-19)。

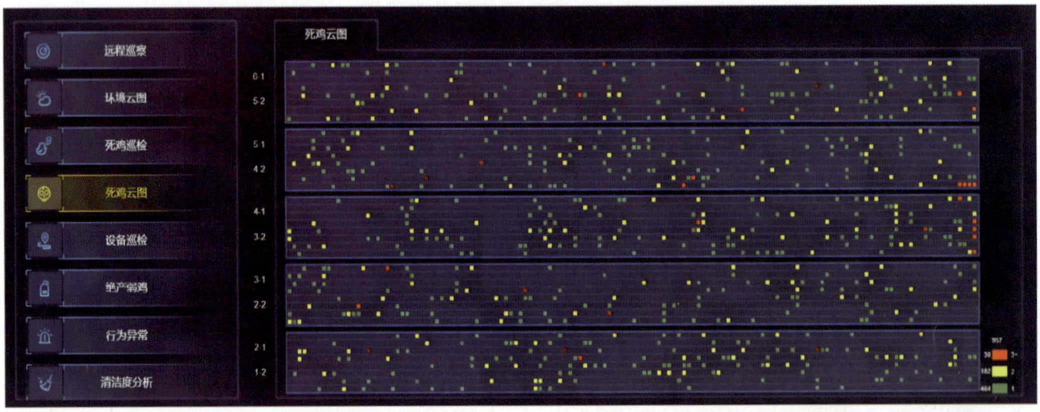

图 9-19　光阳蛋业数智平台-养殖机器人模块

但需注意的是，鸡只除在热应激情况下会张嘴呼吸外，还可能因为呼吸道异常而喘息困难，因此未来需结合多元化数据综合判断，例如夜间音频、鸡冠发白、笼底蹲伏等。

9.2.4　巡检机器人助力高效点检

巡检机器人能够采集养殖人员、禽舍数据及饲喂、饮水、疫苗和清扫等生产流程的数据信息，提高蛋鸡养殖设施设备的高度自动化管理，实现人机工况的高度信息化、标准化管理，助力健康、高效、安全生产。

9.2.4.1　智能清洁辅助养殖内功修炼

光阳蛋品覆盖全国大中城市知名商超，有专业用户和电商渠道，远销欧、美、日、东南亚等国家和地区，在国内外的市场占有率处于领先地位，其中全程无抗(no antibiotics ever)是其品牌一大卖点。因此，渔溪蛋鸡养殖基地管理人员对工程防疫和清洁生产的工作十分重视，清洁打扫鸡舍是饲养员每日主要工作之一。一方面，管理员可控制机器人进行任意移动，通过重点位置的实时监控或图像采集评判饲养员卫生工作完成情况；另一方面，巡检机器人可结合每日固定巡检获取的鸡笼底部图像，如图 9-20 所示，对集蛋槽、料槽的羽毛粘连、灰尘堆积进行智能清洁度分布云图生成，为实现健康生产与安全产品的关联控制提供初步支撑。

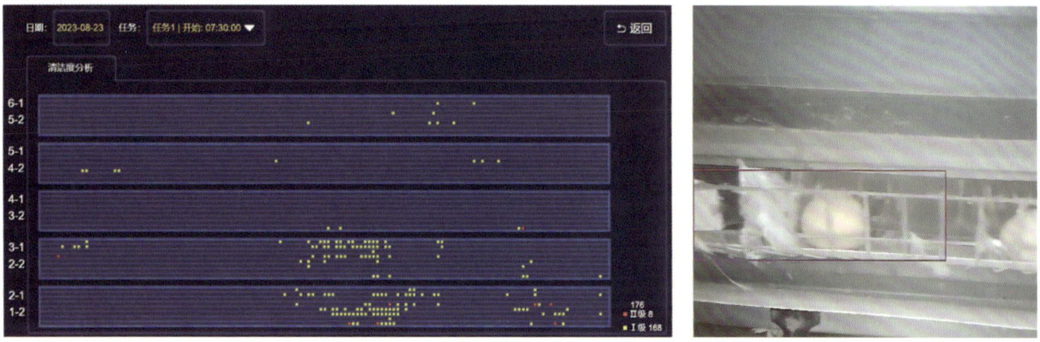

图 9-20　鸡舍清洁度分布云图

9.2.4.2　智能维护确保养殖稳定高效

目前渔溪蛋鸡养殖基地喂料、饮水、清粪、环控、捡蛋等环节均已实现机械化、自动化生产，其中喂料系统采用链条式机械化喂料，饮水系统为乳头式自动饮水器，环控系统主要依靠湿帘-风机系统（图 9-21）。

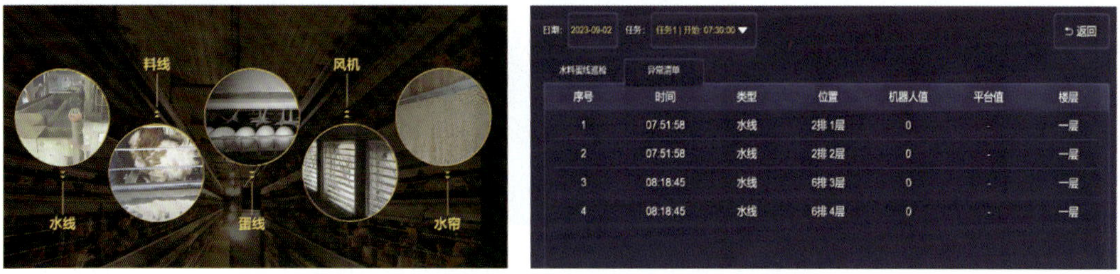

图 9-21　渔溪鸡舍重难点设备及异常清单台账

但实际生产中，因突发情况偶尔会出现部分笼位断水断料的情况，而由于鸡笼数量多、层数多，以及水箱观测水位不清晰等原因，饲养员很难及时发现并处理，造成这部分鸡群产蛋率下降甚至死亡。基于此，“木鸡郎 4”巡检机器人利用图像识别技术观测水位，在水位出现异常时，可给养殖人员警示，提高了处理异常状态的效率；同时，通过设置有激光测距器本体，利用测量料线中饲料与料线内部底端之间的距离，从而完成对料线中饲料余量的判别，改变现有对饲料余量的判定方式，进而降低工作人员的工作强度。

此外，风机作为环控策略实施的关键设备，目前普遍以人工目测方式对风机设备进行点检，其工作效率低，人力成本高，滞后性强，且人工目测方式无法对风机设备的特定部件进行温度测量，需要额外人力用仪器测量，点检流程烦琐，操作费时费力。因此，巡检机器人通过拍摄风机图片，结合机器视觉可实现智能识别风机的扇叶是否运作、挡板是否开启、风机启动与运转时状态是否一致，并识别到的风机状态与设备工况信息比对，确保风机运转正常。同时，利用红外技术远程测量风机设备上各部件的温度，无需额外人力用仪器测量，有效提升点检效率，操作省时省力。

9.2.5 报表输出与可视化

通过物联网、移动互联网、大数据等技术的实施，开展了贯穿生产全过程的光阳蛋业数智平台建设，能够无缝对接机器人、环控器等系统，满足数据远程实时监测、数据查询与调取、养殖工况运行状态监测与报警功能、任务发放与报表输出等需求，支持电脑、移动端设备等多种设备同时访问。

1. 网页端——光阳蛋业数智平台

其中网页端对机器人智能巡检进行了 8 个模块的网页可视化输出，分别为远程巡察、环境云图、死鸡巡检、死鸡云图、设备巡检、绝产弱鸡、行为异常、清洁度分析（图 9-22）。

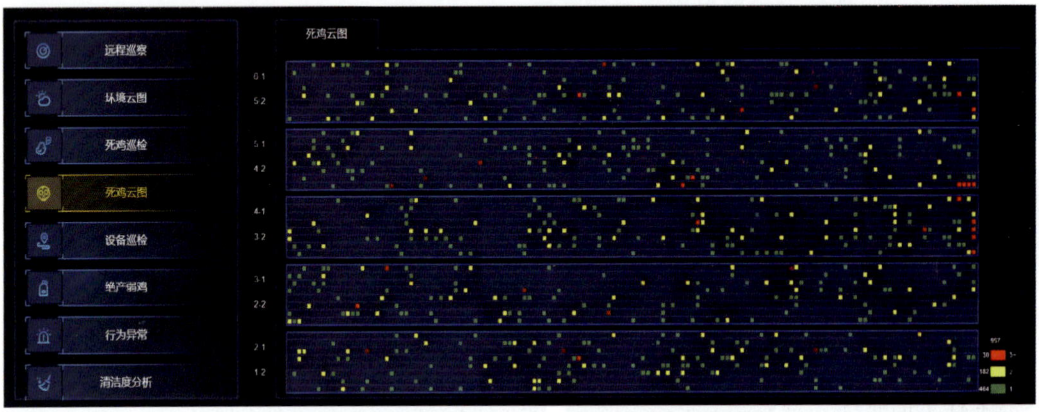

图 9-22　光阳蛋业数智平台的养殖机器人模块

2. 手机端

手机端依托光阳蛋业 App，进行可视化模块展示，分别为机器人监控展示、机器人巡检状态及电量、环境实时动态数据，以及包含死弱鸡巡检、漏检上报、绝产鸡识别、低产笼识别、水料风巡检、设备异常、鸡蛋异常的现场作业，并给出死禽图片和环境云图的统计分析（图 9-23）。

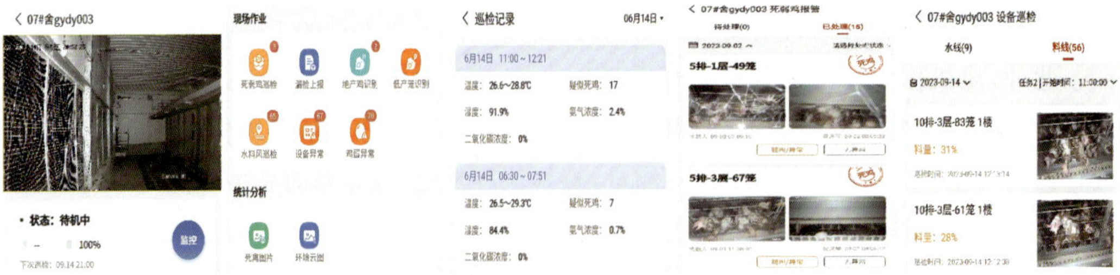

图 9-23　光阳蛋业 App 的智慧场区模块

9.2.6 提升方向

1. 养殖过程数据的全面数字化感知

光阳蛋业已对部分环境、非健康状态、设备工况等相关参数做了优化，但需注意剔除异常数据或预处理，以及提高算法精度和数学模型的适用性与鲁棒性，且仍缺乏“畜禽状况、设备工况、环境参数、饲喂饮水、投药数据、清粪数据、产品数据、畜禽生理、典型行为、生长参数”的环境、生理及生长量化感知。同时相关传感器如何在保证成本的情况下避免失真等需考虑，或利用因子间的相关性间接获取。

2. 养殖过程数据的标准化模型构建

目前数智化最缺少的其实是标准化，例如当前环境参数报警仅以上下限设计，而非针对养殖品种特性、设施设备环境等实际分级阈值进行，例如基于张嘴异常行为可进行针对品种的实际鸡群非蒸发散热的温湿风临界阈值探讨。同时也可通过横纵对比建立标准，一是横向以历史批次分季节构建历史运行最佳值为标准；二是纵向以饲养手册标准、行业先进值为参考，化“经验主义”为“精确主义”。

3. 建立基于多种特征耦合与数据融合的智能化专家系统

首先应根据养殖规模、鸡群生长阶段、内外部环境等影响因素，综合建立“畜禽-环境-装备”互作规律和调控模型，实现通过巡检机器人远程“望、闻、问、切”，进行多维度精准判别全程全面状况。例如某一周期死鸡云图分布与环控、管理的关系，以及鸡只张嘴需结合夜间音频、鸡冠发白、笼底蹲伏等进一步判断异常行为究竟是热应激引起的，还是呼吸道异常堵塞等。

4. 形成大数据采集、大数据分析、大数据应用的数智化闭环

采集信息准确率高、多指标融合分析以及提供解决方案并实施是所有使用该系统用户最为需要的，也是之后结合机器人逐步发展成为无人值守的新型家禽工厂的关键。目前，融合环境、生理、生产过程数据，解析互作关系，建立预测预警模型，实现数据挖掘与智能化养殖工厂管理仍有很大发展空间。

9.3 民和肉鸡多层平养智能生产系统

9.3.1 公司概况

山东民和牧业股份有限公司前身是农业部（现农业农村部）山东蓬莱良种肉鸡示范场，始建于1985年，先后被认定为农业产业化国家重点龙头企业、全国农业标准化示范区、国家出口鸡肉标准化示范区、全国畜牧优秀企业、国家首批肉鸡无高致病性禽流感生物安全隔离区、中国畜牧协会副会长单位、白羽肉鸡联盟副主席单位、国家畜禽养殖废弃

物资源化处理科技创新联盟副理事长单位、山东现代高效农业产业民营企业十强。2008年5月16日，公司股票在深圳证券交易所成功挂牌上市，该企业也成为国内白羽肉种鸡行业首家上市公司。

公司科研实力在行业内处于领先水平，多项科技成果获得了省部级以上科技奖励：自主研发的“肉用种鸡全程笼养新技术开发”获国家星火计划奖；与中国农业大学合作设计的“联栋纵向通风鸡舍”获得农业农村部优秀工程设计奖二等奖、“规模化养鸡环境控制关键技术创新及设备研发与应用”获得中华农业科技奖一等奖；“鸡鲜精稀释及冻液技术研究”“特大型集中式鸡粪沼气发电工程技术集成与示范”获山东省科技进步奖二等奖；“商品肉鸡多层平养技术研究”获山东省科技进步奖三等奖；公司参与完成的“畜禽粪便沼气处理清洁发展机制方法学和技术开发与应用”项目先后获得中华农业科技奖一等奖和国家科技进步奖二等奖。此外，公司还承担了多项国家和省级科研项目，并拥有国家发明和实用新型专利21项。

民和商品肉鸡舍作为叠层笼养巡检机器人示范应用场(图9-24)，鸡舍东西方向长度91.3 m，南北方向宽度27.5 m，高9 m。鸡舍墙体围护结构采用砖混结构，屋面材料为彩钢板。试验鸡舍为六列七走道叠层笼养，8层分布，分为上、下两层楼，即1～4层为一楼，5～8层为二楼，楼下地面是水泥，楼上是镀锌的格栅钢板网。为与机器人巡检数据集成分析做出综合调控管理决策，满足企业对于环境与生产管理方面的需求，民和股份开发了生产管理的数字化方赞系统(图9-25)。

图9-24　山东民和牧业股份有限公司鸟瞰图及试验鸡舍卫星图

9.3.2　生产管理数字化方赞系统

对于目前规模化家禽养殖企业发展而言，数据的记录，毫无疑问是衡量以及评估养鸡场管理中最重要的部分。然而，鸡群在整个生长和生产过程中都会产生大量的数据，很多养鸡场的生产人员挣扎在繁重的信息记录工作中，并且被他们没有时间处理的、复杂多样的记录所淹没。如果真正要帮助到养殖管理者，数据的记录就必须要简洁高效。

生产管理数字化方赞系统平台由3部分构成：物联网定点环境监测系统、采食和饮水生产管理数据监测系统，具备养殖场管理、生产管理、报警管理等功能，可同时在网页端及手机端查看。

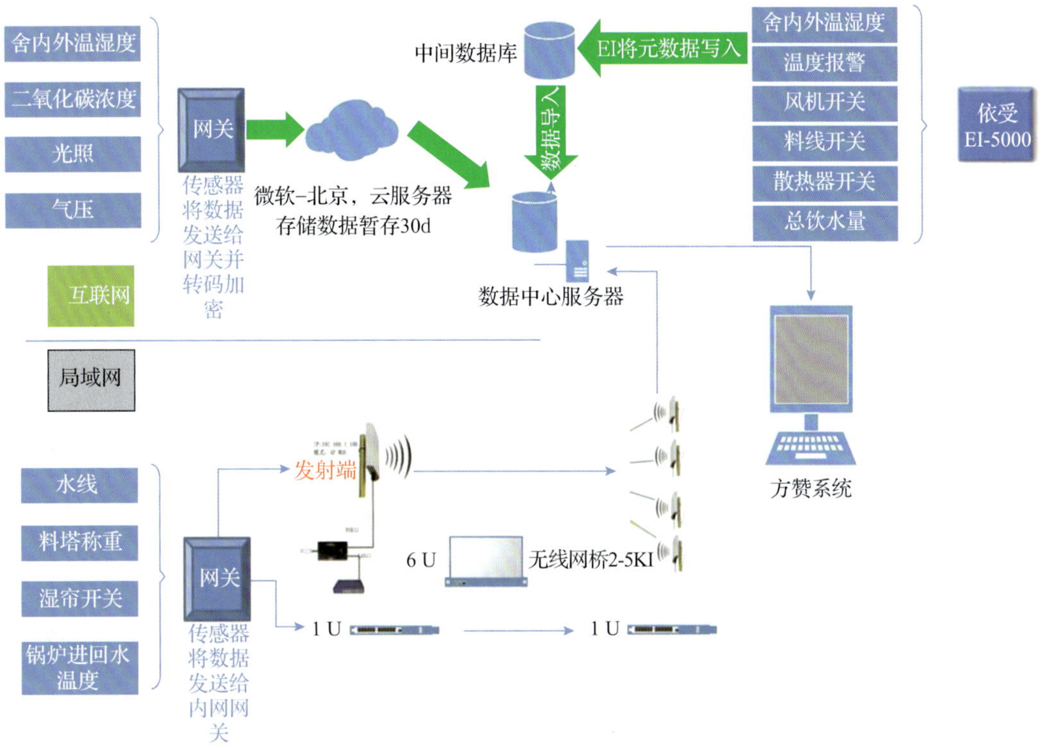

图 9-25　生产管理数字化方赞系统

9.3.2.1　物联网定点环境监测系统

1. 环境信息监测与采集

LoRa 新型无线式温湿度传感器：该传感器可同步监测环境空气的温度和湿度，且精准度极高。通过传感器采集到的温、湿度数据，搭载LoRa/NB-LOT 网关设备传送到云平台，最终方赞智慧平台利用大数据智能分析进行深度学习，形成数据报表，便于养殖管理者进行实时监测与管理。同时参考系统标准值设置，自动或手动关停相关设备进行温湿度合理调控，如图 9-26a 所示。

LoRa 新型无线式气压力传感器：可实时监测家禽栋舍内的空气压力值，同时搭载LoRa/NB-LOT 网关传送到云平台，最终方赞智慧平台利用大数据智能分析进行深度学习，形成数据报表。为养殖管理者对家禽栋舍气压值的自动或手动调控提供有效的数据参考，如图 9-26b 所示。

LoRa 新型无线式二氧化碳传感器：可监测家禽栋舍空气中的二氧化碳含量(%)。同样，监测到的数值可搭载 LoRa/NB-LOT 网关传送到云平台，最终方赞智慧平台利用大数据智能分析进行深度学习，形成数据报表。养殖户便可通过数据曲线图变化，对鸡舍空气质量异常情况进行及时调控，避免二氧化碳浓度过高对家禽生产性能造成不良影响，减少鸡场不必要的经济损失，如图 9-26c 所示。

LoRa 新型无线式光照传感器：可测量家禽栋舍内可见光的光照强度，同样搭载 LoRa/NB-LOT 网关传送到云平台，最终方赞智慧平台利用大数据智能分析进行深度学习，形成数据报表。而精准的光照数据不仅可以减少不必要的能源浪费，同时根据家禽生长阶段不同，调节光照环境，实现光照的科学管理。尤其在冬季，有效延长光照时间和增强光照强度可有效增加蛋鸡生长的速度与产蛋量，如图 9-26d 所示。

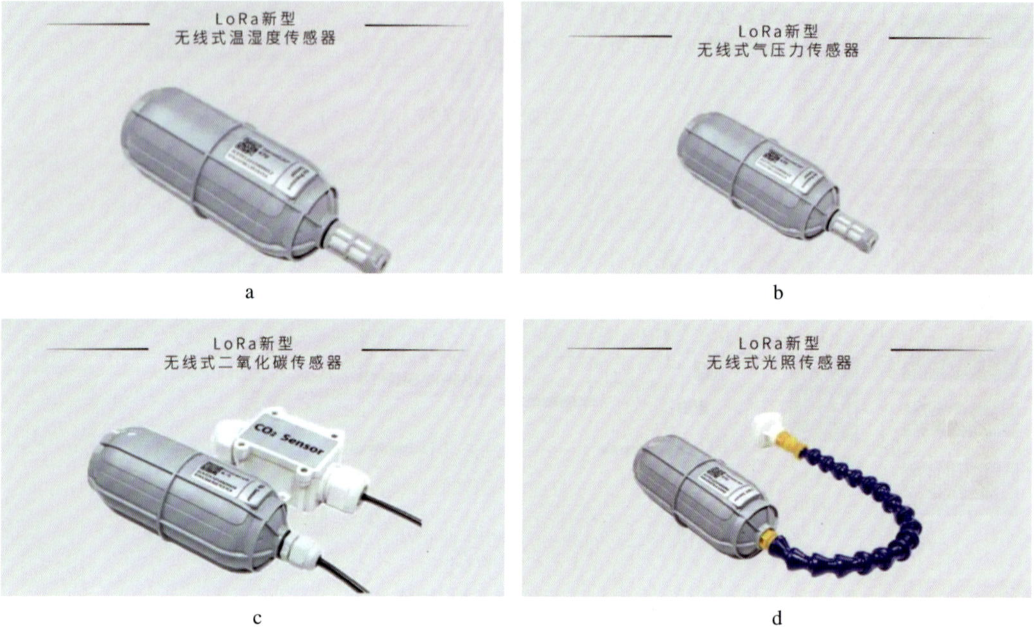

图 9-26　智能物联网传感器

2. 数据储存与传输

工业级 LoRa 网关如图 9-27 所示，多种通信方式高效传输数据，并拥有超大数据储存容量。收集来自家禽栋舍内环境传感器的节点数据，并将数据通过 2G/3G/4G 或有线

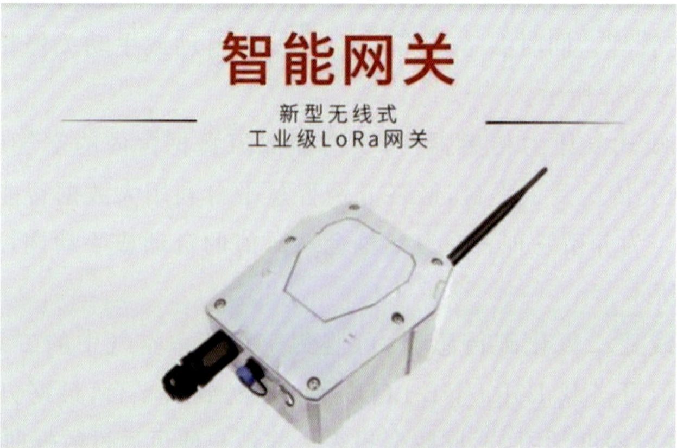

图 9-27　智能网关

网方式传送到云平台。网关采用高性能处理器，以及运营商级别 LoRa 收发芯片，为大面积组网提供保证。

3. 环境监测数据展示界面

借助物联网先进的传感设备信息采集与信息传输技术，将实际的鸡舍情况（如温度、湿度等环境）实时通过互联网与电脑、手机相连，同时搭载专业的数据分析平台，实现鸡场数据的智能采集与分析，以及对工作人员生产管理行为的有效指导（图 9-28）。

图 9-28　2022 年 3 月 29 日民和股份某栋鸡舍的环境数据

9.3.2.2　料塔称重监测系统

为了实现更精准的数据监测，挺好农牧料塔称重系统选择了更高标准的智能称重传感器，将其安装于鸡场料塔支腿位置，可轻松实现家禽采食量（耗料）数据及剩余量的实时精准监测（图 9-29），不用依靠人工借助侧梯每天去估测料塔内的剩余料量。

图 9-29　2020 年 8 月 5 日民和股份某栋鸡舍耗料数据

同时，此料塔称重监测系统搭载方赞智能养殖管理平台，将采集到的数据通过大数据智能分析深度学习，形成数据图表。

9.3.2.3 家禽饮水监测系统

挺好农牧饮水监测系统以选用智能水表为基准，针对鸡舍内不同排列的每条水线进行实时监测，不仅可以采集每条水线的瞬时流量，且饮水数据采集频率可自行设置。

饮水监测系统可搭载方赞智能养殖管理平台，实现家禽饮水量的数据管理与智能分析，形成数据图表（图 9-30）。养殖户可直接通过手机或电脑 PC 端，更清晰更直观地看到鸡舍的饮水数据，甚至每条水线的水流量情况。数据的实时采集实时更新，可同时帮助养殖户运用数据的反馈，及时、准确地发现饮水管理中存在的问题及家禽的异常情况，及时改善。

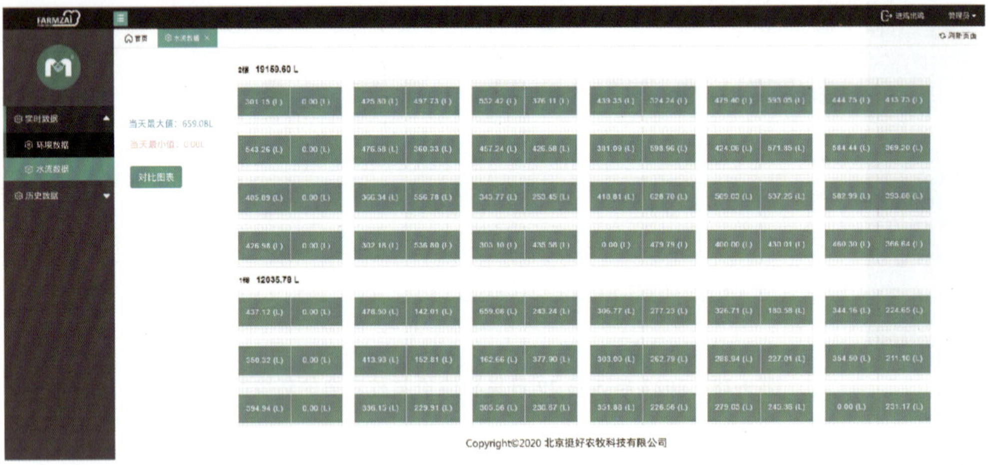

图 9-30　2022 年 3 月 29 日民和股份某栋鸡舍饮水数据

9.3.2.4 养殖场管理

在方赞生产管理数字化系统分析平台上，养殖户可通过自行创建鸡场布局图，模拟鸡场栋舍及栋舍内设备布局情况（图 9-31），养殖户可通过布局图显示，直观查看报警栋舍。随时随地监控每个栋舍甚至每个设备的数据变化及预警情况，从而引导养殖户及时做出应对措施。

9.3.2.5 生产管理

数据的记录毫无疑问是衡量以及评估养鸡场管理中最重要的部分。方赞生产管理数字化系统分析平台在基于大数据应用的基础上，特别增加家禽“生产管理模块”，通过系统性梳理，对鸡场生产过程中的主要生产数据记录、智能称重、免疫/用药、数据报告、管理决策、转入/转出等关键环节加以管理与控制（图 9-32）。

在基础生产信息记录完成后，方赞系统将会同步完成采集信息与标准参数对比，自动生成报表（如：日报、周报、月报等），不仅能够准确统计和反映各鸡群的生产情况，而且能够反映出每天或某一周期内各栋舍鸡群的饲养效益，为养殖场管理决策提供科学有效的参考，帮助管理者改善生产，提高工作效率（图 9-33）。

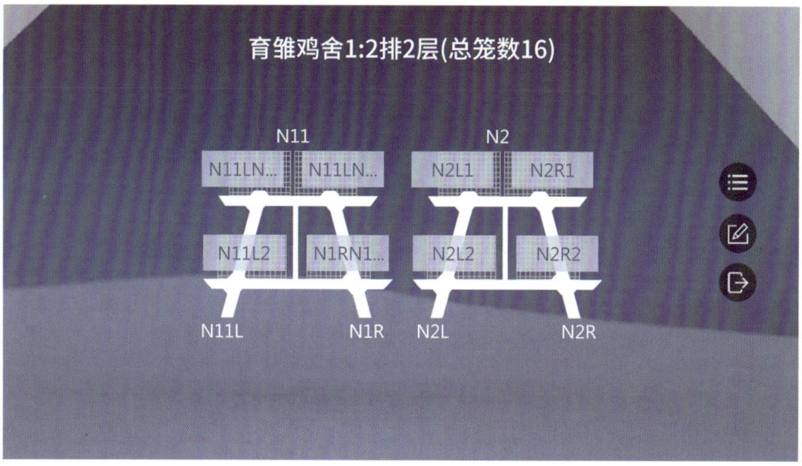

图 9-31　鸡场布局图创建

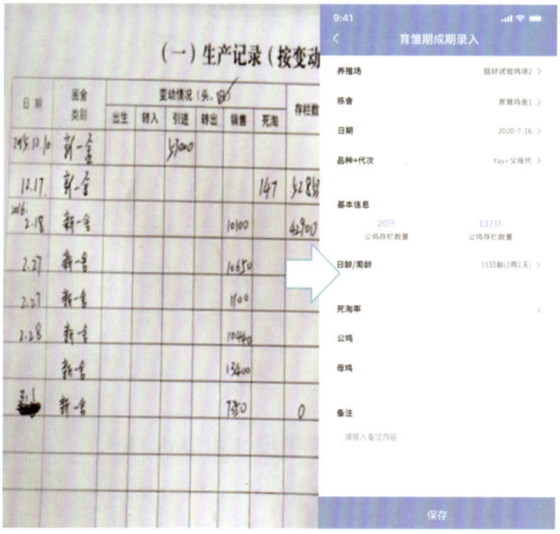

图 9-32　传统手动记录 & 方赞平台

图 9-33　生产管理模块主要内容

9.3.2.6 报警管理

参考养殖用户提前设置的预警条件，方赞平台在数据处理过程中出现异常，便会发布预警，提醒用户或智能系统，手动或自动采取必要的调控措施。避免因未及时发现异常情况而给鸡场造成损失(图 9-34)。

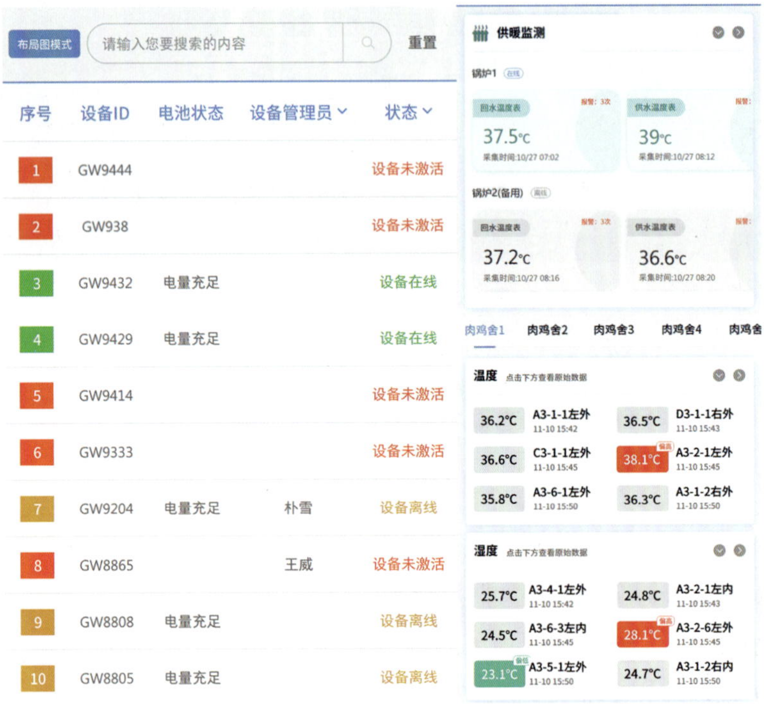

图 9-34　报警模块主要内容

9.3.3 叠层笼养鸡舍巡检机器人

针对我国规模化叠层笼养中家禽环境健康监测环节薄弱、对动物福利关注度不高、预防性治疗较多、鸡场劳动强度大和劳动效率低等问题，从满足规模化畜禽生产对品质安全、健康管理、提质增效的急迫需求出发，以民和试验三场一栋作为试验鸡舍开展研究叠层笼养巡检机器人示范应用，研究叠层笼养环境下基于巡检机器人的鸡舍环境和鸡群健康监测技术，并开发相应的环境决策调控系统和鸡群健康预警系统。主要包括：智能机器人巡检平台、环境实时监测技术和决策调控系统、鸡群健康福利智能监测技术与预警系统、巡检数据可视化展示。

9.3.3.1 智能机器人巡检平台

方赞系统搭建了适用于规模化叠层笼养鸡舍巡检的机器人移载平台，可搭载环境和图像数据采集模块，并按数据采集方案进行鸡舍巡检以采集数据。智能机器人巡检平台为实现鸡舍环境实时监测与分析，以及鸡群健康与福利状态监测提供硬件支撑与数据来源。

根据民和叠层笼养肉鸡舍过道窄、鸡笼位置低、需要避开料车等实际环境特点，项目自主研发了一种适用于叠层笼养畜禽舍的巡检机器人（表 9-1），可实现按照系统给定的巡检路线在鸡舍内稳定行驶，自主导航，同时可搭载图像采集和环境信息采集模块，定点采集信息等功能，完成对鸡只的健康福利状态、鸡舍环境的实时监测和数据远程传输。巡检机器人的额定行驶速度为 0.2 m/s，最大行驶速度为 1 m/s，最大减震高度 3 cm，定位精度达到±25 mm。

表 9-1　巡检平台参数

性能	参数	性能	参数
机器人长度/mm	530	额定行驶速度/(m/s)	0.2
机器人宽度/mm	470	行驶方向	单向
机器人高度(不加桅杆)/mm	265	转弯方式	差速转向
3D 打印外壳直径/mm	700	电源电压/V	24
桅杆高度/m	2.5	最大减震高度/cm	3
机器人自重/kg	20	前后定位精度/mm	±25
额定负载/kg	60	左右定位精度/mm	±15
最小转弯角度/(°)	0	最大行驶速度/(m/s)	1

巡检机器人的导航系统主要包括激光雷达导航和磁导航。激光雷达的使用首先要采集鸡舍环境的点云数据，如图 9-35 所示为激光雷达数据采集及鸡舍大厅点云数据。通过对点云数据的滤波和特征点识别，进行路径规划和位点停靠。磁导航（图 9-36）主要基于地磁条的铺设进行路径规划，通过地磁条宽度的变化进行停靠位点规划，并使用命令控制文件进行导航方案管理，最终完成整体导航系统设计。

9.3.3.2　多元环境实时监测技术和预警系统

1. 多元环境实时监测技术

本技术的研发适用于规模化叠层笼养肉鸡舍，基于巡检机器人作为移载平台的多元

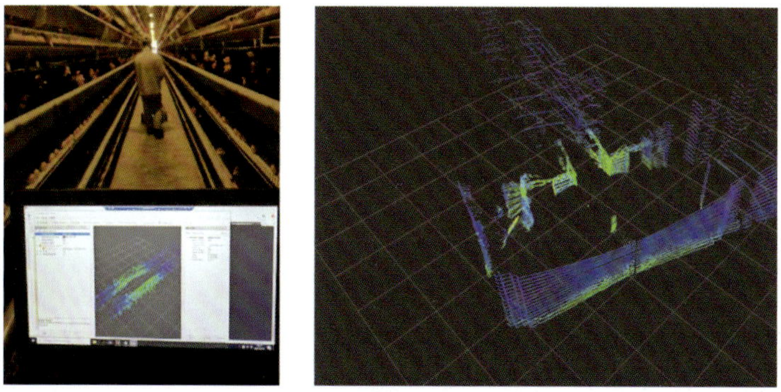

图 9-35　激光雷达数据采集及鸡舍大厅点云数据

图 9-36　磁导航

环境监测模块，规划机器人的巡检路径，对舍内不同环境参数进行监测存储，并实现部分重要环境数据的实时传输和可视化展示利用，为实现鸡舍养殖的多元环境参数的数字化采集和智能决策奠定基础(图 9-37)。多元环境监测模块具备以下几个功能。

图 9-37 民和肉鸡舍巡检机器人现场

多环境传感器的控制和数据采集：鸡群的生长需要适宜的环境条件，温湿度、光照强度、风速、二氧化碳浓度、氨气浓度、颗粒物浓度是影响肉鸡生长的重要环境因子，需要精确监测，是实现鸡舍自动化实时控制的前提条件。

数据管理：环境监测模块在工作时产生大量的数据，能将采集到的数据进行存储和实时传输到数据库平台进行展示。其中部分重要的数据进行实时传输，便于工作人员能实时了解鸡舍环境的动态信息。其他数据进行本地存储，最后上传至数据库，方便后续进行数据分析。

与机器人通信：环境监测模块在使用时集成到机器人上，在对环境数据采集的同时，获得机器人的时间和位置信息，并将机器人的位置信息和环境数据信息进行整合，可进行实时定位。

2. 多元环境预警系统

预警系统根据巡检机器人多元环境监测数据平台和方赞生产管理数据平台，综合分析多元环境实时情况，为饲养人员对舍内环境进行管理评价提供建议奠定基础。根据前期研究确定不同日龄肉鸡的环境需求参数范围(表 9-2)作为预警的依据，同时根据不同环境参数和生产管理问题的优先级别分不同方式给农场管理人员进行反馈(表 9-3)。

表 9-2 不同日龄肉鸡的环境需求参数范围

项目	日龄/d				
	1～7	8～14	15～21	22～28	30 至出栏
温度/℃	33～35	28～30	26～28	24～26	20～24
相对湿度/%	65～70	60～65	55～60	50～55	
二氧化碳浓度/(mg/m^3)	5 500				
氨气浓度/(mg/m^3)	7 以下	7 以下			
风速/(m/s)	0.1～0.3	0.3～0.5	0.5～1.0	1.78～2.5	
颗粒物浓度/(ug/m^3)	3 400 以下				

表 9-3 鸡舍管理不同问题反馈方式

问题	当地时间 7:00 至 19:00 的提示方式	当地时间 19:00 到第 2 天 7:00 的提示方式
PC/Teamviewer/Controller 脱机(数据不可见)	打一次电话 & 短信	短信
耗水量增加在黑暗时期	短信	短信
耗水量激增	每 5 min 呼叫 1 次,会进行 30 min,如果没联系上,会发短信	打 1 次电话 & 短信
24 h 进水量减少,表明鸡群活动减少	短信	短信
根据场内设定的打料时间,打料时间范围内饲料未运行	打 1 次电话 & 短信	打 1 次电话 & 短信
饲喂数据没有按计划增加	短信	短信
饲料消耗数据激增	短信	短信
温度低于目标温度超过 1 ℃	打 1 次电话 & 短信	短信
温度低于目标温度超过 5 ℃	每 5 min 呼叫 1 次,会进行 30 min,如果没联系上,会发短信	每 5 min 呼叫 1 次,会进行 30 min,如果没联系上,会发短信
温度高于目标温度超过 5 ℃	每 5 min 呼叫 1 次,最多呼叫 5 次	每 5 min 呼叫 1 次,最多呼叫 5 次
温度高于目标温度超过 8 ℃	每 5 min 呼叫 1 次,会进行 30 min,如果没联系上,会发短信	每 5 min 呼叫 1 次,会进行 30 min,如果没联系上,会发短信
相对湿度至少比目标高 3%或低 10%	短信	短信
气压高于或低于目标至少 6 Pa	打 1 次电话 & 短信	短信
二氧化碳高于设定目标至少 10%	打 1 次电话 & 短信	短信
二氧化碳低于设定目标至少 15%	短信	短信
任何促使我们相信生命存在潜在风险的数据极值	每 5 min 呼叫 1 次,会进行 30 min,如果没联系上,会发短信	每 5 min 呼叫 1 次,会进行 30 min,如果没联系上,会发短信
检测粉尘颗粒物≥3.4 mg/m^3,报警	每 5 min 呼叫 1 次,会进行 30 min,如果没联系上,会发短信	打 1 次电话 & 短信
鸡群活跃度报警	打 1 次电话 & 短信	短信

9.3.3.3 鸡群健康福利智能监测技术与预警系统

规模化鸡舍中养殖数量大，环境复杂，容易出现鸡只生病甚至死亡的情况。对鸡的健康和福利状况进行监测并及时反馈给养殖人员，可有效减少疾病的蔓延，提高家禽养殖的自动化管理水平。本部分包括死鸡自动检测技术及预警系统。

1. 死鸡自动检测技术

在集约化、规模化肉鸡养殖场中，病死鸡巡检是肉鸡养殖过程中的重要工作。目前鸡舍内定时巡检、清除笼内死鸡等劳动密集型工作主要由人工来完成，然而规模化养殖肉鸡总数庞大，养殖人员对每个鸡笼逐一排查不仅费时费力，而且对于高层的肉鸡进行巡检需要爬上爬下，有一定的危险性。此外鸡舍内的有害气体和颗粒物也会对养殖人员的身体健康产生威胁。因此实现自动化的死鸡监测对提高养殖人员的福利、降低生产成本、提高生产效益有着重要意义。

在山东民和肉鸡养殖场，肉鸡舍采用上下 4 层重叠，共 8 层的叠层笼养方式，如图 9-38所示。每个笼子长 240 cm、宽 150 cm、高 37 cm，并配有白炽灯、喂食盘、乳头饮水器和传送式清粪装置。笼内的光照强度范围为 1.2～18 lx。每个笼子里饲养了大约 70 只罗斯 308 品种的肉鸡。由于饲养密度高，呼吸系统疾病是最后 1 周肉鸡死亡的主要原因，大部分死亡肉鸡在死亡前转移到笼子边缘呼吸新鲜空气，死亡后肉鸡呈现腹部上翻，红色，腿部僵直悬在空中或贴紧地面，头部松弛垂地的状态，与正常肉鸡有着明显的特征差异。这使得采用机器视觉获取死鸡图像进行自动化分析与死鸡检测具备可行性。

图 9-38　民和某栋 8 层叠层笼养肉鸡舍

图 9-39 为 YOLOv5 肉鸡死鸡目标检测网络结构图。YOLOv5 由若干个 CSP 模块和卷积模块、一个 Fcous 模块和 SPP 模块构成。按照各部分的功能可以将其分为输入、骨干网络、瓶颈网络、输出 4 部分。输入部分使用 Mosaic 数据增强策略对图片进行增强，以充分利用图片信息；骨干部分使用了 CSPDarknet 骨干网络来对图片中的目标特征进行提取；瓶颈层中使用 FPN+PAN 的结构来融合网络高层语义信息和低层位置信息；最后使用 YOLO 的检测头对目标进行分类检测。

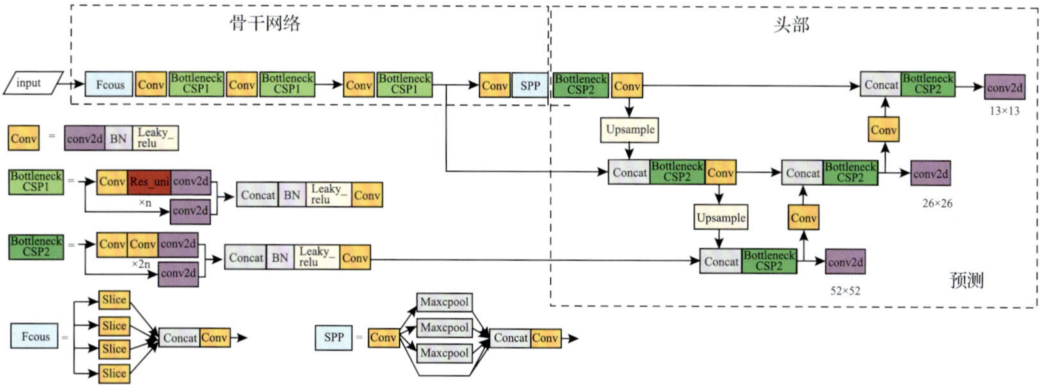

图 9-39 YOLOv5 肉鸡死鸡检测网络结构图

图 9-40 为部分肉鸡死鸡检测结果，图中黄色框标记的为模型检测出的正常肉鸡，蓝色框标记的为死亡肉鸡。

图 9-40 部分肉鸡死鸡检测结果

2. 死鸡监测预警系统

基于 pyqt5 软件开发设计了死鸡监测系统，并部署在鸡舍耳房的服务器上。机器人采集图片后，可通过局域网自动传输至服务器以便进行死鸡检测。系统主界面如图 9-41 所示，系统主要由图像预处理、死鸡检测、结果显示、清除图片 4 个功能键组成。图像预处理按钮功能为使用 ALTM 算法对图像进行增强，提高图片的亮度。检测按钮功能为启动肉鸡图像检测算法进行图像分析与检测。结果显示按钮功能为将检测结果以表格的形式显示在右侧显示界面上，同时检测结果会以当天的日期命名以 Excel 文件形式存储到主目录的 Chickenresult 文件夹下，图 9-42 为部分检测结果示例。清除图片按钮功能为清除文件中的图片和检测得到的图片，以节省空间。

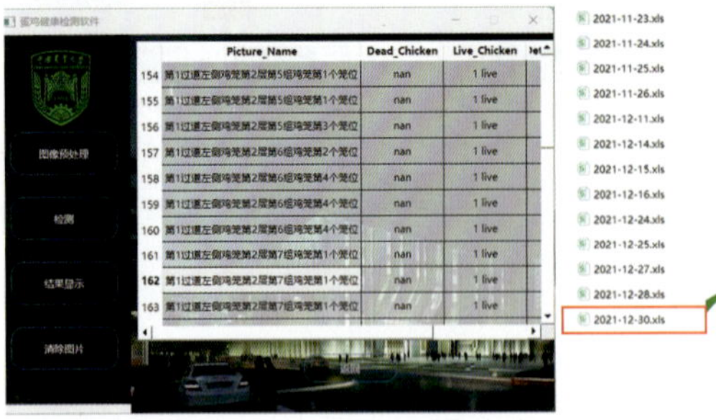

图 9-41　死鸡检测软件界面

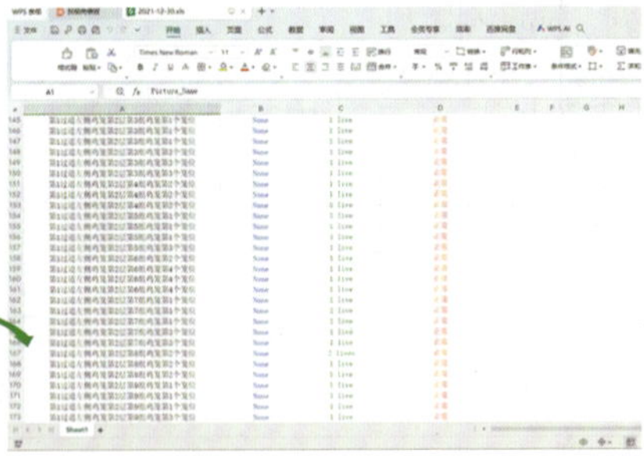

图 9-42　死鸡检测结果 Excel 表示例图

9.3.3.4　巡检数据可视化展示

巡检机器人系统能够实现巡检环境数据的存储和展示、远程访问等功能，可与生产管理数字化系统——方赞系统搭配分析做出综合调控管理决策，满足企业对于环境与生产管理方面的需求。

数据存储监测平台基于 web 开发，用户可通过远程访问服务器对舍内巡检机器人采集的数据进行监测。数据库选用 MySQL 数据库。其中，环境数据在通过数据采集软件采集后，传输至云端 MySQL 数据库中。监测平台主要包括实时数据监测、历史数据查询和用户管理三大模块。图 9-43 所示为肉鸡舍二氧化碳、氨气、温度、湿度和风速的实时监

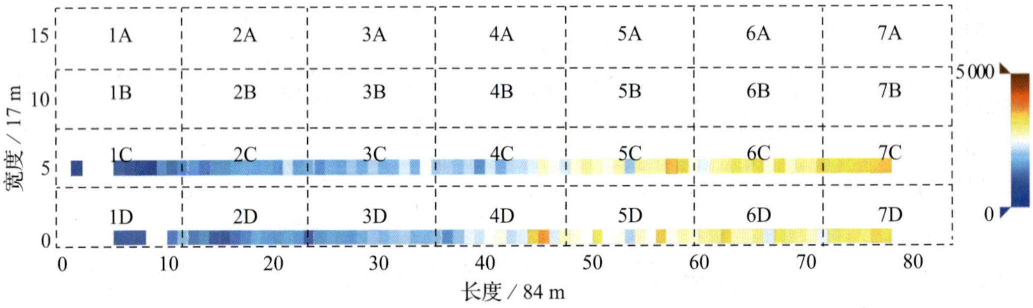

a. 肉鸡舍二氧化碳实时监测页面

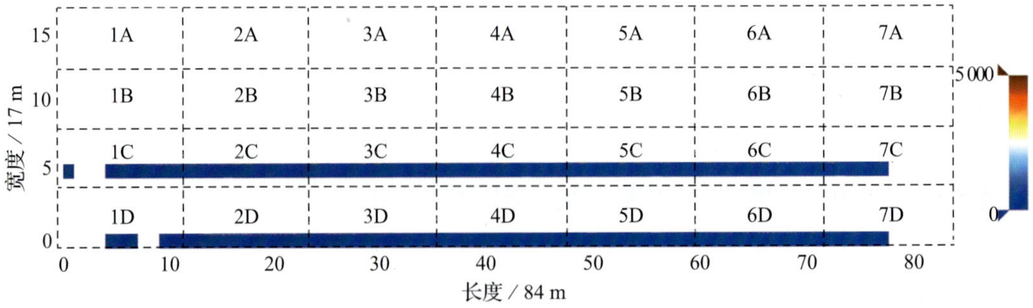

b. 肉鸡舍氨气实时监测页面

图 9-43

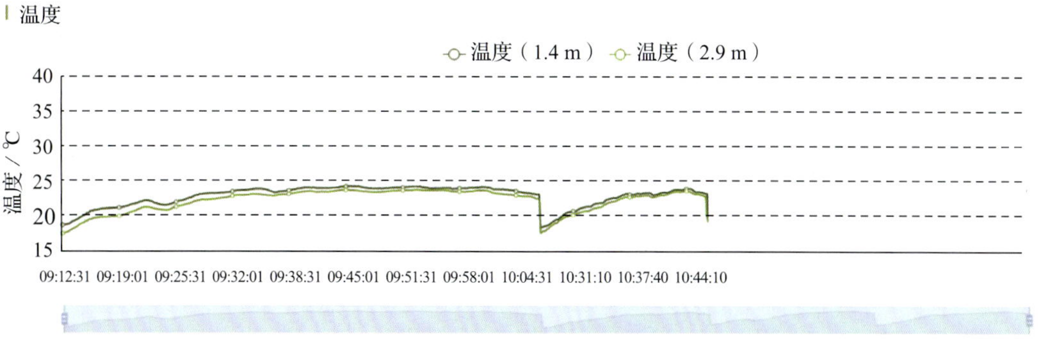

c. 肉鸡舍温度实时监测页面

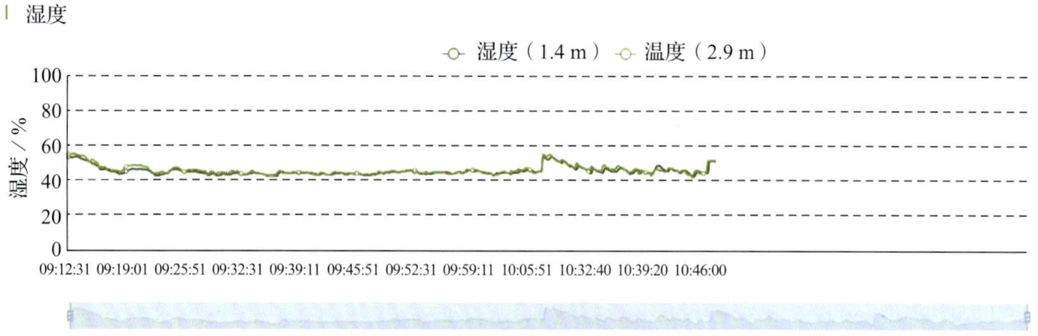

d. 肉鸡舍湿度实时监测页面

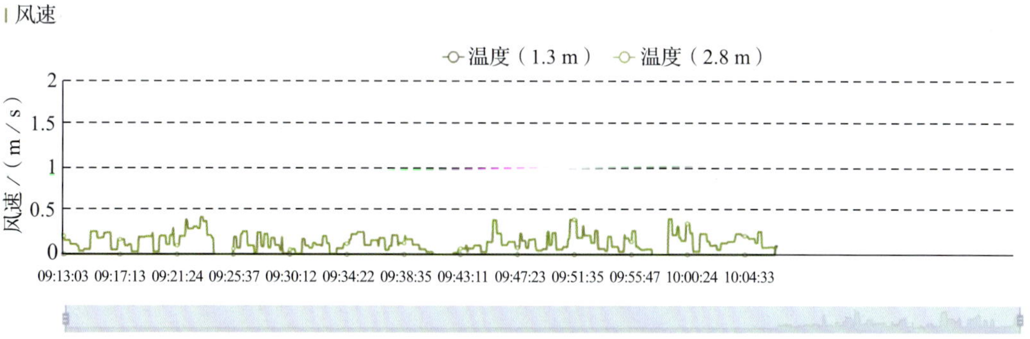

e. 肉鸡舍湿度实时监测页面

续图 9-43　2022 年 2 月 15 日民和某栋肉鸡舍实时监测数据页面

测页面。监测平台可分指标展示单日所有数据，支持最大/最小/均值等数据参考线，图 9-44 所示为不同形式展示的二氧化碳单日数据。历史数据查询模块，可按指定指标、采样位置、日期等进行数据的对比展示。

监测平台用户管理模块的界面如图 9-45 所示。其中，管理员可以进行用户管理、组织管理、权限管理、日志管理和用户信息维护等。

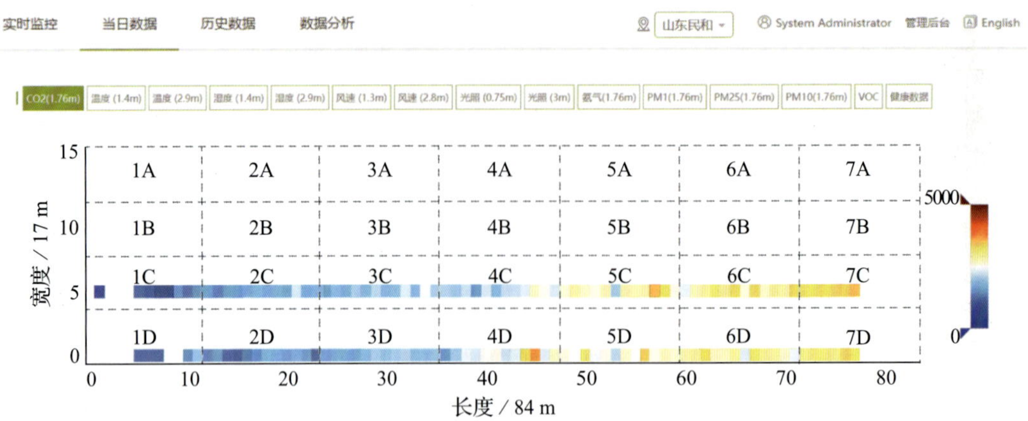

a. 肉鸡舍历史数据热力图（CO_2为例）

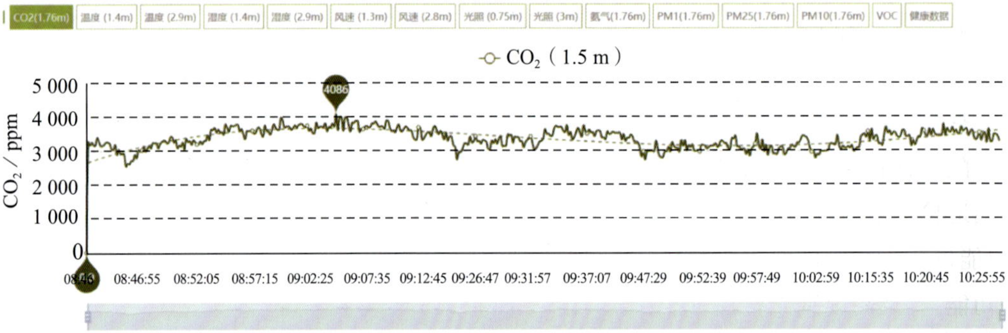

b. 肉鸡舍历史数据折线图（CO_2为例）

显示 10 项结果　　　　搜索:

时间	位置	方向	偏航角	值	ID	方向	W轴速度	单
2022-03-28 10:21:24	(5.54343,0,0)	(0,0,0)	0	1186				
2022-03-28 10:21:34	(5.54343,0,0)	(0,0,0)	0	1186				
2022-03-28 10:21:44	(6.74852,0,0)	(0,0,0)	0	1266				
2022-03-28 10:21:54	(6.74852,0,0)	(0,0,0)	0	1094				
2022-03-28 10:22:04	(6.74852,0,0)	(0,0,0)	0	1218				
2022-03-28 10:22:14	(7.55173,0,0)	(0,0,0)	0	1239				
2022-03-28 10:22:24	(7.95012,0,0)	(0,0,0)	0	1301				
2022-03-28 10:22:34	(7.95012,0,0)	(0,0,0)	0	1251				
2022-03-28 10:22:40	(7.95012,0,0)	(0,0,0)	0	1398				
2022-03-28 10:22:40	(7.95012,0,0)	(0,0,0)	0	1398				

显示第 1 至 10 项结果，共 685 项　　　　上页 1 2 3 4 5 ... 69 下页

c. 肉鸡舍历史数据表格（CO_2为例）

图 9-44　民和某栋肉鸡舍历史监测数据页面

图 9-45　监测平台用户管理界面

9.3.4　提升方向

1. 技术深度融合，机器巡检高度智能化

随着视觉导航技术、雷达导航技术、3D 扫描技术、AR 实景检测等技术的不断发展，智能巡检机器人将与环境传感器、被测对象（鸡）、其他智能设备和系统、运维人员等主体（智能体）深度融合，同时能够与其他主体（智能体）数据关联分析，以及协同完成特定任务等功能，实现高度智能化。

以自动识别技术为例，巡检任务的执行是通过智能识别技术实现的，智能识别技术系统地为每次的全面巡检任务提供技术保障，同时会自动根据巡检反馈的结果去规划其他的巡检任务，自动规划鸡舍巡检频率。例如：鸡舍内某一区域异常较多，系统自动识别并增加对该区域的检测次数。自动识别技术在智能巡检机器人领域的应用，用户不需要操控也可以定期得到信息反馈。

2. 应用场景不断丰富，差异化日趋明显

目前已在民和肉鸡舍内试运行巡检机器人，随着技术应用的不断成熟，智能巡检机器人将在不同养殖场景中承担更加重要的角色。如叠层笼养蛋鸡舍、叠层笼养种鸡舍、叠层笼养鸡舍的二楼等。智能巡检机器人需要具备特殊功能以适应不同的场景，机器人之间的差异化也将更加明显，未来行业的经营模式将更趋向于提供基于行业痛点以满足差异化需求。

3. 应用场景日趋成熟，智能巡检机器人标准化趋势显著

在硬件方面，机器人的硬件结构、传感器、防护等级、设计规范等标准要求趋于统一，巡检机器人感知系统对所有仪表和设备状态的识别将更加精确。

在软件方面，机器人的核心功能包括环境感知、视觉识别、红外测温、音频检测等，上述核心功能的量化目标、接口规范、数据标准不断明确，软件开发逐渐趋于标准化，以更快地实现核心功能。

4. 巡检数据可视化，展示高度智能化

数据的记录，毫无疑问是衡量以及评估养鸡场管理中最重要的部分。然而，鸡群在生长和生产过程中都会产生大量的数据，很多养鸡场的生产人员多数在信息记录工作中，如果真正要帮助到养殖管理者，数据的记录就必须要简洁高效。

当前巡检数据可视化较为单一，且数据量较大，对于新手养殖者相对不太友好，应加大对巡检数据的挖掘深度并智能化展示巡检数据，做到真正帮助养殖管理者。

9.4 申耕农业生态园蛋鸭项目规划建设

9.4.1 公司概况

安徽申耕农业生态园位于安徽省铜陵市老洲镇，2021 年 5 月由中国农业大学联合上海市农业科学院规划设计，由上海淀山湖食品有限公司和上海四季百果园有限公司共同投资组建。2022 年 4 月开始动工建设。

9.4.1.1 规划建设内容

项目规划生态农场现代农业产业园总占地 320 亩(1 亩≈667 m^2)。按照主导风向和设计需求由西向东、由南向北分区规划粪污处理区 6 亩、蛋鸭养殖区 106 亩、果树采摘区 40 亩、温室区 45 亩、精品粮油种植区 83 亩、休闲垂钓区 29 亩以及观光体验区 11 亩。

1. 养殖板块

总占地 106 亩。建设拥有存栏 7 000 羽种鸭、6 万羽育雏育成鸭、20 万羽商品蛋鸭的现代化蛋鸭基地，年提供优质种鸭苗 163 万羽，商品鸭蛋 6 000 万枚，淘汰鸭加工制品 18.5 万只。规划建成四层叠层立体笼养商品蛋鸭舍 8 栋(4 个二连栋)，建筑面积 12 240 m^2；四层叠层立体笼养育雏育成鸭舍 2 栋，建筑面积 2 520 m^2；离地网上平养种鸭舍 1 栋，建筑面积 1 224 m^2。配套建设员工生活区、饲料库、蛋库、孵化中心、兽医室、粪污处理区。构建“饲料生产—蛋鸭养殖—精品加工—市场销售—居民餐桌”全链条数字化溯源系统和智能化管理平台，确保鸭蛋、鸭肉产品安全可追溯，为长三角地区中高端鸭蛋、鸭肉消费市场提供稳定优质的货源。

2. 种植板块

总占地 178 亩。建设智能温室 1 栋，占地 12 亩，用于全年高档花卉蝴蝶兰均衡生产；建设节能型日光温室 11 栋，占地 33 亩，拟种植草莓、蓝莓、葡萄、樱桃、番茄、黄瓜等优质果蔬，用于全年有机/绿色果蔬种植和四季采摘；露地精品果树种植区，占地 40 亩，拟引进日本红美人橘子、上海青浦红柚以及桃、梨等适于采摘、观赏的矮化有机/绿色果树，用于休闲观光和采摘活动；精品粮油种植区占地 83 亩，生产有机/绿色稻米等高端农产品，与休闲观光连成一体，既提升农业产业园的景观效应，又使基本农田创造更好的效益、焕发新的生机。结合铜陵地区土壤条件，利用养殖板块提供的优质液肥，通过精量播种和测土施肥，促进土壤有机质积累，全面提升生态农场的耕地质量，将其打造成高标准农田，促进种养良性循环和协同发展。

3. 休闲体验和科普板块

建设休闲体验精品展示大楼，设立科普区、品牌展示区和培训中心等展出园区优质产品、输出企业文化和科学种养技术；设置鱼塘区养殖淡水鱼兼供垂钓，四周设置绿化、假山、甬道、休息亭台、垂钓区等，打造花园式景观；利用原有景观，沿坝设置荷花观赏池和坝上观景楼台，充分利用园区自然地形地貌打造独特亮丽风景线；借助当地特色的旅游和教育资源，组织水果采摘、休闲垂钓、农旅观光和农事体验等活动，打造融农业生产、生活、生态"三生一体"的生态农场，积极拓展农业的多元功能，创新高附加值的农业经营模式，既有利于保护绿水青山，又能使农业增效，农民增收，实现乡村振兴。

4. 产业园区配套工程

按照生物安全工程防控措施要求设立车辆洗消中心，对种植区出入口，养殖区出入口、粪污出入口等人车流动地点配备消毒区域和人员管理站点；园区围墙，场外道路新建和扩建；配电、光伏电网、给排水、网络等基础保障设施设备。

9.4.1.2 项目建设目标

按照长三角一体化发展目标要求，以打造零碳绿色、优质高产、智慧高端的数字化农业产业样板为宗旨，以做大做强蛋鸭产业为核心，建成集立体高效、无抗无臭、智慧健康、科普观光于一体的农业生态示范园区，全面提升地方蛋鸭产业现代化水平，辐射带动周边及长三角地区农业产业提质增效。引入光伏发电、连栋鸭舍建筑、叠层蛋鸭笼养、功能膜快速堆肥等现代高新技术，打造智能饲喂、智能环控、高效粪污处理、智能绿色能源综合一体的数智化蛋鸭养殖系统，构建全链条数字化溯源系统和智能化管理平台，确保鸭蛋、鸭肉产品安全可追溯。运用"公司＋基地＋农户"的合作模式，采用统一供苗、统一供料、统一技术、统一收购的方式，并通过技术培训示范，打造高品质品牌并宣传品牌文化理念，多方位增加经济效益的同时可促进当地农业产业结构调整，辐射带动当地及周边地区蛋品加工产业和蛋鸭养殖产业高质量发展，实现乡村振兴。按照立体种养结合高效绿色低碳循环农业发展理念，推广应用集生态高效、无抗无臭、智慧健康、精准智能于一体的蛋鸭养殖体系，创建现代化节能减排的碳平衡农业发展模式，引领提升产业水平。

项目基本按照总平面规划建设。一期已完成 4 栋商品蛋鸭舍（图 9-46，11）、饲料库（图 9-46，10）、袋储液肥车间（图 9-46，20）、员工生活与消毒区（图 9-46，9）等蛋鸭场主体工程及养殖板块（图 9-47）的基础设施；实际商品蛋鸭存栏量 9 万羽，日均产蛋 7 万枚，年产蛋量约 2×10^6 kg。二期项目于 2023 年 8 月启动，2023 年底建成其余 4 栋商品蛋鸭舍和有机肥车间。

图 9-46 申耕立体种养生态农场项目总平面布置

图 9-47 申耕园养殖区主入口

9.4.2 蛋鸭精准智能化饲养模式

申耕立体种养生态农场引入了自动化的饲喂和饮水系统，可根据鸭的体重、年龄和采食、饮水习惯进行调整，确保每只鸭都得到了充分的营养和清洁的饮水。

配备的现代智能饲喂系统（图 9-48），由饲料库、饲料塔、绞龙输送系统和自动化饲喂装置组成。饲料塔中的饲料通过横向螺旋绞龙，根据提前设定的时间定时将饲料输送到鸭舍内的喂料行车中，喂料行车根据时间设定自动往返运行，将饲料均匀地分布在料槽中。自动化饲喂装置可以根据鸭的体重、年龄和生长阶段提供精准的饲料量，以满足其营养需求。同时系统中配备有传感器，可以实时监测鸭的饮食习惯和饮食量。如果出现异常，系统可以及时报警或采取措施。

配备的智能饮水系统由自来水水源、水泵、PVC 管道输水系统、智能控制系统和自动饮水设备组成。智能控制系统可以保证提供恒温的饮水，确保鸭在各种气候条件下都能获得适宜温度的水。可以监测水质，以确保饮用水的品质，预防饮水受污染。同时具备自动清洗和净化功能，确保饮水器和管道的清洁，减少疾病传播的风险。场区内使用一种提高蛋鸭饮水效率、减少漏水量、规避蛋鸭嬉水行为的专用乳头饮水线（图 9-49）。新型乳头通过咬合式出水，矫正鸭喙与出水方向 180°对接，标准化饮水姿势，大大减少了啄咬乳头过程中由于蛋鸭脖子与喙扭曲，与出水方向存在切角造成的漏水。一是方便鸭只饮水，二是相比其他饮水设备更加节约用水，并能有效改善鸭只因爱嬉水造成的漏水现象，减少污水产生，降低鸭粪含水量。

图 9-48　智能饲喂系统

图 9-49　鸭用乳头饮水器

9.4.3　蛋鸭养殖过程环境监测

鸭舍采用全密闭舍（图 9-50 和图 9-51）。舍内智能化系统现在通常使用各种传感器来监测环境参数，包括温度、湿度、光照、气体浓度等。这些传感器实时测量这些参数，确保鸭舍内的环境保持在最适宜的条件下。传感器数据集成到一个中央控制系统中，允许养殖者在一个平台上监控和控制所有参数（图 9-52）。这提高了控制的便捷性和一致性。智能鸭舍设备可以根据传感器数据自动调整通风系统，确保鸭舍内空气流通良好，维持适宜的气体浓度和温湿度。温度控制是鸭舍智能化环境控制的重要方面，系统可以根据需求自动调整加热和冷却设备，以保持适宜的温度。为满足冬季排湿、夏季降温及排除舍内污浊空气需要，风机、侧窗、湿帘、翻板通过环境控制器自动进行联动控制，环境控制器的负压＋温度连锁控制功能，在保证鸭舍新鲜空气换气均匀的同时，满足鸭舍温差不超过

2 ℃。光照也是关键因素之一，智能化系统可以模拟日夜变化，确保鸭只在适宜的光照条件下生长。鸭舍内的照明通过调光器自动调节光照强度，使不同阶段的鸭群生长在适宜的光照强度中，并通过日升日落模拟器模拟自然光，减少了鸭只的应激。在物联网支持下的农场管理系统可以实时采集和积累所有养殖数据，实现动态集中调控，规避养殖风险，让养殖从业者从繁重的体力劳动和强大心理压力下解脱出来，让鸭舍管理变得更容易。

图 9-50　商品蛋鸭舍外景

图 9-51　鸭舍内景

图 9-52　智能化环控系统

9.4.4　智能集蛋装置

智能集蛋装置(图 9-53)是申耕园鸭场中的一项关键技术，旨在提高鸭蛋的采集效率、确保蛋的品质、减少损失和降低劳动成本。现代智能集蛋装置通常采用先进的视觉识别技术，通过摄像头、传感器和图像处理来检测鸭蛋的位置和状态。这有助于准确地定位和采集鸭蛋。同时能够精确而迅速地收集鸭蛋，减少人工操作的需要。部分系统具备智能分拣功能，通过图像识别和机器学习来判别蛋壳的品质，将合格的蛋与次品蛋分开。智能集蛋装置与数据管理系统集成，能够实时监测鸭蛋的产量、质量和采集效率。这有助于管理者更好地了解生产状况，及时调整管理策略。本项目使用的智能集蛋装置可以适应不同鸭舍环境，能够在不同的养殖场地和养殖类型中保持高效的运行。

图 9-53　智能集蛋装置

9.4.5　高效粪污处理系统

1. 粪污收集

精准的粪污收集系统采用传送带自动清粪的方式，根据粪便含水率、气候状况确定每天的清粪次数和作业时间。

2. 除臭系统

用排风管将由排风系统集中排放的污浊空气导向洗涤池。由于畜禽舍排出的气流较大，可以直接冲入水中，空气中的有害物质如颗粒物、氨气、硫化氢将混入水中，水中自然富集的好氧微生物对其进行好氧分解、净化，形成的活性污泥沉淀于槽底，污泥沿槽底坡度累积于污泥排出管。同时设置挡风隔音墙，避免自然风影响排风管排出的气流方向，使污浊空气能垂直冲入水中。减少噪声，挡风墙材质应具备隔音功能，同时具有一定的强度。经过滤装置处理后的气体经由排放管道达标排放。鸭舍设计初效空气过滤系统，为鸭群生产提供物理防疫屏障，提高鸭群健康度及生长效率。

3. 臭气治理

在鸭粪转运通道上均匀设置排风口并安装变频排风厕，将通道内空气定向导入除臭设施——畜禽养殖场污浊空气洗涤减排装置(专利号:ZL 20162 1037848.2，图 9-54)进行除尘、除菌、减臭、固碳。鸭粪通过转运通道连接有机肥车间，在转运过程中无舍外暴露。在有机肥车间墙壁上安装排风扇，将舍内空气定向导入除臭设施——进行除尘、除菌、减臭、固碳。另外，鸭粪的堆肥发酵使用功能膜覆盖，可以加快腐熟速度，有效减少堆肥过程中的氮肥损失，减少碳排放。

4. 鸭粪处理

本项目选择 CAC 膜式高温好氧发酵工艺(图 9-55)。膜式高温好氧发酵改变了条垛式好氧发酵的露天发酵方式，把发酵槽放到了“人工气候室”中，CAC 发酵膜、发酵槽的尺寸一般根据所处理物料量的多少及选用的翻堆设备型号来决定。CAC 膜式发酵前需用翻抛机将发酵堆体打碎、混合均匀，避免发酵过程中堆体过分密实，提高堆体的疏松度，有利于堆体充氧；同时通过翻抛作用，可以使最底部物料和最上部物料也能经过高温，堆出的产品肥力更加均匀。发酵槽底部安装有通风管道系统，通过强制通风来保证发酵过程

图 9-54　鸭舍臭气洗涤减排装置

图 9-55　鸭粪输送和堆肥处理控制系统

所需的氧气。物料一般在好氧发酵 2～3 d 以后，即可达到 50 ℃以上，在 CAC 发酵膜内要求温度 55 ℃以上持续 7 d 以上，一次发酵周期为 15～20 d。经纳米膜高温好氧发酵完成之后，物料的含水率一般可下降到 45%以下。使用铲车将发酵完成的物料运输到陈化车间进行陈化，陈化的目的是将物料中未降解的大分子有机物进一步分解，使得产品满足后续加工的技术要求，陈化周期可根据产品需求灵活调整。

9.4.6 提升方向

申耕立体种养生态农场项目以蛋鸭产业为核心，带动项目中的各个板块均衡发展，全面提升产业现代化水平，辐射带动周边地区农业产业。未来应围绕蛋鸭板块进一步提升数智化水平，配合其他板块同时发展，提质增效。

1. 利用屋顶面积，推进光伏系统建设

根据项目规划内容，园区内将充分利用国家分布式可再生能源上网与就地消纳鼓励政策，引入光伏发电系统，按零碳园区思路建设，利用8栋商品蛋鸭舍、2栋育雏育成鸭舍、1栋种鸭舍、1栋员工生活楼的有效房顶面积16 110 m^2，全部布置光伏发电系统，总发电出力1.6 MWp。按安徽地区光照估算全年可利用200 h，年发电量320万kW/h。采用自发自用、余电上网模式，除30%自用建成绿色零碳园区外，其余均上网售电，以更好地响应政策号召，承担社会责任，有效降低碳排放，完成减排指标，顺应“双碳经济”。未来还将利用新型柔性光伏材料，建设园区内光伏日光温室、渔光互补等光伏发电系统，进一步提高园区光伏发电能力。同时使用智能能源管理模式，引入现代化的监控和自动化系统，智能化鸭场可以更有效地管理能源消耗。通过监测温度、照明和通风系统，可以优化能源使用，减少浪费。

2. 智能饲喂技术升级

引入智能饲喂和饮水系统，预测饲料和饮水需求，从而更加精细地控制供应。智能饲喂系统通过收集蛋鸭的健康状况、体重、饮食偏好和生长速度等信息，为蛋鸭提供定制的饲料配方，为不同阶段精准营养供应提供反馈控制目标。根据饮水量，分析蛋鸭的健康状况，代谢水平和遭受的冷、热应激水平，为及时调整环控策略提供依据。通过大量数据，优化饲料组合和饲喂时间，识别生产中的模式和趋势，帮助改进饲养实践。

3. 更精准的环境监测

未来的鸭舍智能化系统将继续改进环境监测技术，以提供更精确的数据。包括更高分辨率的传感器，光照、声音、空气质量、微生物等更多参数的联动监测，更好地掌握鸭舍内的环境状况。基于传感器数据和分析结果，不断优化通风、加热、冷却和照明系统的控制模式，更好地实施精准稳定的环境控制，提高能源效率，降低运营成本。

4. 人工智能和机器学习的应用

人工智能和机器学习将用于分析大量的数据，以识别模式、预测环境变化和鸭的行为。这将使系统能够做出更智能化的决策，以优化鸭舍环境。未来的鸭舍会采用智能化的设计，包括可调节的隔间、墙壁和屋顶，以更好地适应不同季节和气候条件，减少能源消耗。通过机器学习和人工智能算法，系统可以预测环境问题并提前预警，例如过热、湿度不足或空气质量下降。加强自动化的饲喂和健康监测。包括能源效率改进、废弃物处理、水资源管理和环保实践，以减少环境影响。AI将用于改善供应链管理，确保饲料、水和其他资源的及时供应。此外，机器学习可以帮助管理库存水平，以避免浪费和库存短缺。未来的智能化鸭场将使用 AI 来支持决策过程。这包括生产计划、饲养策略和资源分配等方面的决策，以提高生产效率。

5. 数字化溯源模式的应用

鸭场中计划采用传感器技术和自动化系统来监测鸭的生产数据，加入数字化溯源系统可以追踪鸭蛋和鸭肉从孵化到加工和销售的全过程。消费者可以通过扫描产品包装上的二维码或访问网站来获取关于产品的信息，包括养殖条件、饲料类型和检验报告等。这种技术可以提高整个鸭肉供应链的透明度。养殖者、加工厂、配送中心和零售商可以共享数据，确保产品的来源和生产条件可以追溯到源头。安徽的很多地区也正在探索使用区块链技术来建立更安全、不可篡改的数字化溯源系统。该项目可以对接区块链，确保数据的安全性和可信度，从而减少信息不对称和食品欺诈。采用智能化管理系统，结合溯源技术，以优化生产流程、预测需求和管理库存。项目构建的饲料生产—蛋鸭养殖—精品加工—市场销售—居民餐桌全链条数字化溯源系统和智能化管理平台，可以确保鸭蛋、鸭肉产品安全可追溯，为长三角地区中高端鸭蛋、鸭肉消费市场提供稳定优质货源。

9.5 天信农牧——探索生态肉鸭智能笼养模式

9.5.1 公司概况

新泰市天信农牧发展有限公司成立于 2013 年 1 月，自成立以来，始终本着对自己负责、对社会负责的态度，面对当前养殖污染现状，摒弃原先落后的传统养殖模式，通过不断探索，反复实验，成功推出了全新的肉禽养殖模式——生态智能笼养模式，新鸭舍墙体采用砖混结构，屋顶采用钢架结构，养殖设备淘旧换新，把传统、落后的网上平养模式改为四层立体式智能笼养模式，配套安装全自动加料机、水帘、通风系统等设备进行全自动智能控制，通过智能笼养鸭模式，让鸭子住上了 4 层“楼房”，实现了通风、加料、饮水、温控、光照、清洁等生产全自动智能控制，从雏鸭出壳到出栏，可做到全程质量控制。

2013 年底，新泰市天信农牧发展有限公司开始制定新型生态肉鸭养殖舍的建设标准，并成功投入建设，现已积累了丰富的新型生态肉鸭养殖舍的建设经验(图 9-56)。养殖设施的“新老交替”解决了传统养殖模式下“散、乱、小、污”的问题，通过推广带动作用，发展和促进了其他养殖户向新型化、生态化、规模化养殖转变，也促进了原有传统鸭舍的改造和升级。目前公司已拥有肉鸭智能立体笼养模式专利 30 多项，2019 年被山东省畜牧兽医局作为典型推广，已投产近 200 栋智能立体笼养肉禽舍，年出栏 4 500 万只，形成了肉鸭立体养殖示范小区。

图 9-56 新型肉鸭规模化养殖舍

9.5.2 智能化肉鸭养殖模式

9.5.2.1 立体式笼养

肉鸭养殖笼具使用单元节配置，具体笼具尺寸根据场地限制调整，3～4 层叠层笼养，满足肉鸭生长空间需求同时实现规模化高效，饲养面积多采用 16 只/m^2，笼具配备采食槽、饮水器、清粪带，可配合设施设备实现自动饲养（图 9-57）。笼具使用单侧整体外开笼门，方便人员对鸭进行运转操作（图 9-58）。

图 9-57 立体肉鸭养殖笼具

图 9-58　单侧整体外开笼门

9.5.2.2　自动饲喂系统

鸭舍使用全自动加料系统，饲料罐车按时把饲料送到鸭舍外的料塔中，然后横向输料装置按设定的时间把料塔中的饲料送到每列笼架的喂料行车料斗中(图 9-59)。喂料行车按设定的时间往后运行，运行到每列笼架尾端时，行车自动停下，设置一定采食时间，待鸡群把料槽的饲料吃完后喂料行车自动往笼架前端运行，然后在头架位置自动停下，完成一次喂料循环。在运行过程中，行车每层的料斗对应一条料槽，能把饲料均匀地落在料槽里，无需人员操作，即可采食到新鲜的饲料。每日采食量根据参考量进行设定，随着日龄增加，每天增加投料量，根据设定程序定时定量控制，日均参考曲线如图 9-60 所示。

图 9-59　自动饲喂系统

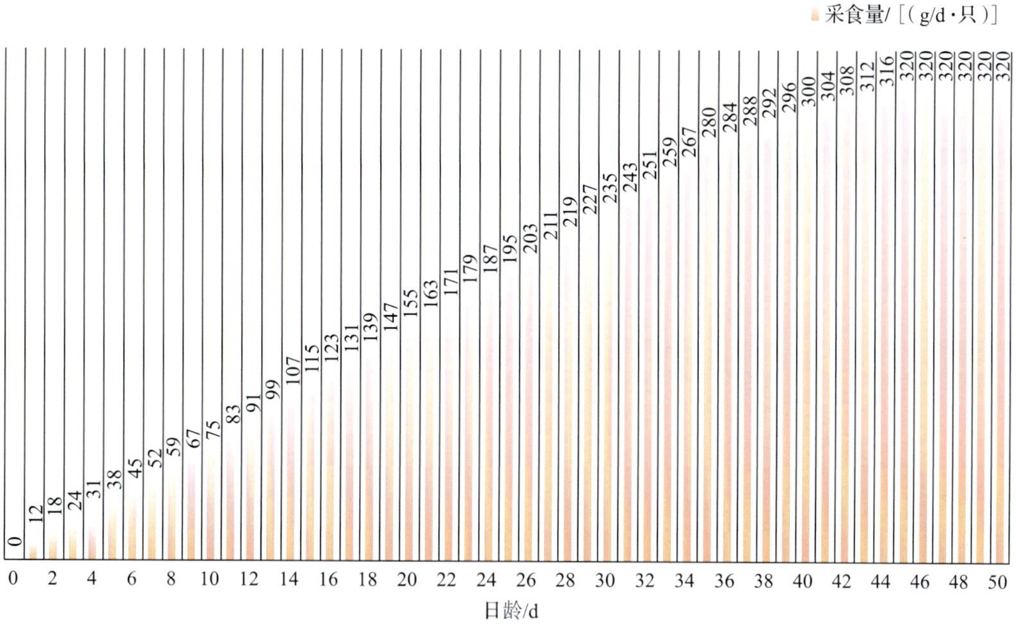

图 9-60　肉鸭日均采食参考量

9.5.2.3　自动饮水系统

鸭舍采用变频器恒压供水，笼具内部安装乳头触发式饮水，依据鸭的生理和饮水特性设计，与鸭嘴形状契合，水线高度依据肉鸭日龄大小进行及时调整，需与肉鸭抬头高度相对应(图 9-61)，采用封闭式自动供水系统保障肉鸭的饮水需求。因长期封闭水线内部微生物会大量繁殖，关闭内部生物膜附着，所以在系统前端需增加净水装置，对饮水进行过滤提升水质，定期进行饮水和管线消毒，杀灭病原微生物，还应定期检查乳头饮水器出水情况，最低出水需满足肉鸭日均饮水需求量，如图 9-62 所示。

图 9-61　肉鸭自动饮水器

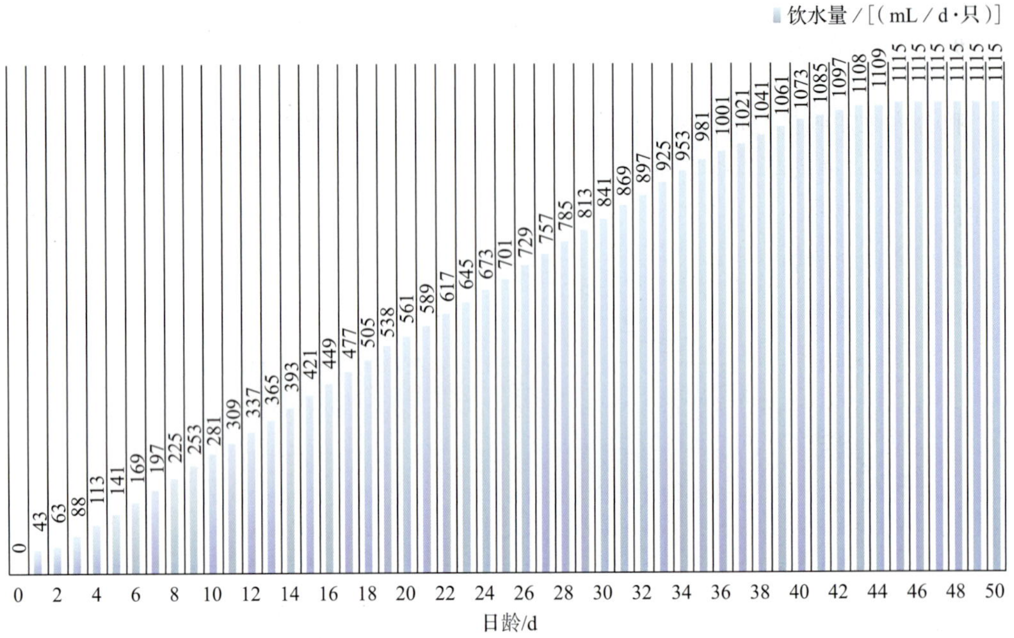

图 9-62　肉鸭日均饮水参考量

9.5.2.4　自动清粪

鸭粪则通过笼下传粪带传送到鸭舍末端，由端部设置的刮粪板刮落至粪沟，采用“履带式清理+绞龙式输送”的方式统一收集（图 9-63），输送至有机肥加工厂，经过脱水、耗氧发酵、除臭、陈化等处理措施，制成农用有机肥，再用于田间的林果种植，形成集肉鸭养殖、粪污收集、有机肥生产加工、林果种植为一体的节能型生态循环农业发展模式。

图 9-63　鸭舍末端清粪

9.5.3 肉鸭养殖过程环境监测

鸭舍内采用纵向湿帘风机系统进行通风降温，通过感知舍内环境参数，及时调整湿帘水泵开启、湿帘进风调节角度、侧墙小窗开启角度以及风机运行数量等进行调控；冬季使用在保证室内最小通风量的同时采用空气能热源泵恒温机、热风机进行加热，维持舍内恒温。利用智能化设备，实现对肉鸭养殖过程各项数据的采集、分析和管理的养殖舍（图9-64），具体表现如下。

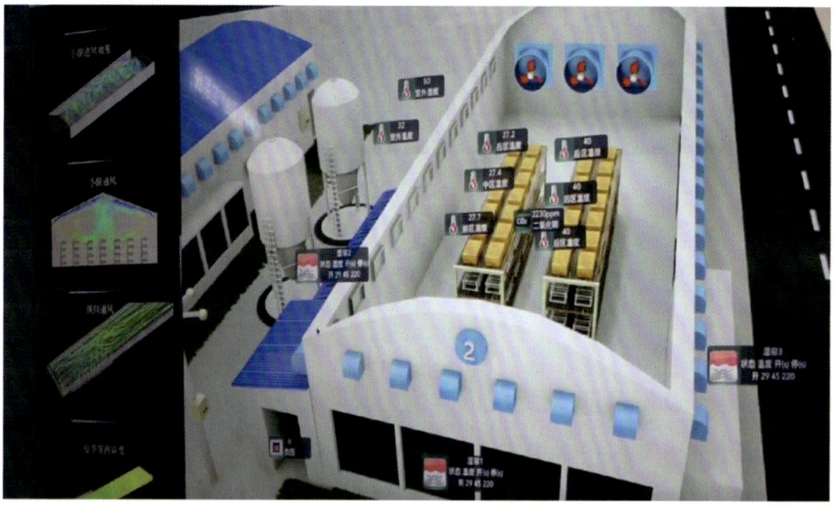

图 9-64 环境自动监测

1. 数据采集

在养殖舍中安装各种传感器和设备，用于实时监测养殖环境的各项指标。这些传感器包括温湿度传感器、二氧化碳传感器、光照传感器等，通过传感器实时监测养殖环境的温度、湿度、光照强度、空气质量等因素，以确保肉鸭生长环境的优化。然后利用 WiFi、蓝牙或其他无线通信技术将采集到的数据传输到云服务器，实现实时数据的上传和存储。

2. 数据分析和决策支持

通过大数据分析和机器学习算法，对采集到的数据进行处理，分析养殖环境、饲养管理等方面的关键指标和规律，为养殖户提供决策支持。例如，通过分析温湿度数据，发现最适宜肉鸭生长的环境条件范围，帮助养殖户调整养殖环境。通过分析饲料消耗量和生长速度等数据，可以优化饲养计划和管理策略。

3. 远程监控和控制

养殖户可通过智能化设备和远程监控系统，远程监测养殖环境和肉鸭的生长情况，展示舍内的温度曲线、湿度曲线、二氧化碳曲线等数据等，并及时发现异常情况（图 9-65）。同时，还可以远程操作，控制设备运行状态，从而调整舍内环境参数，以保持最佳的养殖条件。

图 9-65　数据监控平台

9.5.4　肉鸭产业大数据平台

天信农牧借助大数据云平台管理系统的开发运用，实现了全自动化养殖模式，并制定出了肉鸭养殖标准作业程序，可对厂区内鸭群生长状况和工人作业情况进行即时监测，一旦发现鸭群状况异常或工人作业不合规，系统便会自动报警，实现了 146 个大棚、9 个养殖基地的全覆盖；当日成活率、采食量、饮水量、水电费等指标等数字不断跳跃着，全方位展示着基地的养殖情况（图 9-66）。系统的应用使肉鸭成活率由 95%提高到 98%以上，料肉比由 1.85 降到 1.70，节约劳动力 60%以上，实现了传统养殖模式的每年 7 批到现在的

图 9-66　大数据研究中心

每年 8.5 批，极大地提高了生产效率。每只肉鸭可提高效益 1.5 元，公司年增收可达 5 000 万元以上，大幅度提高了养殖效益，实现了肉鸭产品的绿色、安全、可控、可追溯。

天信农牧搭建了肉鸭产业综合服务平台和全市智慧畜牧监管平台(图 9-67)，实现养殖户之间的数据共享和协同，养殖户可以在平台上交流经验、分享实践，并利用平台上的数据分析工具获取更加准确的决策支持。该系统除了对养殖舍的智能管控，还可以对记录的基础消费数据进行智能分析，更精准的了解消费者的需求，做到按需生产，致力于将禽肉行业“以产定销”转为“以销定产”的模式。将产品的市场口碑反馈收集分析，以数据成果反向驱动种、料、病、管、养等各项技术的成熟以及正向发展，提升肉鸭养殖的整体水平，推动产业转型升级。

图 9-67　肉鸭产业综合服务平台

9.5.5　提升方向

1. 加强智能化养殖技术的应用

天信农牧发展有限公司计划进一步投资和研发，提升现有智能化养殖技术的水平。公司将引入更为先进的物联网技术和大数据分析手段，对养殖环境进行更精确的监控和调控，使肉禽能够在更为适宜的环境中生长。此外，还将研发更为智能的喂食系统和清粪系统，进一步提高养殖的自动化程度和减少人工成本。

2. 深化疫病防治体系建设

为了提高肉禽健康水平，公司将加大投入，建立更为完善的疫病防治体系。包括定期进行疫苗接种，加强抗生素管理，建立肉禽健康档案等措施，以降低肉禽的发病率和死亡率。

3. 拓展产业链条

天信农牧发展有限公司计划进一步拓展产业链条，开发新的业务领域。公司将在现有养殖业务的基础上，向有机肥料、食品加工等领域延伸，实现产业链的闭合和价值的最大化。

4.加大人才培养与团队建设

天信农牧发展有限公司坚信：人才是企业发展的核心动力。计划加大对员工的培训力度，提高员工的业务素质和技术能力。同时，通过引进优秀人才和加强团队建设，提升公司的整体素质和行业竞争力。

5.推动绿色发展

公司将进一步推动绿色发展理念在养殖业中的应用。通过采用环保技术和设备，减少养殖过程中对环境的影响。此外，公司将积极探索生态农业和有机农业的发展模式，以实现农业的可持续发展。

6.深耕科研机构合作

天信农牧发展有限公司将深化与科研机构的合作，借助科研机构的技术力量和研究成果，不断提升公司在养殖业领域的科技水平。公司将与相关高校和研究院所建立紧密的合作关系，共同开展技术研发、人才培养和项目合作，以推动公司在农业领域的技术创新和产业升级。

参考文献

[1] 曹晏飞,余礼根,滕光辉,等.蛋鸡发声与机械噪声特征提取及分类识别[J].农业工程学报,2014,30(18):190-197.

[2] 陈刚,李欣瑜,李保明,等.一种立体栖架隔离门:202220909083[P].2024-05-06.

[3] 陈华,童勤,李保明,等.新型栖架立体散养系统对长产蛋周期下蛋鸡产蛋性能及淘汰蛋鸡品质的影响研究[J].中国家禽,2022,44(5):81-87.DOI:10.16372/j.issn.1004-6364.2022.05.013.

[4] 陈华.栖架立体散养系统蛋鸡行为规律及长产蛋周期生产效应研究[D].北京:中国农业大学,2022.

[5] 陈晋如.基于笼养鸡只多孔介质模型的蛋鸡舍内环境动态模拟研究[D].天津:河北工业大学,2015.

[6] 陈宗芳.关于雏鸡生理和饲养管理要点[J].中国畜牧业,2021(13):70-71.

[7] 程进.猪场轨道式饲料输送车设计及自动控制研究[D].北京:中国农业大学,2018.

[8] 储美红.海安县远大蛋鸡养殖场的规划设计[D].太谷:山西农业大学,2016.

[9] 崔维浩.蛋种鸡栖架散养系统关键部件设计与研究[D].北京:中国农业大学,2015.

[10] 崔晓.鸡群采食行为及对料槽中饲料颗粒度分布的影响研究[D].北京:中国农业大学,2022.

[11] 邓书辉,施正香,李保明.畜禽舍排风机性能测试与影响因素分析[J].黑龙江八一农垦大学学报,2019,31(4):77-82.

[12] 丁涛,邱绵靖,刘志伟,等.农用轴流风机集流器参数数值模拟优化研究[J].农业机械学报,2022,53(9):342-353.

[13] 丁涛,邱绵靖,刘志伟,等.前置导叶对畜禽舍轴流风机性能的影响[J].农业工程学报,2023,39(14):80-88.

[14] 方鹏,郝宏运,李腾飞,等.基于注意力机制和可变形卷积的鸡只图像实例分割提取[J].农业机械学报,2021,52(4):257-265.

[15] 方鹏.基于深度学习的叠层笼养鸡群福利状态自动监测方法研究[D].北京:中国农业大学,2021.

[16] 冯青春,王秀,邱权,等.畜禽舍防疫消毒机器人设计与试验[J].智慧农业(中英文),2020,2(4):10.

[17] 郭蓓佳,籍颖,锡建中,等.基于图像处理的蛋鸡体重估测方法研究[J].中国家禽,2021,43(11):68-73.

[18] 郭久富.肉鸡饲养管理技术要点[J].今日畜牧兽医,2021,37(12):61.

[19] 郭子涵.基于清粪带图像识别的笼养死鸡智能定位系统研究[D].北京:中国农业大学,2024.

[20] 胡乾,聂路玮,王朝元.立体栖架散养蛋鸡行为加速度信号降噪方法比较分析[J].中国农业大学学报,2022,27(9):204-212.

[21] 黄晓君.家禽自动化喂食饲料设备的设计与应用[J].粮油与饲料科技,2020(3):37-39.

[22] 金晨雨.基于规模化鸡舍巡检机器人的多元环境监测系统研究[D].北京:中国农业大学,2024.

[23] 劳凤丹,杜晓冬,滕光辉.基于深度图像的蛋鸡行为识别方法[J].农业机械学报,2017,48(1):155-162.

[24] 劳凤丹,滕光辉,李卓,等.复杂环境中蛋鸡识别及粘连分离方法研究[J].农业机械学报,2013,44(4):213-216,227.

[25] 李保明，王阳，郑炜超，等. 畜禽养殖智能装备与信息化技术研究进展[J]. 华南农业大学学报，2021，42(6)：9.

[26] 李保明，王阳，郑炜超，等. 中国规模化养鸡环境控制关键技术与设施设备研究进展[J]. 农业工程学报，2020，36(16)：212-221.

[27] 李保明，王阳，郑炜超. 我国规模化养鸡环境控制技术的最新进展[J]. 中国家禽，2019，41(9)：1-7.

[28] 李保明. 规模鸡场设施配置优化与创新[J]. 北方牧业，2019(11)：14-15.

[29] 李保明. 畜禽养殖数字化技术装备[J]. 兽医导刊，2019(15)：9.

[30] 李大鹏，仲玉婷，施正香，等，蛋鸡对环境因子的生理反应机制研究进展[J]. 中国家禽，2021，43(2)：74-81.

[31] 李国铭，李保明. 间歇光照在蛋鸡产蛋后期的应用研究[J]. 中国家禽，2015，37(24)：28-31.

[32] 李建柱，唐雪峰，赵聘. 淮南麻鸭消化器官生长发育规律及生长曲线拟合[J]. 黑龙江畜牧兽医，2010(15)：160-162.

[33] 李丽华，黄仁录，霍利民，等. 蛋鸡个体生产性能参数监测装置设计与试验[J]. 农业工程学报，2012，28(4)：160-164.

[34] 李奇峰，李嘉位，马为红，等. 畜禽养殖疾病诊断智能传感技术研究进展[J]. 中国农业科学，2021，54(11)：2445-2463.

[35] 李松，施正香，王康乐，等. 扩散器结构参数对农用轴流风机性能的影响[J]. 中国农业大学学报，2021，26(5)：163-174.

[36] 梁超，尹欢欢，李保明，等. 蛋鸡舍热湿环境参数全年逐时动态预测模型[J]. 农业工程学报，2021，37(8)：229-235.

[37] 刘艳昌，李扬，李武举，等. 基于机器人的鸡舍环境监控系统[J]. 家畜生态学报，2016，37(10)：41-47.

[38] 卢慧波. 蛋鸡新型立体栖架的关键结构验证及适应性研究[D]. 北京：中国农业大学，2022.

[39] 马德宏. 育成期蛋鸭的饲养管理技术[J]. 水禽世界，2015(1)：9-12.

[40] 马亮，滕光辉，王平治，等. 规模化蛋鸡养殖场网络视频监控系统研究[J]. 中国畜牧杂志，2006(18)：57-59.

[41] 马晓春. 基于 A-GNSS 的畜禽场人员轨迹监测系统研究[D]. 北京：中国农业大学，2025.

[42] 毛涛涛，滕光辉，李志忠，等. 基于 LabVIEW 平台的蛋鸡栖架分布监测系统设计与实现[J]. 农业工程学报，2016，32(6)：169-174.

[43] 倪莉，李保明，施正香，等. 微酸性电解水对鸡场环境表面喷雾消毒试验研究[C]//中国畜牧兽医学会，中国农业工程学会. 生态环境与畜牧业可持续发展学术研讨会暨中国畜牧兽医学会 2012 年学术年会和第七届全国畜牧兽医青年科技工作者学术研讨会会议论文集——T01 畜舍环境与调控技术专题. 2012：11.

[44] 钱德友，李振，赵月省. 肉鸡的饲养管理暨疫病防控措施[J]. 中国动物保健，2021，23(1)：83.

[45] 秦伏亮，沈明霞，刘龙申，等. 基于音频技术的白羽肉鸡咳嗽识别算法研究[J]. 南京农业大学学报，2020，43(02)：372-378.

[46] 饶光辉，王朝元，李宗洋，等. 畜禽舍便携式空气质量检测仪开发与验证[C]//中国畜牧兽医学会. 第八届全国畜牧兽医青年科技工作者学术研讨会论文集. [出版者不详]，2016：1.

[47] Steve L. 家禽热应激[J]. 中国家禽，2002，24(10)：34-37.

[48] 申丽，耿爱莲，马贺，等. 光照对蛋用型北京油鸡蛋品质的影响初探[J]. 中国家禽，2012，34(23)：23-26，30.

[49] 石海鹏，郑炜超，童勤，等. 蛋种鸡对本交笼产蛋窝内光环境的偏好性选择[J]. 农业工程学报，2020，36(22)：239-245.

[50] 孙开冬，慕桂香，付金岗，等. 海兰褐蛋鸡饲养管理要点[J]. 养殖技术顾问，2008(2)：2.

[51] 唐雪峰，李建柱，赵聘，等. 淮南麻鸭生长发育规律及生长曲线拟合研究[J]. 河南农业科学，2010(2)：105-107.

[52] 滕光辉，毛涛涛，曹晏飞，等. 一种蛋鸡栖架分布监测系统[P]. 北京市：CN104686390B，2017-03-08.

[53] 滕光辉. 畜禽设施精细养殖中信息感知与环境调控综述[J]. 智慧农业，2019，1(3)：1-12.

[54] 童勤，朱丽蓉，刘畅，等. 孵化前期二氧化碳调控对蛋鸡种蛋孵化胚胎的影响[J]. 农业工程学报，2021，37(16)：177-183.

[55] 万雨，杨海明，韩厚明，等. 江南白鹅消化器官的早期生长发育特点及其相关性研究[J]. 中国农业科技导报，2021，23(9)：69-77.

[56] 万雨. 江南白鹅早期生长发育规律的分析研究[D]. 扬州：扬州大学，2021.

[57] 王春山，李久熙，黄仁录，等. 蛋鸡生产参数自动监测系统设计与实现[J]. 农业工程学报，2014，30(16)：181-187.

[58] 王明，刘新，平阳，等. 散养环境下鸡体重实时监测系统研究[J]. 中国家禽，2020，42(3)：4.

[59] 王日明，余世法，姜纪林. 种鹅的饲养管理技术[J]. 畜牧兽医科技信息，2006(5)：2.

[60] 王书君. 融合文本与知识图谱的畜禽疫病智能诊断模型研究与系统实现[D]. 北京：中国农业大学，2024.

[61] 王先伟，李蕊蕊. 规模化养殖场畜禽粪污处理途径探究[J]. 农业科学，2020，5：179-180.

[62] 王小翠，李保明，郑炜超，等. 三种光色下家禽感知光照度的研究[J]. 中国家禽，2018，40(22)：34-38.

[63] 王阳，李保明. 密闭式蛋鸡舍外围护结构冬季保温性能分析与试验[J]. 农业工程学报，2017，33(7)：190-196.

[64] 王阳，王朝元，李保明. 蛋鸡舍冬季 CO_2 浓度控制标准与最小通风量确定[J]. 农业工程学报，2017，33(2)：240-244.

[65] 王阳，张家发，胡喜军，等. 规模化鸡场饮水系统添加微酸性电解水杀菌效果试验[J]. 农业工程学报，2017，33(18)：230-236.

[66] 吴俊豪. 叠层笼养鸡舍多元环境监测系统及环境分布情况研究[D]. 北京：中国农业大学，2022.

[67] 夏来发，卢永红，朱祖明，等. 肉鸭消化器官生长发育规律初探[J]. 上海农业学报，1994(2)：22-28.

[68] 肖丽兰. 蛋鸭规模饲养生产技术规程建议[J]. 中国禽业导刊，2004，21(19)：2.

[69] 谢秋菊，Ji-Qin Ni，包军，等. 基于能质平衡的密闭猪舍内小气候环境模拟与验证[J]. 农业工程学报，2019，35(10)：148-156.

[70] 邢永正. 蛋鸡舍环境采集系统工作可靠性研究初探[D]. 北京：中国农业大学，2013.

[71] 颜麟，曹守启. 基于双目视觉的无人补料装置测距技术[J]. 上海海洋大学学报，2023，32(5)：1006-1014.

[72] 杨立强，施正香，赵芙蓉，等. 不同空气净化设备对鸡舍空气净化效果的比较研究[J]. 中国畜牧杂志，2017，53(5)：127-131.

[73] 杨柳，李保明. 蛋鸡福利化养殖模式及技术装备研究进展[J]. 农业工程学报，2015，31(23)：214-221.

[74] 杨柳，李保明. 蛋鸡栖架立体散养系统研究的发展趋势与问题[J]. 中国畜牧杂志，2017，53(3)：6-7，13.

[75] 杨潇,施正香,郑炜超,等.新型 LED 光源对蛋鸡生长发育影响的研究进展[J].中国家禽,2018,40(13):41-45.

[76] 杨志晨.叠层笼养鸡舍自主巡检平台设计与试验研究[D].北京:中国农业大学,2022.

[77] 殷若新,王少杰,路厚典,等.蛋鸭育雏期的饲养管理要点[J].家禽科学,2017(3):42-44.

[78] 余礼根,滕光辉,李保明,等.蛋鸡发声音频数据库的构建与应用[J].农业工程学报,2012,28(24):150-156.

[79] 余礼根,滕光辉,李保明,等.栖架养殖模式下蛋鸡发声分类识别[J].农业机械学报,2013,44(9):236-242.

[80] 袁赟.叠层笼养鸡舍机器人巡检方案和环境检测模块研究[D].北京:中国农业大学,2021.

[81] 臧一天,李保明,郑炜超,等.微酸性电解水雾滴沉积量及粒径对畜牧环境杀菌效果的影响[J].农业工程学报,2017,33(9):224-229.

[82] 臧一天,李星烁,李保明,等.微酸性电解水对污染轮胎表面的模拟消毒优化[J].农业工程学报,2015,31(20):199-204.

[83] 张弘,肖阳,胡彬.肉鸡生长发育曲线模型拟合度检验[J].中国饲料,2020(22):25-28.

[84] 张红禹.蛋鸡不同生长阶段的饲养管理[J].国外畜牧学(猪与禽),2022,42(3):32-35.

[85] 张立.蛋鸡可自动落料食槽的设计与性能研究[D].北京:中国农业大学,2013.

[86] 张萍,杨春云.肉鸡育雏期的营养管理技术要点[J].中国动物保健,2022,24(8):79-80.

[87] 张铁民,黄俊端.基于音频特征和模糊神经网络的禽流感病鸡检测[J].农业工程学报,2019,35(2):168-174.

[88] 张旭,尹鹏,彭海青,等.多传感器数据融合技术在畜禽养殖领域的应用研究[J].中国兽药杂志,2023,57(3):89-94.

[89] 张月平,滕光辉,刘仁众,等.智慧养殖系统在规模化肉种鸡场的应用实践[J].中国禽业导刊,2023,40(8):21-24.

[90] 张忠丹.肉鸡管理技术要点[J].养殖与饲料,2022,21(8):63-65.

[91] 郑红亚,杨柳,李保明,等.育成笼增设栖杆对鸡群转群栖架系统前后的适应性影响.农业工程学报,2018,34(13):225-232.

[92] 郑炜超,邓森中,童勤,等.家禽养殖智能装备与信息化技术研究进展[J].山西农业大学学报(自然科学版),2022,42(6):2-11.

[93] 郑炜超,葛绍娟,王阳,等.规模鸡场环境调控关键技术与装备研究进展[J].中国家禽 2023,45(11):1-10.

[94] 郑炜超,李保明.蛋种鸡场带鸡喷雾消毒工艺研究及进展[C]//中国农业工程学会.纪念中国农业工程学会成立 30 周年暨中国农业工程学会 2009 年学术年会(CSAE 2009)论文集.2009:3.

[95] 郑新毅.高产蛋鸡的饲养管理技术要点[J].养禽与禽病防治,2003(12):16-18.

[96] 朱庆,陈永华.环境高温对蛋鸡生产性能的影响机理[J].中国家禽,1997(6):30-31.

[97] Aydin A, Bahr C, Viazzi S, et al. A novel method to automatically measure the feed intake of broiler chickens by sound technology[J]. Computers and Electronics in Agriculture, 2014, 101(1):17-23.

[98] Banakar A, Sadeghi M, Shushtari A. An intelligent device for diagnosing avian diseases: Newcastle, infectious bronchitis, avian influenza[J]. Computers and Electronics in Agriculture, 2016, 127:744-753.

[99] Bjerg B, Rong L, Zhang G. Computational prediction of the effective temperature in the lying area of pig pens[J]. Computers and Electronics in Agriculture. 2018, 149: 71-79.

[100] Bjerg B, Zhang G, Pedersen P, et al. Effective temperature for poultry and pigs in hot climate [M]. Animal Husbandry and Nutrition, 2018.

[101] Blokhuis H J, van Niekerk T, Bessei W, et al. The Lay Wel project: welfare implications of changes in production systems for laying hens[J]. World's Poultry Science Journal, 2007, 63(1): 101-114.

[102] Bolattürk A. Determination of optimum insulation thickness for building walls with respect to various fuels and climate zones in Turkey[J]. Applied Thermal Engineering, 2006, 26(11): 1301-1309.

[103] Carpentier J N T. Development of sound-based poultry health monitoring tool for automated sneeze detection[J]. Computers and Electronics in Agriculture, 2019, 162.

[104] Chai L, Ni J Q, Diehl C A, et al. Ventilation rates in large commercial layer hen houses with two-years continuous monitoring [J]. British Poultry Science, 2012, 53 (1): 19-31.

[105] Curi T M R D, Moura D J D, Massari J M, et al. Computational fluid dynamics (CFD) application for ventilation studies in broiler houses[J]. Engenharia Agrícola. 2017, 37(1): 1-12.

[106] Daouas N. A study on optimum insulation thickness in walls and energy savings in Tunisian buildings based on analytical calculation of cooling and heating transmission loads[J]. Applied Energy, 2011, 88(1): 156-164.

[107] Ekici B B, Gulten A A, Aksoy U T. A study on the optimum insulation thicknesses of various types of external walls with respect to different materials, fuels and climate zones in Turkey[J]. Applied Energy, 2012, 92(2): 211-217.

[108] Fernandez A P, Norton T, Tullo E, et al. Real-time monitoring of broiler flock's welfare status using camera-based technology[J]. BIOSYSTEMS ENGINEERING, 2018, 173: 103-114.

[109] Holik V. Management of laying hens to minimize heat stress[J]. Lohmann Information, 2009, 44 (1): 16-29.

[110] Huang J, Wang W, Zhang T. Method for detecting avian influenza disease of chickens based on sound analysis[J]. Biosystems Engineering, 2019, 180: 16-24.

[111] Joffe B P, Usher C T. Autonomous robotic system for picking up floor eggs in poultry houses: 2017 ASABE annual international meeting[Z]. St. Joseph, MI: ASABE, 20171.

[112] Keeping track of flock health in the broiler house[J]. Far Eastern Agriculture, 2021(2): 38.

[113] Kim D, Lee Y, Kim S, et al. The impact of temperature and humidity on the performance and physiology of laying hens[J]. Animals, 2021, 11(1): 56.

[114] Kuczynski T, Blanes-Vidal V, Li B, et al. Impact of global Warming change on the health, welfare and productivity of intensively housed livestock[J]. Agricultural and Biological Engineering, 2011, 4(2): 1-22.

[115] Li H, Xin H, Liang Y, et al. Comparison of direct vs. indirect ventilation rate determinations in layer barns using manure belts[J]. Transactions of the ASAE, 2005, 48(1): 367-372.

[116] Liu X, Chen Y, Ge H, et al. Determination of optimum insulation thickness of exterior wall with moisture transfer in hot summer and cold winter zone of China [J]. Procedia Engineering, 2015 (121): 1008-1015.

[117] Mahdavian A, Minaei S, Marchetto P M, et al. Acoustic features of vocalization signal in poultry health monitoring[J]. Applied Acoustics, 2021, 175(10): 107756.

[118] Mortensen A K, Lisouski P, Ahrendt P. Weight prediction of broiler chickens using 3D computer vision[J]. Computers and Electronics in Agriculture, 2016, 123:319-326.

[119] Nie L W, Daniel B, Wang C Y, et al. Is continuous heart rate monitoring of livestock a dream or is it realistic? [J]. Areview. Sensors, 2020, 20(8), 2291.

[120] Pedersen S, Takai H, Johnsen J O, et al. A comparison of three balance methods for calculating ventilation rates in livestock buildings [J]. Journal of Agricultural Engineering Research, 1998, 70(1): 25-37.

[121] Puma M C, Xin H, Gates R S, et al. An instrumentation system for studying feeding and drinking behavior of individual poultry[J]. Applied Engineering in Agriculture, 2001,17(3):365-374.

[122] Rizwan M, Carroll B T, Anderson D V, et al. Identifying rale sounds in chickens using audio signals for early disease detection in poultry[J]. IEEE, 2017.

[123] Sadeghi M, Banakar A, Khazaee M, et al. An intelligent procedure for the detection and classification of chickens infected by clostridium perfringens based on their vocalization[J]. Revista Brasileira De Ciência Avícola, 2015, 17(4):537-544.

[124] Seedorf J, Hartung J, Schröder M, et al. A survey of ventilation rates in livestock buildings in northern Europe[J]. Journal of Agricultural Engineering Research, 1998, 70(1):39-47.

[125] Tong X, Hong S, Zhao L. Using CFD simulations to develop an upward airflow displacement ventilation system for manure-belt layer houses to improve the indoor environment[J]. Biosystems Engineering. 2019, 178: 294-308.

[126] Wang C, Cao W, Li B,et al. fuzzy mathematical method to evaluate the suitability of an evaporative pad cooling system for poultry houses in China[J]. Biosystems Engineering, 2008, 101(3): 370-375.

[127] Wang Y, Zheng W C, Li B M. A modified discrete grey model with improved prediction performance for indoor air temperatures in laying hen houses[J]. Biosystems Engineering, 2022, 223: 138-148.

[128] Wang Y, Zheng W C, Li B M. Application of a novel grey model for forecasting indoor air temperature in poultry house: control strategy[J]. Journal of the ASABE, 2022, 65(3): 505-513.

[129] Wang Y, Zhéng W C, Li B M. Application of a novel grey model for forecasting indoor air temperature in poultry house: model development[J]. Journal of the ASABE, 2022, 65(4): 681-693.

[130] Xie Q, Ni J, Su Z. Fuzzy comprehensive evaluation of multiple environmental factors for swine building assessment and control[J]. Hazardous Materials, 2017, 340: 463-471.

[131] Yang L, Tong Q, Shi H P, et al. Adaptability of pullets from cages to a large cage aviary unit system during the initial settling-in period[J]. International Journal of Agricultural and Biological Engineering,2018,11(5) :70-76.

[132] Yu J, Yang C, Tian L, et al. A study on optimum insulation thicknesses of external walls in hot summer and cold winter zone of China[J]. Applied Energy, 2009, 86(11): 2520-2529.

[133] Zhang M M, Yang L, Su Z, et al. Genome-wide scan and analysis of positive selective signatures in dwarf brown-egg layers and silky fowl chickens[J]. Poultry Science, 2017,96(12):4158-4171.

[134] Zheng H Y, Li B M, Chen G, et al. Improving utilization of nests and decreasing mislaid eggs with narrow width of group nests[J]. International Journal of Agricultural and Biological Engineering, 2018; 11(1): 83-87.